普通高等教育网络工程专业教材

网络安全原理与应用（第三版）

戚文静　刘学　李国文　王震　编著

中国水利水电出版社
www.waterpub.com.cn
·北京·

内 容 提 要

网络安全是网络强国建设的重要内容和基本保障。本书以"基础性、科学性和应用性并举"的原则为指导，系统介绍了网络安全的基本概念、基本理论、技术方法和实用工具等内容。主要涉及密码学理论和应用，Web 和电子邮件安全，防火墙、网络攻击及防范、入侵检测、恶意软件及防范等方面的基本原理、流行技术和最新发展。本书旨在帮助读者了解当前互联网所面临的安全威胁，掌握网络安全保护的技能和方法，学会如何在开放环境中保护信息和通信的安全。

本书可作为高等院校信息安全、计算机、网络工程、电子工程等专业的信息安全基础课程教材，也可作为网络系统管理人员、网络安全技术人员的相关培训教材或参考书。

本书配有电子课件，读者可以从中国水利水电出版社网站（www.waterpub.com.cn）或万水书苑网站（www.wsbookshow.com）免费下载。

图书在版编目（CIP）数据

网络安全原理与应用 / 戚文静等编著. -- 3 版.
北京 : 中国水利水电出版社, 2024. 8. --（普通高等
教育网络工程专业教材）. -- ISBN 978-7-5226-2570-6

Ⅰ. TP393.08

中国国家版本馆 CIP 数据核字第 2024AW9781 号

策划编辑：杜 威　责任编辑：魏渊源　加工编辑：赵立娜　封面设计：苏 敏

书　　名	普通高等教育网络工程专业教材 网络安全原理与应用（第三版） WANGLUO ANQUAN YUANLI YU YINGYONG
作　　者	戚文静　刘学　李国文　王震　编著
出版发行	中国水利水电出版社 （北京市海淀区玉渊潭南路 1 号 D 座　100038） 网址：www.waterpub.com.cn E-mail：mchannel@263.net（答疑） sales@mwr.gov.cn 电话：（010）68545888（营销中心）、82562819（组稿）
经　　售	北京科水图书销售有限公司 电话：（010）68545874、63202643 全国各地新华书店和相关出版物销售网点
排　　版	北京万水电子信息有限公司
印　　刷	三河市德贤弘印务有限公司
规　　格	184mm×260mm　16 开本　21 印张　538 千字
版　　次	2005 年 9 月第 1 版　2005 年 9 月第 1 次印刷 2024 年 8 月第 3 版　2024 年 8 月第 1 次印刷
印　　数	0001—3000 册
定　　价	58.00 元

前　　言

“网络安全牵一发而动全身，深刻影响政治、经济、文化、社会、军事等各领域安全。没有网络安全就没有国家安全，就没有经济社会稳定运行，广大人民群众利益也难以得到保障。”“网络和信息安全牵涉到国家安全和社会稳定，是我们面临的新的综合性挑战。”习近平总书记多次在不同场合强调了网络安全的重要性。党的二十大报告指出，要加快建设网络强国、数字中国。“网络安全和信息化是一体之两翼、驱动之双轮，必须统一谋划、统一部署、统一推进、统一实施。”可见，网络安全是网络强国建设的重要内容和基本保障。

互联网实现了全球信息资源共享和交流，是一种重要的社会经济发展和创新驱动力。网络应用规模爆炸式增长，搜索引擎、即时通信、在线视频、在线音乐、在线游戏、在线阅读、在线教育、在线医疗、电子商务等深刻地改变了人类的生存和生活方式。与此同时，网络空间不断增长的价值也被不法分子所觊觎，各种网络安全威胁层出不穷，机密或隐私的泄露、资产和声誉的损失、系统或服务的瘫痪，这不仅会侵害个人用户的隐私、财产、权益和生活，还会对国家的政治、经济、社会和文化安全造成危害。在互联网时代，人们皆应具备一定的网络安全技术素养，了解基本的网络安全相关知识，具有较强的网络安全意识，对网络安全威胁具备识别能力，并能够利用技术和工具维护网络安全和数据安全。

本书系统介绍了网络安全的基本概念、基本理论、技术方法和实用工具等内容，旨在帮助读者了解互联网所面临的安全威胁，掌握保护网络安全的基本原理和技术方法，学会在开放环境中采用有效手段保护信息和通信的安全。本书共 9 章，内容包括网络安全概述、密码学基础、密码学应用、Web 安全、电子邮件安全、防火墙技术、网络攻击及防范、入侵检测技术、恶意软件及防范。

本书在前两版的基础上，结合编者多年的教学经验和学生反馈，遵循“基础性、科学性和应用性并举”的原则，对内容进行了适当的调整和补充。主要包括对内容进行了更新和扩充，去掉一些过时的内容，增加最新的发展动态、流行的技术和工具等；突出应用性和实用性，增加了编程实现、软件的配置和工具的使用等方面的内容，更好地指导读者掌握网络安全的知识和技能；以“立德树人”为目标，结合网络安全的行业特色，加强爱国情怀、法律意识、道德规范等德育元素的融入。

本书由戚文静、刘学、李国文、王震编著。其中，戚文静编写了第 6、7、9 章及第 2、3、4、8 章的部分内容；刘学编写了第 1 章的内容；李国文编写了第 2、3、5 章的部分内容；王震编写了第 4、8 章的部分内容；戚文静和聂盼盼编制了本书的相关资源。本书在编写过程中参阅了诸多中外文文献和安全网站等，从中获得很多启示和帮助，在此一并表示感谢。

由于“网络安全”是一门内容涉及广泛且更新换代很快的学科，加之作者水平有限，本书中的疏漏和不足在所难免，敬请读者批评指正。作者 E-mail 地址：qi_teach@126.com。

编者

2024 年 5 月

目　录

第 1 章　网络安全概述

本章首先介绍网络安全的基本概念和术语，分析网络安全现状及影响网络安全的因素；然后阐述网络安全对政治、经济、军事等方面的重要作用；最后分析国内外对信息安全的重视程度和立法情况。通过本章的学习，应达到以下目标：

- 理解网络安全的基本概念和术语。
- 了解目前主要的网络安全问题和安全威胁。
- 理解基本的网络安全模型及功能。
- 了解网络和信息安全的重要性。
- 了解国内外的信息安全保障体系。

自 20 世纪 90 年代起，互联网的应用在全球呈爆炸式增长，通过网络获取和交换信息已成为人们主要的信息沟通方式。时至今日，Internet 已无处不在，已成为人类生产和生活的必要基础设施，同时，随着越来越多的关键业务、重要信息的“上网”，网络承载的经济价值和社会价值也越来越高。如何保障网络信息安全及维护网络空间的正常秩序已经成为涉及国家安全、国计民生和公共利益的重要问题。

1.1　网络安全的基本概念

1.1.1　网络安全的定义及相关术语

网络安全定义和属性

1. 网络安全的定义

在解释网络安全这个术语之前，首先要明确计算机网络的定义。计算机网络是地理上分散的多台自主计算机互联的集合，这些计算机遵循约定的通信协议，与通信设备、通信链路及网络软件共同实现信息交互、资源共享、协同工作及在线处理等功能。

所以，从广义上说，网络安全包括网络硬件资源及信息资源的安全性。硬件资源包括通信线路、通信设备（交换机、路由器等）、主机等。要实现信息快速、安全地交换，一个可靠的物理网络是必不可少的。信息资源包括维持网络服务运行的系统软件和应用软件，以及在网络中存储和传输的用户信息数据等。信息资源的保密性、完整性、可用性等是网络安全研究的重要课题，也是本书涉及的重点内容。

从用户角度看，网络安全主要是保障个人数据或企业的信息在网络中的保密性、完整性、不可否认性，防止信息的泄露和破坏，防止信息资源的非授权访问。对于网络管理者来说，网络安全的主要任务是保障合法用户正常使用网络资源，避免病毒、拒绝服务、远程控制、非授权访问等安全威胁，及时发现安全漏洞，制止攻击行为等。从教育和意识形态方面看，网络安全主要是保障信息内容的合法与健康，控制含不良内容的信息在网络中的传播。例如英国实施的“安全网络 R-3 号”计划，其目的就是打击网络上的犯罪行为，防止 Internet 上不健康内容的泛滥。

可见网络安全的内容是十分广泛的，不同人群对其有不同的理解，在不同层面有不同的内涵。在此对网络安全下一个通用的定义：网络安全是指保护网络系统中的软件、硬件及信息资源，使之免受偶然或恶意的破坏、篡改和泄露，保证网络系统正常运行、网络服务不中断。

2. 网络安全的属性

网络安全的 5 个属性包括可用性（Availability）、机密性（Confidentiality）、完整性（Integrity）、可靠性（Reliability）和不可抵赖性（Non-repudiation）。这 5 个属性适用于国家信息基础设施的各个领域，如教育、娱乐、医疗、运输、国家安全、通信等。

（1）可用性。可用性是指得到授权的实体在需要时可以得到所需要的网络资源和服务。由于网络最基本的功能是为用户提供信息和通信服务，而用户对信息和通信的需求是随机的（内容的随机性和时间的随机性）、多方面的（文字、语音、图像等），甚至有些用户对服务的实时性有较高的要求。网络必须能够保证满足所有用户的通信需求，一个授权用户无论何时提出要求，网络必须是可用的，不能拒绝用户要求。攻击者常会采用一些手段来占用或破坏系统的资源，以阻止合法用户使用网络资源，这就是对网络可用性的攻击。对于针对网络可用性的攻击，一方面要采取物理加固技术，保障物理设备安全、可靠地工作；另一方面可以通过访问控制机制，阻止非法访问进入网络。

（2）机密性。机密性是指网络中的信息不被非授权实体（包括用户和进程等）获取与使用。这些信息不仅指国家机密，也包括企业和社会团体的商业秘密和工作秘密，还包括个人的秘密（如银行账号）和个人隐私（如邮件、浏览习惯）等。网络在生活中的广泛使用，使人们对网络机密性的要求提高。在网络的不同层次上有不同的机制来保障机密性。在物理层，主要是采取电磁屏蔽技术、干扰及跳频技术来防止电磁辐射造成的信息外泄；在网络层、传输层及应用层，主要采用加密、路由控制、访问控制、审计等技术来保证信息的机密性。其中，加密是用于保障网络信息机密性的主要技术。

（3）完整性。完整性是指网络信息的真实可信性，即保障网络中的信息不会被偶然或蓄意地删除、修改、伪造、插入等，保证授权用户得到的信息是真实的。只有具有修改权限的实体才能修改信息，如果信息被未经授权的实体修改了或在传输过程中出现了错误，信息的使用者应能够通过一定的方式判断出信息是否真实可靠。一般通过消息认证码（Message Authentication Code，MAC）来进行完整性的认证，消息认证码是由原始消息经过一定变换得到的，如通过 Hash 算法来生成消息认证码。

（4）可靠性。可靠性是指系统在规定的条件下和规定的时间内完成规定功能的概率。可靠性是网络安全最基本的要求之一。目前对于网络可靠性的研究主要侧重于硬件可靠性的研究，主要采用硬件冗余、提高硬件质量和精确度等方法。实际上，软件的可靠性、人员的可靠性和环境的可靠性在保证系统可靠性方面也是非常重要的。在一些关键的应用领域，如航空、航天、电力、通信等，软件可靠性显得尤为重要。在银行、证券等金融服务性行业，其软件系统的可靠性也直接关系到自身的声誉和生存发展竞争力。随着软件系统的规模越来越大、结构越来越复杂，软件的可靠性越来越难以保证。若在软件项目的开发过程中没有对可靠性提出明确的要求，只注重运行速度、结果的正确性和用户界面的友好性等直接效益因素，而在投入使用后才发现大量可靠性问题，这会大大增加软件系统维护的困难和工作量，甚至造成无法投入实际使用的情况。

（5）不可抵赖性。不可抵赖性又称不可否认性，是指通信双方在通信过程中，对于自己所发送或接收的消息不可抵赖，即发送者不能抵赖他发送过消息的事实和消息内容，而接收者也不能抵赖其接收到消息的事实和消息内容。通过身份认证和数字签名技术来实现网络上信息交换或电子商务交易的不可抵赖性。

1.1.2　常见的网络安全威胁简介

1. 网络安全威胁的定义及分类

网络安全威胁是指某个实体（人、事件、程序等）对某一网络资源的机密性、完整性、可用性及可靠性等可能造成的危害。安全威胁可分成故意威胁（如系统入侵）和偶然威胁（如信息被发到错误地址）两类。故意威胁又可进一步分成被动威胁和主动威胁。被动威胁只对信息进行监听，而不对其进行修改和破坏；主动威胁则是对信息进行故意篡改和破坏，使合法用户得不到可用信息。实际上，目前没有统一、明确的方法对安全威胁进行分类和界定，但为了理解安全服务的作用，下列总结了一些计算机网络及通信中常遇到的威胁。

（1）对信息通信的威胁。用户在网络通信过程中，通常遇到的威胁可分成两类，一类为主动攻击，攻击者通过网络将虚假信息或计算机病毒传入信息系统内部，破坏信息的完整性及可用性，即造成通信中断、通信内容破坏，甚至系统无法正常运行等较严重后果的攻击行为；另一类为被动攻击，攻击者截获、窃取通信信息，损害信息的机密性。被动攻击不易被用户发现，具有较大的欺骗性。通信过程中的 4 种攻击方式如图 1-1 所示。

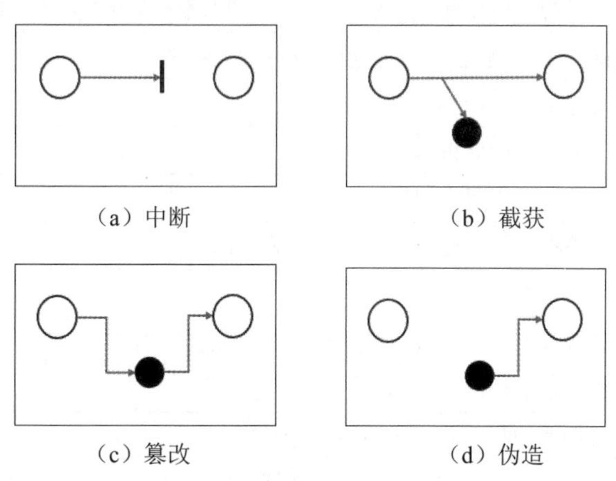

图 1-1　通信过程中的 4 种攻击方式

1）中断：攻击者使系统的资源受损或无法使用，从而使系统无法进行正常的通信和服务，属于主动攻击。

2）截获：攻击者非法获得了一个资源的访问权，并从中窃取了有用的信息或服务，属于被动攻击。

3）篡改：攻击者未经授权访问并改动了资源，从而使合法用户得到虚假的信息或错误的服务等，属于主动攻击。

4）伪造：攻击者未经许可在系统中制造出假的信息源、信息或服务，欺骗接收者，属于主动攻击。

对通信的保护主要借助密码学的方法，通过对信息的加密来保证只有授权用户才能看到信息的真实内容，通过消息认证及数据签名等技术来防止信息被篡改和伪造。

（2）对信息存储的威胁。存储在计算机存储设备中的数据也存在着同样严重的威胁。攻击者获得对系统的访问控制权后，就可以浏览存储设备中的数据、软件等信息，窃取有用信息，破坏数据的机密性。如果对存储设备中的数据进行删除和修改，则会破坏信息的完整性和可用性。对信息存储的安全保护主要通过访问控制和数据加密方法来实现。另外，物理的不安全因素也是信息存储的主要潜在威胁之一，如由于自然灾害和环境因素引发的存储数据损坏。因此，对于重要信息和服务要有必要的备份机制来保障信息或服务被损坏时能够及时得到替代，把损失降到最低。

（3）对信息处理的威胁。信息在进行加工和处理的过程中，通常以明文形式出现，加密保护不能用于处理过程中的信息。因此，处理过程中的信息极易受到攻击和破坏，造成严重损失。另外，也可能由于信息处理系统本身软/硬件的缺陷或脆弱性等原因，在处理过程中信息的安全性和完整性受到损害。

2. 网络安全威胁的主要表现形式

网络中的信息和设备所面临的安全威胁有着多种多样的表现形式，并且威胁的表现形式会随着软/硬件技术的发展不断地进化。网络安全威胁的主要表现形式见表 1-1。

表 1-1 网络安全威胁的主要表现形式

表现形式	描述
授权侵犯	为某一特定目的被授权使用某个系统的人，将该系统用作其他未授权的目的
旁路控制	攻击者发掘系统的缺陷或安全弱点，从而渗入系统
拒绝服务	合法访问被无条件拒绝和推迟
窃听	在监视通信的过程中获得信息
电磁泄露	从设备发出的电磁辐射中泄露信息
非法使用	资源被某个未授权的人或以未授权的方式使用
信息泄露	信息泄露给未授权实体
完整性破坏	对数据的未授权创建、修改或破坏造成数据完整性损害
假冒	一个实体假装成另外一个实体
物理侵入	入侵者绕过物理控制而获得对系统的访问权
重放	出于非法目的而重新发送截获的合法通信数据的拷贝
否认	参与通信的一方事后否认曾经发生过此次通信
资源耗尽	某一资源被故意超负荷使用，导致其他用户的服务被中断
业务流分析	通过对业务流模式（有、无、数量、方向、频率）进行观察，而使信息泄露给未授权实体
特洛伊木马	表面上看似无害而实际包含着有害程序段的软件。当它被运行时，会损害用户的安全
陷门	在某个系统或文件中预先设置的“机关”，当提供特定的输入时，允许违反安全策略
人员疏忽	授权人员出于某种动机或由于粗心将信息泄露给未授权的人员

3. 构成威胁的因素

影响网络安全的因素很多，这些因素可能是有意的，也可能是无意的；可能是人为的，也可能是非人为的。归结起来，构成威胁的因素主要有以下三类。

（1）环境和灾害因素。温度、湿度、供电、火灾、水灾、地震、静电、灰尘、雷电、强电磁场、电磁脉冲等均会破坏数据和影响信息系统的正常工作。灾害轻则造成业务工作混乱，重则造成系统中断甚至造成无法估量的损失。这类不安全因素对信息的完整性和可用性的威胁最大，而对信息的保密性的威胁较小。如2021年，河南省遭遇持续性极端强降雨，暴雨造成部分信息技术产业企业，如数据中心、云服务平台等停止服务，在全国范围内产生一定的影响。这次极端天气造成的断网之灾，敲响了城市关键信息基础设施网络安全的警钟。解决这类安全威胁的主要方法是采取有效的物理安全保障措施，完善管理制度，对设备、服务及信息都要有良好的备份和恢复机制。

（2）人为因素。在网络安全问题中，人为的因素是不可忽略的。多数的安全事故是由于人员的疏忽、恶意程序、黑客的主动攻击造成的。人为因素对网络安全的危害性更大，也更难防御。人为因素可分为有意和无意两种。有意是指人为的恶意攻击、违纪、违法和犯罪。例如，计算机病毒是一种人为编写的恶意代码，具有自我繁殖、相互感染、激活再生等特征。计算机一旦感染病毒，轻者影响系统性能，重者破坏系统资源，甚至造成死机和系统瘫痪。网络为病毒的传播提供了捷径，其危害也更大。黑客攻击是指利用通信软件，通过网络非法进入他人系统，截获或篡改数据，危害信息安全。对于这些有意的安全威胁行为，主要的防范措施包括建立适当的安全监控机制、及时检测和识别威胁、进行报警和响应等。无意是指网络管理员或使用者因工作的疏忽造成失误，没有主观的故意，但同样会对系统造成严重的后果。例如，由于操作员安全配置不当造成的安全漏洞，用户安全意识不强，用户口令选择不慎，用户将自己的账号随意转借他人或与别人共享，文件的误删除，输入错误的数据等。人员无意造成的安全问题主要源自三个方面：一是网络及系统管理员方面，对系统配置及安全缺乏清醒的认识或整体的考虑，造成系统安全性差，影响网络安全及服务质量；二是程序员方面，程序员开发的软件有安全缺陷，如常见的缓冲区溢出问题；三是用户方面，用户有责任保护好自己的口令及密钥。以上这些人为因素威胁到网络信息的机密性、完整性和可用性，防范此类威胁的方法包括防止电磁泄露、完善安全管理制度、制定合适的安全保护策略等，并加强对用户安全意识的教育。

（3）系统自身因素。计算机网络安全保障体系应尽量避免天灾造成的计算机危害，控制、预防、减少人祸以及系统本身原因造成的计算机危害。系统本身的脆弱性主要表现在以下几个方面。

1）计算机硬件系统的故障。由于生产工艺或制造商的原因，计算机硬件系统本身的故障而引起系统的不稳定、受电压波动干扰等。硬件系统在工作时会向外辐射电磁波，易造成敏感信息的泄露。由于这些问题是固有的，除在管理上强化人工弥补措施外，采用软件程序的方法见效不大。因此在设计硬件时，应尽可能减少或消除这类安全隐患。

2）软件组件。软件组件的安全隐患是来源于程序设计和软件工程中的问题，包括软件设计中的疏忽可能留下安全漏洞；软件设计中不必要的功能冗余及代码过长，不可避免地导致软件的安全性较脆弱；不按信息系统安全等级要求进行模块化设计，导致软件的安全等级不能达到所声称的安全级别；软件工程实现中造成的软件系统内部逻辑混乱。

软件组件可分为三类：操作平台软件、应用平台软件和应用业务软件。这三类软件以层次结构构成软件组件体系。操作平台软件处于基础层，维系着系统组件运行的平台，因此操作平台软件的任何风险都可能直接危及或被转移、延伸到应用平台软件。所以，操作平台软件的安全等级应不低于系统安全等级要求。应用平台软件处于中间层，是在操作平台软件的支持下运行并支持和管理应用业务软件的软件。一方面，应用平台软件可能受到来自操作平台软件风险的影响；另一方面，应用平台软件的任何风险可直接危及或传递给应用业务软件。因此，应用平台软件的安全性也至关重要。在提供自身安全保障的同时，应用平台软件还必须为应用业务软件提供必要的安全服务功能。应用业务软件处于顶层，直接与用户或实体打交道。应用业务软件的任何风险都直接表现为信息系统的风险，因此其安全功能的完整性及自身的安全等级必须大于系统安全的最小需求。

3）网络和通信协议。安全问题最多的网络和通信协议是基于 TCP/IP 协议的 Internet 及其通信协议。因为任何接入 Internet 的计算机网络，在理论上和技术实现上已无真正的物理界限，同时在地域上也没有真正的边界。国与国之间、组织与组织之间，以及个人与个人之间的网络界限是依靠协议、约定和管理关系进行逻辑划分的，因而是一种虚拟的网络现实。TCP/IP 协议最初设计的应用环境是美国国防系统的内部网络，这一网络环境是相互信任的。因此，TCP/IP 协议只考虑了互联互通和资源共享的问题，并未考虑来自网络中的大量安全问题。当其推广到全社会的应用环境之后，信任问题发生了，因此 Internet 充满安全隐患就不难理解了。

总之，系统自身的脆弱和不足是造成信息系统安全问题的内部根源，各种人为因素正是利用系统的脆弱性使各种威胁变成现实。所以，保障网络的安全需要从几个方面考虑。首先，从根源出发，设计高可靠性的硬件和软件；其次，加强管理，设置有效的安全防范和管理措施；最后，加强宣传和培训，提高用户的安全意识。

1.1.3 网络安全策略

安全策略是指在某个安全区域内所有与安全活动相关的一套规则，这些规则由此安全区域内所设立的一个权威建立。如果网络安全的目标是一座大厦，那么相应的安全策略就是施工的蓝图，它使网络建设和管理过程中的安全工作避免盲目性。但是，它并没有得到足够的重视。国际调查显示，目前 55%的企业网没有自己的安全策略，仅靠一些简单的安全措施来保障网络安全，这些安全措施可能存在互相分立、互相矛盾、互相重复、各自为战等问题，既无法保障网络的安全可靠，又影响网络的服务性能，并且随着网络运行而对安全措施进行不断地修补，整个安全系统愈加“臃肿不堪”，难以使用和维护。

网络安全策略包括对企业的各种网络服务的安全层次和用户的权限进行分类、确定管理员的安全职责、如何实施安全故障处理、网络拓扑结构、入侵和攻击的防御和检测、备份和灾难恢复等内容。本书中所说的安全策略主要指系统安全策略，主要涉及四个方面：物理安全策略、访问控制策略、信息加密策略和安全管理策略。

1. 物理安全策略

制定物理安全策略的目的是保护路由器、交换机、工作站、各种网络服务器、打印机等硬件实体和通信链路免受自然灾害、人为破坏和搭线窃听攻击；验证用户的身份和使用权限，防止用户越权操作；确保网络设备有一个良好的电磁兼容工作环境；建立完备的机房安全管理制度，妥善保管备份磁带和文档资料；防止非法人员进入机房进行偷窃和破坏活动。

2. 访问控制策略

访问控制策略是网络安全防范和保护的主要策略，它的主要任务是保证网络资源不被非法使用和访问。它也是维护网络系统安全、保护网络资源的重要手段。各种安全策略必须相互配合才能真正起到保护作用，但访问控制可以说是保证网络安全最重要的核心策略之一。下面分述各种访问控制策略。

（1）入网访问控制。入网访问控制为网络访问提供了第一层访问控制。它控制哪些用户能够登录到服务器并获取网络资源，控制准许用户入网的时间和准许他们在哪个工作站入网。用户的入网访问控制可分为三个步骤：用户名的识别与验证、用户口令的识别与验证、用户账号的默认限制检查。三道关卡中只要任何一关未通过，该用户便不能进入该网络。

对网络用户的用户名和口令进行识别与验证是防止非法访问的第一道防线。用户注册时首先输入用户名和口令，服务器将验证所输入的用户名是否合法。如果验证合法，才继续验证用户输入的口令；否则，用户将被拒在网络之外。口令是用户入网的关键所在。为保证口令的安全性，其不能直接显示在显示屏上，口令长度应不少于6个字符，且最好是数字、字母和其他字符的混合。口令必须经过加密，经过加密的口令，即使是系统管理员也难以获取。用户还可采用一次性口令。另外，也可用便携式验证器（如智能卡）来验证用户的身份。

系统管理员应可以控制和限制普通用户的账号使用、访问网络的时间和方式。用户名或用户账号是所有计算机系统中最基本的安全形式。用户账号应只有系统管理员才能建立。用户口令应是每个用户访问网络时必须提交的“证件”，用户可以修改自己的口令，但系统管理员应可以限制最小口令长度、强制修改口令的时间间隔、口令的唯一性、口令过期失效后允许入网的宽限次数。

用户名和口令验证有效之后，再进一步履行用户账号的默认限制检查，这是防止非法访问的第二道防线。系统管理员应能控制用户登录入网的站点、限制用户入网的时间、限制用户入网的工作站数量。当用户对交费网络的访问“资费”用尽时，系统管理员还应能对用户的账号加以限制。系统管理员应对所有用户的访问进行审计，如果多次输入口令不正确，则认为是非法用户的入侵，并给出报警信息。

（2）网络的权限控制。网络的权限控制是针对网络非法操作所提出的一种安全保护措施。用户和用户组被赋予一定的权限。网络控制用户和用户组可以访问哪些目录、子目录、文件和其他资源；可以指定用户能够对文件、目录和设备执行哪些操作。根据访问权限可以将用户分为以下三类：特殊用户，即系统管理员，系统管理员拥有最高级别的权限，具备对所有用户账号和权限的管理、修改和删除权限，以及系统资源的高级配置和管理的权限；一般用户，系统管理员根据他们的实际需要为他们分配操作权限；审计用户，负责网络的安全控制与资源使用情况的审计。用户对网络资源的访问权限可以用一个访问控制表来描述。

（3）目录级安全控制。网络应允许控制用户对文件、目录和设备的访问。用户在目录一级指定的权限对所有文件和子目录有效，还可以进一步指定对目录下的子目录和文件的访问权限。对目录和文件的访问权限一般有八种：系统管理员（Supervisor）权限、读（Read）权限、写（Write）权限、创建（Create）权限、删除（Erase）权限、修改（Modify）权限、文件查找（File Scan）权限和存取控制（Access Control）权限。系统管理员应当为用户指定适当的访问权限，这些访问权限控制着用户对服务器的访问。八种访问权限的有效组合既可以让用户有效地完成工作，同时又能有效地控制用户对服务器资源的访问，从而加强网络和服务器的安全性。

（4）属性安全控制。当使用文件、目录和设备时，系统管理员应对文件、目录等指定访问属性。属性安全控制可以将给定的属性与网络服务器的文件、目录和网络设备联系起来。属性安全在权限安全的基础上提供更进一步的安全性。网络上的资源都应预先标出一组安全属性。属性往往能控制以下几个方面的权限：向某个文件写数据、复制一个文件、删除目录或文件、查看目录和文件、执行文件、隐含文件、共享、查看系统属性等。网络的属性可以保护重要的目录和文件，防止用户对目录和文件的误删除、执行修改、显示等。

（5）网络服务器安全控制。网络允许在服务器控制台上执行一系列操作。用户使用控制台可以装载和卸载模块，执行安装和删除软件等操作。网络服务器的安全控制包括可以设置口令锁定服务器控制台，以防止非法用户修改、删除重要信息或破坏数据；可以设定服务器登录时间限制、非法访问者检测和关闭的时间间隔。

（6）网络监测和锁定控制。系统管理员应对网络实施监控，服务器应记录用户对网络资源的访问，对非法的网络访问，服务器应以图形、文字或声音等形式报警，以引起系统管理员的注意。如果不法之徒试图进入网络，网络服务器应自动记录其企图尝试进入网络的次数，如果非法访问的次数达到设定的数值，那么该账户将被自动锁定。

（7）网络端口和结点的安全控制。网络中服务器的端口往往使用自动回呼设备和静默调制解调器加以保护，并以加密的形式来识别结点的身份。自动回呼设备用于防止假冒合法用户，静默调制解调器用于防范黑客的自动拨号程序对计算机进行攻击。网络还常对服务器端和用户端采取控制，用户必须携带证实身份的验证器（如智能卡、磁卡、安全密码发生器）。在对用户的身份进行验证之后，才允许用户进入用户端。然后，用户端和服务器端再进行相互验证。

（8）防火墙控制。防火墙是一种保护计算机网络安全的技术性措施，它是一个用于阻止黑客访问某个机构网络的屏障，是控制进/出两个方向通信的门槛。在网络边界上通过建立起来的相应网络通信监控系统来隔离内部和外部网络，以阻挡外部网络的侵入。

3. 信息加密策略

加密是实现网络安全较有效的技术之一。信息加密的目的是保护网内的数据、文件、口令和控制信息，保护网络会话的完整性。网络加密可以在链路层、网络层、应用层等进行，分别对应网络体系结构中的不同层次形成加密通信通道。用户可以根据不同的需要，选择适当的加密方式。

加密过程由加密算法具体实施。据不完全统计，到目前为止，已经公开发表的各种加密算法多达数百种。如果按照收发双方使用的密钥是否相同来分类，可以将这些加密算法分为对称密码算法和非对称（公钥）密码算法。

在对称密码算法中，加密和解密使用相同的密钥。比较著名的对称密码算法有 DES 及其各种变形、IDEA、RC4、RC5 以及以代换密码和转轮密码为代表的古典密码算法等。对称密码的优点是有很强的保密强度，能经受住时间的检验，但其密钥必须通过安全的途径传送。因此，其密钥管理成为保证系统安全的重要因素。

在非对称（公钥）密码算法中，加密和解密使用的密钥互不相同，而且很难从加密密钥推导出解密密钥。比较著名的非对称密码算法有 RSA、Diffie-Hellman、LUC、Rabin 等，其中最有影响的非对称密码算法是 RSA。非对称密码的优点是可以适应网络的开放性要求，且密钥管理问题也较为简单，可方便地实现数字签名和验证。但其算法复杂，加密数据的速率较低。

针对两种密码体系的特点，一般的实际应用系统中都采用两种密码算法的组合应用，对称密码算法加密长消息，非对称密码算法加密短消息。例如，用对称密码算法来加密数据，用非对称密码算法来加密对称密码算法所使用的密钥，这样既解决了对称密码算法密钥管理的问题，又解决了非对称密码算法加密的速度问题。现在流行的 PGP 和 SSL 等加密技术就是将对称密码算法和非对称密码算法结合在一起使用，利用 DES 或 IDEA 来加密信息，而采用 RSA 来传递会话密钥。

4. 安全管理策略

安全与方便往往是互相矛盾的。有时虽然知道自己网络中存在的安全漏洞以及可能招致的攻击，但是出于管理协调方面的问题而无法进行更正。网络管理包括用户数据更新管理、路由政策管理、数据流量统计管理、新服务开发管理、域名地址管理和安全管理等，安全管理只是其中的一部分，并且处于对其他管理提供服务的地位。因此，当与其他管理服务存在冲突时，安全管理往往需要做出让步。因此，制定一个好的安全管理策略，协调好安全管理与其他网络管理业务、安全管理与网络性能之间的关系，对于确保网络安全可靠地运行是必不可少的。

网络的安全管理策略包括确定安全管理等级和安全管理范围；制定有关网络操作使用规程和人员出入机房管理制度；制定网络系统的维护制度和应急措施等。安全管理的落实是实现网络安全的关键。

1.1.4 网络安全模型

网络安全模型

1. P^{2}DR 模型

互联网络具有动态变化、多维互联的特点，随着网络规模和应用系统规模的不断增大，网络安全越来越难以控制和保障。传统的安全理论和单一的安全技术不足以保障网络的安全，于是可适应的网络安全模型（Adaptive Network Security Model）逐渐形成。

P^{2}DR 模型是由美国国际互联网安全系统公司提出的一个可适应的网络安全模型，如图 1-2 所示。P^{2}DR 模型包括四个主要部分：策略（Policy）、保护（Protection）、检测（Detection）和响应（Response）。P^{2}DR 模型的基本思想是一个系统的安全应在统一的安全策略的控制和指导下，综合运用各种安全技术（如防火墙、操作系统身份认证、加密等手段）对系统进行保护，同时利用检测工具（如漏洞评估、入侵检测等系统）来监视和评估系统的安全状态，并通过适当的响应机制来将系统调整到相对“最安全”和“风险最低”的状态。从 P^{2}DR 模型的示意图可以看出，它强调安全是一个在安全策略指导下的保护、检测、响应不断循环的动态过程，系统的安全在这个动态过程中不断得到加固，因此称之为可适应的安全模型。

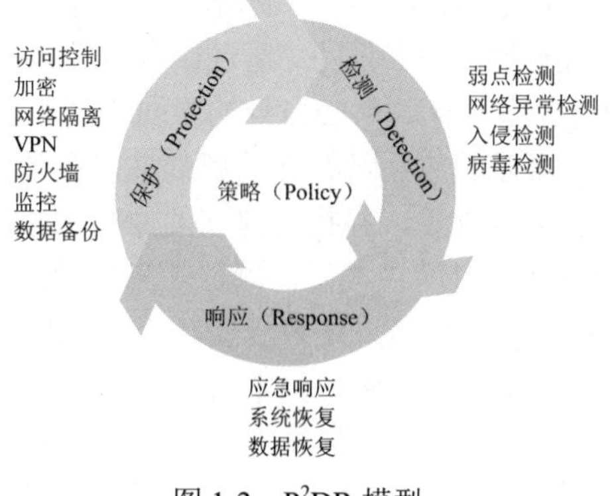

图 1-2　P^{2}DR 模型

P^2DR 模型对安全的描述可以用下面的公式表示：

安全=风险分析+执行策略+系统实施+漏洞监测+实时响应

（1）策略。安全策略是整个 P^2DR 模型的核心，所有的保护、检测、响应都是依据安全策略实施的，安全策略为安全管理提供管理方向和支持手段。策略体系的建立包括安全策略的制定、评估、执行等。制定可行的安全策略取决于对网络信息系统的了解程度。不同的网络需要不同的策略，在制定策略之前，需要全面考虑网络的安全需求，分析网络存在的安全风险，了解网络的结构、规模，了解应用系统的用途和安全要求等。对这些问题做出详细回答，明确哪些资源是需要保护的，需要达到什么样的安全级别，并确定采用何种防护手段和实施办法，这就是针对企业网络的一份完整的安全策略。策略一旦制定，应当作为整个企业安全行为的准则。

（2）保护。保护就是采用一切可能的手段来保护网络系统的保密性、完整性、可用性、可靠性和不可否认性。保护是预先阻止可能引起攻击的条件产生，让攻击者无懈可击，良好的保护措施可以避免大多数入侵事件的发生。在安全策略的指导下，根据不同等级的系统安全要求来完善系统的安全功能和安全机制。通常采用传统的静态安全技术来实现，主要有防火墙技术、数据加密技术及认证技术等。

边界防卫技术是一种常用的网络保护措施，主要用于在边界提高防御能力。但界定网络系统的边界通常是非常困难的。一方面，网络系统会随着业务的发展而不断变化；另一方面，要保护无处不在的网络基础设施的成本很高。边界防卫通常将安全边界设在需要保护的信息周边，如存储和处理信息的计算机系统的外围，以阻止假冒、搭线窃听等行为。

边界防卫技术又可分为物理实体保护技术和信息保护技术。

物理实体保护技术主要是对有形的信息载体实施保护，使之不被窃取、复制和破坏。信息载体的传输、使用、保管、销毁各个环节的安全都属于物理实体保护的范畴。

信息保护技术是对信息处理过程和传输过程实施保护，使之不被非法或未授权用户窃取、复制、破坏、泄露。对信息处理的保护有两种技术，一种是计算机软/硬件加密和保护技术，如计算机口令字验证、数据库控制技术、审计跟踪技术、密码技术、防病毒技术等；另一种是计算机网络保密技术，主要指用于防止内部网络秘密信息非法外传的保密网关、安全路由器、防火墙等。对信息传输的保护也有两种技术，一种是对信道采取措施，如专网通信技术、跳频通信技术、辐射屏蔽和干扰技术等，主要是增加窃听信道的难度；另一种是对信息采取措施，如对信息进行加密，这样，即使窃听者截获了信息也无法知道真实的内容。

（3）检测。检测是动态响应和加强防护的依据，使强制落实安全策略的工具通过不断地检测和监控网络及系统来发现新的威胁和弱点，通过循环反馈来及时做出有效响应。网络安全风险是实时存在的，检测的对象主要针对系统自身的脆弱性及外部威胁，利用检测工具了解和评估系统的安全状态。检测主要是检查系统存在的脆弱性。在计算机系统运行过程中，检查、测试信息是否泄露、系统是否遭到入侵，并找出泄露的原因和攻击的来源。

检测包括系统入侵检测、计算机网络入侵检测、信息传输检查、电子邮件及文件的监控、物理安全检测等。其中非常重要的一项是系统入侵检测。入侵检测是发现渗透企图和入侵行为的一系列技术手段和措施。从近年来的入侵案例来看，攻击者主要是利用系统的各种安全漏洞来入侵系统。入侵检测主要基于入侵者的行为与合法用户的正常行为有明显的不同这一特征来实施对入侵行为的检测和预警，以及实现对入侵者的跟踪、定位和行为取证。

（4）响应。在检测到安全漏洞之后必须及时做出正确的响应，从而把系统调整到安全状态。对于危及安全的事件、行为、过程，及时做出处理，杜绝危害进一步扩大，使系统尽快恢复到能提供正常服务的状态。

由于任何系统都无法做到绝对的安全、万无一失，因此，应急响应和系统恢复就成为系统安全中非常重要的一环。通过制定应急响应方案，建立反应机制，提高对安全事件快速响应的能力。

下面介绍 P^2DR 模型的应用实例。

1997 年，美国互联网安全系统（Internet Security System，ISS）有限公司推出可适应性网络安全解决方案——SAFESuite 套件系列。

SAFESuite 的功能包括 3 个部分：风险评估（Risk Assessment）、入侵探测（Intrusion Detection）、安全管理（Security Managment）。其包括 Internet 扫描器（Internet Scanner）、系统扫描器（System Scanner）、数据库扫描器（DBS Scanner）、实时监控系统（RealSecure System）和 SAFESuite 套件决策软件（SAFESuite Decisions Software）。其中，Internet 扫描器通过对网络安全弱点全面和自主地检测与分析，能够迅速找到安全漏洞并予以修复；系统扫描器通过对内部网络安全弱点的全面分析，协助企业进行安全风险管理；数据库扫描器是针对数据库管理系统风险的评估检测工具，用户可以利用它建立数据库的安全规则，通过运行审核程序来提供有关安全风险和位置的简明报告；实时监控系统对计算机网络进行自主、实时的攻击检测与响应，它对网络的安全进行轮回监控，使用户可以在系统被破坏之前自主地中断并响应安全漏洞和误操作。SAFESuite 套件从防范、检测和及时响应 3 个方面入手，确保企业网络的安全。

2. PDRR 模型

另一个常用的安全模型是 PDRR 模型。PDRR 模型是美国国防部提出的“信息安全保护体系”中的重要内容，概括了网络安全的整个环节。PDRR 模型包括 4 个部分：保护（Protection）、检测（Detection）、响应（Response）和恢复（Recovery）。这 4 个部分构成了一个动态的信息安全周期。

PDRR 模型在网络安全模型中引入时间的概念。Pt 表示系统受保护的时间，即从系统受攻击到被攻破所用的时间，入侵技术的提高及安全薄弱的系统都能提高攻击的有效性，使保护时间 Pt 缩短。Dt 表示系统检测到攻击所用的时间，即从系统受到攻击到系统检测到攻击所用的时间，改进检测算法可以缩短检测时间。Rt 表示系统对攻击进行响应所需要的时间，即从系统检测到攻击，再到产生抵御行为所用时间。有了这个定义后，就可以简单地用这三个时间量来表示一个系统的安全状态。如果 $Pt>Rt+Dt$，则系统是安全的，即系统有能力在受到攻击后快速地响应，保证在系统被攻破前完成检测和响应，保护系统的安全；如果 $Pt<Rt+Dt$，则表示系统无法在其保护时间内完成检测和响应，这样的系统就是不安全的。另一个时间量——Et 也是描述系统安全的一个重要参数。Et 是指系统处于不安全状态的时间，亦即从系统检测到入侵者破坏系统安全开始到系统恢复正常状态为止的这段时间。很显然，系统暴露时间越长，其安全损失就越大。

这实际上是给网络安全一个高度概括的定义，即及时的检测和响应就是安全。根据这个定义可以看出，在构筑网络安全体系时，主要的宗旨是提高系统的保护时间，缩短检测时间和响应时间。

1.2 我国网络安全保障体系及相关立法

1.2.1 安全等级保护 1.0

中国的信息安全等级保护从开始筹划到标准出台，再到实战操作，经历了近十年的漫长过程。中国的信息安全等级保护源自 1994 年国务院发布的 147 号令，按照当时的条例，规定计算机信息系统必须实行等级保护。等级的管理办法和等级的划分标准，由公安部门和有关部门制定。经过四年的前期研究，1998 年，公安部制定了等级保护制度建设的纲要，对等级标准划分进行了一个基本规划。1999 年，公安部会同信息产业部、保密局、中办机要局、军队和地方的专家，正式制定了计算机信息系统等级划分标准。1999 年 9 月，《计算机信息系统安全保护等级划分准则》被国家技术监督局作为强制性的国家标准发布（GB 17859—1999）。2007 年，《信息安全等级保护管理办法》（公通字〔2007〕43 号）文件的正式发布，标志着等级保护 1.0 的正式启动。等级保护 1.0 时期的主要标准如下：《信息安全等级保护管理办法》《计算机信息系统安全保护等级划分准则》（GB 17859—1999）、《信息安全技术 信息系统安全等级保护实施指南》（GB/T 25058—2010）、《信息安全技术 信息系统安全等级保护定级指南》（GB/T 22240—2008）、《信息安全技术 信息系统安全等级保护基本要求》（GB/T 22239—2008）、《信息安全技术 信息系统等级保护安全设计要求》（GB/T 25070—2010）、《信息安全技术 信息系统安全等级保护测评要求》（GB/T 28448—2012）、《信息安全技术 信息系统安全等级保护测评过程指南》（GB/T 28449—2012）。

（1）《计算机信息系统安全保护等级划分准则》从功能上将信息系统的安全等级划分为五个级别。第一级：用户自主保护级；第二级：系统审计保护级；第三级：安全标记保护级；第四级：结构化保护级；第五级：访问验证保护级。安全保护能力从第一级到第五级逐级增强。以此为基础，有关部门已经研究并提出了信息安全等级保护管理与技术标准体系，正在开展等级保护标准体系的建设，目前已发布了一些重要标准，并完成该标准体系的实施指南。各部门、各单位应当依照等级保护实施指南及相关标准，根据实际安全需求按照等级的确定原则、要求和方法，确定本部门所属信息系统的安全保护等级，制定各自的安全等级保护解决方案，组织对现有信息系统进行加固改造，逐步开展新建系统的安全等级保护工作。

（2）安全等级保护制度实行五个关键环节的控制。①法律规范：国家制定和完善信息安全等级保护政策、法律规范以及组织实施规则和方法，完善信息安全保护法律体系；②管理与技术规范：制定符合国情的标准，建立等级保护体系；③实施过程控制：明确落实系统拥有者的安全责任制，系统拥有者按法律规定和安全等级标准的要求进行信息系统的建设和管理，并承担应急管理责任，在信息系统生命周期内进行自管、自查、自评，建立安全管理体系，同时，安全产品的研发者提供符合安全等级标准要求的技术产品；④结果控制：建立非营利并能够覆盖全国的系统安全等级保护的执法检查与评估体系，使用统一标准和工具开展系统安全等级保护检查评估工作；⑤监督管理：公安机关依法行政，督促安全等级保护责任制的落实，以等级保护标准监督、检查、指导基础信息网络和重要信息系统安全等级保护的建设和管理，对安全等级技术产品实行监管，对监测评估机构实施监管，政府其他职能部门应当认真履行职责，依法行政，按职责开展信息安全等级保护专项制度建设工作，完善信息安全监督体系。这五个关键控制环节，构成了国家信息安全等级保护长效运行机制。国家通过控制这五个关键环节，就能够从宏观上把握信息安全等级保护制度的建设。

（3）信息系统安全等级保护整体要求——PDR 模型。

1）防范与保护。对于大型网络系统可引入安全域和边界的概念，即大域和子域。为了便于实现纵深分级防护，大型网络系统可以分解为最小网络单元，重要信息系统应当分解为最小子系统单元。简化的基本模型为安全计算环境、安全终端系统、安全集中控制管理中心、安全通信线路、最小安全防护边界。由小到大、从里到外实现多级纵深防范。对重点区域、重点部位应当采用综合措施进行重点防范。不同安全等级系统之间应当本着“知所必需、用所必需、共享必需、公开必需、互联互通必需”的信息系统安全控制管理原则，进行互联互通。系统安全集中控制管理中心应当向系统主管部门负责，并接受国家信息安全保护职能部门的监督、指导，协助并支持国家信息安全等级保护职能部门的安全等级保护工作。

2）监控与检查。包括对系统的安全等级保护状况的监控和检查，对服务器、路由器、防火墙等网络部件、系统安全运行状态、信息（包括有害信息和数据）的监控和检查。系统主管部门和国家信息安全职能部门都有职责和权力实施安全监控和检查。

3）响应与处置。包括事件发现、响应、处置和应急恢复。系统主管部门和国家信息安全职能部门都有职责和权力实施响应与处置。

1.2.2　安全等级保护 2.0

随着信息技术的发展，等级保护对象已经从狭义的信息系统，扩展到网络基础设施、云计算平台/系统、大数据平台/系统、物联网、工业控制系统、采用移动互联技术的系统等。2017 年，《中华人民共和国网络安全法》（以下简称《网络安全法》）的正式实施，标志着安全等级保护 2.0 标准的正式启动。《网络安全法》第二十一条明确了“国家实行网络安全等级保护制度”，第三十一条指出“国家对一旦遭到破坏、丧失功能或者数据泄露，可能严重危害国家安全、国计民生、公共利益的关键信息基础设施，在网络安全等级保护制度的基础上，实行重点保护”。对于新技术和应用防护机制及管理手段、对关键信息基础设施的加强保护措施是等级保护 2.0 标准必须考虑的内容。等级保护 2.0 标准体系主要标准如下：《网络安全等级保护条例》（总要求/上位文件）、《计算机信息系统安全保护等级划分准则》（GB 17859—1999）（上位标准）、《信息安全技术 网络安全等级保护实施指南》（GB/T 25058—2020）、《信息安全技术 网络安全等级保护定级指南》（GB/T 22240—2020）、《信息安全技术 网络安全等级保护基本要求》（GB/T 22239—2019）、《信息安全技术 网络安全等级保护安全设计技术要求》（GB/T 25070—2019）、《信息安全技术 网络安全等级保护测评要求》（GB/T 28448—2019）、《信息安全技术 网络安全等级保护测评过程指南》（GB/T 28449—2018）。另外，对于关键信息基础设施标准体系框架拟定了以下标准：《关键信息基础设施保护条例（征求意见稿）》（总要求/上位文件）、《关键信息基础设施安全保护要求（征求意见稿）》《关键信息基础设施安全控制要求（征求意见稿）》《关键信息基础设施安全控制评估方法（征求意见稿）》。

等级保护 2.0 标准的主要特点和变化如下。

（1）名称由原来的《信息系统安全等级保护基本要求》改为《网络安全等级保护基本要求》，等级保护对象范围由原来的信息系统改为等级保护对象（信息系统、通信网络设施和数据资源等），对象包括网络基础设施（广电网、电信网、专用通信网络等）、云计算平台/系统、大数据平台/系统、物联网、工业控制系统、采用移动互联技术的系统等。

（2）在等级保护 1.0 标准的基础上进行了优化，同时针对云计算、移动互联、物联网、工业控制系统及大数据等新技术和新应用领域提出新要求，形成了由安全通用要求+新应用安全扩展要求构成的标准要求内容。安全通用要求是不管等级保护对象形态如何都必须满足的要求；安全扩展要求包括云计算安全扩展要求、移动互联安全扩展要求、物联网安全扩展要求以及工业控制系统安全扩展要求。

（3）采用了“一个中心，三重防护”的防护理念和分类结构，强化了建立纵深防御和精细防御体系的思想。

（4）强化了密码技术和可信计算技术的使用，把可信验证列入各个级别并逐级提出各个环节的主要可信验证要求，强调通过密码技术、可信验证、安全审计和态势感知等建立主动防御体系的期望。

（5）采用了统一的框架结构，安全通用要求细分为技术要求和管理要求。其中，技术要求包括安全物理环境、安全通信网络、安全区域边界、安全计算环境和安全管理中心；管理要求包括安全管理制度、安全管理机构、安全管理人员、安全建设管理和安全运维管理。

1.2.3 等级保护测评

等级保护测评是指信息系统安全等级保护测评，是我国信息安全领域中的一项重要工作。根据国家标准《信息安全技术 信息系统安全等级保护基本要求》（GB/T 22239—2008）和《信息安全技术 信息系统等级保护安全设计技术要求》（GB/T 25070—2010）可了解以下内容。

（1）等级保护测评分级。等级保护测评分为五个级别，以下是各个级别的详细内容。

第一级（自主保护级）：网络的安全保护主要由网络运营者自主实施，国家不对其实施强制性的监督管理。该级别的网络一旦遭到破坏、丧失功能或者数据被篡改、泄露、丢失、损毁后，对国家安全、社会秩序、公共利益以及相关公民、法人和其他组织的合法权益的危害程度最低。

第二级（指导保护级）：网络的安全保护主要由网络运营者自主实施，国家对其实施指导性的监督管理。该级别的网络一旦遭到破坏、丧失功能或者数据被篡改、泄露、丢失、损毁后，对国家安全、社会秩序、公共利益以及相关公民、法人和其他组织的合法权益的危害程度较低。

第三级（监督保护级）：网络的安全保护需要由网络运营者实施，并接受国家的监督管理。该级别的网络一旦遭到破坏、丧失功能或者数据被篡改、泄露、丢失、损毁后，对国家安全、社会秩序、公共利益以及相关公民、法人和其他组织的合法权益的危害程度较高。

第四级（强制保护级）：网络的安全保护需要由网络运营者实施，并接受国家的强制性监督管理。该级别的网络一旦遭到破坏、丧失功能或者数据被篡改、泄露、丢失、损毁后，对国家安全、社会秩序、公共利益以及相关公民、法人和其他组织的合法权益的危害程度高。

第五级（专控保护级）：网络的安全保护需要由网络运营者实施，并接受国家专门机构的专项监督管理。该级别的网络一旦遭到破坏、丧失功能或者数据被篡改、泄露、丢失、损毁后，对国家安全、社会秩序、公共利益以及相关公民、法人和其他组织的合法权益的危害程度极高。

以上是第一级到第五级的详细介绍，可以看出等级保护测评的级别越高，要求的安全防护能力越强，对各个方面的要求也越高。不同的等级保护适用的信息系统可参考表 1-2，但在实际工作中，还需要根据实际情况选择合适的级别进行测评。同时，等级保护测评还需要遵循相关的法律法规和标准要求，确保测评工作的合法性和科学性。

表 1-2　不同的等级保护适用的行业或系统

等级保护级别	适用的信息系统	信息系统受到破坏后的危害程度
第一级	一般适用于小型私营、个体企业、中小学、乡镇所属信息系统、县级单位中一般的信息系统	信息系统受到破坏后，会对公民、法人和其他组织的合法权益造成损害，但不损害国家安全、社会秩序和公共利益
第二级	一般适用于县级某些单位中的重要信息系统；地市级以上国家机关、企事业单位内部一般的信息系统，如不涉及工作秘密、商业秘密、敏感信息的办公系统和管理系统等	信息系统受到破坏后，会对公民、法人和其他组织的合法权益造成严重损害，或者对社会秩序和公共利益造成损害，但不损害国家安全
第三级	一般适用于地市级以上国家机关、企业、事业单位内部重要的信息系统，如涉及工作秘密、商业秘密、敏感信息的办公系统和管理系统；跨省或全国联网运行的用于生产、调度、管理、指挥、作业、控制等方面的重要信息系统以及这类系统在省、地市的分支系统；中央各部委、省（区、市）门户网站和重要网站；跨省连接的网络系统等	信息系统受到破坏后，会对社会秩序和公共利益造成严重损害，或者对国家安全造成损害
第四级	一般适用于国家重要领域、重要部门中的特别重要系统以及核心系统，如电力、电信、广电、铁路、民航、银行、税务等重要部门的生产、调度、指挥等涉及国家安全、国计民生的核心系统	信息系统受到破坏后，会对社会秩序和公共利益造成特别严重损害，或者对国家安全造成严重损害
第五级	一般适用于国家重要领域、重要部门中的极端重要系统	信息系统受到破坏后，会对国家安全造成特别严重损害

（2）等级保护测评的必要性。

1）法律法规的要求。《网络安全法》第二十一条规定“国家实行网络安全等级保护制度”，要求“网络运营者应当按照网络安全等级保护制度的要求，履行安全保护义务”；第三十一条规定“对于国家关键信息基础设施，在网络安全等级保护制度的基础上，实行重点保护”。《网络安全等级保护管理条例（征求意见稿）》第二十二条规定“新建的第二级网络上线运行前应当按照网络安全等级保护有关标准规范，对网络的安全性进行测试。新建的第三级以上网络上线运行前应当委托网络安全等级测评机构按照网络安全等级保护有关标准规范进行等级测评，通过等级测评后方可投入运行”。因此，进行等级保护测评是遵守法律法规的必要条件。

2）保障信息系统的安全性。进行等级保护测评可以帮助信息系统运营者发现和整改安全风险隐患，提高信息系统的安全防护能力，有效应对各种网络攻击和威胁，防止数据泄露、篡改、丢失或损毁，维护国家安全、社会秩序、公共利益以及相关公民、法人和其他组织的合法权益。

3）适应新技术的发展。随着云计算、大数据、物联网、移动互联以及人工智能等新技术的发展，信息系统的形态和功能不断变化，面临着更加复杂和多样化的网络安全风险。进行等级保护测评可以帮助信息系统运营者及时更新和完善安全措施，适应新技术带来的挑战和机遇。

（3）等级保护测评的内容。等级保护测评要求有十项：安全物理环境、安全通信网络、安全区域边界、安全计算环境、安全管理中心、安全管理制度、安全管理机构、安全管理人员、安全建设管理和安全运维管理。

1）安全物理环境。对机房环境的严格要求，包括机房位置（不能处于顶楼和地下室）、机房温湿度控制、防盗、防火、防潮、防水、防雷击、电力供应、电磁防护等。

2）安全通信网络。对网络安全提出的要求，一般包括广域网、局域网、城域网等，测评主要看是否为内网及传输是否加密等。

3）安全区域边界。对边界安全提出的一系列要求，包括入侵防范、访问控制、安全审计、可信验证，测评设备一般为防火墙、入侵防御系统（Intrusion Prevention System，IPS）等。

4）安全计算环境。边界内的所有测评对象，包括安全设备、服务器、数据库、系统、中间件、跳板机、终端设备等，需要对每个测评单位的身份鉴别、访问控制、安全审计、入侵防范、恶意代码防范、可信验证、数据完整性、数据保密性、数据备份与恢复、剩余信息保护和个人信息保护进行测评。

5）安全管理中心。需要测评系统管理、审计管理、安全集中管理和集中管控。

6）安全管理制度。对制度进行安全测评，看制度是否全面，如计算机管理制度、机房进出制度、恶意代码防范制度等。

7）安全管理机构。对负责网络安全的机构岗位、人员、授权、审批、沟通和合作进行检查。

8）安全管理人员。对安全人员录用、离岗、培训等内容进行测评。

9）安全建设管理。包括对定级备案、方案设计、安全设备购买、软件开发、服务商等内容进行测评。

10）安全运维管理。包括环境管理、资产管理、介质管理、设备维护管理、漏洞和风险管理、网络和系统安全管理、恶意代码防范管理、配置管理、密码管理、变更管理、备份与恢复管理、安全事件处置等多个方面的测评。

1.2.4 网络安全法律法规

计算机犯罪主要包括以下五个方面：一是“黑客”非法侵入，破坏计算机信息系统；二是网上制作、复制、传播和查阅有害信息；三是利用计算机实施金融诈骗盗窃、贪污、挪用公款；四是非法盗用、使用计算机资源；五是利用互联网进行恐吓、敲诈等其他犯罪。随着网络犯罪率的不断上升，各国政府都非常重视与网络安全相关的立法工作，以有效打击网络犯罪，保障网络运行的正常秩序，维护国家安全和社会稳定。

我国网络安全方面的法规很早就已经写入《中华人民共和国宪法》，于 1982 年 8 月 23 日写入《中华人民共和国商标法》，于 1984 年 3 月 12 日写入《中华人民共和国专利法》，于 1988 年 9 月 5 日写入《中华人民共和国保守国家秘密法》，于 1993 年 9 月 2 日写入《中华人民共和国反不正当竞争法》。1997 年，《中华人民共和国刑法》首次界定了计算机犯罪，该法第二百八十五、二百八十六、二百八十七条以概括列举的方式分别规定了非法侵入计算机信息系统罪、破坏计算机信息系统罪及利用计算机实施金融犯罪等。

网络安全方面的法规也已写入国家条例和管理办法。1991 年写入国务院发布的《计算机软件保护条例》，1998 写入《软件知识管理办法》，1997 年写入公安部发布的《计算机信息网络国际联网安全保护管理办法》，1998 年写入公安部和中国人民银行联合发布的《金融机构计算机信息系统安全保护工作暂行规定》，1999 年 10 月写入《商用密码管理条例》，2000 年 9 月写入《互联网信息服务管理办法》，2000 年 12 月写入《全国人大常委会关于维护互联网安全的决定》。可见，我国政府和法律界早已清楚地认识到网络安全的重要性，并建立了有中国特色的网络法律体系。这些法律法规在打击网络违法犯罪方面起到积极的作用，但由于计算机犯罪具有隐秘性强、智能性高、破坏性强、侦查和取证困难、跨国犯罪多、犯罪手段多样等特征，使上述法律法规在处罚和预防网络犯罪的覆盖面和力度方面都略显不足。为此，我国根据互联网安全的发展形势和要求，不断完善相关的法律体系，国家各部委也相继出台了一些相关的条例和管理规定。

《网络安全法》由中华人民共和国第十二届全国人民代表大会常务委员会第二十四次会议于 2016 年 11 月 7 日通过，自 2017 年 6 月 1 日起施行。“没有网络安全就没有国家安全，没有信息化就没有现代化。”《网络安全法》是适应我国网络安全工作新形势、新任务，落实中央决策部署，保障网络安全和发展利益的重大举措。作为国家实施网络空间管辖的第一部法律，《网络安全法》是网络安全法律体系的重要基础。这部基本法规范了网络空间多元主体的责任义务，共有七章、七十九条，是网络安全领域的基本法，与之前出台的《国家安全法》《反恐怖主义法》等属同一位阶，是网络安全领域“依法治国”的重要体现，对保障我国网络安全有着重大意义。

《中华人民共和国密码法》（以下简称《密码法》）由中华人民共和国第十三届全国人民代表大会常务委员会第十四次会议于 2019 年 10 月 26 日审议通过，自 2020 年 1 月 1 日起施行。《密码法》共五章、四十四条，是我国密码领域首部综合性、基础性法律，旨在规范密码应用和管理，促进密码事业发展，保障网络与信息安全，维护国家安全和社会公共利益，保护公民、法人和其他组织的合法权益。该法包含立法目的、密码工作的基本原则、领导和管理体制，以及密码发展促进和保障措施等。其中规定了核心密码、普通密码使用要求、安全管理制度以及国家加强核心密码、普通密码工作的一系列特殊保障制度和措施。

2020 年 8 月 20 日，国家密码管理局发布《商用密码管理条例（修订草案征求意见稿）》，其中重点规定的检测认证、电子认证、进出口管理制度与《密码法》相关内容相互呼应，进一步细化落实《密码法》的管理要求。

《中华人民共和国数据安全法》（以下简称《数据安全法》）由中华人民共和国第十三届全国人民代表大会常务委员会第二十九次会议于 2021 年 6 月 10 日通过，自 2021 年 9 月 1 日起施行。《数据安全法》共有七章、五十五条，聚焦数据安全领域的突出问题，确立了数据分类分级管理，建立了数据安全风险评估、监测预警、应急处置，数据安全审查等基本制度，并明确了相关主体的数据安全保护义务，这是我国首部数据安全领域的基础性立法。

2021 年 7 月 12 日，工业和信息化部、国家互联网信息办公室、公安部三部门联合印发了《关于印发网络产品安全漏洞管理规定的通知》（工信部联网安〔2021〕66 号），自 2021 年 9 月 1 日起施行。该通知旨在规范网络产品安全漏洞发现、报告、修补和发布等行为，防范网络安全风险，任何组织或者个人不得利用网络产品安全漏洞从事危害网络安全的活动，不得非法收集、出售、发布网络产品安全漏洞信息，其中规定了网络产品提供者、网络运营者和网络产品安全漏洞收集平台应当建立健全网络产品安全漏洞信息接收渠道并保持畅通，留存网络产品安全漏洞信息接收日志不少于 6 个月。

《关键信息基础设施安全保护条例》（以下简称《条例》）于 2021 年 8 月 17 日由国务院总理李克强签署国务院令通过，自 2021 年 9 月 1 日起施行。关键信息基础设施是指公共通信和信息服务、能源、交通、水利、金融、公共服务、电子政务、国防科技工业等重要行业和领域的网络设施和信息系统，以及其他一旦遭到破坏、丧失功能或者数据泄露，可能严重危害国家安全、国计民生、公共利益的重要网络设施、信息系统等。关键信息基础设施是经济社会运行的神经中枢，是网络安全的重中之重。《条例》共六章、五十一条，对关键信息基础设施运营者未履行安全保护主体责任、有关主管部门以及工作人员未能依法依规履行职责等情况，明确了处罚、处分、追究刑事责任等处理措施。

《中华人民共和国个人信息保护法》（以下简称《个人信息保护法》）由中华人民共和国第十三届全国人民代表大会常务委员会第三十次会议于 2021 年 8 月 20 日表决通过，自 2021 年 11 月 1 日起施行。《个人信息保护法》是一部保护个人信息的法律条款，全文共有八章、七十四条。该法厘清了个人信息、敏感个人信息、个人信息处理者、自动化决策、去标识化、匿名化的基本概念，从适用范围、个人信息处理的基本原则、个人信息及敏感个人信息处理规则、个人信息跨境传输规则、个人信息保护领域各参与主体的职责与权利以及法律责任等方面对个人信息保护进行了全面规定，建立起个人信息保护领域的基本制度体系。

面对当前复杂多变的国际形势，为确保关键信息基础设施供应链安全，维护国家安全。由国家网信办、国家发展改革委等 13 个部门联合修订的《网络安全审查办法》（以下简称《办法》），于 2022 年 2 月 15 日正式实施。《办法》是以关键信息基础设施（Critical Information Infrastructure，CII）的供应链安全为核心，着重关注数据安全的风险和规范，确保 CII、核心数据、重要数据或大量个人信息不被恶意利用。持续完善的网络安全审查制度，为保障国家网络安全奠定了良好基础。《办法》全文共二十三条。其中，将网络平台运营者开展数据处理活动影响或者可能影响国家安全等情形纳入网络安全审查，并明确掌握超过 100 万用户个人信息的网络平台运营者赴国外上市必须向网络安全审查办公室申报网络安全审查。根据审查实际需要，增加证监会作为网络安全审查工作机制成员单位，同时完善了国家安全风险评估因素等内容。

从近年来我国密集出台的与网络和信息安全相关法律和法规可以看出，我国对信息安全的重视，以及对保护信息基础设施、保障国家安全和人民利益的决心。有这些法律法规的保驾护航，我国在各个行业和领域的信息化、数字化和智能化进程会更加平稳、健康和快速地发展。

1.3 其他信息安全评估标准

1.3.1 可信计算机安全评价标准——TCSEC

1985 年，美国国防部国家计算机安全中心代表国防部制定并出版了《可信计算机安全评价标准》（*Trusted Computer Security Evaluation Criteria*，TCSEC），即著名的“橙皮书”（Orange Book）。最初，TCSEC 用于美国政府和军方的计算机系统，而近年来这一标准的影响已扩展到了公共管理领域，成为大家公认的标准。

TCSEC 为计算机信息系统的安全定义了四类、共七个安全级别，从最低的 D 类到最高的 A 类。

（1）D 类安全等级只包括 D1 一个级别。D1 安全等级最低，D1 系统只为文件和用户提供最低安全保护（Minimal Protection）。D1 系统最普通的形式是本地操作系统，或者是一个完全没有保护的网络。DOS 和 Windows 95/98 等操作系统属于这一级。

（2）C 类安全等级能够提供自主保护（Discretionary Protection），为用户的行动和责任提供审计能力。C 类安全等级可划分为 C1 和 C2 两个级别。C1 级是自主安全保护（Discretionary Security Protection）。C1 系统对所有的用户进行分组，每个用户必须注册后才能使用，系统记录每个用户的注册活动，以同样的敏感性来处理数据，即用户认为 C1 系统中的所有资源都具有相同的机密性。C2 级为可控的安全保护（Controlled Access Protection），C2 系统具有 C1 系统中所有的安全性特征，比 C1 系统加强了可调的审核控制。在连接到网络上时，C2 系统的用户分别对各自的行为负责，C2 系统通过登录过程、安全事件和资源隔离来增强这种控制。目前各行业使用的操作系统不论是大型商用 UNIX 系列，如 AIX、HP-UX、Solaris，还是 Windows Server 系列或 Linux Server 系列，基本上都是 C2 级。

（3）B 类为强制保护，采用可信计算基准（Trusted Computing Base，TCB）方法，即保持敏感性标签的完整性并用它们形成一整套强制访问控制规则。B 类系统必须在主要数据结构和对象中带有敏感性标签，B 类安全等级又可细分为 B1、B2、B3 三个级别，其中 B1 表示被标注的安全保护（Labeled Security Protection），B2 表示结构化保护（Structured Protection），B3 表示安全域（Security Domain）。

1）B1 系统满足下列要求：系统对网络控制下的每个对象都进行敏感性标记；系统使用敏感性标记作为所有强迫访问控制的基础；系统在把对象放入系统前标记它们；敏感性标记必须准确地表示其所联系的对象的安全级别；当系统管理员创建系统或者增加新的通信通道或 I/O 设备时，管理员必须指定每个通信通道和 I/O 设备是单级还是多级的，并且只能手动改变指定；单级设备并不保持传输信息的敏感级别；所有直接面向用户位置的输出（无论是虚拟的还是物理的）都必须产生标记来指示关于输出对象的敏感度；系统必须使用用户的口令或证明来决定用户的安全访问级别；系统必须通过审计来记录未授权访问的企图。

2）B2 系统必须满足 B1 系统的所有要求。另外，B2 系统的管理员必须使用一个明确的、文档化的安全策略模式作为系统的可信任运算基础体制。B2 系统必须满足下列要求：系统必须立即通知系统中的每一个用户所有与之相关的网络连接的改变；只有用户能够在可信任通信路径中进行初始化通信；可信任运算基础体制能够支持独立的操作者和管理员。

3）B3 系统必须符合 B2 系统的所有安全需求。B3 系统具有很强的监视委托管理访问能力和抗干扰能力，必须设有安全管理员。B3 系统应满足以下要求：除了控制个别对象的访问外，B3 必须产生一个可读的安全列表；每个被命名的对象提供对该对象没有访问权的用户列表说明；B3 系统在进行任何操作前，要求用户进行身份验证；B3 系统验证每个用户，审计安全相关事件；能够进行自动的入侵检测、通告及响应；具有可信系统恢复过程。

（4）A 类提供可验证的保护（Verified Protection），是最高安全级别。目前，A 类安全等级只包含 A1 一个级别。A1 级与 B3 级相似，对系统的结构和策略不做特别要求。A1 系统的显著特征是系统的设计者必须按照一个正式的设计规范来分析系统。对系统进行分析后，设计者必须运用可验证的技术来确保系统符合设计规范。A1 系统必须满足下列要求：系统管理员必须从开发者那里接收到一个安全策略的正式模型；所有的安装操作都必须由系统管理员进行；系统管理员进行的每一步安装操作都必须有正式文档。

为了更好地根据网络、信息系统和数据库的具体情况应用“橙皮书”标准，美国国防部国家安全计算机中心又制定并出版了三个解释性文件，即《可信网络解释》《计算机安全系统解释》《可信数据库解释》。至此，便形成了美国计算机系统安全评价标准系列——彩虹系列。

1.3.2 信息技术安全评估通用标准——CC

另一个重要的国际安全标准是信息技术安全评估通用标准（Common Criteria for Information Technology Security Evaluation，CC）。CC 起源于欧洲标准ITSEC、加拿大标准CTCPEC及美国标准 TCSEC，并由加拿大、法国、德国、荷兰、英国和美国政府共同制定，于 1995 年正式发布。CC 吸收了多个国家对现代信息系统安全管理和评估的经验和知识，对信息安全管理的研究和应用产生了很大的影响。

CC 定义了 7 个按级排序的评估保证级（Evaluation Assurance Level，EAL），即 EAL1～EAL7，提供了一个递增的尺度，该尺度在确定时权衡了各个级别所获得的保证以及达到该保证程度所需的（评估）代价和可行性。每一个 EAL 要比所有较低的 EAL 提供更多的保证。从 EAL1 到 EAL7，安全保证的不断增加，是靠用同一保证族中的一个更高级别的保证组件替换低级别中的相应组件（即增加严格性、范围或深度），以及增加另一个保证族中的保证组件（如添加新的要求）来实现的。每个 EAL 都是一些保证组件的适当组合，除 CC 中明确定义的 7 个保证级外，CC 还允许增强 EAL，即将所有包括在 EAL 的保证族中的组件增加到 EAL 中，或用同一个保证族中的其他更高级别的保证组件替换 EAL 中原有的保证组件。不过，CC 不允许“减弱”EAL。CC 中各保证级的定义如下：

（1）EAL1——功能测试：为客户提供对评估目标（Target of Evaluation，TOE）的评估，包括依据规范的独立测试和对所提供的指南文档的检查。在没有 TOE 开发者的帮助下，EAL1 评估也能成功进行。EAL1 评估所需费用最少。经 EAL1 评估后将提供如下证据：TOE 的功能行为与文档一致；TOE 对已标识的威胁提供了有用的保护。

（2）EAL2——结构测试：EAL2 评估通过使用功能和接口规范、指南文档和 TOE 高层设计，对安全功能进行分析，了解安全行为，提供安全保证。这种分析由下列内容支持：TOE 安全功能的独立性测试、开发者基于功能规范进行测试得到的证据、对开发者测试结果的选择性独立确认、功能强度分析、开发者搜寻明显脆弱性（如公开的脆弱性）的证据。EAL2 也将通过 TOE 的配置表，以及安全交付程序方面的证据来提供保证。EAL2 通过要求开发者测试、脆弱性分析和基于更详细的 TOE 规范的独立性测试，使安全保证较 EAL1 实现有意义的增长。

（3）EAL3——系统的测试和检查：EAL3 评估通过使用功能和接口规范、指导性文档和 TOE 高层设计，对安全功能进行分析，了解安全行为，提供保证。这种分析由下列内容支持：TOE 安全功能的独立性测试、开发者根据功能规范和高层设计进行测试得到的证据、对开发者测试结果的选择性独立确认、功能强度分析、开发者搜寻明显脆弱性（如公开的脆弱性）的证据。EAL3 还将通过开发环境控制措施的使用、TOE 的配置管理和安全交付程序方面的证据提供保证。EAL3 通过要求更完整的安全功能和机制的测试范围，以及要求相应的程序为说明 TOE 在开发过程中不会被篡改提供一定的信任，使安全保证较 EAL2 实现有意义的增长。

（4）EAL4——系统的设计、测试和复查：EAL4 评估通过使用功能和完整的接口规范、指导性文档、TOE 高层设计和低层设计、实现子集，对安全功能进行分析，了解安全行为，提供保证，并且通过非形式化 TOE 安全策略模型获得额外保证。这种分析由下列内容支持：TOE 安全功能的独立性测试、开发者根据功能规范和高层设计进行测试得到的证据、对开发者测试结果有选择地进行独立确认、功能强度分析、开发者搜寻脆弱性的证据，以及为证明可抵抗低强度等级攻击进行的独立的脆弱性分析。EAL4 还将通过开发环境控制措施的使用以及包括自动化在内的额外的 TOE 配置管理和安全交付程序证据来提供保证。EAL4 通过要求更多的设计描述、实现的子集以及要求增进的机制和有关程序为说明 TOE 在开发或交付过程中不会被篡改提供一定的信任，使安全保证较 EAL3 实现有意义的增长。

（5）EAL5——半形式化的设计和测试：EAL5 评估通过使用功能和完整的接口规范、指导性文档、TOE 的高层和低层设计以及全部实现，对安全功能进行分析，了解安全行为，提供保证。通过 TOE 安全政策的形式化模型、功能规范和高层设计的半形式化表示以及它们之间对应性的半形式化证明获得额外保证。此外还需要 TOE 的模块化设计。这种分析由下列内容支持：TOE 安全功能的独立测试，开发者根据功能规范、高层设计和低层设计进行测试得到的证据、开发者对测试结果有选择地进行独立确认，功能强度分析，开发者搜寻脆弱性的证据，以及为证明可抵御中等强度攻击进行的独立的脆弱性分析。这种分析也包括对开发者的隐蔽信道分析的确认。EAL5 还将通过开发环境控制措施的使用，以及包括自动化在内的全面的 TOE 配置管理和安全交付程序证据来提供保证。EAL5 通过要求半形式化的设计描述、整个实现、更结构化（因而更具有可分析性）的体系结构、隐蔽信道分析以及要求增进的机制和有关程序为说明 TOE 在开发过程中不会被篡改提供一定的信任，使安全保证较 EAL4 实现有意义的增长。

（6）EAL6——半形式化的验证设计和测试：EAL6 评估通过使用功能和完整的接口规范、指南文档、TOE 高层和低层设计以及实现的结构化表示，对安全功能进行分析，了解安全行为，提供保证。通过 TOE 安全政策的形式化模型、功能规范、高层设计和低层设计的半形式化表示以及它们之间对应性的半形式化证明获得额外保证。此外，还需要 TOE 的模块化与层次化的设计。这种分析由下列内容支持：TOE 安全功能的独立测试，开发者根据功能规范、高层设计和低层设计进行测试得到的证据，对开发者测试结果有选择地进行独立确认，功能强度分析，开发者搜寻脆弱性的证据，以及为证明可抵御具有高等级攻击而进行的独立的脆弱性分析。这种分析也包括对开发者的系统化隐蔽信道的分析和确认。EAL6 还将通过使用结构化的开发过程、开发环境控制措施以及包括完全自动化在内的全面的 TOE 配置管理和安全交付程序证据提供保证。EAL6 通过要求更全面的分析、实现的结构化表示、更体系化的结构（如分层）、更全面的独立脆弱性分析、系统化的隐蔽信道识别以及增进的配置管理和开发环境控制，使安全保证较 EAL5 实现有意义的增长。

（7）EAL7——形式化的验证设计和测试：EAL7 评估通过使用功能和完整的接口规范、指南文档、TOE 高层和低层设计以及实现的结构化表示，对安全功能进行分析，了解安全行为，提供保证。通过 TOE 安全政策的形式化模型、功能规范和高层设计的形式化表示、低层设计的半形式化表示以及它们之间对应性的形式化和半形式化证明获得额外保证。此外，还需要 TOE 的模块化、层次化且简单的设计。这种分析由下列内容支持：TOE 安全功能的独立测试，开发者根据功能规范、高层设计和低层设计及实现表示进行测试得到的证据，对开发者测试结果的全部独立确认，功能强度分析，开发者搜寻脆弱性的证据，以及为证明可抵御高等级攻击而进行的独立的脆弱性分析。这种分析也包括对开发者的系统化隐蔽信道分析的确认。EAL7 还将通过使用结构化的开发过程、开发环境控制措施以及包括完全自动化在内的全面的 TOE 配置管理和安全交付程序证据来提供保证。EAL7 通过要求使用形式化表示和形式化对应性进行更全面的分析以及更全面的测试，使安全保证较 EAL6 实现有意义的增长。EAL7 适用于极高风险环境或者因资产价值高值得花高代价加以保护的环境中的安全 TOE 的开发。

TCSEC 和 CC 标准安全级别的对应关系见表 1-3。

表 1-3 TCSEC 和 CC 标准安全级别的对应关系

TCSEC	D	—	C1	C2	B1	B2	B3	A1
CC	—	EAL1	EAL2	EAL3	EAL4	EAL5	EAL6	EAL7

1.3.3 BS 7799 标准

BS 7799 标准于 1993 年由英国贸易工业部立项，于 1995 年由英国标准协会首次出版 BS 7799-1《信息安全管理实施细则》，它提供了一套综合的、由信息安全最佳惯例组成的实施规则，其目的是作为确定工商业信息系统在大多数情况所需控制范围的参考基准。BS 7799-1 经过修订，于 1999 年重新予以发布，考虑了信息处理技术，尤其是在网络和通信领域应用的近期发展，同时还非常强调了商务涉及的信息安全及信息安全的责任。2000 年 12 月，BS 7799-1:1999《信息安全管理实施细则》通过了国际标准化组织的认可，正式成为国际标准——ISO/IEC 17799-1:2000《信息技术—信息安全管理实施细则》。ISO/IEC 17799 在 2005 年 6 月经过修订，最终于 2007 年加入 ISO 27000 标准序列，成为 ISO/IEC 27002。

1998 年，英国公布标准的第二部分 BS 7799-2《信息安全管理体系规范》，它规定信息安全管理体系要求与信息安全控制要求。BS 7799-2 在 2002 年的修订中引入了 ISO 9000 中质量管理的 PDCA 循环。BS 7799-2 于 2005 年 11 月被 ISO 采纳成为 ISO/IEC 27001。

BS 7799-3:2006 提供了关于如何在组织内建立、实施和维护信息安全风险管理系统的指南。这一标准的关键目标是帮助组织更好地理解并有效地处理信息安全风险。BS 7799-3 包含了一系列关键术语和定义，以确保标准的一致性和清晰度；提供了一个风险管理框架，引导组织在信息安全管理系统中采用风险管理的最佳实践；描述了一个结构化的风险评估过程，包括风险识别、风险评估、风险处理和监视与改进；详细说明了信息安全风险的特征，以及在评估和处理这些风险时需要考虑的因素。2011 年，BS 7799-3:2006 标准成为 ISO/IEC 27005:2011 标准。

1.3.4 ISO/IEC 27000 系列标准[1]

ISO/IEC 27000 是由国际标准化组织和国际电工委员会联合颁布的一系列全面和复杂的信息安全管理标准，旨在帮助各种类型和规模的组织有效地实施并运行信息安全管理体系（Information Security Management System，ISMS），从而增强组织识别、防止、减少和控制组织信息安全风险的能力。

ISO/IEC 27000 标准是国际标准化组织专门为信息安全管理体系建立的一系列相关标准的总称，已经预留了 ISO/IEC 27000 到 ISO/IEC 27059 共 60 个标准号，到目前为止，正式发布的信息安全管理体系标准有 8 个。全部标准从 ISO/IEC 27000 到 ISO/IEC 27037 以及 ISO 27799 和其他，基本可以分为以下 4 个部分。

第 1 部分是要求和支持性指南，是信息安全管理体系的基础和基本要求，包括 ISO/IEC

---

[1] ISO. ISO/IEC 27000:2018[EB/OL].(2017-03-05)[2024-02-27]. https://standards.iso.org.

27000 到 ISO/IEC 27005；第 2 部分是有关认证认可和审核的指南，面向认证机构和审核人员，包括 ISO/IEC 27006 到 ISO/IEC 27008；第 3 部分是面向专门行业的信息安全管理要求，如金融业、电信业，或者专门应用于某个具体的安全域，如数字证据、业务连续性方面；第 4 部分是由 ISO 技术委员会 TC215 单独制定的（而非和 IEC 共同制定）应用于健康行业的 ISO 27799 标准，以及一些处于研究阶段并以新项目提案方式体现的成果，如供应链安全、存储安全等。

以下为几个主要标准的内容的介绍。

（1）ISO/IEC 27000 是信息安全管理的概述和术语，是最基础的标准之一。它提供了 ISMS 标准族中所涉及的通用术语和基本原则，由于 ISMS 每个标准都有自己的术语和定义，使用环境和行业也存差别，不同标准的术语间往往会有一些细微的差异，致使在使用过程中缺乏协调性，ISO/IEC 27000 就是用于实现协调性。ISO/IEC 27000 标准有 3 章，第 1 章是标准的范围说明；第 2 章对 ISO 27000 系列的各个标准进行介绍，说明了各个标准之间的关系；第 3 章给出了 63 个与 ISO 27000 系列标准相关的术语和定义。

（2）ISO/IEC 27001:2005 是《信息技术—安全技术—信息安全管理体系要求》，等同于中国国家标准 GB/T 22080—2008。ISO/IEC 27001:2005 于 2008 年 6 月 19 日发布，自同年 11 月 1 日起正式实施。同 ISO 9001 标准的性质一样，它是 ISMS 的规范性标准，也是 ISO/IEC 27000 系列最核心的两个标准之一，适用于所有类型的组织。它着眼于组织的整体业务风险，通过对业务进行风险评估来建立、实施、运行、监视、评审、保持和改进其信息安全管理体系，确保其信息资产的保密性、可用性和完整性。它还规定了为适应不同组织或部门的需求而制定的安全控制措施的实施要求，也是独立第三方认证及实施审核的依据。

（3）ISO/IEC 27002:2005 是《信息技术—安全技术—信息安全管理实用规则》，等同于中国国家标准 GB/T 22081—2008。ISO/IEC 27002:2005 是 ISO/IEC 27000 系列较核心的标准之一。它从 11 个方面提出 39 个控制目标和 133 个控制措施，这些控制目标和控制措施是信息安全管理的最佳实践。从应用角度看，该标准具有专用和通用的二重性。作为 ISO 27000 标准族系列的成员之一，它是配合 ISO/IEC 27001 标准来使用的，体现其专用性。同时，它提出的信息安全控制目标和控制措施又是从信息安全工作实践中总结出来的，不管组织是否建立和实施 ISMS，均可从中选择适合自己的思路、方法和手段来实现目标，这又体现了它的通用性。

（4）ISO/IEC 27003 是《信息安全管理体系实施指南》，该标准适用于所有类型、所有规模和所有业务形式的组织，为建立、实施、运行、监视、评审、保持和改进符合 ISO/IEC 27001 的信息安全管理体系提供实施指南。它给出了 ISMS 实施的关键成功因素，按照 PDCA 的模型，明确了计划、实施、检查、纠正每个阶段的活动内容和详细指南。

（5）ISO/IEC 27004 是《信息安全管理测量》，该标准阐述了信息安全管理的测量和指标，用于测量信息安全管理的实施效果，为组织测量信息安全控制措施和 ISMS 过程的有效性提供指南。它分为信息安全测量概述、管理责任、测量和测量改进、测量操作、数据分析和测量结果报告、信息安全管理项目的评估和改进共 6 个关键部分，该标准还详细描述了测量过程机制，分析了如何收集基准测量单位，以及如何利用分析技术和决策准则来生成信息安全的临界指标等。

（6）ISO/IEC 27005 是《信息安全风险管理》，该标准描述了信息安全风险管理的要求，可以用于风险评估、识别安全需求，以及支撑信息安全管理体系的建立和维持。作为信息安全风险管理的指南，该标准还介绍了一般性的风险管理过程，重点阐述了风险评估的重要环节。

在附录中它给出了资产、影响、脆弱性以及风险评估的方法，即列出了常见的威胁和脆弱性，最后给出了根据不同通信系统、不同安全威胁选择控制措施的方法。

（7）ISO/IEC 27006 是《信息安全管理对认证机构的认可要求》，该标准主要是对从事 ISMS 认证的机构提出了要求和规范，即一个机构具备了怎样的条件才能开展 ISMS 认证业务，所有提供 ISMS 认证服务的机构需要按照该标准的要求证明其能力和可靠性。

（8）ISO/IEC 27007 是《信息安全管理的审核指南》，该标准对提供 ISMS 认证的第三方认证机构的审核员的工作提供支持，内部审核员也可以参考本标准完成内部审核活动，还可以根据 ISO/IEC 27002 标准来管理信息安全风险、审查组织措施有效性的人员提供指导和支持。

（9）ISO/IEC 27008 是《信息安全管理的控制措施审核员指南》，该标准对所有审核员在考察组织基于业务风险而采取信息安全控制措施方面提供工作指导，它通过比较信息安全风险管理过程中内部、外部、第三方的所有管理体系要求与控制措施之间的关系来判定其有效性，也判别其控制措施的有效程度，满足信息安全治理的要求。

（10）ISO/IEC 27010 是《部门间通信的信息安全管理》，该标准提供了如何针对信息安全风险、控制措施约束以及如何在不同物理场地跨组织通信的情况下进行数据共享的方法，尤其是对跨重要设施进行通信时所产生的问题和影响提供了有效支持。通过对同一物理场地通信、不同物理场地通信、危机时与政府机构间的通信、常规商务环境下为满足正常合同要求而进行双向业务通信的一系列分析。该标准明确了不同组织之间安全信息交换的方法、模型、过程、协议、控制措施和工作机制。

1.4 网络安全形势分析

1.4.1 网络安全现状❶

随着人工智能、量子科技、卫星互联网、6G 等新技术新应用高速发展，网络攻防进入智能化对抗时代，2023 年勒索软件攻击、分布式拒绝服务（Distributed Denial of Service Attack，DDoS）攻击、数据泄露、ChzatGPT 等生成式人工智能成为网络安全的热点话题，给动荡的全球网络安全威胁态势增加了不确定性和复杂性。2023 年网络安全问题呈现以下的特点。

1. 勒索软件攻击呈快速上升趋势

Zscaler 安全威胁实验室发布的《2023 年全球勒索软件报告》显示，截至 2023 年 10 月，全球勒索软件攻击数量同比增长 37.75%。制造业、服务业和建筑业拥有关键基础设施和宝贵的知识产权，是最常见的勒索软件攻击目标。

2023 年 1 月，某国皇家邮政被勒索软件攻击，被迫停止国际邮政服务；4 月，某国军火制造商莱茵金属公司遭勒索软件网络攻击；6 月，勒索软件组织 Clop 窃取并高价售卖包括某国能源部在内的多个联邦机构用户数据，至少有几百家公司和组织受到影响；6 月，某国知名大学遭勒索软件攻击致 IT 设施全部瘫痪；9 月，某国电力系统遭勒索软件攻击被迫重建；11 月，某国知名金融机构在美全资子公司遭遇勒索软件攻击，导致部分系统中断。

---

❶ 2023 年全球网络安全态势源于武汉市互联网信息办公室网站。

2. 分布式拒绝服务攻击持续增长

全球 DDoS 防护公司 StormWall 总结的 2023 年上半年总结报告称，2023 年上半年的 DDoS 攻击活动全面增加，攻击数量比上一年增加了 38%，多向量攻击同比大幅增长 117%，金融行业（占攻击的 23%）、电信行业、娱乐行业、政府机构受攻击较多，其中政府机构遭受攻击较去年同期增长 132%。

从地域上看，俄罗斯、波兰、瑞士、德国和美国等各国政府机构成为重点目标，美国、印度和中国是常受到攻击的国家，分别占攻击的 16.8%、13.6%、11.2%。2023 年 1 月，塞尔维亚内务部网站和 IT 基础设施遭到五次大规模的 DDoS 攻击；8 月，以色列最大炼油厂遭 DDoS 攻击；9 月，德国金融机构遭大规模 DDoS 攻击致网络中断；9 月，美国金融机构遭遇史上最大规模 DDoS 攻击。

3. 数据泄露呈高发态势

著名咨询机构威瑞信（Verizon）发布《2023 年数据泄露调查报告》，对 5199 起数据泄露事件进行分析，74%的泄露事件是人为因素造成的，包括人为错误、滥用特权、使用被盗凭证或社会工程攻击；83%的泄露事件与外部人员有关；绝大多数攻击的主要动机是经济利益。

回顾 2023 年发生的重大网络安全事件，各种核心数据被窃取，政府、金融机构、能源行业的一些关键性基础设施都成了黑客攻击的新目标。如某公司披露长达十年数据泄露事件、某国留学申请平台遭泄露、某国政府敏感数据被窃取、某公司汽车数据泄露、某大学录取平台泄露 24 万学生个人敏感信息。

4. ChatGPT 等生成式人工智能的安全风险增加

麦肯锡公司发布的研究报告将 2023 年称为“生成式人工智能的突破之年”，以 ChatGPT 为代表的生成式人工智能应用技术被视为近年来最具颠覆性的技术之一，在教育、医疗、金融、计算机等领域掀起轩然大波，给人类社会文明秩序带来了挑战。

一方面，生成式人工智能存在严重的数据外流风险：2023 年 3 月，某公司员工在 ChatGPT 上输入半导体设备信息以及重要内部会议资料而导致商业秘密泄露的事件；意大利数据保护局以侵犯数据隐私为由，将 ChatGPT 禁用了一个月之久；美国、法国、德国、西班牙和欧盟等国家和组织也纷纷开始调查 ChatGPT 的数据外流问题。

另一方面，生成式人工智能存在安全漏洞：生成式人工智能采用的仍是传统的安全架构和防御措施，和其他信息系统一样，难免存在安全漏洞，一旦黑客利用某些软硬件漏洞入侵系统，会带来极大安全隐患。

1.4.2 新时代网络安全的发展趋势[1]

1. 网络安全制度体系化

党的二十大报告提出，“健全网络综合治理体系，推动形成良好网络生态”。建设网络强国，已经成为中国式现代化的核心内容和战略性问题。网络安全法律体系现代化建设，既是保护网民合法权益和网络经济发展的应有之义，也是维护国家网络主权和国防安全的必要条件。近年来，以《中华人民共和国网络安全法》为核心的网络安全法律体系逐步建立健全，目前已形成了“以《中华人民共和国民法典》为指引，《中华人民共和国网络安全法》为基础性法律，

[1] 新时代网络安全的发展趋势、面临挑战与对策建议源于国家信息中心。

具体领域专门性立法为主体，各法律中有关网络安全的实施细则或有关规定为补充”的多层次、立体化国家网络安全制度体系，为推进网络强国建设提供了基本的制度保障。

2. 网络安全基础设施化

当前，我国新型智慧城市建设进入全面发展阶段，在国家政策引导、各部门协同推进和各地方持续创新的推动下，我国新型智慧城市建设取得了显著成效，涌现出“一网通办”“一网统管”“城市大脑”、数据资产登记等一批特色亮点和创新应用，在部分领域为全球智慧城市建设提供了中国方案。物联网、移动互联网、导航定位等新技术应用的不断推动给新型智慧城市建设带来了新的安全问题，互联网、物联网、大数据等进一步增加了网络空间和物理空间的安全互依赖性。城市网络是连接物理城市和数字孪生城市的纽带，既是智慧城市发展的关键基石底座和数字运力中枢，也是支撑城市数字政府高效协同、数字经济高质量发展、数字社会普惠和谐的重要基础设施和支撑服务载体。随着智慧城市建设蓬勃发展，各种创新应用与服务都离不开互联网、物联网等网络基础设施的保障与支撑，随之而来的网络安全问题日益突出，服务中断、勒索软件攻击、信息泄露等问题屡见不鲜，对智慧城市的日常运营造成了巨大的风险与安全隐患。随着网络安全监管理念的创新和监管手段的进步，应统筹推进安全风险分析、协同监管机制、智能监管技术和安全应急处置等方面建设，为智慧城市发展保驾护航。

3. 网络安全风险交织化

全球网络安全事件频发，数据泄露、业务中断、工厂停工等时有发生，网络安全形势依然严峻，甚至愈加错综复杂。一是网络攻防对抗趋势愈演愈烈。网络攻击方转向以多重手段规避网络安全防线，攻击目标也愈加精准。比如，德国某燃料储存供应商遭受网络攻击造成燃油供应中断，某公司供应商电装公司遭到勒索软件攻击，中断了设备的网络连接，数据发生大量泄密，汽车生产线被迫停工。二是大国网络空间安全博弈加剧。

4. 网络安全边界融合化

随着云计算、人工智能等数字技术的不断创新和深度应用，智慧城市也显现出融合化、协同化、智能化的特征。通过网络更好地连接智慧城市的服务、连接百姓、连接企业，成为智慧城市发展的新趋势。智慧城市的核心价值是实现信息的高度集中和共享，但在推进信息资源集中共享的同时，也使得各类安全风险更为集中。云计算、大数据、物联网、移动互联网催生了与传统电子政务、传统行业信息化完全不同的新的安全需求。在新的发展阶段，智慧城市正由稳态系统转向敏态系统，数据正由静态转向实时，时空正从单一物理转向多维社会网络，随之而来的网络安全边界也逐渐泛化模糊，呈现出易变化、复杂化、模糊化和不确定性等特点，以防火墙、堡垒机等为代表的传统边界防护模式逐渐“失灵”，基于边界的传统安全架构不再可靠。传统的“打补丁”“局部整改”“事后补救”式的网络安全防护手段已经不能满足未来经济社会的安全发展需求，从全局视角开展网络安全顶层设计，在统筹规划基础上系统性部署网络安全策略与基础设施建设将成为未来网络安全发展的主流方向。

5. 网络安全工具数智化

随着越来越多的数据迁移到云端，网络安全问题变得更加复杂。许多传统安全系统无法监控云计算数据，但新的人工智能增强网络安全是专门为云计算设计的，采用跨多个运营环境监控和分析数据的混合网络安全解决方案将成为一种必要的措施。随着人工智能，包括物联网等新技术的大量普及，产生海量的数据，区块链对于这些数据的加密、传输、存储、防篡改等问题，可以起到非常好的提升作用。区块链技术比其他平台或记录保存系统具有更高的安全性，任何被记录的交易都需要根据共识规则达成一致。篡改证据和广泛可访问的基于区块链的注册可以提供更高的透明度和数据民主。目前，我国大力出台各种政策，扶持支持区块链技术的应用落地和技术升级。自 2020 年以来，全球数字经济的发展已显著提速，以 5G 和区块链为代表的“新型基础设施”建设全面铺开，区块链与物联网、大数据、云计算、人工智能等前沿科技与网络安全深度融合，推动网络安全工具再上新台阶。

6. 网络安全治理主动化

随着《中华人民共和国网络安全法》、欧盟《通用数据保护条例》等国内外数据安全法律的施行，网络安全治理方式转向主动化。过去的网络安全管理侧重被动防御，即在网络遭受威胁或攻击之后，采取相应的补救措施以减轻或阻止损害。例如，当人们发现网络病毒时，立即采用技术手段清除并同时阻止病毒扩散。随着信息技术的进步，预测网络安全的发展趋势，并且利用大数据提供的大量信息进行网络安全风险的评估越来越容易，因此，网络安全治理更具主动性且更加高效可靠。随着网络安全问题带来的威胁和损失日益增加，提前预判预处置网络安全的需求不断增加，要进一步助推网络安全风险技术的迭代升级，进而促使网络安全治理趋于主动。

7. 网络安全监管常态化

近年来，公安部作为网络安全监管的重要职能部门之一，履行网络安全监管职责，持续开展网络安全监督检查和行政执法工作，有力确保了网络和数据安全，保障数字经济有序运行。自从 2018 年以来，公安部已连续六年开展“净网”专项行动，瞄准侵犯公民个人信息泄露、网络诈骗等违法犯罪行为重拳出击，依法严打严管涉案人员、团伙和企业。此外，关键信息基础设施、重要信息系统也是开展网络安全监督检查的重点领域，常态化开展网络安全隐患排查工作，确保网络安全问题整改到位。

8. 网络生态环境清朗化

构建健康有序的网络交流平台，是党为人民群众创造福祉、实现可持续发展的重要途径。2016 年以来，《中华人民共和国网络安全法》《互联网信息内容管理行政执法程序规定》《公安机关互联网安全监督检查规定》《网信部门行政执法程序规定（征求意见稿）》相继发布，在此基础上，国家网信办等部门展开了“清朗”等系列专项行动，网络生态环境得到有效改善。2021 年，累计清理违法和不良信息 2200 多万条，关闭网站 3200 余家。2022 年，公安机关网安部门破获“侵犯公民个人信息案件”1.6 万余起、“网络水军”案件 550 余起，有力维护了网络空间安全。

1.5　规范网络使用

2024 年 3 月 22 日发布的第 53 次《中国互联网络发展状况统计报告》指出，截至 2023 年 12 月，我国网民规模达 10.92 亿人，较 2022 年 12 月新增网民 2480 万人，互联网普及率达 77.5%。网络已然成为人们生产生活的一个新空间。虽说网络空间是一个虚拟的空间，但人们在网络空间的活动也直接与现实生活相关联，不正当地使用网络工具或信息平台会给现实世界造成很大的危害。例如，网络诈骗的直接结果会导致现实中的经济损失，网络谣言和暴力传播直接扰乱个人生活或社会秩序，有组织、有目的的非法攻击活动更会引发大规模的安全事件，导致全世界范围的巨大损失。另外，当前互联网不仅是人们生产和生活高度依赖的工具，也是传播思想、改变人们观念的重要媒介。因此，无论是互联网从业人员还是普通网民，都应该遵守网络空间的文明使用规范，合理合法地开发和使用网络资源，传播正确的人生观和价值观，最大限度地保证网络的安全性、可信性和可用性，保证网络空间的健康和可持续发展。国家有关部门对加强网络文明建设和规范互联网行业也做了很多工作。例如：2021 年 1 月 8 日，国家网信办就《互联网信息服务管理办法（修订草案征求意见稿）》公开征求意见；2021 年 9 月 14 日，中共中央办公厅、国务院办公厅印发了《关于加强网络文明建设的意见》；2021 年 9 月 15 日，国家互联网信息办公室发布《关于进一步压实网站平台信息内容主体责任的意见》；2021 年 12 月 30 日，中国网络社会组织联合会第一届会员代表大会第三次会议审议通过《互联网行业从业人员职业道德准则》；2022 年 6 月 22 日，国家广播电视总局、文化和旅游部近期联合印发《网络主播行为规范》（广电发〔2022〕36 号）。

1.《关于加强网络文明建设的意见》

《关于加强网络文明建设的意见》（以下简称《意见》）指出，加强网络文明建设，是推进社会主义精神文明建设、提高社会文明程度的必然要求，是适应社会主要矛盾变化、满足人民对美好生活向往的迫切需要，是加快建设网络强国、全面建设社会主义现代化国家的重要任务。《意见》包括总体要求、加强网络空间思想引领、加强网络空间文化培育、加强网络空间道德建设、加强网络空间行为规范、加强网络空间生态治理、加强网络空间文明创建、组织实施八个部分。

《意见》强调，加强网络文明建设要坚持以习近平新时代中国特色社会主义思想为指导，贯彻落实习近平总书记关于网络强国的重要思想和关于精神文明建设的重要论述，大力弘扬社会主义核心价值观，全面推进文明办网、文明用网、文明上网、文明兴网，推动形成适应新时代网络文明建设要求的思想观念、文化风尚、道德追求、行为规范、法治环境、创建机制，实现网上网下文明建设有机融合、互相促进，为全面建设社会主义现代化国家、实现第二个百年奋斗目标提供坚强思想保证、强大精神动力、有力舆论支持、良好文化条件。

《意见》明确，加强网络文明建设的工作目标是：理论武装占领新阵地，马克思主义在网络意识形态领域的指导地位进一步巩固，全党全国人民团结奋斗的共同思想基础进一步巩固；文化培育取得新成效，社会主义核心价值观深入人心，人民群众网上精神文化生活日益健康丰富；道德建设迈出新步伐，网民思想道德素质明显提高，向上向善、诚信互助的网络风尚更加浓厚；文明素养得到新提高，青少年网民网络素养不断提升，网络平台主体责任和行业自律有效落实；治理效能实现新提升，网络生态日益向好，网络空间法治化深入推进，网络违法犯罪打击防范治理能力持续提升；创建活动开创新局面，群众性精神文明创建活动向网上有效延伸，网络文明品牌活动巩固提升，网络空间更加清朗。

《意见》指出，要加强网络空间思想引领、要加强网络空间文化培育、要加强网络空间道德建设、要加强网络空间行为规范、要加强网络空间生态治理、要加强网络空间文明创建、各地区各部门要充分认识加强网络文明建设的重要意义，建立党委统一领导、党政齐抓共管、有关部门各负其责、全社会积极参与的领导体制和工作机制。

2.《互联网行业从业人员职业道德准则》

《互联网行业从业人员职业道德准则》倡导互联网行业从业人员规范职业行为，加强职业道德建设，内容如下：

为加强互联网行业从业人员职业道德建设，规范职业道德养成，营造良好网络生态，推动互联网行业健康发展，依据《新时代公民道德建设实施纲要》、网信领域法律法规，结合互联网行业从业人员职业特点和相关监管要求制定本准则，提出了坚持爱党爱国、坚持价值引领、坚持诚实守信、坚持敬业奉献、坚持科技向善的鲜明倡议。

3.《关于进一步压实网站平台信息内容主体责任的意见》

《关于进一步压实网站平台信息内容主体责任的意见》旨在充分发挥网站平台信息内容管理第一责任人作用，引导推动网站平台准确把握主体责任，明确工作规范，健全管理制度，完善运行规则，切实防范与化解各种风险隐患，积极营造清朗的网络空间。

4.《网络主播行为规范》

《网络主播行为规范》旨在进一步加强网络主播职业道德建设，规范从业行为，强化社会责任，树立良好形象，共同营造积极向上、健康有序、和谐清朗的网络空间，也将进一步推动网络主播迎来更好的发展前景。

一、思考题

1．在美国国家信息基础设施文献中定义的安全的五个属性分别是什么？
2．举例说明如何保证信息的完整性及可用性。
3．通信过程中的攻击主要有哪几种？
4．举例说明什么是主动攻击、什么是被动攻击。这两种攻击方式的主要区别是什么？
5．网络安全威胁的主要表现形式有哪些？你认为哪种威胁的危害比较大？说明理由。
6．计算机网络系统自身存在哪些不安全因素？
7．人为和环境因素会对计算机系统造成哪些安全威胁？
8．制定网络安全策略需要考虑哪些方面？
9．简述 P^2DR 和 PDRR 安全模型的基本思想，并比较它们的异同。
10．《可信计算机安全评价标准》是如何对计算机信息系统的安全进行分级的？

二、实践题

1．通过查找资料说明近一个月内发生的大型网络安全事件及其造成的危害。
2．通过查找资料说明 Windows 系统、UNIX 操作系统分别属于哪个安全级别。

第 2 章　密码学基础

本章介绍密码学的基础知识，讲述古典密码学和现代密码学的主要算法。通过本章的学习，应达到以下目标:

- 理解密码学的基本概念和术语。
- 理解密码学的数学基础。
- 理解对称和非对称密码的区别。
- 掌握古典密码学的基本方法。
- 掌握对称密码算法 DES 和 AES。
- 掌握非对称密码算法 RSA 和 Diffie-Hellman。
- 掌握消息摘要算法 MD5 及 SHA。

密码学是信息安全的基础。很早以前，它就在政治、军事、外交等领域的信息保密方面发挥着重要的作用。随着计算机与互联网的发展，密码学开始广泛用于民用信息安全领域。密码学是实现认证、加密、访问控制的核心技术。

2.1　密码学概述

密码学发展史

2.1.1　密码学的发展史

公元前 5 世纪，古希腊斯巴达出现原始的密码器，用一条带子缠绕在一根木棍上，沿木棍纵轴方向写好明文，解下来的带子上就只有杂乱无章的密文字母。解密者只需找到相同直径的木棍，再把带子缠上去，沿木棍纵轴方向即可读出有意义的明文。这是最早的换位密码术。

公元前 1 世纪，著名的凯撒密码被用于高卢战争中，这是一种简单易行的单字母替代密码。

9 世纪，阿拉伯密码学家阿尔·金迪提出解密的频度分析方法，通过分析计算密文字符出现的频率破译密码。

16 世纪中期，意大利数学家古罗拉莫·卡尔达诺发明了卡尔达诺漏格板，覆盖在密文上，可从漏格中读出明文，这是较早的一种分置式密码。

16 世纪晚期，英国的菲利普斯利用频度分析法成功破解苏格兰女王玛丽的密码信，信中策划暗杀英国女王伊丽莎白，这次解密阻止了此次暗杀。

几乎在同一时期，法国外交官布莱斯·德·维吉尼亚提出著名的维吉尼亚方阵密表和维吉尼亚密码，这是一种多表加密的替代密码，可使阿尔·金迪和菲利普斯的频度分析法失效。

1863 年，普鲁士少校弗里德里希·卡西斯基首次从关键词的长度着手将维吉尼亚密码破解。英国的查尔斯·巴贝奇通过仔细分析编码字母的结构也将维吉尼亚密码破解。

20 世纪初，第一次世界大战进行到关键时刻，英国破译密码的专门机构“40 号房间”利用缴获的德国密码本破译了著名的“齐默尔曼电报”，促使美国放弃中立参战，改变了战争进程。

1918 年，第一次世界大战快结束时，美国数学家吉尔伯特·维那姆发明了一次性便笺密码，它是一种理论上绝对无法破译的密码系统，被誉为密码编码学的圣杯。但产生和分发大量随机密钥的困难使它的实际应用受到很大限制，也更加无法保证安全性。

在第二次世界大战中，在破译德国著名的“恩格玛（Enigma）”密码的过程中，原本以语言学家和人文学者为主的解码团队中加入了数学家和科学家，计算机科学之父阿兰·麦席森·图灵就是在这个时候加入了解码队伍，发明了一套更高明的解码方法。同时，这支优秀的队伍设计了人类的第一部计算机来协助破解工作。

同样在第二次世界大战中，印第安纳瓦霍土著语言被美军用作密码。在第二次世界大战日美的太平洋战场上，美国海军军部让北墨西哥和亚利桑那印第安纳瓦霍族人使用纳瓦霍语进行情报传递。纳瓦霍语的语法、音调及词汇都极为独特，不为世人所知，当时纳瓦霍族以外的美国人中，能听懂这种语言的也就一二十人。这是密码学和语言学的成功结合，令纳瓦霍语密码成为历史上从未被破译的密码。

1975 年 1 月 15 日，对计算机系统和网络进行加密的数据加密标准（Data Encryption Standard，DES）由美国国家标准局颁布为国家标准，这是密码学历史上一个具有里程碑意义的事件。

1976 年，当时在美国斯坦福大学的惠特菲尔德·迪菲和马丁·赫尔曼两人在论文 *New Direction in Cryptography* 中提出公开密钥密码的新思想，把密钥分为加密的公钥和解密的私钥，这是密码学的一场革命。

1977 年，美国的罗纳德·李维斯特、阿迪·萨莫尔和伦纳德·阿德曼三人提出第一个较完善的公钥密码系统——RSA 体制，这是一种建立在大数因子分解基础上的算法。

1985 年，英国牛津大学物理学家戴维·多伊奇提出量子计算机的初步设想，这种计算机一旦被制造出来，可在 30 秒内完成传统计算机要花费 100 亿年才能完成的大数因子分解，从而可以轻易破解使用 RSA 算法加密的信息。

同一年，美国的查理斯·贝内特根据量子密码学的协议，在实验室第一次实现了量子密码加密信息的通信。尽管通信距离只有 30 厘米，但它证明了量子密码学的实用性。与一次性便笺密码结合，同时利用量子的神奇物理特性，可产生连量子计算机也无法破译的绝对安全的密码。

在信息安全技术中，需要经常验证消息的完整性，散列（Hash）函数提供了这一服务，它对不同长度的输入消息产生固定长度的输出。这个固定长度的输出称为原输入消息的“散列值”或“消息摘要”。1992 年 8 月，罗纳德·李维斯特向 IETF 提交了一份重要文件，描述了 MD5 算法的原理，由于这种算法的公开性和安全性，在 20 世纪 90 年代被广泛应用于各种程序语言中，用以确保资料传递无误。

1993 年，安全散列算法（Secure Hash Algorithm，SHA）由美国国家标准与技术研究院（National Institute of Standards and Technology，NIST）提出，并作为联邦信息处理标准（FIPS PUB 180）公布；1995 年，发布了修订版 FIPS PUB 180-1，通常称为 SHA-1。SHA-1 基于 MD4 算法，在设计上很大程度地模仿 MD4，2005 年之前被广泛使用。2008 年更新的 Pub 180-3 中规定了 SHA-1、SHA-224、SHA-256、SHA-384 和 SHA-512 几种单向散列算法。其中，SHA-1、SHA-224 和 SHA-256 适用于长度不超过 2^{64} 个二进制位的消息。SHA-384 和

SHA-512 适用于长度不超过 2^{128} 个二进制位的消息。

2003 年，位于日内瓦的 id Quantique 公司和位于纽约的 MagiQ 技术公司，推出了传送量子密码的商业产品。日本电气公司在创纪录的 150 千米传送距离的演示后，也向市场推出产品。IBM、富士通和东芝等企业也在积极进行研发。目前，市面上的产品能够将密钥通过光纤传送几十千米。2023 年 5 月，中国科学家实现光纤中 1002 千米点对点远距离量子密钥分发，创下了光纤无中继量子密钥分发距离的世界纪录。

2004 年，中国数学家王小云证明 MD5 算法可以产生碰撞。2007 年，马克·斯蒂文、阿尔扬·兰斯特拉和本尼·德·韦格进一步指出通过伪造软件签名，可重复性攻击 MD5 算法。

综上所述，密码学的发展史大体可以归结为三个阶段。

第一阶段：1949 年之前，密码学更像是一门艺术而非科学，在这个时期没有任何公认的客观标准衡量各种密码体制的安全性，因此也就无法从理论上深入研究信息安全问题。这一阶段出现一些密码算法、加密设备和简单的密码分析手段，其中密码算法主要针对字符加密。这个阶段的主要特点是数据的安全基于算法的保密。

第二阶段：1949—1976 年，在这一阶段，密码学成为科学，计算机使基于复杂计算的密码成为可能。这个阶段的主要特点是数据的安全基于密钥的保密而不是算法的保密。

第三阶段：1976 年以后，密码学出现新的发展方向——公钥密码学。1976 年，公开密钥密码思想被提出；1977 年，RSA 公钥算法被提出；20 世纪 90 年代，逐步出现椭圆曲线等其他公钥算法。这个阶段的主要特点是公钥密码使发送端和接收端无密钥传输的保密通信成为可能。

2.1.2 密码系统的概念

一个密码系统被定义为一对数据变换，其中一个变换应用于明文的数据项，变换后产生的相应数据项称为密文；而另一个变换应用于密文，变换后的结果为明文。这两个变换分别称为加密变换（Encryption）和解密变换（Decryption）。加密变换将明文和一个称为加密密钥的独立数据值作为输入，输出密文；解密变换将密文和一个称为解密密钥的数据值作为输入，输出明文；密钥是变换中的一个参数。密文通过不安全信道，仍存在被攻击的可能。通过密码分析，攻击者可能获得部分明文或密钥的信息。密码系统的通信模型如图 2-1 所示。

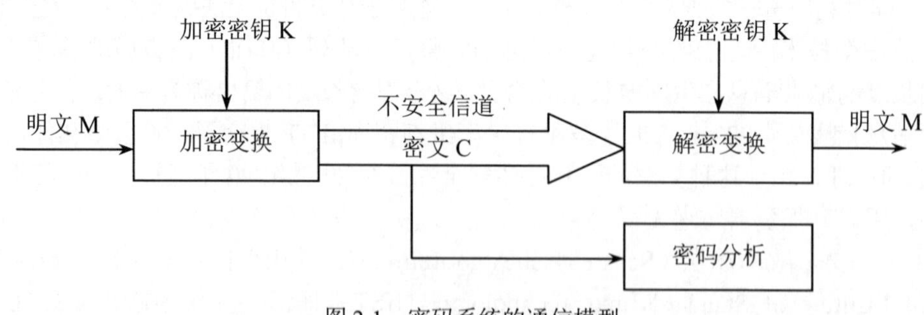

图 2-1 密码系统的通信模型

通常，一个对称密码系统可以表达为一个五元组（M，C，K，E，D），其中：

（1）M 是可能的明文的有限集，称为明文空间。

（2）C 是可能的密文的有限集，称为密文空间。

（3）K 是由一切可能的密钥构成的有限集，称为密钥空间。

（4）对于密钥空间中的任一密钥有一个加密算法和相应的解密算法使 E_K：$M \to C$ 和 D_K：$C \to M$ 分别为加密和解密函数，且满足 $D_K[E_K(M)] = M$ 。

要使一个对称密码系统可以实际应用还必须满足如下特性。

（1）每一个加密函数 E_K 和每一个解密函数 D_K 都能有效地计算。

（2）破译者取得密文后将不能在有效的时间内破解出密钥 K 或明文 M。

（3）一个对称密码系统安全的必要条件是，穷举密钥搜索将是不可行的，即密钥空间非常大。

密码算法是用于加密和解密的数学函数。如果密码的安全性依赖密码算法的保密性，此类算法称为受限制的算法（Restricted Algorithm），其保密性不易控制。例如，一个组织采用某种密码算法，一旦有人离开，这个组织的其他成员就不得不启用新算法。另外，受限制的算法不能进行质量的控制和标准化，因为每个组织或个人都使用各自唯一的算法。

现代密码学解决了这个问题，密码系统的加密、解密算法是公开的，算法的可变参数（密钥）是保密的，密码系统的安全性仅依赖密钥的安全性，这样的算法称为基于密钥的算法。基于密钥的算法通常有两类：对称加密算法和非对称加密算法。

根据被破译的难易程度，不同的密码算法具有不同的安全等级。如果破译算法的代价高于被加密数据的价值，或者破译算法所需要的时间比所加密数据保密的时间长，或者加密的数据量比破译算法所需要的数据量少得多，那么这个算法的安全性就高。

密码算法的安全性可以通过两种方法研究：一种是信息论方法，研究破译者是否具有足够的信息量去破译密码，侧重理论安全性；另一种是计算复杂性理论，研究破译者是否具有足够的时间和存储空间去破译密码，侧重实用安全性。

2.1.3　密码的分类

从不同的角度根据不同的标准，可以把密码分成若干类。

1. 按应用的技术或历史发展阶段划分

按应用的技术或历史发展阶段可将密码划分为以下几种。

（1）手工密码。以手工完成加密操作或者以简单器具辅助操作的密码，称为手工密码。第一次世界大战以前主要是这种操作形式的密码。

（2）机械密码。以机械密码机或电动密码机来完成加/解密操作的密码，称为机械密码。这种密码从第一次世界大战出现到第二次世界大战期间得到普遍应用。

（3）电子机内乱密码。通过电子电路以严格的程序进行逻辑运算，以少量制乱元素生产大量的加密乱数，因为其制乱是在加/解密过程中完成的而无需预先制作，所以称为电子机内乱密码。从 20 世纪 50 年代末期出现到 20 世纪 70 年代被广泛应用。

（4）计算机密码。计算机密码以计算机软件编程进行算法加密为特点，适用于计算机数据保护和网络通信等广泛用途的密码。

2. 按保密程度划分

按保密程度高低，将密码分为以下几种。

（1）理论上保密的密码。不管获取多少密文和有多强的计算能力，对明文始终不能得到唯一解的密码，称为理论上保密的密码，也称为理论不可破的密码。随机一次一密的密码就属于这种类型。

（2）实际上保密的密码。在理论上可破，但在现有客观条件下，无法通过计算来确定唯一解的密码，称为实际上保密的密码。

（3）不保密的密码。在获取一定数量的密文后可以得到唯一解的密码，称为不保密的密码，如早期单表代替密码、后来的多表代替密码以及明文加少量密钥等密码。

3. 按密钥方式划分

按密钥方式可将密码分为以下两种。

（1）对称密码。收发双方使用相同密钥的密码，称为对称密码。传统的密码都属此类。

（2）非对称密码。收发双方使用不同密钥的密码，称为非对称密码。如现代密码中的公开密钥密码就属此类。

4. 按明文处理方式划分

按加密过程中对明文的处理方式分为以下两种。

（1）分组密码。分组密码按块（固定大小的比特块）对数据进行加密。每个块分别被加密，然后组合在一起形成密文。

（2）流密码。流密码以比特流的形式逐比特对数据进行加密。密钥流（由密钥生成的伪随机比特流）与明文按位进行异或操作。

5. 按编制原理划分

按密码的编制原理，可以分为以下两种。

（1）代替密码。也称为替换密码，例如，简单的代替密码是用一个字母代替另一字母或用某个符号代替一个字母来实现加密。

（2）置换密码。也称为置乱密码或换位密码，是对明文中的元素进行位置的打乱来，以起到加密的目的。

古今中外的密码算法，不论其形态多么繁杂，变化多么巧妙，都是这两种基本原理相互结合、灵活应用而形成的。

2.1.4 近代加密算法

1. 对称加密算法

对称加密算法（Symmetric Algorithm）也称为传统密码算法，其加密密钥与解密密钥相同或很容易相互推算出来，因此也称为秘密密钥算法或单钥算法。这种算法要求通信双方在进行安全通信前协商一个密钥，用该密钥对数据加密和解密。整个通信的安全性完全依赖密钥的保密。对称加密算法的加密和解密过程可以用式子表述如下：

加密：$E_k(M)=C$

解密：$D_k(C)=M$

式中，E 表示加密运算，D 表示解密运算，M 表示明文（有的书上用 P 表示），C 表示密文，*k* 表示加/解密所用的密钥。之后章节沿用这些表示方法。

对称算法分为两类，一类称为序列密码（Stream Cipher）算法，另一类称为分组密码（Block Cipher）算法。序列密码算法以明文中的单个位（有时是字节）为单位进行加密运算，分组算法则以明文的一组位（这样的一组位称为一个分组）为单位进行加密运算。

序列密码算法加密时，将一段类似于噪声的伪随机序列与明文序列模 2 加后作为密文序列，这样即使对于一段全 0 或全 1 的明文序列，经过序列密码加密后也会变成类似于噪声的乱码流。在接收端，用相同的随机序列与密文序列模 2 加便可恢复明文序列。序列密码的关键技术是伪随机序列发生器的设计。

相比之下，分组密码算法的适用性更强一些，适宜作为加密标准。分组密码算法的核心是构造既具有可逆性又有很强的非线性的算法。加密过程主要重复使用混乱（confusion）和扩散（diffusion）两种技术，这是克劳德・艾尔伍德・香农在 1949 年发现的隐蔽信息的方法。混乱是指改变信息块使输出位和输入位无明显的统计关系。扩散是指将明文位和密钥的效应传播到密文的其他位。另外，在基本算法前后，还要进行移位和扩展等。对称密码算法有很多种，如 DES、Triple DES、IDEA、RC2、RC4、RC5、RC6、GOST、FEAL、LOKI 等。

对称加密算法的主要优点是运算速度快，硬件容易实现；其缺点是密钥的分发与管理比较困难，特别是当通信的人数增加时，密钥数目急剧膨胀。因为每两个人需要一个密钥，当 n 个人互相通信时，需要 $n(n-1)/2$ 个密钥。假如一个公司里有 100 名员工，就需要分发和管理近 5000 个密钥。

2. 非对称加密算法

非对称加密算法（Asymmetric Algorithm）也称为公开密钥算法（Public Key Algorithm），是惠特菲尔德・迪菲和马丁・赫尔曼于 1976 年发明的，拉尔夫・默克尔也独立提出了此概念。公开密钥加密的第一个算法是由拉尔夫・默克尔和马丁・赫尔曼开发的背包算法。背包算法的安全性起源于背包难题，它是一个 NP 完全问题。尽管这个算法后来被发现是不安全的，但它证明了如何将 NP 完全问题用于公开密钥密码学，因而具有一定的研究价值。

公开密钥体制把信息的加密密钥和解密密钥分离，通信的每一方都拥有这样的一对密钥。其中加密密钥可以像电话号码一样对外公开，由发送方用来加密要发送的原始数据，解密密钥则由接收方秘密保存，作为解密时的私用密钥。公开密钥加密算法的核心是一种特殊的数学函数——单向陷门函数（Trap-Door One Way Function），即该函数从一个方向求值是容易的，但其逆变换却是极其困难的。因此，利用公开的加密密钥只能作正向变换，而逆变换只有依赖私用的解密密钥这一“陷门”才能实现。

公开密钥体制最大的优点就是不需要对密钥通信进行保密，所需传输的只有公开密钥。这种密钥体制还可以用于数字签名，即信息的接收者能够验证发送者的身份，而发送者在发送已签名的信息后不能否认。公开密钥体制的缺陷在于其加密和解密的运算时间比较长，这在一定程度上限制了它的应用范围。公开密钥体制在理论上被认为是一种比较理想的计算密码的方法，比较著名的算法有 RSA、Diffie-Hellman、DSS、EC 等。公开密钥算法的通用表示如下：

$$\mathrm{E}_{k1}(\mathrm{M})=\mathrm{C}$$

$$\mathrm{D}_{k2}(\mathrm{C})=\mathrm{M}$$

$$\mathrm{D}_{k2}[\mathrm{E}_{k1}(\mathrm{M})]=\mathrm{M}$$

式中，$k1$ 和 $k2$ 分别为一对密钥中的公开密钥和私有密钥。

公开密钥体制主要有以下 3 个方面的用途。

（1）数据的加/解密：发送方用接收方的公钥加密消息；接收方用自己的私钥解密消息。

（2）数字签名：发送方用自己的私钥对要发送的消息进行加密，一般是对该消息的消息摘要（通过一种单向函数计算的、能唯一标识该消息的一段数据）进行加密。接收方用发送方的公钥来认证消息的真实性和来源。

（3）密钥交换：用于通信双方进行会话密钥的交换。

RSA 算法可以用于以上三个用途，Diffie-Hellman 算法仅用于密钥交换，DSS 算法仅用于数字签名。

2.1.5 密码的破译

在用户看来，密码学中的密钥类似于计算机的口令。正如不同的计算机系统使用不同长度的口令，不同的密码系统也使用不同长度的密钥。一般来说，在其他条件相同的情况下，密钥越长，破译密码越困难，密码系统就越可靠。从窃取者角度看来，主要有两种破译密码、获取原来明文的方法：密钥的穷尽搜索和密码分析。

1. 密钥的穷尽搜索

破译密文最简单的方法就是尝试所有可能的密钥组合。在此假设破译者有识别正确解密结果的能力。虽然大多数密钥尝试都是失败的，但最终总会有一个密钥让破译者得到原文。这个过程称为密钥的穷尽搜索。

密钥穷尽搜索的方法虽然简单，但效率很低，甚至有时达到不可行的程度。例如，PGP 的 IDEA 加密算法使用 128 位的密钥，因此存在着 2^{128} 种可能性。即使破译者能够每秒尝试一亿个密钥，也需要 10^{23} 年才能完成密钥穷尽搜索。UNIX 系统的用户账号用 8 个字符的口令进行加密，总共有 $126^8 \approx 6.3 \times 10^{16}$ 个组合，如果每秒尝试一亿次，也要花费 20 年时间。到那时，或许用户已经不再使用这个口令了。

如果密码系统密钥生成的概率分布不均匀，如有些密钥组合根本不会出现，而另一些组合经常出现，那么可能的密钥数目则减少很多。搜索到密钥的速度就会大大加快。例如，UNIX 用户账号的口令如果只用 26 个小写字母组成，密钥组合数目就只有 26^8 个，口令被人猜出来的概率就大大增加了。因此，在设置口令时，尽量使用各种字母和数字的组合，不要使用常用单词、日期等简单的口令。

2. 密码分析

大多数密码算法的安全性是建立在算法的复杂性及数学难题的难度基础上的，并且许多算法的复杂度和强度并未达到设计者期望的那么高，也就是说，只是破解难度很大，并不是不可能被破解。因而随着数学方法研究的不断深入和计算机运算能力的不断增强，特别是 Internet 带来的强大的分布计算能力，即使在没有密钥的情况下，也有可能解开密文。经验丰富的密码分析员甚至可以在不知道加密算法的情况下破译密码。这也说明，加密算法的保密并不能提高加密的可靠性。

在不知道密钥的情况下，利用数学方法破译密文或找到密钥的方法，称为密码分析。密码分析有两个基本目标：利用密文发现明文和利用密文发现密钥。常见的密码分析方法如下：

（1）已知明文的破译方法。在这种方法中，密码分析员掌握了一些明文和对应的密文，目的是发现加密的密钥。在使用中，获得某些密文所对应的明文是可能的。例如，电子邮件信头的格式总是固定的，如果加密电子邮件，必然有一段密文对应于信头。

（2）选定明文的破译方法。在这种方法中，密码分析员设法让对手加密一些选定的明文，并获得加密后的结果，目的是确定加密的密钥。

（3）差别比较分析法。这种方法是选定明文的破译法的一种，密码分析员设法让对手加密一组相似却差别细微的明文，然后比较加密后的结果，从而获得加密的密钥。

不同的加密算法对以上这些攻克方法的抵抗力是不同的。难于攻克的算法称为“强”算法，易于攻克的算法称为“弱”算法。当然，两者之间没有严格的界线。

除一次性密码簿外，所有的加密算法都无法从数学上证明其不可攻克性。因此，设计一个“强”的新加密算法是十分困难的。在如何设计可靠的加密算法方面，一般人知之甚少，仅有的一点知识也已经被保密部门定为“绝密”而掩藏起来。历史上有过很多加密算法，虽经过审查、通过，并已具体实现，但最后还是发现仍然有破绽。

判断加密方法是“强”还是“弱”，唯一的办法就是公布它的加密算法，等待和“企求”有人能够找出它的弱点。这种同行鉴定的办法虽然不完美，但远比把算法封闭起来，不让人推敲得好。读者不要轻信任何自称发明了新加密算法的人，尤其是当他拒绝透露其加密算法具体内容时。如果该算法用来保护有价值的信息，就会有人购买该密码系统，然后分解硬件或反汇编软件，最终总能够找出其算法。真正的加密安全性，必须建立在公开和广泛的同行鉴定、检查的基础上。

3. 其他密码破译方法

除对密钥的穷尽搜索和进行密码分析外，在实际生活中，对手更可能针对人机系统的弱点进行攻击以达到其目的，而不是攻击加密算法本身。例如，可以欺骗用户，套出密钥；在用户输入密钥时，应用各种技术手段“窥视”或“偷窃”密钥内容；利用密码系统实现中的缺陷或漏洞，对用户使用的密码系统“偷梁换柱”；从用户工作生活环境的其他来源获得未加密的保密信息，如进行“垃圾分析”；让通信的另一方透露密钥或信息；胁迫用户交出密钥等。虽然这些方法不是密码学所研究的内容，但对于每一个使用加密技术的用户来说，是不可忽视的问题，甚至比加密算法本身更为重要。

2.2　密码学的数学基础

2.2.1　素数和互素数

1. 数的整除

若整数 b 除以非零整数 a，商为整数且余数为 0，那么 b 能被 a 整除或 a 能整除 b，b 为被除数，a 为除数，即 $b|a$，读作 a 整除 b 或 b 能被 a 整除，a 称为 b 的约数或因数，b 称为 a 的倍数。

2. 素数

素数就是质数，一个大于 1 的自然数，除 1 和它自身外，不能被其他自然数整除的数称为质数，即素数；否则称为合数。

3. 公因数

公因数也称为公约数。它是一个能同时整除若干个整数的整数。如果一个整数同时是几个整数的因数，称这个整数为它们的“公因数”。对任意的若干个正整数，1 总是它们的公因数。

4. 互素

互素也称为互质，两个数除 1 之外没有其他的公因数。例如，8 与 9，3 与 7 等都是互素的，因为他们除了 1 没有其他的公因数。

5. 最大公因数

最大公因数也称为最大公约数，指两个或多个整数共有约数中最大的一个。a、b 的最大公约数记为(a,b)。求最大公约数有多种方法，常见的有质因数分解法、辗转相除法等。

6. 最小公倍数

几个数共有的倍数称为这几个数的公倍数，其中除 0 以外最小的一个公倍数称为这几个数的最小公倍数。a、b 的最小公倍数记为$[a,b]$。

2.2.2 模运算

模运算

1. 带余除法和模运算

带余除法就是带有余数的除法，被除数=除数×商+余数，如 31=5×6+1。

“模”是 mod 的音译，mod 的含义为求余。a mod n=r，表示 a 除以 n 得到的余数为 r，如 31 mod 5 = 1。

2. 同余的定义

设 m 是大于 1 的正整数，a、b 是整数，如果 $m|(a-b)$，则称 a 与 b 关于模 m 同余，记作 $a\equiv b(\bmod m)$，读作 a 与 b 对模 m 同余。

3. 一次同余方程

一次同余方程也称为线性同余方程，是一类简单的同余方程，指未知数仅出现一次幂的同余方程。若 a、b 都是整数，m 是正整数，当 $a\not\equiv 0 \ (\bmod m)$时，把 $ax\equiv b \ (\bmod m)$称为模 m 的一元一次同余方程，简称一次同余方程。

4. 逆元

对于正整数 a 和 m，如果有 $ax\equiv 1(\bmod m)$，那么把这个同余方程中的最小正整数解称为 a 模 m 的逆元。形式化定义：$a\in Z$，若存在 $b\in Z$，使 $ab\equiv 1(\bmod m)$，称 a 模 m 可逆（b 是 a 的逆元），记为 $a^{-1}\bmod m$，此时 a、b 互为逆元。

5. 模运算法则

（1）模运算的分配律如下：

$$(a+b) \bmod m = [(a \bmod m) + (b \bmod m)] \bmod m$$
$$(a-b) \bmod m = [(a \bmod m) - (b \bmod m)] \bmod m$$
$$(a\times b) \bmod m = [(a \bmod m) \times (b \bmod m)] \bmod m$$

（2）模运算的结合律如下：

$$[(a+b) \bmod m + \mathrm{c}] \bmod m = [a + (b+\mathrm{c}) \bmod m] \bmod m$$
$$\{[(a\times b) \bmod m] \times \mathrm{c}\} \bmod m = \{a \times [(b\times \mathrm{c}) \bmod m]\} \bmod m$$

（3）模运算的交换律如下：

$$(a+b) \bmod m = (b+a) \bmod m$$
$$(a\times b) \bmod m = (b\times a) \bmod m$$

（4）模运算的模指数运算如下：

$$(a \bmod p)^b \bmod p = a^b \bmod p$$

2.2.3 离散对数

1. 生成元

$Z_p=\{0,1,\cdots,p-1\}$，p 是素数，Z_p^* 表示所有小于 p 且和 p 互素的数的集合，即 $Z_p^*=\{1,2,\cdots,p-1\}$，如果循环群$(\alpha)=Z_p^*$，称α 为生成元或本原元，它的阶为$p-1$。

2. 离散对数问题

$Z_p^* = \{1,2,\cdots,p-1\}$，$\alpha$为生成元，给定$\beta \in Z_p^*$，求 a，使得$a = \log_\alpha \beta \bmod p$。

2.2.4 欧几里得算法

欧几里得算法

1. 欧几里得算法概述

欧几里得算法又称辗转相除法，是指用于计算两个非负整数 a、b 的最大公约数。古希腊数学家欧几里得在其著作 *The Elements* 中最早描述了这种算法，所以被命名为欧几里得算法。

定理一：设 a、b、c 是 3 个不为 0 的整数。如果$a = b \times q + c$，其中 q 是整数，则$(a,b) = (b,c)$。

证明：设$d_1 = (a,b)$，$d_2 = (b,c)$，有$d_1 \mid a + (-q) \times b$，所以$d_1 \mid c$，因而 d_1 为 b、c 的公约数，所以 $d_1 \leqslant d_2$。

同理，d_2 是 a、b 的公因数，有 $d_2 \leqslant d_1$，故 $d_1 = d_2$，定理成立。

反复应用欧几里得算法定理（辗转相除法）即可得到两个非负整数 a、b 的最大公约数 r_m。过程如下：

设整数 $a, b>0$，令 $r_0=a$，$r_1=b$ 且 $r_0>r_1$

$r_0=q_1r_1+r_2$，$0\leqslant r_2<r_1$，$(a, b)=(r_0, r_1)=(r_1, r_2)$

$r_1=q_2r_2+r_3$，$0\leqslant r_3<r_2$，$(r_1, r_2)=(r_2, r_3)$

$r_2=q_3r_3+r_4$，$0\leqslant r_4<r_3$，$(r_2, r_3)=(r_3, r_4)$

…

$r_{m-2}=q_{m-1}r_{m-1}+r_m$，$0\leqslant r_m<r_{m-1}$，$(r_{m-2}, r_{m-1})=(r_{m-1}, r_m)$

$r_{m-1}=q_mr_m+0$，$(r_{m-1}, r_m)=r_m$

$r_m=(a, b)$

2. 扩展欧几里得算法

扩展欧几里得算法可用于 RSA 公钥密码算法等领域。通常谈到最大公因子时，都会提到一个非常基本的事实：给予两个整数 a 与 b，必存在有整数 x 与 y 使得$ax + by = \gcd(a,b)$。根据欧几里得算法可知：有两个数 a、b，对它们进行辗转相除法，可得它们的最大公约数。收集辗转相除法中产生的式子，从后向前计算，可以得到$ax + by = \gcd(a,b)$。例如，a=3837，b=1001，则

$$3837=3\times1001+834$$

所以

$$834=3837-3\times1001$$

$$1001=834+167$$

所以

$$167=1001-834$$

$$834=4\times167+166$$

所以

$$166=834-4\times167$$

$$167=166+1$$

所以

$$\begin{aligned}1&=167-166\\&=167-(834-4\times167)\\&=5\times167-834\\&=5\times(1001-834)-834\end{aligned}$$

$=5\times1001-6\times834$

$=5\times1001-6\times(3837-3\times1001)$

$=23\times1001-6\times3837$

从而 $23\times1001=1 \bmod 3837$

扩展欧几里得算法的C语言实现如下：

```
int gcdEx(int a,int b,int*x,int*y)
{
    if(b==0)
    {
        *x=1,*y=0 ;
        return a ;
    }
    else
    {
        int r=gcdEx(b,a%b,x,y);
        /* r = GCD(a, b) = GCD(b, a%b) */
        int t=*x ;
        *x=*y ;
        *y=t-a/b**y ;
        return r ;
    }
}
```

2.2.5 费马小定理

费马小定理（Fermat’s Little Theorem）是数论中的一个重要定理，在1636年被提出。如果 p 是一个素数，而整数 a 不是 p 的倍数，则有 a^$(p-1)\equiv1(\bmod p)$。费马小定理是欧拉定理的一种特殊情况。

欧拉定理

2.2.6 欧拉定理

1. 欧拉函数

首先需要了解一个概念——欧拉函数（Euler’s Totient Function），通常用符号 $\varphi(n)$表示，它是一个与正整数 n 相关的函数，定义为小于 n 且与 n 互质的正整数个数。对于任意的正整数 n，$\varphi(n)$的计算方式如下：

将 n 因数分解为素数因子的乘积，公式如下：

$$n=p_1^{e^1}\times p_2^{e^2}\times p_3^{e^3}\times\cdots\times p_k^{e^k}$$

则 $\varphi(n)$的值为

$$\varphi(n)=n\left(1-\frac{1}{p_1}\right)\left(1-\frac{1}{p_2}\right)\cdots\left(1-\frac{1}{p_k}\right)$$

例如，n=10，10=2×5，则

$$\varphi(10)=10\left(1-\frac{1}{2}\right)\left(1-\frac{1}{5}\right)=4$$

欧拉函数的一个重要性质是如果 p 是素数，则 $\varphi(p)=p-1$。

在计算机科学和密码学中，欧拉函数常用于构建公钥密码系统，特别是 RSA 加密算法。

2. 欧拉定理

欧拉定理（Euler's Theorem）是数论中的一个重要结果，它是费马小定理的推广。欧拉定理陈述了对于任意与模 n 互质的正整数 a，以下等式成立：$a^{\varphi(n)}\equiv 1(\bmod n)$，其中 $\varphi(n)$是欧拉函数。

欧拉定理的一个应用是在 RSA 加密算法中，其中选择两个大素数 p 和 q，计算模数 $n=pq$ 和欧拉函数 $\varphi(n)=(p-1)(q-1)$。公钥和私钥的选择依赖于欧拉定理的性质。

3. 本原根定义

如果使 $a^m\equiv 1 \bmod n$ 成立的最小正幂 m 满足 $m=\varphi(n)$，则称 a 是 n 的本原根，其中 $\varphi(n)$为欧拉函数。特别地，如果 a 是素数 p 的本原根，则 $a, a^2, \cdots, a^{p-1}$ 在 mod p 下都不相同，并且是 1～p–1 的整数的某种排列。

例如，a=2，p=7，因为 2 mod 7=2，2^2 mod 7=4，2^3 mod 7=1，2^4 mod 7=2，…。使 $a^m\equiv 1 \bmod p$ 成立的最小正幂 m=3，而 $\varphi(7)$=6，所以 2 不是素数 7 的本原根。如果 a=3，p=7，因为 3 mod 7=3，3^2 mod 7=2，3^3 mod 7=6，3^4 mod 7=4，3^5 mod 7=5，3^6 mod 7=1，使 $a^m\equiv 1 \bmod p$ 成立的最小正幂 $m=6=\varphi(7)$，所以 3 是素数 7 的本原根，对应的排列是 326451。

2.2.7　中国剩余定理

中国剩余定理

中国剩余定理（Chinese Remainder Theorem，CRT）又称孙子定理，是数论中的一个重要定理。中国剩余定理是中国古代求解一元线性同余方程组的方法。一元线性同余方程组问题最早可见于中国南北朝时期（5 世纪）的数学著作《孙子算经》卷下第二十六题，即“物不知数”问题，问题如下：有物不知其数，三三数之剩二（除以 3 余 2），五五数之剩三（除以 5 余 3），七七数之剩二（除以 7 余 2）。问物几何？

中国剩余定理用途广泛，可以使用中国剩余定理来对 RSA 加密运算进行加速。中国剩余定理给出了以下的一元线性同余方程组 S：

$$
\begin{aligned}
x &\equiv a_1 (\bmod m_1) \\
x &\equiv a_2 (\bmod m_2) \\
&\cdots \\
x &\equiv a_n (\bmod m_n)
\end{aligned}
$$

有解的判定条件，并用构造法给出了在有解情况下解的具体形式。假设整数 $m_1, m_2, \cdots, m_n$ 两两互素，则对任意的整数 $a_1, a_2, \cdots, a_n$，方程组 S 有解，并且可以用如下方式构造得到：设 $M=\prod_{i=1}^{i=n} m_i$ 是整数 $m_1, m_2, \cdots, m_n$ 的乘积，并设 $M_i=\dfrac{M}{m_i}$，$\forall i\in\{1,2,\cdots,n\}$ 是除了 m_i 以外的 n–1 个整数的乘积。设 $t_i=M_i^{-1}$ 为 M_i 模 m_i 的数论倒数（t_i 为 M_i 模 m_i 意义下的逆元），即 $M_i t_i\equiv 1(\bmod m_i)$，$\forall i\in\{1,2,\cdots,n\}$。在模 M 的意义下，方程组 S 只有一个解如下：

$$
x=\left(\sum_{i=1}^{n} a_i t_i M_i\right) \bmod M
$$

“物不知数”问题流传至今的解法：三人同行七十稀，五树梅花廿一枝，七子团圆正半月，除百零五便得知。用前面所讲的知识进行解释，设 m_1=3，m_2=5，m_3=7，要求满足 $x\equiv 2 \bmod 3$，

$x\equiv 3 \bmod 5$，$x\equiv 2 \bmod 7$ 的整数 x，则

$$M=m_1\times m_2\times m_3=3\times 5\times 7=105$$
$$M_1=M/m_1=35,\quad M_2=M/m_2=21,\quad M_3=M/m_3=15$$
$$t_1=M_1^{-1} \bmod m_1=35^{-1} \bmod 3=2$$
$$t_2=M_2^{-1} \bmod m_2=21^{-1} \bmod 5=1$$
$$t_3=M_3^{-1} \bmod m_3=15^{-1} \bmod 7=1$$
$$t_1\cdot M_1=2\times 35=70$$
$$t_2\cdot M_2=1\times 21=21$$
$$t_3\cdot M_3=1\times 15=15$$

计算出的 $t_1\cdot M_1=70$ 对应了“三人同行七十稀”，$t_2\cdot M_2=21$ 对应了“五树梅花廿一枝”，$t_3\cdot M_3=15$ 对应了“七子团圆正半月”。最后的计算结果为

$$(a_1\cdot t_1\cdot M_1+a_2\cdot t_2\cdot M_2+a_3\cdot t_3\cdot M_3) \bmod M=(2\times 70+3\times 21+2\times 15) \bmod 105=233 \bmod 105=23$$

2.3 古典密码学

代换密码

2.3.1 代换密码

代换密码的特点是：依据一定的规则，明文字母被不同的密文字母所代替。下面介绍几种典型的代换密码。

1. 移位密码

移位密码基于数论中的模运算。因为英文有 26 个字母，故可将移位密码定义如下：

令 P={A,B,C,…,Z}，C={A,B,C,…,Z}，K={0,1,2,…,25}

加密变换：$E_k(x)=(x+k) \bmod 26$

解密变换：$D_k(y)=(y-k) \bmod 26$

其中：$x\in P$，$y\in C$，$k\in K$。

从上面的定义可以看出，移位密码的代换规则是：明文字母被字母表中排在该字母后的第 k 个字母代替。

假设移位密码的密钥 $k=10$，明文为 computer，求密文。

首先建立英文字母和模 26 的剩余 0～25 之间的对应关系，如图 2-2 所示。

明文	A	B	C	D	E	F	G	H	I	J	K	L	M
密文	0	1	2	3	4	5	6	7	8	9	10	11	12
明文	N	O	P	Q	R	S	T	U	V	W	X	Y	Z
密文	13	14	15	16	17	18	19	20	21	22	23	24	25

图 2-2 英文字母和模 26 的剩余 0～25 之间的对应关系

利用上图可得 computer 所对应的整数为 2、14、12、15、20、19、4、17。

将上述每一个数字与此密钥 10 相加进行模 26 运算，得 12、24、22、25、4、3、14、1。再对应上表得出相应的字母串为 YWZEDOB。

若以上面的 MYWZEDOB 为密文串输入，进行解密变换 $D_k(y)=(y-k) \bmod 26$：

对密文串中的第 1 字母 M 有 y=12，k=10，(12−10) mod 26=2，则对应的明文为 c。

对密文串中的第 5 字母 E 有 y=4，k=10，(4−10) mod 26=20，则对应的明文为 u。

以此类推，可对其他的密文进行解密。

注意： *在进行解密运算时，由于 $D_k(y)=(y-k) \bmod 26$ 中的 $y-k$ 可能出现负值，此时，求模运算结果时要取正值，如−6 mod 26，取商为−1，则余数为 20。*

为了讨论方便，上例中使用小写字母表示明文，用大写字母表示密文，以后也沿用这个规则。

当 k=3 时的移位密码称为凯撒密码。

移位密码是不安全的，这种模 26 的密码很容易利用穷举密钥的方式破译，因为密钥的空间很小，只有 26 种可能。通过穷举密钥很容易得到有意义的明文。例如：

设密文串为 JBCRCLQRWCRVNBJENBWRWN

依次试验可能的解密密钥 k=0,1,…，可得以下不同的字母串：

jbcrclqrwcrvnbjenbwrwn

iabqbkpqvbqumaidmavqvm

hzapajopuaptlzhclzupul

gyzozinotzoskygbkytotk

fxynyhmnsynrjxfajxsnsj

ewxmxglmrxmqiweziwrmri

dvwlwfklqwlphvdyhvqlqh

cuvkvejkpvkogucxgupkpg

btujudijoujnftbwftojof

astitchintimesavesnine

当试验至 k=9 时，可以看出得到一个具有意义的明文串 a stitch in time saves nine（小洞不补，大洞吃苦）。

2. 单表代换密码

单表代换密码的基本思想是列出明文字母与密文字母的一一对应关系，如图 2-3 所示。

明文	a	b	c	d	e	f	g	h	i	j	k	l	m
密文	W	J	A	N	D	Y	U	Q	I	B	C	E	F
明文	n	o	p	q	r	s	t	u	v	w	x	y	z
密文	G	H	K	L	M	O	P	R	S	T	V	X	Z

图 2-3　明文字母与密文字母的对应关系

该密码表就是加密和解密的密钥。例如，明文为 networksecurity，则相应的密文为 GDPTHMCODARMIPX。

单表代换的密码表很难记，可以采用一个密钥词组来建一个密码表。例如，使用一个密钥词组 WJANDYUQI，将该字符串依次对应 abcdefghi，然后把 26 个字母中除密钥词组以外的字母按顺序依次对应 jklm…z 这些字符，就生成了图 2-3 所示的密码表。这样，只需记住密钥词组就可以掌握整张密码表。

通过对大量的非科技性英文文章的统计发现，不同文章中英文字母出现的频率十分相似。例如，字母 e 出现的次数最多，其他依次是 t、a、o 等，H.Beker 和 F.Piper 给出的英文字母出现频率见表 2-1[1]。

表 2-1 英文字母出现频率

字母	频率	字母	频率
a	0.0856	n	0.0707
b	0.0139	o	0.0797
c	0.0279	p	0.0199
d	0.0378	q	0.0012
e	0.1304	r	0.0677
f	0.0289	s	0.0607
g	0.0199	t	0.1045
h	0.0528	u	0.0249
i	0.0627	v	0.0092
j	0.0013	w	0.0149
k	0.0042	x	0.0017
l	0.0339	y	0.0199
m	0.0249	z	0.0008

不仅单个字母如此，相邻的连缀字母也如此。出现频率较高的双字母有 th、he、in、er、an、re、ed、on、es、st、en、at、to、nt、ha、nd、ou、ea、ng、as、or、ti、is、et、it、ar、te、se、hi、of。出现频率较高的三字母有 the、ing、and、her、ere、ent、tha、nth、was、eth、for、dth。

在表 2-1 的基础上，H.Beker 和 F.Piper 把 26 个英文字母划分成如下 5 组。

（1）e：概率约为 0.120。

（2）taoinshr：概率为 0.06～0.09。

（3）dl：概率约为 0.04。

（4）cumwfgypb：概率为 0.015～0.023。

（5）vkjxqz：概率小于 0.01。

因此，单表代换密码的主要缺点是，一个明文字母与一个密文字母的对应关系是固定的，由于在英文文章中，各字母的出现频率遵循一定的统计规律，根据密文字母出现频率和前后连缀关系及字母出现频率的统计规则，就可以分析出明文。

举一个例子说明如何利用统计的方法进行密文的破译。已知密文序列如下：

GJXXN GGOTZ NUCOT WMOHY JTKTA MTXOB YNFGO GINUG JFNZV QHYNG
NEAJF HYOTW GOTHY NAFZN FTUIN ZBNFG NLNFU TXNXU FNEJC INHYA
ZGAEU TUCQG OGOTH JOHOA TCJXK HYNUV COCOH QUHCN UGHHA FNUZH
YNCUT WJUWN AEHYN AFOWO TUCHN PHOGL NFQZN GOFUV CNVJH TAHNG

[1] Beker H, Piper F. The Protection of Communications[M]. New York: John Wiley and Sons, 1982.

GNTHO UCGJX YOGHY NABNT OTWGN THNTX NAEBU FKNFY OHHGI UTJUC EAFHY NGACJ HOATA EIOCO HUFQX OBYNF G

统计上面的密文串，字母出现的次数分别如下：

N：36　H：26　O：25　G：23　T：22　U：20　F：17　A：16　Y：14　C：13　J：12
X：9　E：7　Z：7　W：6　B：5　I：5　Q：5　V：4　K：3　L：2　M：2
P：1　R：0　D：0　S：0

利用统计规律分析密文时，由于需要的密文数量较多，更容易符合统计特征。对于密文数量较少的情况，密文出现的频率不能严格符合统计特征。在进行密文分析时，要综合字母频率、连缀规律、语义等多方面进行分析。具体的分析过程请读者自己思考完成。

上述例子对应明文如下：

Success in dealing with unknown ciphers is measured by these four things in the order named, perseverance, careful methods of analysis, intuition, luck. The ablility at least to read the language of the original text is very desirable but not essential. Such is the opening sentence of Parker Hitt's Manual for the solution of Military Ciphers.

3. 多表代换密码

Vigenere 密码是一种典型的多表代换密码算法。算法如下：

设密钥 $K=k_1k_2\cdots k_n$，明文 $M=m_1m_2\cdots m_n$。

加密变换：$c_i\equiv(m_i+k_i) \bmod 26$（$i=1,2,\cdots,n$）。

解密变换：$m_i\equiv(c_i-k_i) \bmod 26$（$i=1,2,\cdots,n$）。

例如，明文 M=cipher block，密钥为 hit，则把明文划分成长度为 3 的序列 cip her blo ck。每个序列中的字母分别与密钥序列中的相应字母进行模 26 运算，得到密文 JQI OMK ITH JS。

从上面的例子可以看出多表代换与单表代换的不同，即同一密文可以对应不同的明文，如上例中，密文 I 分别对应 p 和 b；反之亦成立，即同一明文可以对应不同的密文。因此，这种多表代换掩盖了字母的统计特征，比移位变换和单表代换具有更高的安全性。

2.3.2　置换密码

置换密码

置换密码的特点是保持明文的所有字母不变，只是利用置换打乱明文字母出现的位置。置换密码系统定义如下：

令 m 为一个正整数，P=C={A,B,C,…,Z}，对任意的置换π（密钥），定义：

加密变换：$E_\pi(x_1,x_2,\cdots,x_m)=(x_{\pi(1)},x_{\pi(2)},\cdots,x_{\pi(m)})$

解密变换：$D_\pi(y_1,y_2,\cdots,y_m)=(y_{\pi^{-1}(1)},y_{\pi^{-1}(2)},\cdots,y_{\pi^{-1}(m)})$

例如，设 $m=6$，密钥为如下的置换π：

x	1	2	3	4	5	6
$\pi(x)$	3	5	1	6	4	2

相应的逆变换 π^{-1} 为：

y	1	2	3	4	5	6
$\pi^{-1}(y)$	3	6	1	5	2	4

上述第 1 张表的第 1 行表示明文字母的位置编号，第 2 行为经过π置换后，明文字母位置的变化，即原来位置在第 1 位的字母经置换后排在第 3 位，原来第 2 位的排到第 5 位，以此类推。第 2 张表的第 1 行为经过π置换后的密文字母的位置编号，第 2 行为经过逆置换π^{-1}后对应位置编号的原明文位置。

假设有一段明文：internet standards and rfcs。

将明文每 6 个字母分为一组：intern | etstan | dardsa | ndrfcs

351642 351642 351642 351642

根据上面给出的π转换，可得密文为 tnirnesneattradsadrsncdf。

把密文转换为明文过程：

将密文每 6 个字母分为一组：tnirne | sneatt | radsad | rsncdf

361524 361524 361524 361524

根据上面给出的π^{-1}转换，可得明文为 internetstandardsandrfcs。

置换密码也不能掩盖字母的统计规律，因而不能抵御基于统计的密码分析方法的攻击。

2.4 对称密码学

本节主要介绍对称密码学中的分组密码及典型的分组密码算法。

分组密码概述

2.4.1 分组密码概述

分组密码是将明文消息编码表示后的数字序列 $b_1b_2b_3b_4\cdots$划分成长度为 n 的分组，一个分组表示为 $m_i=(b_j,b_{j+1},b_{j+2},\cdots,b_{j+n-1})$，各个分组在密钥的作用下，变换为等长的数字输出序列 $c_i=(x_j,x_{j+1},x_{j+2},\cdots,x_{j+n-1})$。它与流密码的不同之处在于输出的每一位数字不是只与相应时刻输入的明文数字有关，而是与一组长为 n 的明文数字有关。在相同密钥下，分组密码对长为 n 的输入明文组所实施的变换是等同的，所以只需研究对任一组明文数字的变换规则。图 2-4 为一个明文分组的加密与解密过程，其分组长度为 n，密钥长度为 t。

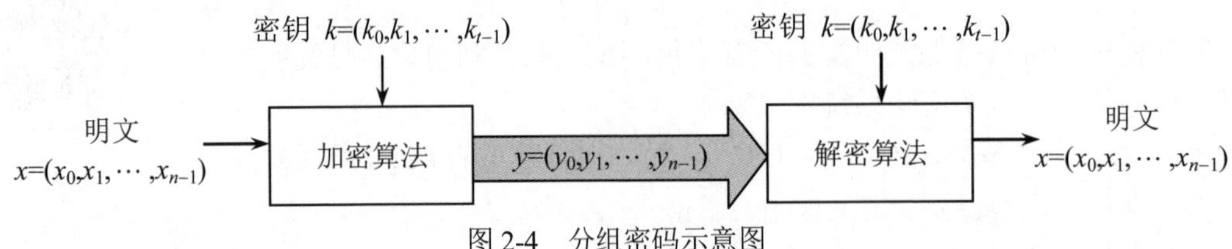

图 2-4 分组密码示意图

设计分组密码算法时，需要考虑以下几个要素。

（1）分组长度 n 要足够大。设分组是一个长度为 n 的二进制序列，如果对明文进行穷举攻击，则要尝试的明文的数量为 2^n 个，当 n 足够大时，对明文进行穷举的攻击行为便不能奏效。目前常用的算法如 DES、IDEA、FEAL 和 LOKI 等分组密码采用的分组长度为 64。

（2）密钥空间足够大。密钥空间是指所有可能的密钥组成的有限集，它和密钥的长度及组成密钥的元素所属的集合大小有关。例如，若选取的密钥全部由小写英文字母组成，且长度为 8，则密钥空间的大小为 26^8。显而易见，密钥空间越大，则通过穷举密钥来进行攻击的方法就越难实现。

（3）算法要足够复杂。算法的复杂性主要用来保证明文与密钥的充分扩散和混淆，不能找到简单的线性关系或统计关系等，以抵御已知的一些密码分析手段，如差分攻击和线性攻击等，使破译者除了使用穷举的方法，无其他捷径可走。算法复杂性的一个附属特性是要求雪崩效应特性足够好。雪崩效应是指明文或密文变化一个比特时，对应的密文或明文将有约一半的比特发生变化，该特性可以使攻击者破译密码时“失之毫厘，谬以千里”，因此，实用的分组密码算法必须具有足够好的雪崩效应特性。

（4）加密和解密运算简单，易于实现，差错传播尽可能小。分组加密算法将信息分成长度为 n 的二进制位段进行加/解密的变换。为易于软/硬件的快速实现，一般应选取加、乘、移位等简单的运算，避免使用软件难于实现的逐比特转换；为了便于硬件实现，加解密过程之间的区别应仅在于由密钥所生成的子密钥的不同，这样加/解密就可以由同一部件来实现。另外，在设计算法时，应尽量考虑如何控制差错的传播，即一个分组中产生的错误应尽可能少地影响其他的分组。

2.4.2　分组密码的基本设计思想——Feistel 网络

Feistel 网络

1. 扩散和混乱

扩散和混乱是由克劳德·艾尔伍德·香农提出的设计密码系统的两个基本方法，目的是抵抗攻击者对密码的统计分析。如果攻击者知道明文的某些统计特性，如消息中不同字母出现的频率、常出现的字母组合等特性，而这些特性能在密文中体现出来，那么在攻击者收集到大量的密文后，就可以根据这些统计特性推断出明文、密钥或它们的一部分。因而，在一个密码系统里，算法的设计应尽可能地掩盖和消除这种统计特性。扩散和混乱由于成功地实现了分组密码的本质属性，因而成为现代密码设计的基础。

扩散是指将明文的统计特性散布到密文中去，实现方式是使明文的每一位影响密文中多位的值，也可反过来说，就是要让密文中的每一位均受到明文中尽量多的位的影响。最终使明文和密文之间的统计关系变得尽可能复杂，使攻击者无法推知密钥。通过使用置换算法，并将一个复杂函数作用于这一置换，即可以获得扩散的效果。

混乱是指使密文和密钥之间的统计关系变得尽可能复杂，即使攻击者能够得到密文的一些统计关系，由于密钥和密文之间的统计关系复杂化，攻击者也无法获得密钥。使用复杂的代换算法可以得到预期的混乱效果。

2. Feistel 网络的结构及特点

霍斯特·费斯妥提出利用乘积密码可获得简单的代换密码。乘积密码是指顺序地执行两个或多个基本的密码系统，使最后结果的强度高于每个基本密码系统的结果。许多分组密码都是基于 Feistel 网络结构的，如图 2-5 所示。

（1）将明文分组分为左右两个部分，分别为 L_0、R_0，明文分组的这两个部分通过 n 轮处理后，再结合起来生成密文分组。

（2）第 i 轮处理其上一轮产生的 L_{i-1} 和 R_{i-1}，用 K 产生的子密钥 K_i 作为输入。一般来说，子密钥 K_i 与 K 不同，子密钥之间也不同，它们是用子密钥生成算法从密钥生成的。

（3）每一轮处理的结构都相同，置换在数据的左半部分进行，其方法是先对数据的右半部分应用处理函数 F，然后对函数输出结果和数据的左半部分取异或。

（4）处理函数 F 对每轮处理都有相同的通用结构，但由循环子密钥 K_i 来区分。

（5）在置换之后，执行由数据两部分互换构成的交换。

（6）解密过程与加密过程基本相同。规则如下：用密文作为算法的输入，但以相反顺序使用子密钥 K_i。

（7）加密和解密不需要用两种不同的方法。

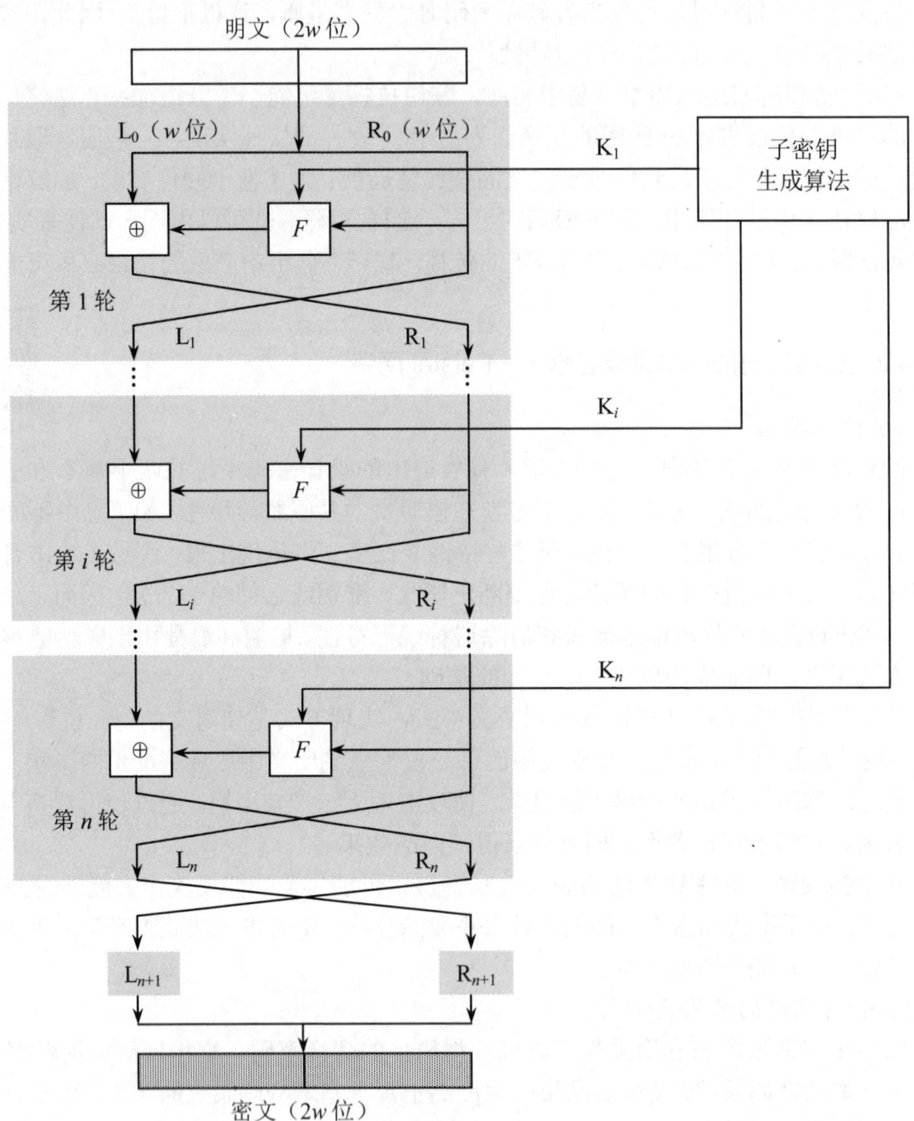

图 2-5 Feistel 网络结构

2.4.3 DES 算法

1. 算法描述

1975 年提出的 DES 算法，作为美国标准化协会的数据加密算法（Data Encryption Algorithm，DEA）和国际标准化组织的 DEA-1，它很好地抵抗住了多年的密码分析，可以抵抗住多数的攻击。

DES 算法流程如图 2-6 所示。首先把明文分成若干个 64bit 的分组，算法以一个分组作为输入，通过一个初始置换（IP）将明文分组分成左半部分（L_0）和右半部分（R_0），各为 32bit。然后进行 16 轮完全相同的运算，这些运算称为函数 f。在运算过程中，数据与密钥相结合。经过 16 轮运算后，左、右两部分合在一起经过一个末转换（初始转换的逆置换 IP^{-1}），输出一个 64bit 的密文分组。

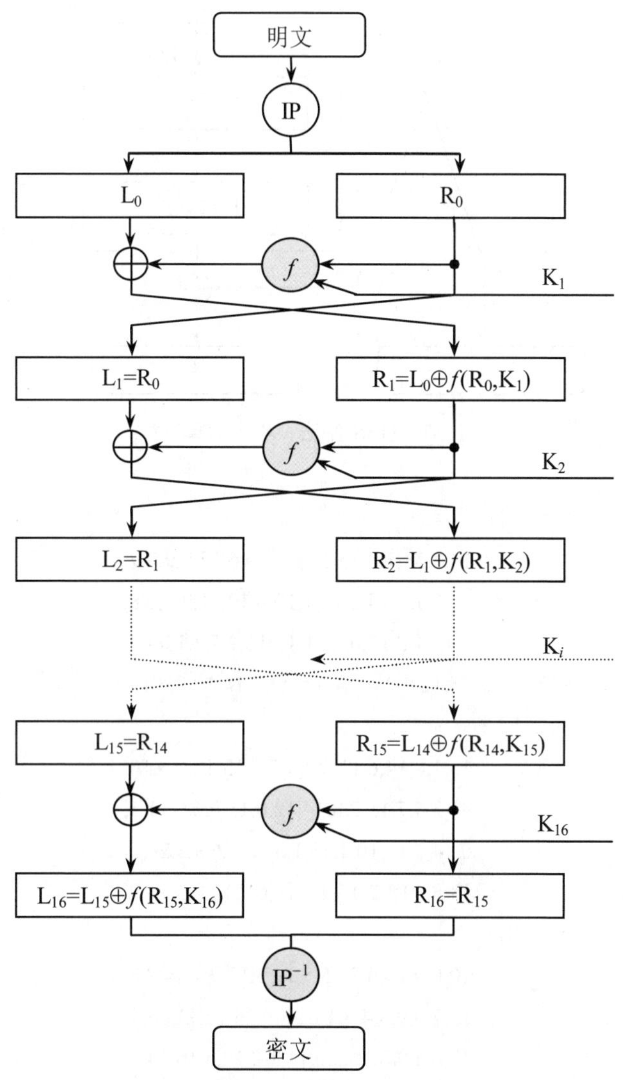

图 2-6　DES 算法流程

其中，一轮的运算过程如图 2-7 所示。密钥位移位，从密钥的 56bit 中选出 48bit。具体步骤为①通过一个扩展置换将数据的右半部分扩展成 48bit；②通过一个异或操作与 48bit 密钥结合；③通过 8 个 S 盒（Substitution Box）将这 48bit 替代成新的 32bit，DES 算法的 8 个 S 盒的定义如图 2-8 所示；④通过 P 盒置换一次。以上四步构成复杂函数 f（图 2-7 中虚线框中的部分），然后通过另一个异或运算，将复杂函数 f 的输出与左半部分结合成为新的右半部分。如此反复 16 次，完成 DES 算法的 16 轮运算。

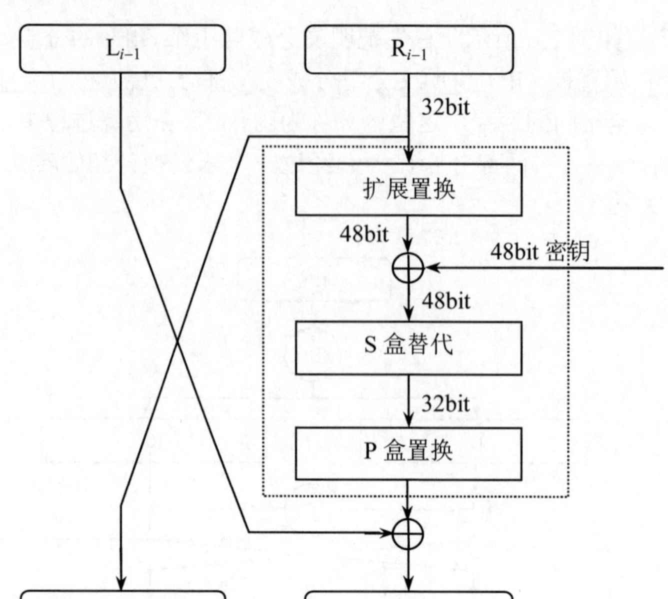

图 2-7 DES 算法一轮的运算过程

S1：

14,4,13,1,2,15,11,8,3,10,6,12,5,9,0,7,
0,15,7,4,14,2,13,1,10,6,12,11,9,5,3,8,
4,1,14,8,13,6,2,11,15,12,9,7,3,10,5,0,
15,12,8,2,4,9,1,7,5,11,3,14,10,0,6,13,

S2：

15,1,8,14,6,11,3,4,9,7,2,13,12,0,5,10,
3,13,4,7,15,2,8,14,12,0,1,10,6,9,11,5,
0,14,7,11,10,4,13,1,5,8,12,6,9,3,2,15,
13,8,10,1,3,15,4,2,11,6,7,12,0,5,14,9,

S3：

10,0,9,14,6,3,15,5,1,13,12,7,11,4,2,8,
13,7,0,9,3,4,6,10,2,8,5,14,12,11,15,1,
13,6,4,9,8,15,3,0,11,1,2,12,5,10,14,7,
1,10,13,0,6,9,8,7,4,15,14,3,11,5,2,12,

S4：

7,13,14,3,0,6,9,10,1,2,8,5,11,12,4,15,
13,8,11,5,6,15,0,3,4,7,2,12,1,10,14,9,
10,6,9,0,12,11,7,13,15,1,3,14,5,2,8,4,
3,15,0,6,10,1,13,8,9,4,5,11,12,7,2,14,

图 2-8（一） DES 算法的 8 个 S 盒的定义

S5：

2,12,4,1,7,10,11,6,8,5,3,15,13,0,14,9,

14,11,2,12,4,7,13,1,5,0,15,10,3,9,8,6,

4,2,1,11,10,13,7,8,15,9,12,5,6,3,0,14,

11,8,12,7,1,14,2,13,6,15,0,9,10,4,5,3,

S6：

12,1,10,15,9,2,6,8,0,13,3,4,14,7,5,11,

10,15,4,2,7,12,9,5,6,1,13,14,0,11,3,8,

9,14,15,5,2,8,12,3,7,0,4,10,1,13,11,6,

4,3,2,12,9,5,15,10,11,14,1,7,6,0,8,13,

S7：

4,11,2,14,15,0,8,13,3,12,9,7,5,10,6,1,

13,0,11,7,4,9,1,10,14,3,5,12,2,15,8,6,

1,4,11,13,12,3,7,14,10,15,6,8,0,5,9,2,

6,11,13,8,1,4,10,7,9,5,0,15,14,2,3,12,

S8：

13,2,8,4,6,15,11,1,10,9,3,14,5,0,12,7,

1,15,13,8,10,3,7,4,12,5,6,11,0,14,9,2,

7,11,4,1,9,12,14,2,0,6,10,13,15,3,5,8,

2,1,14,7,4,10,8,13,15,12,9,0,3,5,6,11,

图 2-8（二）　DES 算法的 8 个 S 盒的定义

扩展置换是将 32bit 扩展成 48bit 的过程。S 盒置换用来将 48bit 输入转为 32bit 的输出，过程如下：48bit 组被分成 8 个 6bit 组，每一个 6bit 组作为一个 S 盒的输入，输出均为一个 4bit 组。每个 S 盒是一个 4 行 16 列的表，表中的每一项都是一个 4bit 的数。S 盒的 6bit 输入确定其输出为表中的哪一个项，其方式是 6bit 数的首、末 2bit 决定输出项所在的行；中间的 4bit 决定输出项所在的列。例如，假设第 6 个（见图 2-8 中的 S_6）S 盒的输入为 110101，则输出为第 3 行第 10 列的项（行与列的记数从 0 开始），即输出为 4bit 组 0001。扩展置换和 P 置换如图 2-9 所示。

DES 每一轮中的子密钥的生成过程如图 2-10 所示。密钥通常表示为 64bit，但每个第 8bit 用作奇偶校验，实际的密钥长度为 56bit。在 DES 的每一轮运算中，从 56bit 密钥产生不同的 48bit 的子密钥（$K_1,K_2,\cdots,K_{16}$）。首先，由 64bit 密钥经过一个置换选择（PC-1）选出 56bit 并分成两部分（以 C、D 分别表示这两部分），每部分 28bit，然后每部分分别循环左移 1bit 或 2bit（从第 1 轮到第 16 轮，相应左移位数分别为 1、1、2、2、2、2、2、2、1、2、2、2、2、2、2、1）。再将生成的 56bit 组经过另一个置换选择（PC-2），舍掉其中的某 8bit 并按一定方式改变位的位置，生成一个 48bit 的子密钥 K_i。子密钥生成过程中的两次置换选择 PC-1 和 PC-2 如图 2-11 所示。

扩展置换

32	1	2	3	4	5
4	5	6	7	8	9
8	9	10	11	12	13
12	13	14	15	16	17
16	17	18	19	20	21
20	21	22	23	24	25
24	25	26	27	28	29
28	29	30	31	32	1

P 置换

16	7	20	21
29	12	28	17
1	15	23	26
5	18	31	10
2	8	24	14
32	27	3	9
19	13	30	6
22	11	4	25

图 2-9　扩展置换和 P 置换

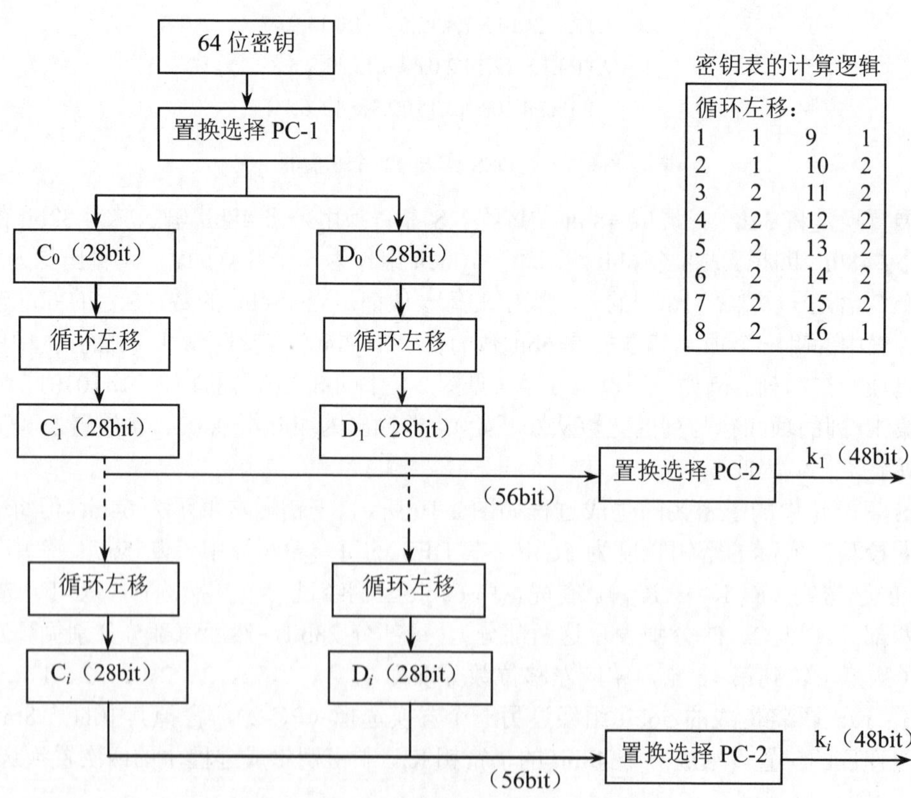

图 2-10　DES 每一轮中的子密密钥的生成过程

PC-1

57	49	41	33	25	17	9
1	58	50	42	34	26	18
10	2	59	51	43	35	27
19	11	3	60	52	44	36
63	55	47	39	31	33	15
7	62	54	46	38	30	22
14	6	61	53	45	37	29
21	13	5	28	20	12	4

PC-2

14	17	11	24	1	5
3	28	15	6	21	10
23	19	12	4	26	8
16	7	27	20	13	2
41	52	31	37	47	55
30	40	51	45	33	48
44	49	39	56	34	53
46	42	50	36	29	32

图 2-11　子密钥生成过程中的两次置换选择

DES 变体

2. DES 算法的强度

自 DES 公布以来，人们就认为 DES 的密钥长度太短，不能抵抗穷尽密钥搜索攻击，即给定明文、密文对（M,C）逐个试验所有的密钥，能够找到一个令 $C=E_k(M)$的密钥 k。事实证明情况的确如此。

1997 年 1 月 28 日，美国的 RSA 数据安全公司在 RSA 安全年会上公布了一项“秘密密钥挑战”竞赛，悬赏 1 万美元破译密钥长度为 56bit 的 DES。主要目的是测试 Internet 上的分布计算能力及 DES 的相对强度。结果科罗拉多州的一位程序员在 Internet 上数万名志愿者的协助下，从 1997 年 3 月 13 日开始，历时 96 天，于 6 月 17 日成功地找到了密钥。随着现代计算能力的不断发展，可以更快地尝试所有可能的密钥。如果攻击者拥有一个庞大的分布式计算集群，可以并行尝试大量可能的密钥，破解 DES 可能只需要几天或几小时的时间。攻击者还可以通过使用专门设计的硬件来执行 DES 密钥搜索。这样的硬件可以非常高效地执行 DES 加密和密钥搜索操作，因此破解时间可能会显著缩短，可能在几小时内完成。

另外，DES 算法中的迭代次数、S 盒设计以及算法中是否存在“陷门”，也是人们争论的焦点。对于低于 16 轮的 DES，使用已知明文攻击比穷举攻击更有效，当算法恰恰为 16 轮时，只有穷举攻击最有效。由于 DES 算法的安全性主要依赖 S 盒，而 S 盒都是固定的，并且其设计原理保密，使许多密码学家怀疑设计 S 盒时隐藏了“陷门”，那么设计者如果愿意就可以轻易地破解算法。

采用 DES 算法的软/硬件产品在所有的加密产品中曾占非常大的比重，是密码学史上影响最大、应用最广的数据加密算法之一。但随着时间的推移，DES 受到了多种攻击的威胁，包括差分攻击、线性攻击和时间/数据复杂性攻击等。这些攻击使 DES 相对容易受到破解。现代应用通常采用更强大的对称密钥加密算法，如高级加密标准（Advanced Encryption Standard，

AES）。AES 支持 128bit、192bit 和 256bit 三种密钥长度，提供了更大的密钥空间、更高的安全性，并且在当前的密码学标准中广泛使用。

3. 3DES

如上所述，DES 一个致命的缺陷就是密钥长度短，并且对于当前的计算能力，56 位的密钥长度已经抵抗不住穷举攻击，而 DES 又不支持变长密钥。但算法可以一次使用多个密钥，从而等同于更长的密钥。为了增强 DES 的安全性，通常会使用 3DES（Triple-DES），它通过对 DES 的三次迭代加密提高安全性。3DES 算法表示为

$$C = E_{k_3}\{D_{k_2}[E_{k_1}(M)]\}$$

通常取 $k_3=k_1$，则上式变为

$$C = E_{k_1}\{D_{k_2}[E_{k_1}(M)]\}$$

这样对于 3DES 的穷举攻击需要 2^{112} 次，而不是 DES 的 2^{64} 次。另外，注意到 3DES 中间的一次运算使用了解密运算，这样设计的唯一目的是与 DES 兼容，即以前使用 DES 加密的数据，也可以用 3DES 来解密，只要在三次运算中采用相同的密钥，3DES 与 DES 就是相同的。

2.4.4 AES 简介

1. AES 的产生背景

1997 年 4 月 15 日，NIST 发起了征集 AES 算法的活动，并成立了专门的 AES 工作组，目的是确定一个非保密的、可公开披露的、全球免费使用的分组密码算法，用于保护 21 世纪政府的敏感信息，并希望成为秘密和公开部门的数据加密标准。1997 年 9 月 12 日，在联邦登记处公布了征集 AES 候选算法的通告，AES 的基本要求是比 3DES 快且至少和 3DES 一样安全；分组长度为 128bit；密钥长度为 128/192/256bit。1998 年 8 月 20 日，召开第一次 AES 候选大会并公布了 15 种候选算法；1999 年 3 月 22 日，召开第二次 AES 候选大会并从中选出 5 种算法。入选 AES 的 5 种算法是 MARS、RC6、Serpent、Twofish 和 Rijndael。2000 年 10 月 2 日，美国商务部部长诺曼 • 峰田宣布经过三年世界著名密码专家之间的竞争，Rijndael 数据加密算法最终获胜，至此在全球范围内角逐了数年的激烈竞争宣告结束。

Rijndael 算法是由比利时密码学家文森特 • 雷曼（Vincent Rijmen）和琼 • 达门（Joan Daemen）于 1997 年共同设计和开发的。该算法的名称由两人姓氏首字母组成。Rijndael 算法最终被选定为 AES，在 2001 年成为美国国家标准，用于替代 DES。

Rijndael 算法之所以被选定为 AES，是因为它在密码学界获得了广泛的认可。它具有以下特点。

（1）高度安全性：Rijndael 算法提供了强大的安全性，即使在计算资源不断增强的情况下，也能抵御各种密码分析和攻击方法。

（2）高效性：Rijndael 算法在各种计算平台上都表现出色，它既可以在软件中实现，又可以通过硬件加速来提高性能。

（3）可扩展性：Rijndael 算法支持多种密钥长度和块大小，使其适用于不同的应用场景。

（4）公开透明性：Rijndael 算法的设计是公开的，经过了广泛的专家审查，因此可以信任其安全性。

在 AES 选定之后，Rijndael 算法作为 AES 的基础，成为许多加密应用和通信协议的核心

加密算法，被广泛用于保护敏感数据的机密性。它在当今的信息安全领域中扮演着重要的角色。需要注意的是，Rijndael 和 AES 这两个术语经常被互换使用，AES 是 Rijndael 算法在被选定为美国国家标准后的官方名称。

2. AES 算法的描述

Rijndael 算法的原形是 Square 算法，它的设计策略是宽轨迹策略，这种策略针对差分分析和线性分析提出一个分组迭代密码，具有可变的分组长度和密钥长度。三个密钥长度分别为 128/192/256bit，用于加密长度为 128/192/256bit 的分组，相应的轮数为 10/12/14。Rijndael 算法在安全性能、效率、可实现性和灵活性等方面都有优势，无论在有无反馈模式的计算环境下的软/硬件中，Rijndael 算法都显示出其非常好的性能；Rijndael 算法对内存的需求非常低，也使它很适合用于受限制的环境中；Rijndael 算法的操作简单，可抵御强大和实时攻击；此外它还有许多未被特别强调的防御性能。

Rijndael 算法是一个迭代型分组密码，迭代轮次依赖数据分组长度和密钥长度，其关系见表 2-2，其中 Nb=分组长度/32，Nk=密钥长度/32，Nr 为迭代轮次。

表 2-2　分组长度、密钥长度与迭代轮次的关系

Nr	Nb=4	Nb=6	Nb=8
Nk=4	10	12	14
Nk=6	12	12	14
Nk=8	14	14	14

Rijndael 算法有两个主要的优点：一个是算法的执行效率较高，即使是由纯软件来实现，速度也非常快，并且对内存的要求也较低；另一个就是其 S 盒具有一定的代数结构，能够抵御差分攻击和线性攻击。

下面具体描述一下 Rijndael 算法的思路。

（1）状态、种子密钥和轮数。类似于明文分组和密文分组，将表示算法的中间结果的分组称为状态，所有的操作都在状态上进行。状态可以用以字节为元素的矩阵阵列表示，该阵列有 4 行，列数记为 Nb。种子密钥类似地用一个以字节为元素的矩阵阵列表示，该矩阵有 4 行，列数记为 Nk。图 2-12 是 Nb=6 的状态和 Nk=4 的种子密钥的矩阵阵列表示。

a_{00}	a_{01}	a_{02}	a_{03}	a_{04}	a_{05}
a_{10}	a_{11}	a_{12}	a_{13}	a_{14}	a_{15}
a_{20}	a_{21}	a_{22}	a_{23}	a_{24}	a_{25}
a_{30}	a_{31}	a_{32}	a_{33}	a_{34}	a_{35}

k_{00}	k_{01}	k_{02}	k_{03}
k_{10}	k_{11}	k_{12}	k_{13}
k_{20}	k_{21}	k_{22}	k_{23}
k_{30}	k_{31}	k_{32}	k_{33}

图 2-12　Nb=6 的状态和 Nk=4 的种子密钥的矩阵阵列表示

算法的输入和输出被看成由 8bit（1 字节）构成的一维数组，其元素下标的范围是 0～（4Nb-1），因此输入和输出以字节为单位的分组长度分别是 16bit、24bit 和 32bit，其元素下标的范围分别是 0～15、0～23 和 0～31。输入的种子密钥也看成由 8bit（1 字节）构成的一维数组，其元素下标的范围是 0～（4Nk–1），因此种子密钥以字节为单位的分组长度也分别是

16bit、24bit 和 32bit，其元素下标的范围分别是 0～15、0～23 和 0～31。

算法的输入（包括最初明文输入和中间过程的轮输入）以字节为单位按 $a_{00}a_{10}a_{20}a_{30}a_{01}a_{11}a_{21}a_{31}\cdots$ 的顺序放置到状态阵列中。同理，种子密钥以字节为单位按 $k_{00}k_{10}k_{20}k_{30}k_{01}k_{11}k_{21}k_{31}\cdots$ 的顺序放置到种子密钥阵列中。算法的输出（包括中间过程的轮输出和最后的密文输出）也是以字节为单位按相同的顺序从状态阵列中取出。若输入（或输出）分组中第 n 个元素对应于状态阵列的(i,j)位置上的元素，则 n 和(i,j)有以下关系：

$$i=n \bmod 4;\ j=\lfloor n/4 \rfloor;\ n=i+4j$$

AES 的密钥则可以为 128bit、192bit 和 256bit。不同的密钥长度对应着不同的加密轮数：128bit 为 10 轮、192bit 为 12 轮、256bit 为 14 轮。

（2）轮函数。Rijndael 算法的轮函数由 4 个不同的计算部件组成，分别是字节代换（ByteSub）、行移位（ShiftRow）、列混合（MixColumn）和密钥加（AddRoundKey）。

1）字节代换。字节代换是非线性变换，独立地对状态的每个字节进行。代换表（即 S 盒）是可逆的，由两个变换的合成得到：①将字节看作 $GF(2^8)$上的元素，映射到自己的乘法逆元，00 映射到自己；②对字节（$GF(2^8)$上的，可逆的）做如下的仿射变换，如图 2-13 所示。

$$\begin{pmatrix} y_0\\ y_1\\ y_2\\ y_3\\ y_4\\ y_5\\ y_6\\ y_7 \end{pmatrix}=\begin{pmatrix} 1&0&0&0&1&1&1&1\\ 1&1&0&0&0&1&1&1\\ 1&1&1&0&0&0&1&1\\ 1&1&1&1&0&0&0&1\\ 1&1&1&1&1&0&0&0\\ 0&1&1&1&1&1&0&0\\ 0&0&1&1&1&1&1&0\\ 0&0&0&1&1&1&1&1 \end{pmatrix}\begin{pmatrix} x_0\\ x_1\\ x_2\\ x_3\\ x_4\\ x_5\\ x_6\\ x_7 \end{pmatrix}+\begin{pmatrix} 1\\ 1\\ 0\\ 0\\ 0\\ 1\\ 1\\ 0 \end{pmatrix}$$

图 2-13　对字节的仿射变换

上述 S 盒对状态的所有字节所作的变换记为 ByteSub(State)。

图 2-14 是字节代换示意图。

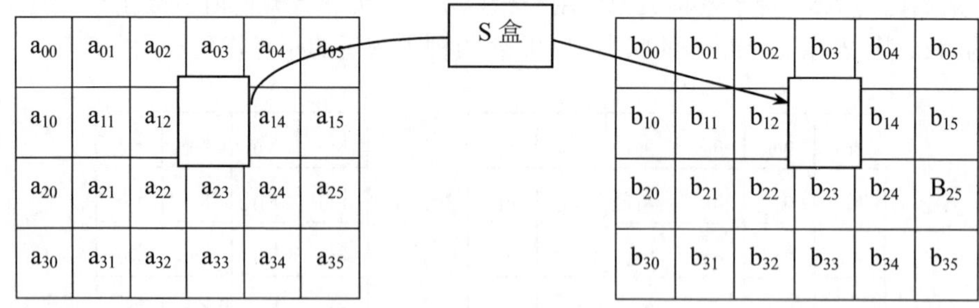

图 2-14　字节代换示意图

字节代换的逆变换由代换表的逆表进行字节代换，可通过如下两步实现：首先进行仿射变换的逆变换，再求每一字节在 $GF(2^8)$上的逆元。

2）行移位。行移位是指将状态阵列的各行进行循环移位，不同状态的位移量不同。第 0 行不移动，第 1 行循环左移 C_1 个字节，第 2 行循环左移 C_2 个字节，第 3 行循环左移 C_3 个字节。位移量 C_1、C_2、C_3 的取值与 Nb 有关，对应于不同分组长度的位移量见表 2-3。

表 2-3 对应于不同分组长度的位移量

Nb	C_1	C_2	C_3
4	1	2	3
6	1	2	3
8	1	3	4

按指定的位移量对状态 State 的行进行的行移位运算记为 ShiftRow(State)。

图 2-15 是以 Nb=6 为例的行移位示意图。

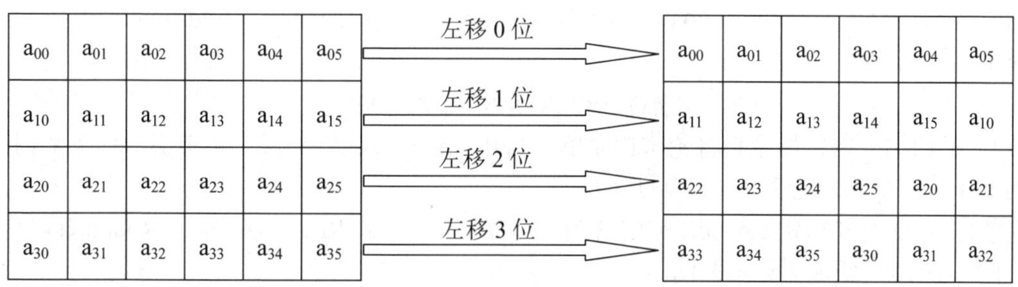

图 2-15 以 Nb=6 为例的行移位示意图

行移位的逆变换是对状态阵列的后 3 行分别以位移量 Nb–C_1、Nb–C_2、Nb–C_3 进行循环左移位，使第 i 行第 j 列的字节移位到$[j-(\text{Nb}-C_i)] \bmod \text{Nb}$ 列。

3）列混合。在列混合变换中，将状态阵列的每个列视为 $GF(2^8)$上的多项式，再与一个固定的多项式 $C(x)$进行模 x^4+1 乘法。当然要求 $C(x)$是模 x^4+1 可逆的多项式，否则列混合变换就是不可逆的，因而可能会使不同的输入分组对应的输出分组相同。Rijndael 算法的设计者给出的 $C(x)$为（系数用十六进制数表示）。

$$C(x)='03'x^3+'01'x^2+'01'x+'02'$$

$C(x)$与 x^4+1 互素，因此是模 x^4+1 可逆的。列混合运算也可以写为矩阵乘法。

设 $B(x)=C(x)\otimes A(x)$，写成矩阵乘法的形式如图 2-16 所示。

$$\begin{pmatrix} b_0 \\ b_1 \\ b_2 \\ b_3 \end{pmatrix} = \begin{pmatrix} 02 & 03 & 01 & 01 \\ 01 & 02 & 03 & 01 \\ 01 & 01 & 02 & 03 \\ 03 & 01 & 01 & 02 \end{pmatrix} \otimes \begin{pmatrix} a_0 \\ a_1 \\ a_2 \\ a_3 \end{pmatrix}$$

图 2-16 列混合的矩阵表示

这个运算需要做 $GF(2^8)$上的乘法，但由于所乘因子是 3 个固定的元素，即 02、03、01，所以乘法运算仍然是比较简单的。

对状态 State 的所有列所作的列混合运算记为 MixColumn(State)。

图 2-17 是列混合运算的意图。

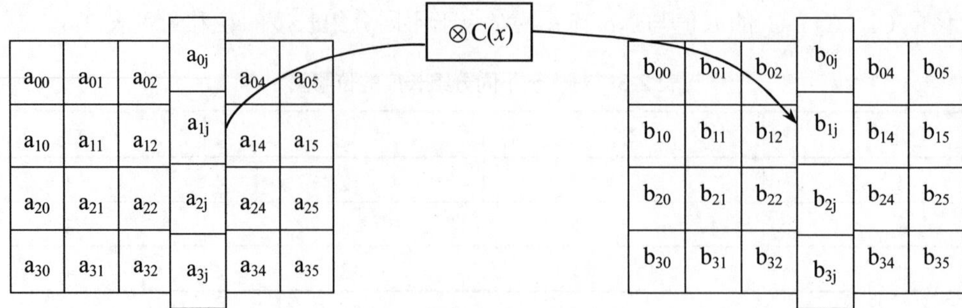

图 2-17　列混合运算示意图

列混合运算的逆运算是类似的，即每列都用一个特定的多项式 $d(x)$ 相乘。$d(x)$ 满足：

$$('03'x^3+'01'x^2+'01'x+'02') \otimes d(x)='01'$$

由此可得

$$d(x)='0B'x^3+'0D'x^2+'09'x+'0E'$$

4）密钥加。密钥加是指将轮密钥简单地与状态进行逐比特异或。轮密钥由种子密钥通过密钥编排算法得到，轮密钥长度等于 Nb。

状态 State 与轮密钥 RoundKey 的密钥加运算表示为 AddRoundKey(State,RoundKey)。

图 2-18 是密钥加运算示意图。

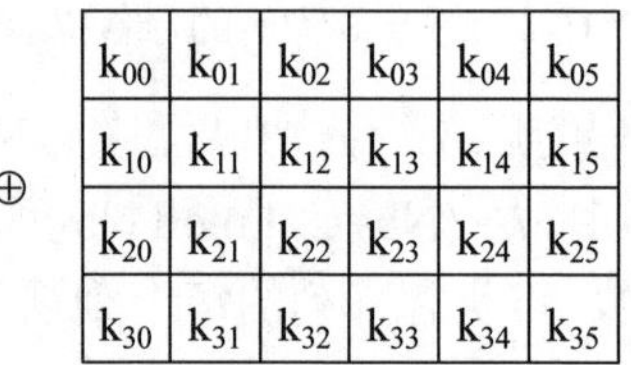

图 2-18　密钥加运算示意图

密钥加运算的逆运算是其自身。

综上所述，组成 Rijndael 轮函数的计算部件简捷快速，功能互补。轮函数的伪 C 代码如下：

```
Round(State,RoundKey)
{
  ByteSub(State);
  ShiftRow(State);
  MixColumn(State);
  AddRoundKey(State,RoundKey)
}
```

结尾轮的轮函数与前面各轮不同，将 MixColumn 这一步去掉，其伪 C 代码如下：

```
FinalRound(State,RoundKey)
{
  ByteSub(State);
  ShiftRow(State);
  AddRoundKey(State,RoundKey)
}
```

在以上的伪 C 代码中，State、RoundKey 用于定义指针类型，函数 Round、FinalRound、ByteSub、ShiftRow、MixColumn、AddRoundKey 都在指针 State、RoundKey 所指向的阵列上进行运算。

（3）轮密钥的生成。轮密钥的生成过程算法由密钥扩展和轮密钥选取两部分构成，其基本原则如下：

1）轮密钥的比特数等于分组长度乘以轮数加 1 的和，即为(Nr+1)×Nb 个 32 位。

2）种子密钥被扩展成为扩展密钥。

3）轮密钥从扩展密钥中取，其中第 1 轮轮密钥取扩展密钥的前 Nb 个字，第 2 轮轮密钥取接下来的 Nb 个字，以此类推。

1）密钥扩展。扩展密钥是以 4 字节为元素的一维阵列，表示为 w[Nb×(Nr+1)]，其中前 Nk 个字取为种子密钥，以后每个字按递归方式定义。扩展算法根据 Nk≤6 和 Nk>6 有所不同。密钥扩展算法的伪代码如下：

```
KeyExpansion(byte key[4*Nk], word w[Nb*(Nr+1)], Nk)
{
    word temp;
    i = 0;
    while (i < Nk)
    {
        w[i] = word(key[4*i], key[4*i+1], key[4*i+2], key[4*i+3]);
        i = i+1;
    }
    i = Nk;
    while (i < Nb * (Nr+1))
    {
        temp = w[i-1];
        if (i mod Nk == 0)
            temp = SubWord(RotWord(temp)) xor Rcon[i/Nk];
        else if (Nk > 6 and i mod Nk == 4)
            temp = SubWord(temp);
        w[i] = w[i-Nk] xor temp;
        i = i + 1;
    }
}
```

其中，key[4×Nk]为种子密钥，看作以字节为元素的一维阵列。函数 SubWord()返回 4 字节字，其中每个字节都是用 Rijndael 算法的 S 盒作用到输入对应的字节得到的。函数 RotWord()也返回 4 字节字，该字由输入的循环移位得到，即当输入为(a,b,c,d)时，输出为(b,c,d,a)。Rcon[i/Nk]为轮常数，其值与 Nk 无关，定义为（字节用十六进制表示，同时理解为 GF(2^8)上的元素）

$$\mathrm{Rcon}[i]=(\mathrm{RC}[i],'00','00','00')$$

其中，RC[i]是 GF(2^8)中值为 x^{i-1} 的元素，可得

$$\mathrm{RC}[1]=1\text{（即'01'）}$$

$$\mathrm{RC}[i]=x\text{（即'02'}\cdot \mathrm{RC}[i-1]=x^{i-1}\text{）}$$

从扩展算法的伪代码可以看出，扩展密钥的前 Nk 个字即为种子密钥 key，之后的每个字

W[i]等于前一个字 W[i-1]与 Nk 个位置之前的字 W[i-Nk]的异或；不过当 i/Nk 为整数时，需要先将前一个字 W[i-1]经过如下一系列的变换：1 字节的循环移位（RotWord）→用 S 盒进行变换（SubWord）→异或轮常数 Rcon[i/Nk]。

Nk=8 时，密钥扩展算法与 Nk≤6 时的区别在于：当 i-4 为 Nk 的倍数时，需要在异或运算前先将 W[i-1]经过 SubWord 变换（参见伪 C 代码的 else if 部分）。

2）轮密钥选取。轮密钥 i（即第 i 个轮密钥）由轮密钥缓冲字 W[Nb×i]到 W[Nb×(i+1)]给出。

（4）加密算法。加密算法为顺序完成以下操作：初始的密钥加；Nr–1 轮迭代；一个结尾轮。伪 C 代码如下：

```
Rijndael(State,CipherKey)
{
  KeyExpansion(CipherKey,ExpandedKey);
  AddRoundKey(State,ExpandedKey);
  for(i=1;i<Nr;i++)  Round(State,ExpandedKey+Nb*i);
  FinalRound(State,ExpandedKey+Nb*Nr)
}
```

其中，CipherKey 是种子密钥，ExpandedKey 是扩展密钥。密钥扩展可以事先进行（预计算），且 Rijndael 密码的加密运算可以用这一扩展来描述，伪 C 代码如下：

```
Rijndael(State,CipherKey)
{
  AddRoundKey(State,ExpandedKey);
  for(i=1;i<Nr;i++)  Round(State,ExpandedKey+Nb*i);
  FinalRound(State,ExpandedKey+Nb*Nr)
}
```

（5）解密算法。解密只需对所有操作逆序，设字节代换、行移位、列混合的逆变换分别为 InvByteSub、InvShiftRow、InvMixColumn，而 AddRoundKey 的逆操作是它本身。Rijndael 密码的解密算法为顺序完成以下操作：初始的密钥加；Nr–1 轮迭代；一个结尾轮。其中解密算法的轮函数为的伪 C 代码如下：

```
InvRound(State,RoundKey)
{
  InvByteSub(State);
  InvShiftRow(State);
  InvMixColumn(State);
  AddRoundKey(State,RoundKey)
}
```

解密算法的结尾轮的伪 C 代码如下：

```
InvFinalRound(State,RoundKey)
{
  InvByteSub(State);
  InvShiftRow(State);
  AddRoundKey(State,RoundKey)
}
```

设加密算法的初始密钥加、第 1 轮、第 2 轮、…、第 Nr 轮的子密钥依次为 k(0)，k(1)，

k(2)，…，k(Nr−1)，k(Nr)，则解密算法的初始密钥加、第 1 轮、第 2 轮、…、第 Nr 轮的子密钥依次为 k(Nr)，InvMixColumn[k(Nr−1)]，InvMixColumn[k(Nr-2)]，…，InvMixColumn[k(1)]，k(0)。

2.4.5　SM4 算法

SM4 是中国国家密码管理局发布的分组对称密码算法标准，用于替代过时的 DES 算法。SM4 是一种分组密码，支持固定密钥长度为 128 位。

1. SM4 算法的特点

SM4 是中国国产密码算法标准，被广泛用于政府、金融、电信等领域。它是一种分组密码，对数据进行分组加密，每个分组的长度为 128 位（16 字节）。SM4 密钥长度固定，支持 128 位的密钥长度。在加密结构上采用了 Feistel 网络结构，包括 32 轮迭代，使用了线性变换和非线性变换相结合的方式。SM4 的设计考虑了对抗差分和线性攻击等密码学攻击，非线性的 S 盒替换操作增强了算法的安全性。

2. SM4 算法的运算过程

SM4 算法的运算过程包括初始化、密钥扩展、轮函数迭代、最终的迭代结果等步骤。初始化阶段主要完成一些常数和变量的初始化操作；密钥扩展是完成将 128 位的密钥扩展为每一轮使用的子密钥；轮函数迭代实现对每个分组进行 32 轮的 Feistel 网络迭代；最终的迭代结果就是算法的输出。

SM4 算法实现已包含在一些密码库中，如使用 Python 编写的 GMSSL 和 cryptography 库，使用 C++编写的密码学库 Botan 和 Java 和使用 C#编写的 Bouncy Castle 库等，可以根据需要利用这些库来实现 SM4 加密和解密。

2.4.6　分组密码的操作模式

1980 年，NBS（现在的 NIST）公布了 4 种 DES 的操作模式：电子密码本（Electronic Codebook，ECB）模式、密码分组链（Cipher Block Chaining，CBC）模式、密码反馈（Cipher Feedback，CFB）模式、输出反馈（Output Feedback，OFB）模式；2000 年 3 月，NIST 为 AES 公开征集保密操作模式；2001 年 12 月，在文件 300-38A 中公布用于保密性的 5 种操作模式，分别是 ECB、CBC、CFB、OFB 和 CTR 模式。

1. ECB 模式

ECB 模式

ECB 模式示意图如图 2-19 所示。ECB 模式将一个明文分组加密成一个密文分组，相同的明文分组被加密成相同的密文分组。由于大多数消息并不是刚好分成 64 位（或者其他任意分组长）的加密分组，通常需要填充最后一个分组，为了在解密后将填充位去掉，需要在最后一个分组的最后一个字节中填上填充长度。

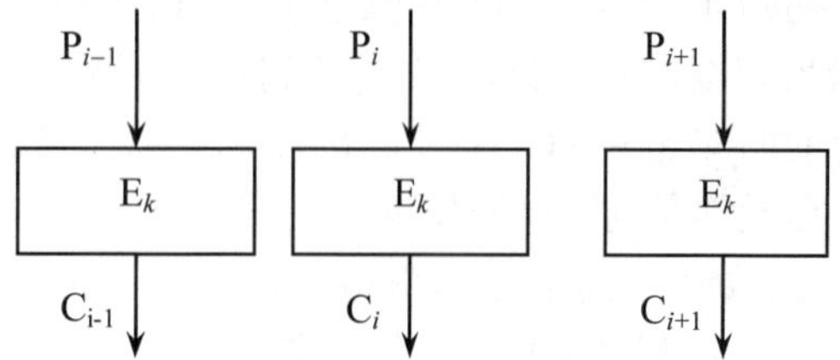

图 2-19　ECB 模式示意图

ECB 模式的优点是实现简单，可以并行地进行加/解密操作，易于标准化；缺点是不能隐藏数据模式，在使用同一密钥的加密操作中，相同的明文会产生相同的密文。如果密码分析者有很多消息的明/密文对，就可能在不知道密钥的情况下恢复出明文；更严重的问题是攻击者通过重放，可以在不知道密钥的情况下修改被加密过的消息，用这种办法欺骗接收者。例如，在实际应用中，不同的消息可能会有一些比特序列是相同的（消息头），攻击者重放消息头，修改消息体欺骗接收者。

2. CBC 模式

CBC 模式

CBC 模式将明文要与前面的密文进行异或运算然后被加密，从而形成密文链。每一分组的加密都依赖前面的所有分组。在处理第一个明文分组时，与一个初始向量（IV）组进行异或运算。IV 不需要保密，它可以明文形式与密文一起传送。CBC 模式示意图如图 2-20 所示。

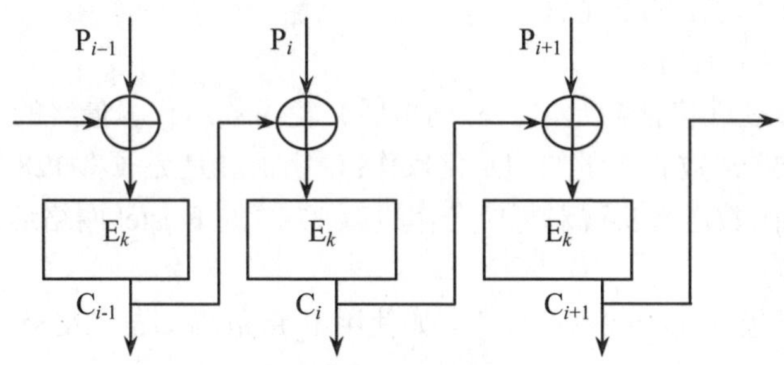

图 2-20　CBC 模式示意图

加密和解可表示为

加密：$C_i=E_k(P_i \oplus C_{i-1})$

解密：$P_i=C_{i-1} \oplus D_k(C_i)$

CBC 模式避免了 ECB 模式的缺点，隐蔽了明文的数据格式，具有一定的随机性，在一定程度上防止了数据篡改和重放攻击，适合加密较长的消息，是 SSL、IPSec 的标准。但 CBC 模式不能并行进行加密计算，并且会出现错误传播的问题。若明文分组的一位出错，将影响该分组及其以后的所有密文分组；密文分组中的一位出错，将影响该分组及之后的一个分组，剩下分组不被影响。此外，若密文序列中丢失一位，那么所有的后续分组要移动一位，导致解密全部错误。

3. CFB 模式

CFB 模式

利用图 2-21 所示的 CFB 模式可以把任意分组密码转成流密码。图中假设传输单元的长度是 s 位（通常 s=8）。加密函数的输入是 b 位移位寄存器中的数值，初值为初始向量 IV；加密函数输出值的左侧 s 位与明文单元 P_i 进行异或操作得到密文 C_i；然后移位寄存器左移 s 位，将 C_i 放到移位寄存器的右侧的 s 位上。一直反复执行这个过程到完成所有的明文加密。CFB 与 CBC 加密模式一致，所有的明文也是连接在一起的，这样任何一个密文单元都是前面所有明文单元的函数。

CFB 模式比较灵活，可以处理不同长度分组的加密。加密操作不可以并行执行，但解密操作可以并行执行。CFB 模式与 CBC 模式类似，一位明文的出错会影响后面所有的密文，但在 8 比特 CFB 模式 DES 算法中，如果密文字符中出现 1 比特错误，该错误将影响连续 9 个 8 比特数据。

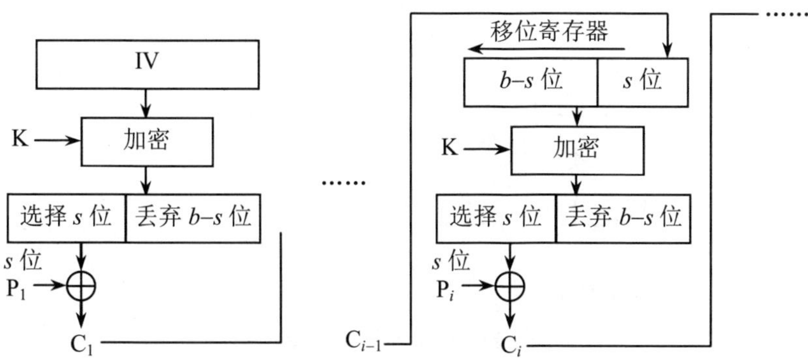

图 2-21 CFB 模式示意图

4. OFB 模式

OFB 模式的操作过程是一个同步流密码，通过反复加密一个初始向量 IV 来产生一个密钥流，将此密钥流和明文流进行异或得到密文流。IV 应当唯一但不需要保密。加密和解密可表示为

加密：S_0=IV；$S_i=E_k(S_{i-1})$；$C_i=P_i \oplus S_i$。

解密：$S_i= E_k(S_{i-1})$；$P_i=C_i \oplus S_i$。

其中，S_i 是由初始向时 IV 经第 i 次加密的结果，它独立于明文和密文。OFB 模式示意图如图 2-22 所示。

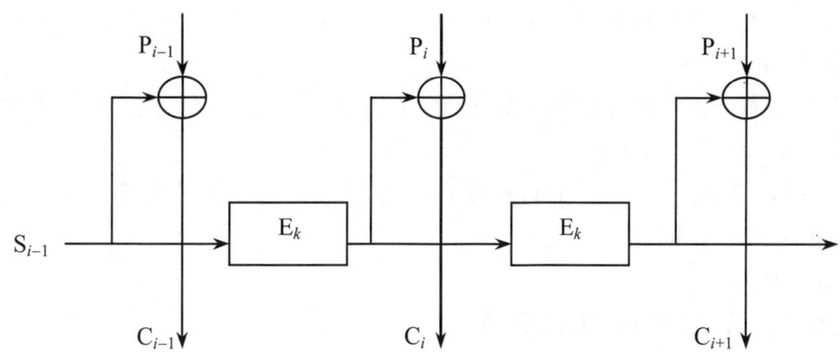

图 2-22 OFB 模式示意图

与 CFB 模式相比，OFB 模式错误传播较小，当前明文分组的错误不影响后继的密文分组，并且一位密文的出错只会导致一位明文的出错；加/解密的操作过程相同。CFB 模式的缺点是通信双方必须同步，否则难以解密，并且不能并行进行加密或解密。

5. CTR 模式

CTR 模式使用一个计数向量 ctr（也是一个初始向量）。CTR 模式示意图如图 2-23 所示。

加密和解密可表示为

加密：$C_i=E_k(ctr+i) \oplus P_i$。

解密：$P_i= E_k(ctr+i) \oplus C_i$。

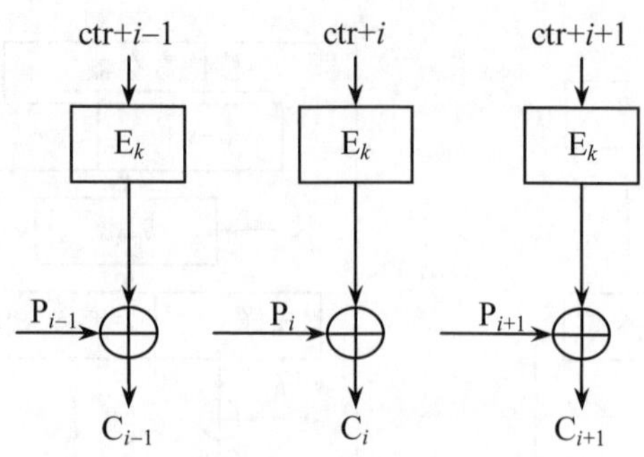

图 2-23 CTR 模式示意图

CTR 模式的加密和解密都可以并行操作，并且加密与解密仅涉及密码算法的加密运算。可证明其安全性至少与 CBC 模式一样好。错误传播小，当前明文分组的错误不会影响后继的密文分组，并且一位密文分组的出错只会导致一位明文分组的错误。CTR 模式的缺点是通信的双方必须同步，否则难以解密。

2.4.7 分组的填充方式

在上面分组密码算法的中可以看到，利用算法处理的明文分组的大小是固定的，如 DES 算法处理的分组大小为 8 字节（64 位）。那么如果加密信息的字节数不是 8 的整数倍时，该如何进行处理呢？例如，对一个 19 字节的消息进行加密，按 8 字节为一个分组，需要将其分成 3 个分组，这样划分后，前两个分组满足算法的要求，但最后一个分组只有 3 个字节不满足算法的要求。因此，使用分组密码时需要对消息进行填充处理。通常可以采用以下方式进行填充。

1. ISO10126 填充

填充数据的最后一个字节为填充字节序列（包含最后一个字节）的长度，其他的填充字节可以是随机的字节，一般填 0x00。

例如：若块大小为 8 字节，目前只有现在有 3 字节，则需要填充 5 字节，则最后一个为 0x05，其他全部为 0x00。例如：

原数据：6C 79 71

填充后的数据：6C 79 71 00 00 00 00 05

因为规定最后一个字节表示填充的长度，因此，当消息的长度是 8 字节的整数位时，则需要填充一个 8 个字节的分组，填充数据为 00 00 00 00 00 00 00 08。

2. PKCS5 填充

假设分组大小为 8 字节，则需要将数据填充到 8 字节的倍数，填充内容为要填充字节的长度。假如消息长度是 19 字节，则需要添加 5 个字节，填充内容为 0x05。例如：

原数据：6C 79 71

填充后的数据：6C 79 71 05 05 05 05 05

若要加密的消息长度为 *len*，利用该方法填充的数据长度为 8-(*len*%8)，填充后消息长度是 *len*+[8-(*len*%8)]。当消息的长度是 8 字节的整数位时，则需要填充一个 8 个字节的分组，填充数据为 08 08 08 08 08 08 08 08。

需要注意的是，为了通信双方能够正确地实现消息的加解密，加密时对消息的填充是必须的，无论消息本来的长度是否是分组长度的整数倍。

2.4.8　RC4 算法

RC4（Rivest Cipher 4）是一种流密码算法，由罗纳德・李维斯特于 1987 年设计。它以变长密钥为基础，通过对状态向量进行置换和生成伪随机字节流来加密数据。RC4 广泛用于安全通信协议（如 SSL 和 TLS）以及其他应用中。RC 算法的步骤如下：

（1）初始化。首先，将一个 256 字节的状态向量（通常表示为 S）初始化为 0～255 的自然数序列；然后，根据输入的密钥对状态向量进行初始化。通常采用密钥调度算法（Key Scheduling Algorithm，KSA）对状态向量进行一系列的交换操作。KSA 涉及通过循环遍历密钥的每个字节。

（2）伪随机字节生成。在初始化完成后，使用伪随机生成算法（Pseudo-Random Generation Algorithm，PRGA）生成伪随机字节流。PRGA 通过对状态向量的迭代置换和生成伪随机字节，产生密钥流。伪随机字节的生成是通过循环中的一系列操作，包括对状态向量的交换、索引计算和字节生成。

（3）加密/解密。生成的伪随机字节流与明文（或密文）按位异或操作，以产生密文（或明文）。加密和解密的过程是一样的，因为按位异或操作是可逆的。

RC4 的 Python 实现可参考如下代码：

```
def rc4(key, plaintext):
    # KSA
    S = list(range(256))
    j = 0
    #利用密钥对状态向量初始化
    for i in range(256):
        j = (j + S[i] + key[i % len(key)]) % 256
        S[i], S[j] = S[j], S[i]

    # PRGA
    i = j = 0
    keystream = []
    for _ in range(len(plaintext)):
        i = (i + 1) % 256
        j = (j + S[i]) % 256
        S[i], S[j] = S[j], S[i]
        keystream_byte = S[(S[i] + S[j]) % 256]
        keystream.append(keystream_byte)

    #加/解密操作
    ciphertext = [x ^ y for x, y in zip(plaintext, keystream)]
    return bytes(ciphertext)

# 右用举例
key = b'leopard'                #替换为你的密钥
plaintext = b'1234567890'       #替换为你要加密的明文
encrypted_data = rc4(key, plaintext)
```

```
print("Plaintext:", plaintext)
print("Encrypted:", encrypted_data)
print("Encrypted:", encrypted_data.hex())
print("Decrypted:", rc4(key, encrypted_data))
```

2.4.9 对称算法的应用实例

cryptography 库是 Python 中一个用于处理密码学相关操作的强大库，它提供了各种加密、解密、数字签名、密码散列等功能，同时提供了易于使用的高级 API，用于处理密码学任务。cryptography 库常用的功能包括以下八个。

（1）对称加密：cryptography 库支持多种对称加密算法，如 AES、DES 等，可以使用 Fernet 来进行对称加密。

（2）非对称加密：cryptography 库支持非对称加密算法，如 RSA、DSA、ECC 等。可以使用这些算法来生成密钥对、签名和验证数据。

（3）密钥派生函数（Key Derivation Function，KDF）：cryptography 库提供了用于生成密钥的 KDF 函数，如 PBKDF2 和 Scrypt。

（4）随机数生成器：cryptography 库包括安全的随机数生成器，可用于生成密码学安全的随机数。

（5）消息摘要和散列：cryptography 库支持常见的散列算法，如 SHA-256、SHA-512 等，用于生成数据的消息摘要。

（6）数字签名：可以使用 cryptography 库来创建数字签名和验证签名，以确保数据的完整性和身份认证。

（7）X.509 证书操作：cryptography 库支持对 X.509 证书的操作，包括创建、读取、验证和解析 X.509 证书。

（8）安全存储：cryptography 库还提供了一些安全存储工具，如密码管理器、密钥存储等。

要使用以上功能，首先需要安装 cryptography 库，可以使用 pip 命令来安装：pip install cryptography。安装完成后，在 Python 程序中导入 cryptography 库，就可以调用相关的加密算法。

1. AES 应用举例

图 2-24 的 Python 代码使用 Fernet.generate_key()来生成一个随机的 AES 密钥，然后使用这个密钥创建一个 Fernet 对象，用于加密和解密数据。在示例中，加密了一个明文字符串，然后解密并输出结果。

2. DES 算法应用举例

PyCryptodome 是 Python 中一个强大的加密库，提供了各种加密算法和功能，包括 DES、AES、RSA、SHA、HMAC 等。它是 PyCA 维护的加密库，在 Python 社区中使用比较广泛，用于加密、解密、签名、验证等加密相关的操作。使用前需要安装，安装命令为 pip install pycryptodome。图 2-25 所示的代码使用 DES 算法加/解密。但 DES 算法由于密钥长度的问题，不再安全，因此不建议在生产环境中使用它，应该使用更强大的加密算法，如 3DES 或 AES。使用 PyCryptodome 库时的 3DES 算法与 DES 算法很相似，将图 2-25 中的第一行代码改为 from Crypto.Cipher import DES3，将第 14 行的密钥长度改为 24，将在 encrypt 和 decrypt 函数中出现的 DES 都改为 DES3，则加/解密使用的就是 3DES 算法。

```
from cryptography.fernet import Fernet

# 生成一个随机的AES密钥
key = Fernet.generate_key()
cipher_suite = Fernet(key)

# 要加密的明文
plaintext = bytes("使用AES进行加密的明文:我有一只可爱的小豹子！", 'utf-8')

# 加密明文
cipher_text = cipher_suite.encrypt(plaintext)
print("密文：", cipher_text)

# 解密密文
decrypted_text = cipher_suite.decrypt(cipher_text)
print("解密结果：", decrypted_text.decode('utf-8'))
```

```
密文： b'gAAAAABlQfYyJb5W3iVILhzqt6_ln5caJKPeeg2HlDA9cyMghIJ9jzWjLi2fJGT8oMCHcsrLc0G14FNu0y
fPGo-0E28Tojkh_kKFD4ztRD5bcoyaMHnvPL4d7M91GbdTV0UHEE='
解密结果： 使用AES进行加密的明文:我有一只可爱的小豹子！
```

图 2-24　AES 加/解密

```
from Crypto.Cipher import DES
from Crypto.Random import get_random_bytes

def pad(data):
    # PKCS7 padding
    pad_length = 8 - (len(data) % 8)
    return data + bytes([pad_length] * pad_length)

def unpad(data):
    pad_length = data[-1]
    return data[:-pad_length]

def generate_key():
    return get_random_bytes(8)

def encrypt(plain_text, key):
    cipher = DES.new(key, DES.MODE_ECB)
    padded_data = pad(plain_text)
    encrypted_data = cipher.encrypt(padded_data)
    return encrypted_data

def decrypt(encrypted_data, key):
    cipher = DES.new(key, DES.MODE_ECB)
    decrypted_data = cipher.decrypt(encrypted_data)
    return unpad(decrypted_data)
if __name__ == "__main__":
    key = generate_key()
    plaintext = bytes('一只小黑狗，坐在家门口!','utf-8')
    encrypted_data = encrypt(plaintext, key)
    decrypted_data = decrypt(encrypted_data, key)

    print("Plaintext:", plaintext.decode('utf-8'))
    print("Encrypted Data:", encrypted_data)
    print("Decrypted Data:", decrypted_data.decode('utf-8'))
```

```
Plaintext: 一只小黑狗，坐在家门口!
Encrypted Data: b'\xc3\x12:\x12?\x05\xe3m\xd6\xd2,\x8a\xe9\xf5%\xe3\xb4$"\xcd\x88\:
9\x16'
Decrypted Data: 一只小黑狗，坐在家门口!
```

图 2-25　DES 加/解密

2.5 非对称密码算法

RSA 算法

2.5.1 RSA 算法

1. RSA 算法的描述

RSA 是较著名、应用较广的公钥系统，其安全性依赖大数分解的难度，它的公开密钥和私人密钥是一对大素数（100～200 位的十进制数或更大）的函数。从一个公开密钥和密文中恢复出明文的难度等同于分解两个大素数之积的难度。该算法经受住了多年深入的密码分析，虽然分析者不能证明 RSA 算法的安全性，但也没有证明 RSA 算法的不安全性，这表明该算法的可信度还是比较好的。

RSA 算法的思路如下。

（1）生成密钥。

1）首先选取两个大素数 p 和 q。为了获得最大程度的安全性，将两数设为相同长度。

2）计算模数 $n=p\times q$，欧拉数 $\varphi(n)=(p-1)\times(q-1)$。

3）随机选取加密密钥 e，使 e 和 $\varphi(n)$互素，即满足 $1<e<\varphi(n)$且 $\gcd[e,\varphi(n)]=1$。

4）用欧几里得扩展算法计算解密密钥 d，d 满足 $e\times d\equiv 1 \bmod \varphi(n)$，即 $d\equiv e^{-1} \bmod \varphi(n)$。

5）e 和 n 为公开密钥，d 为私人密钥。两个大素数 p 和 q 应该立即丢弃，不让任何人知道。一般选择公开密钥 e 比私人密钥 d 小。最常选用的 e 值有 3 个，即 3、17、65537。

（2）加密和解密。加密消息时，首先将消息分成比 n 小的数据分组（采用二进制数，选到小于 n 的 2 的最大次幂），设 m_i 表示消息分组，c_i 表示加密后的密文，它与 m_i 具有相同的长度。

1）加密过程：$c_i=m_i^e \bmod n$。

2）解密过程：$m_i=c_i^d \bmod n$。

RSA 算法的描述见表 2-4。

表 2-4　RSA 算法的描述

公开密钥	n：p 和 q 的乘积（p 和 q 必须保密） e：与 $\varphi(n)=(p-1)\times(q-1)$互素
私人密钥	$d\equiv e^{-1} \bmod \varphi(n)$
加密运算	$c=m^e \bmod n$
解密运算	$m=c^d \bmod n$

下面举一个实际的例子来帮助理解 RSA 算法。

（1）选择素数 $p=17$，$q=11$。

（2）计算 $n=p\times q=17\times 11=187$。

（3）计算 $\varphi(n)=(p-1)\times(q-1)=16\times 10=160$。

（4）选择 e：$\gcd(e,160)=1$，选择 $e=7$。

（5）确定 d：$d\times e\equiv 1 \bmod 160$ 且 $d<160$，可选择 $d=23$，因为 $23\times 7=161=1\times 160+1$。

（6）公钥 PK={7,187}。

（7）私钥 SK={23,187}。

假设给定的消息为 m=88，则：

加密：$c=88^7 \bmod 187=11$。

解密：$m=11^{23} \bmod 187=88$。

2. RSA 算法的速度及安全性

已有多家公司制造出了 RSA 加密芯片，如 AT&T、Alpher Techn、CNET、Cryptech、英国电信等。硬件实现时，RSA 算法大约比实现 DES 算法慢 1000 倍，实现 512bit 模数芯片的最快速度可达 1Mb/s。在智能卡中已大量实现 RSA 算法，这些实现都比较慢。软件实现时，RSA 算法大约比 DES 算法慢 100 倍，这些情况随着技术发展可能有所改观，但 RSA 算法的加密速度永远不会达到对称算法的加密速度。

公钥的分发问题需要解决。虽然用户不必担心公钥泄密，但需要考虑是否有人冒名顶替公布假的公钥。所以应当尽可能广泛地公布正确的公钥，以防假冒。就像将电话号码在电话簿上公开出来一样，公布面越广，号码的正确性就越能经多方面核实而得到保证。当然，即使这样也仍然不能完全保证它们都是正确的和真实的，需要更复杂的机制（如公钥证书）来保护公钥分发的安全性。

RSA 算法的安全性基于数论中大数分解的难度。但随着分解算法不断改进和计算能力的不断增强，模数小的算法越来越不安全。110bit 的十进制数早已能够分解。RSA-129（429bit）已由包括五大洲 43 个国家的 600 多人使用二次筛选法，利用 1600 台计算机通过 Internet 同时工作，耗时 8 个月，于 1994 年 4 月 2 日分解出长度为 64bit 和 65bit 的两个因子，而原来估算要花费 4 亿年才能计算出来。这是有史以来规模最大的数学运算。RSA-130 于 1996 年 4 月 10 日利用数域筛选法分解出来，目前正向更大数，特别是 512bit 的 RSA-154 挑战。Internet 的分布计算能力对短模数的 RSA 算法造成了严重的威胁，RSA-129 的分解致使 RSADSI 公司不得不建议 RSA 密钥长度变为不短于 768bit 的二进制数（相当于 RSA-230 问题）。另一个决定性因素是数论，特别是数分解技术方面的突破，急剧减少了破译 RSA 算法加密的工作量，使用有限的计算能力来破译密码成为可能。破译 RSA 算法加密能力的飞速提高，已经给算法带来一定程度的威胁。虽然这种威胁可以通过增加 RSA 密钥长度的办法来暂时抵挡，但是随着密钥长度的增加，加密运算的工作量也增加，运算效率将降低，缩小了 RSA 算法的可应用范围，尤其是那些对速度要求很高的应用。

2.5.2 Diffie-Hellman 算法

Diffie-Hellman 算法

Diffie-Hellman 算法发明于 1976 年，是第一个公开密钥算法。Diffie-Hellman 算法不能用于加密和解密，但可用于密钥分配。密钥交换协议（Key Exchange Protocol，KEP）是指两人或多人之间获取密钥并应用于通信加密的协议。

在实际的密码应用中，密钥交换是一个很重要的环节。例如，利用对称加密算法进行加密通信，双方首先需要建立一个共享密钥。如果双方没有约定好密钥，就必须进行密钥交换。如何使密钥到达交换者和发送者手里是件很复杂的事情，最早利用公钥密码思想提出一种允许陌生人建立共享秘密密钥就是 Diffie-Hellman 算法。

Diffie-Hellman 算法基于有限域中计算离散对数的困难性问题之上。下面简单介绍一下相关的概念。

素数 p 的本原根（Primitive Root）定义：如果 a 是素数 p 的本原根，则数 $a \bmod p$，a^2 mod

p，…，$a^{(p-1)}$ mod p 是不同的并且包含 1～p–1 的整数的某种排列。本原根的个数与模 p 有关。具体来说，模 p 的本原根的个数等于$\varphi[\varphi(p)]$，其中φ是欧拉函数。例如，p=19 的本原根有 2、3、10、13、14、15，本原根的个数为$\varphi[\varphi(19)]=\varphi(18)=6$。

对于一个整数 b 和素数 p 的一个本原根 a，可以找到唯一的指数 i，使 $b=a^i \bmod p$，其中 $0\leqslant i\leqslant p-1$，则指数 i 称为 b 的以 a 为基数的模 p 的离散对数。离散对数问题中，对任意正整数 i，计算 $a^i \bmod p$ 是很容易的；但是已知 a、b 和 p，求 i，并使 $b=a^i \bmod p$ 成立，在计算上几乎是不可能的。

设 A 和 B 是要进行秘密通信的双方，利用 Diffie-Hellman 算法进行密钥交换的过程可以描述如下：

（1）选择一个大素数 p 和它的本原根 a，这两个参数是公开的，可以由通信双方协商或由某一方提供。

（2）A 选取大的随机数 X_A，并计算 $Y_A = a^{Y_A} \bmod p$，A 将 Y_A 传送给 B。

（3）B 选取大的随机数 X_B，并计算 $Y_B = a^{Y_B} \bmod p$，B 将 Y_B 传送给 A。

（4）A 计算 $K = {Y_B}^{X_A} \bmod p$，B 计算 $K' = Y_A^{X_B} \bmod p$，易见，$K = K' = a^{X_A X_B} \bmod p$。

A 和 B 获得相同的密钥值 K，双方以 K 作为加/解密钥并以对称密钥算法进行保密通信。监听者可以获得 a、p、Y_A、Y_B，但由于算不出 X_A、X_B，所以得不到共享密钥 K。

虽然 Diffie-Hellman 算法十分巧妙，但没有认证功能，存在中间人攻击。当 A 和 B 交换数据时，C 拦截通信信息，并冒充 A 欺骗 B，冒充 B 欺骗 A。其过程如图 2-26 所示。

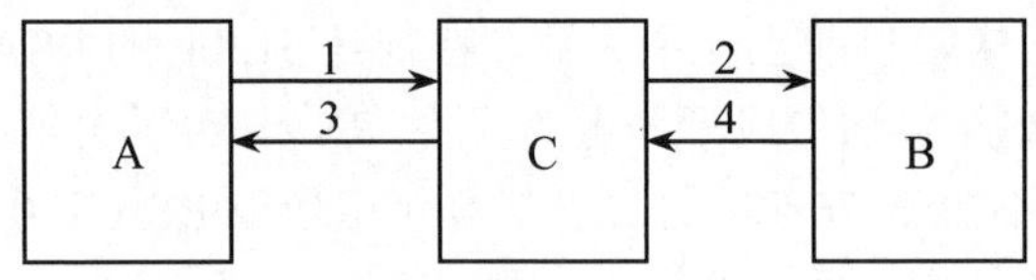

图 2-26　中间人攻击过程

（1）A 选取大的随机数 x，并计算 $X=a^x \bmod p$，A 将 a、p、X 传送给 B，但被 C 拦截。

（2）C 冒充 A 选取大的随机数 z，并计算 $Z=a^z \bmod p$，C 将 Z 传送给 B。

（3）C 冒充 B 选取大的随机数 z，并计算 $Z=a^z \bmod p$，C 将 Z 传送给 A。

（4）B 选取大的随机数 y，并计算 $Y=a^y \bmod p$，B 将 Y 传送给 A，但被 C 拦截。

由（1）、（3）可知，A 与 C 共享秘密密钥 a^{xz}；由（2）、（4）可知，C 与 B 共享共享密钥 a^{yz}。

站间协议是一个密钥协商协议，它能够挫败这种中间人攻击，其方法是让 A、B 分别对信息签名。

（1）A→B：a^x。

（2）B→A：$a^y \| E_k[S_b(a^y\|a^x)]$。

（3）A→B：$E_k[S_a(a^x\|a^y)]$。

其中，建立的会话密钥是 $K=a^{xy}$。站间协议的一个改进版本没有进行加密，建立的会话密钥仍然是 $K=a^{xy}$。

（1）A→B：a^x。

（2）B→A：$a^y\|S_b(a^y\|a^x)$。

（3）A→B：$S_a(a^x\|a^y)$。

站间协议具有前向保密性。前向保密性是指长期密钥被攻破后，利用长期密钥建立的会话密钥仍具有保密性。站间协议中，A、B 的私钥泄露不影响会话密钥的安全。

2.5.3　SM2 算法

SM2 算法是一种基于椭圆曲线密码学的非对称密码算法，是由中国国家密码管理局制定的国家密码算法标准，主要用于加/解密、数字签名和密钥交换。

SM2 算法使用椭圆曲线密码学中的非对称加密，包括公钥和私钥。公钥用于加密和验证数字签名，私钥用于解密和生成数字签名。SM2 算法使用特定的椭圆曲线参数，这些参数是在标准中定义的，包括曲线方程、基点坐标、素数模等。SM2 算法支持基于椭圆曲线的数字签名，使用 SM3 算法生成的消息摘要进行签名。数字签名用于验证消息的真实性和完整性。SM2 算法可以用于安全地执行密钥交换协议，使通信双方可以协商出一个共享的密钥，用于对称加密算法的加密和解密。

如果需要在 Python、C++、Java 等编程语言中使用 SM2 算法，可以支持 SM2 算法的密码学库，如 GMSSL（国密 SSL）、cryptography、Botan 等，以获取相应的实现和接口。

2.5.4　非对称算法应用举例

1. RSA 算法的应用

图 2-27 中的代码首先生成了 RSA 密钥对，然后使用公钥对明文数据进行加密，接着使用私钥对密文数据进行解密。在加密和解密过程中，使用了 OAEP 填充方案，它通过在明文数据上应用填充和随机化来增强密文的随机性，防止常见的攻击，如选择明文攻击和补位攻击，提供了更强的安全性。

```
# RSA
from cryptography.hazmat.primitives.asymmetric import rsa
from cryptography.hazmat.primitives import serialization
from cryptography.hazmat.primitives.asymmetric import padding
from cryptography.hazmat.backends import default_backend

# 生成RSA密钥对
private_key = rsa.generate_private_key(
    public_exponent=65537,
    key_size=2048,
    backend=default_backend()
)

# 从私钥获取公钥
public_key = private_key.public_key()

# 明文数据
message = bytes('三人行必有我师-You can learn from everyone','utf-8')

# 使用公钥进行加密
cipher_text = public_key.encrypt(
    message,
    padding.OAEP(
        mgf=padding.MGF1(algorithm=hashes.SHA256()),
        algorithm=hashes.SHA256(),
        label=None
    )
)

# 使用私钥进行解密
decrypted_text = private_key.decrypt(
    cipher_text,
    padding.OAEP(
        mgf=padding.MGF1(algorithm=hashes.SHA256()),
        algorithm=hashes.SHA256(),
        label=None
    )
)

print("Original message:", message.decode('utf-8'))
print("Encrypted ciphertext:", cipher_text)
print("Decrypted message:", decrypted_text.decode('utf-8'))
```

图 2-27　RSA 算法的应用

2. Diffie-Hellman 算法的应用

Diffie-Hellman 是一种用于协商共享秘密密钥的算法。首先，生成 Diffie-Hellman 参数；然后，A（Alice）和 B（Bob）分别生成他们的密钥对并交换公钥；最后，他们都计算出相同的共享密钥。这个共享密钥可以用于后续的加密通信。图 2-28 中的代码演示了 Diffie-Hellman 密钥交换的基本原理，实际上 cryptography 库提供了更高级的 API 来处理 Diffie-Hellman 密钥交换，不必手动执行所有细节。

```
from cryptography.hazmat.primitives.asymmetric import dh
from cryptography.hazmat.primitives import serialization

# 生成Diffie-Hellman参数
parameters = dh.generate_parameters(generator=2, key_size=2048, backend=None)

# 生成Alice的密钥对
private_key_alice = parameters.generate_private_key()
public_key_alice = private_key_alice.public_key()

# 生成Bob的密钥对
private_key_bob = parameters.generate_private_key()
public_key_bob = private_key_bob.public_key()

# Alice发送她的公钥给Bob
alice_public_key_bytes = public_key_alice.public_bytes(
    encoding=serialization.Encoding.PEM,
    format=serialization.PublicFormat.SubjectPublicKeyInfo
)

# Bob接收Alice的公钥，并生成共享密钥
alice_public_key = serialization.load_pem_public_key(alice_public_key_bytes, backend=None)
shared_key_bob = private_key_bob.exchange(alice_public_key)

# Bob发送他的公钥给Alice
bob_public_key_bytes = public_key_bob.public_bytes(
    encoding=serialization.Encoding.PEM,
    format=serialization.PublicFormat.SubjectPublicKeyInfo
)

# Alice接收Bob的公钥，并生成共享密钥
bob_public_key = serialization.load_pem_public_key(bob_public_key_bytes, backend=None)
shared_key_alice = private_key_alice.exchange(bob_public_key)

# 确保Alice和Bob计算出的共享密钥相同
assert shared_key_alice == shared_key_bob

print("Shared Key:", shared_key_alice)
```

图 2-28　Diffie-Hellman 算法的应用

2.6　散列算法

散列函数

2.6.1　单向散列函数

单向散列函数又称压缩函数、收缩函数、散列算法，它是现代密码学的许多协议中的另一个结构模块。散列函数是把可变长度的输入串（又称前象）转换成固定长度的输出串的一种函数。这个固定长度的输出串称为原输入消息的散列值或消息摘要（Message Digest）或散列值。如 Snefru、N-Hash、RipeMD160、MD2、MD4、MD5，SHA-1、SHA-2、SM3 等算法。

理想的散列函数应该保证：如果两个散列值不同（根据同一函数），那么这两个散列值的原始输入也不同。但由于消息是任意的，而散列值的长度是固定的，即散列函数的输入和输出不是一一对应关系，是从一个大的消息空间向小的散列值空间的映射。因此会出现虽然两个散列值相同，但两个输入值不同的情况，这种情况称为“碰撞”。散列算法的设计应该尽量减少这种碰撞的机会，使散列值能够更唯一地表示一条消息。对于两条输入消息，即使变化非常小，但在其输出中产生了很大的变化，这称为雪崩效应，不同算法消息摘要值及雪崩效应见表 2-5。其中，消息的差别在最后一个词的第一个字母上。

表 2-5　不同算法消息摘要值及雪崩效应

消息	消息摘要值		
	MD5 算法	SHA-1 算法	RipeMD160 算法
The quick brown fox jumps over the lazy cog	1055d3e698d289f2 af8663725127bd4b	de9f2c7fd25e1b3a fad3e85a0bd17d9b 100db4b3	132072df69093383 5eb8b6ad0b77e7b6 f14acad7
The quick brown fox jumps over the lazy dog	9e107d9d372bb682 6bd81d3542a419d6	2fd4e1c67a2d28fc ed849ee1bb76e739 1b93eb12	37f332f68db77bd9 d7edd4969571ad67 1cf9dd3b
The quick brown fox jumps over the lazy Dog	eb9dd2cf8116deab 68d200c1fd7230a6	5cbe3fed3e26aab0 37bb2e457dad26e2 bf791384	b2ab445d3c722d09 42250aea0129155c 77e6cdb3

一个安全的散列函数（H）必须具有以下属性。

（1）H 能够应用到不同长度的输入数据上。

（2）H 能够生成确定的、长度固定的输出。

（3）对于任意给定的 x，$H(x)$的计算相对简单，适合用软/硬件快速实现。

（4）对于任意给定的代码 h，要找到满足 $H(x)=h$ 的 x 在计算上是不可行的，这是散列函数的单向性。

（5）对于任意给定的块 x，要找到满足 $H(y)=H(x)$且 $y \neq x$，在计算上是不可行的，这是散列函数的抗弱碰撞性。

（6）要找到满足 $H(x)=H(y)$的一对消息(x,y)且 $x \neq y$，在计算上是不可行的，这是散列函数的抗强碰撞性。

满足上述前 5 个属性的散列函数称为弱散列函数，满足上述全部 6 个属性的散列函数称为强散列函数，第 6 个属性保证散列函数能够抵抗生日攻击。

典型的散列函数都有无限定义域，如任意长度的字节字符串和有限的值域，如固定长度的比特串。在某些情况下，散列函数可以设计成具有相同大小的定义域，并和值域间一一对应。一一对应的散列函数也称为排列。可逆性可以通过使用一系列的对于输入值的可逆“混合”运算而得到。

利用散列函数的这些特性，可以为消息生成完整性验证码，又称消息的指纹。单向散列函数的使用为实现数据的完整性验证提供了非常有效的方法。利用单向散列函数生成消息的指纹可以分成两种情况：一种是不带密钥的单向散列函数，这种情况下，任何人都能验证消息的散列值；另一种是带密钥的散列函数，散列值是预映射和密钥的函数，这样只有拥有密钥的人才能验证散列值。单向散列函数的算法实现有很多种，下面以 MD5（Message Digest 5）算法及 SHA-1 算法为例，讲述消息指纹的生成过程。

2.6.2 MD5 算法

1. MD 算法的设计思想

MD4 是罗纳德·李维斯特设计的单向散列算法。他的设计目标包括：

（1）安全性：找到两个具有相同散列值的消息在计算上是不可行的。

（2）直接安全性：算法的安全性不基于任何假设，如因子分解的难度等。

（3）速度：算法适于用软件实现，基于 32bit 操作数的简单操作。

（4）简单性和紧凑性：算法尽可能简单，没有大的数据结构和复杂程序。

MD4 公布后，有人分析出算法的前两轮存在进行差分密码攻击的可能性，因而罗纳德·李维斯特对其进行了修改，产生了 MD5 算法。

2. MD5 算法描述

MD5 以 512bit 的分组来处理输入文本，每一分组又划分为 16 个 32bit 的子分组。算法的输出由 4 个 32bit 分组组成，将它们级联形成一个 128bit 的散列值。首先填充消息使其长度恰好为一个比 512 的倍数仅小 64bit 的数。填充方法是在消息后面附一个 1，然后填充上所需要的位数的 0，接着在最后的 64bit 上附上填充前消息的长度值。这样填充后，可使消息的长度恰好为 512 的整数倍，并且保证不同消息在填充后不相同。

首先要对 4 个 32bit 的变量进行初始化，这 4 个变量称为链接变量，如下所示：

A=0x01234567

B=0x89abcdef

C=0xfedcba98

D=0x76543210

接着进入算法的主循环，循环的次数是消息中 512bit 消息分组的数目。将上面的 A、B、C、D 分别复制给 a、b、c、d。每个循环有 4 轮运算，每一轮要进行 16 次操作，分别针对 512bit 消息分组中的 16 个 32bit 子分组进行。每次操作对 a、b、c 和 d 中的 3 个做一次非线性函数运算，然后将所得结果加上第 4 个变量、消息的一个子分组和一个常数。将所得结果向左循环一个不定的数，并加上 a、b、c、d 其中之一，最后用结果取代 a、b、c、d 其中之一。完成后，将 A、B、C、D 分别加上 a、b、c、d。然后用下一分组继续运行算法，最后输出 A、B、C、D 的级联，即消息的散列值。MD5 主循环示意图如图 2-29 所示。

每次操作中用到的 4 个非线性函数为

$F(X,Y,Z)=(X\wedge Y)\vee[(\neg X)\wedge Z]$

$G(X,Y,Z)=(X\wedge Z)\vee(Y\wedge(\neg Z))$

$H(X,Y,Z)=X\oplus Y\oplus Z$

$I(X,Y,Z)=Y\oplus(X\vee(\neg Z))$

其中，⊕为异或，∧为与，∨为或，¬为反。

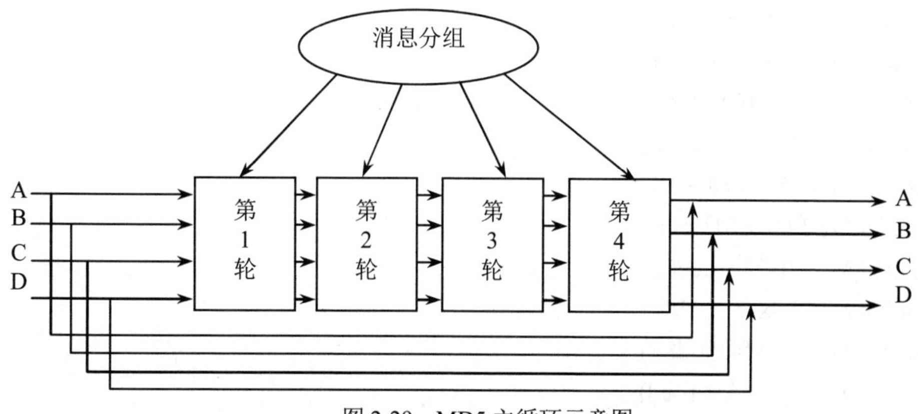

图 2-29　MD5 主循环示意图

设 M_j 表示一个 512bit 消息分组的第 j 个子分组（$0\leqslant j\leqslant 15$），$<<<s$ 表示循环左移 s 位，在第 i 步中，$t_i=2^{32}\times \text{abs}[\sin(i)]$。

4 轮操作分别定义为

$FF(a,b,c,d,M_j,s,t_i)$表示 $a=b+\{a+[F(b,c,d)+M_j+t_i]<<<s\}$

$GG(a,b,c,d,M_j,s,t_i)$表示 $a=b+\{a+[G(b,c,d)+M_j+t_i]<<<s\}$

$HH(a,b,c,d,M_j,s,t_i)$表示 $a=b+\{a+[H(b,c,d)+M_j+t_i]<<<s\}$

$II(a,b,c,d,M_j,s,t_i)$表示 $a=b+\{a+[I(b,c,d)+M_j+t_i]<<<s\}$

4 轮操作的 64 步分别如下：

第 1 轮操作的 16 步如下：

FF(a,b,c,d,M_0,7,0xd76aa478)

FF(d,a,b,c,M_1,12,0xe8c7b756)

FF(c,d,a,b,M_2,17,0x242070db)

FF(b,c,d,a,M_3,22,0xc1bdceee)

FF(a,b,c,d,M_4,7,0xf57c0faf)

FF(d,a,b,c,M_5,12,0x4787c62a)

FF(c,d,a,b,M_6,17,0xa8304613)

FF(b,c,d,a,M_7,22,0xfd469501)

FF(a,b,c,d,M_8,7,0x698098d8)

FF(d,a,b,c,M_9,12,0x8b44f7af)

FF(c,d,a,b,M_{10},17,0xffff5bb1)

FF(b,c,d,a,M_{11},22,0x895cd7be)

FF(a,b,c,d,M_{12},7,0x6b901122)

FF(d,a,b,c,M_{13},12,0xfd987193)

FF(c,d,a,b,M_{14},17,0xa679438e)

FF(b,c,d,a,M_{15},22,0x49b40821)

第 2 轮操作的步骤如下：

GG(a,b,c,d,M_1,5,0xf61e2562)

GG(d,a,b,c,M_6,9,0xc040b340)

GG(c,d,a,b,M_{11},14,0x265e5a51)

GG(b,c,d,a,M_{0},20,0xe9b6c7aa)

GG(a,b,c,d,M_{5},5,0xd62f105d)

GG(d,a,b,c,M_{10},9,0x02441453)

GG(c,d,a,b,M_{15},14,0xd8a1e681)

GG(b,c,d,a,M_{4},20,0xe7d3fbc8)

GG(a,b,c,d,M_{9},5,0x21e1cde6)

GG(d,a,b,c,M_{14},9,0xc33707d6)

GG(c,d,a,b,M_{3},14,0xf4d50d87)

GG(b,c,d,a,M_{8},20,0x455a14ed)

GG(a,b,c,d,M_{13},5,0xa9e3e905)

GG(d,a,b,c,M_{2},9,0xfcefa3f8)

GG(c,d,a,b,M_{7},14,0x676f02d9)

GG(b,c,d,a,M_{12},20,0x8d2a4c8a)

第 3 轮操作的步骤如下：

HH(a,b,c,d,M_{5},4,0xfffa3942)

HH(d,a,b,c,M_{8},11,0x8771f681)

HH(c,d,a,b,M_{11},16,0x6d9d6112)

HH(b,c,d,a,M_{14},23,0xfde5380c)

HH(a,b,c,d,M_{1},4,0xa4beea44)

HH(d,a,b,c,M_{4},11,0x4bdecfa9)

HH(c,d,a,b,M_{7},16,0xf6bb4b60)

HH(b,c,d,a,M_{10},23,0xbebfbc70)

HH(a,b,c,d,M_{13},4,0x289b7ec6)

HH(d,a,b,c,M_{0},11,0xeaa127fa)

HH(c,d,a,b,M_{3},16,0xd4ef3085)

HH(b,c,d,a,M_{6},23,0x04881d05)

HH(a,b,c,d,M_{9},4,0xd9d4d039)

HH(d,a,b,c,M_{12},11,0xe6db99e5)

HH(c,d,a,b,M_{15},16,0x1fa27cf8)

HH(b,c,d,a,M_{2},23,0xc4ac5665)

第 4 轮操作的步骤如下：

II(a,b,c,d,M_{0},6,0xf4292244)

II(d,a,b,c,M_{7},10,0x432aff97)

II(c,d,a,b,M_{14},15,0xab9423a7)

II(b,c,d,a,M_{5},21,0xfc93a039)

II(a,b,c,d,M_{12},6,0x655b59c3)

II(d,a,b,c,M_{3},10,0x8f0ccc92)

II(c,d,a,b,M_{10},15,0xffeff47d)

$II(b,c,d,a,M_1,21,0x85845dd1)$
$II(a,b,c,d,M_8,6,0x6fa87e4f)$
$II(d,a,b,c,M_{15},10,0xfe2ce6ef0)$
$II(c,d,a,b,M_6,15,0xa3014314)$
$II(b,c,d,a,M_{13},21,0x4e0811a1)$
$II(a,b,c,d,M_4,6,0xf7537e82)$
$II(d,a,b,c,M_{11},10,0xbd3af235)$
$II(c,d,a,b,M_2,15,0x2ad7d2bb)$
$II(b,c,d,a,M_9,21,0xeb86d391)$

2.6.3 SHA 算法

1. SHA 家族

SHA 是由美国国家安全局（National Security Agency，NSA）设计，由美国国家标准与技术研究院发布的一系列密码散列函数，SHA 家族的第 1 个成员发布于 1993 年，人们给它取了一个非正式的名称——SHA-0，以避免与它的后继者混淆。但它在发布之后很快就被 NSA 撤回，并且由1995 年发布的修订版本 FIPS PUB 180-1（通常称为 SHA-1）取代。SHA-1 和 SHA-0 的算法只在压缩函数的消息转换部分差了一个位的循环位移。根据 NSA 的说法，它修正了一个在原始算法中会降低散列安全性的弱点。SHA-0 和 SHA-1 可将一个最大 2^{64}bit 的消息，转换成一串 160bit 的消息摘要，其设计原理与MD4和MD5算法相似。

随着 SHA-0 和 SHA-1 的弱点相继被攻破，NIST 发布了 SHA 的 3 个变体，这 3 个变全都将消息映射到更长的消息摘要以降低碰撞的概率。命名方式为摘要长度（以位元计算）加 SHA，分别为 SHA-256、SHA-384 和 SHA-512。2002 年，它们连同 SHA-1 以官方标准 FIPS PUB 180-2 发布。2004 年2 月，发布的 FIPS PUB 180-2 的变更通知中加入了另一个变体——SHA-224，这些算法有时统称为 SHA-2。SHA 系列算法的参数比较见表 2-6。

表 2-6　SHA 算法的参数比较

算法名称		输出长度/bit	分块长度/bit	最大消息长度/bit	字长/bit	轮数	是否发现碰撞
SHA-0		160	512	$2^{64}-1$	32	80	是
SHA-1							
SHA-2	SHA-256/224	256/224	512	$2^{64}-1$	32	64	否
	SHA-512/384	512/384	1024	$2^{128}-1$	64	80	否

2. SHA-512 算法

SHA-512 算法

下面以 SHA-512 算法为例描述 SHA 算法的实现过程，其他版本的算法与该算法类似。算法输入的消息长度不超过 2^{64}bit，输入被处理成 1024bit 的块，输出消息摘要的长度为 512bit。图 2-30 显示了使用 SHA-512 算法处理消息并生成摘要的过程，处理过程由以下步骤组成。

（1）填充。对消息进行填充，使填充后的长度为 896 mod 1024。填充是必需的，即使消息已经是需要的长度，因此填充部分的长度范围为 1～1024。填充值由一个 1 和若干个 0 组成。

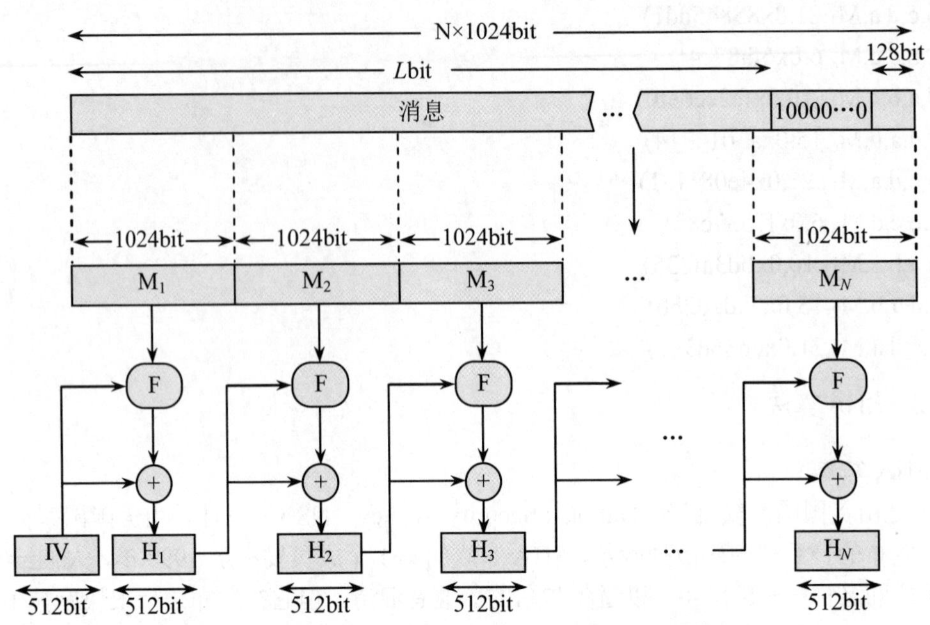

图 2-30 用 SHA-512 算法处理消息并生成摘要的过程

（2）添加长度。128bit 的块添加到填充后的消息后面，该块表示填充前原始消息的长度。

经过上述两步处理后生成的消息的长度恰为 1024bit 的整数倍。在图 2-30 中，扩展后的消息用 1024bit 的块 M_1、M_2、M_3、…、M_N 表示，整个扩展消息的长度为 $N\times1024$bit。

（3）初始 Hash 缓冲区。一个 512bit 的块用于保存 Hash 函数的中间值和最终结果。该缓冲区用 8 个 64bit 的寄存器（a、b、c、d、e、f、g、h）表示，并将这些寄存器初始化为下列 64bit 的整数（十六进制值）：

a=6A09E667F3BCC908

b=BB67AE8584CAA73B

c=3C6EF372FE94F82B

d=A54FF53A5F1D36F1

e=510E527FADE682D1

f=9B05688C2B3E6C1F

g=1F83D9ABFB41BD6B

h=5BE0CD19137E2179

（4）以 1024bit 的块（16 个字）为单位处理消息。算法核心是具有 80 轮运算的模块，在图 2-30 中，用 F 标识该运算模块，其运算逻辑如图 2-31 所示。每一轮都把 512bit 缓冲区的值 abcdefgh 作为输入，并更新缓冲区的值。第 1 轮，缓冲区里的值是中间的散列值 H_{i-1}。每一轮，如 t 轮，使用一个 64bit 的值 W_t，其中 $0\leqslant t\leqslant79$ 表示轮数，该值由当前被处理的 1024bit 消息分组 M_i 导出。每一轮还将使用附加的常数 K_t。这些常数由如下方法获得：前 80 个素数取三次方根，取小数部分的前 64bit。这些常数提供了 64bit 的随机串集合，可以消除输入数据里的任何规则性。第 80 轮的输出和第 1 轮的输入 H_{i-1} 相加产生 H_i。缓冲区里的 8 个字和 H_{i-1} 里的相应字独立进行模 2^{64} 的加法运算。

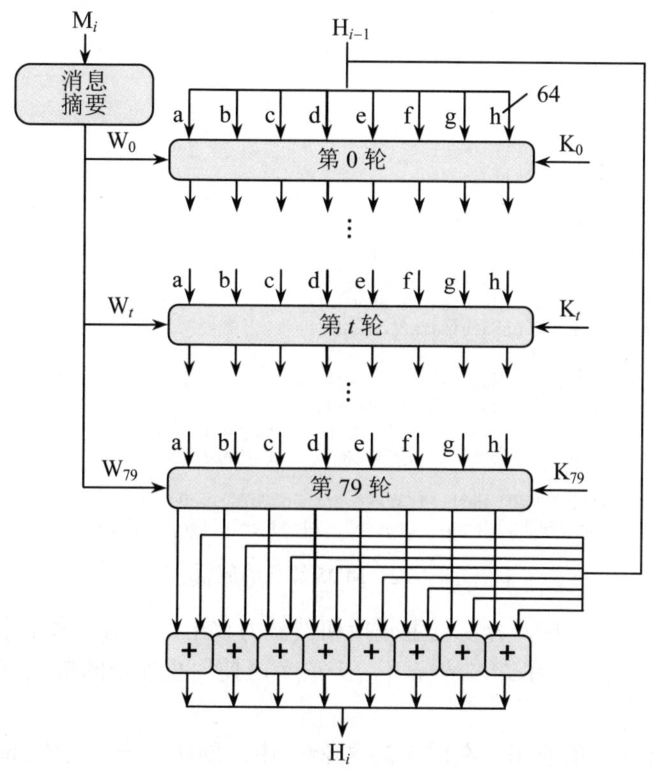

图 2-31　SHA-512 处理一个单独的 1024bit 块的过程

（5）输出。所有的 N 个 1024bit 分组都处理完以后，从第 N 阶段输出的是 512bit 的消息摘要。

2.6.4　SM3 算法

SM3 是我国采用的一种密码散列算法标准，由国家密码管理局于 2012 年 3 月 21 日发布并实施。SM3 算法具体描述见《SM3 密码杂凑算法》（GM/T 0004—2012）。在商用密码体系中，SM3 算法主要用于数字签名及验证、消息认证码生成及验证、随机数生成等。SM3 算法公开，其安全性及效率与 SHA-256 算法相当。对长度为 l（$l<2^{64}$）bit 的消息 m，SM3 算法经过填充和迭代压缩，生成长度为 256bit 的散列值。

GmSSL 是一个开源的加密包，支持 SM2、SM3、SM4 等（国家商用密码）算法，项目采用对商业应用友好的类 BSD 开源许可证，开源且可以用于闭源的商业应用。

2.6.5 散列算法应用举例

hashlib 是 Python 标准库中用于处理散列函数（哈希函数）的模块。散列函数将输入数据转换为固定长度的散列值，通常用于数据完整性验证、密码存储、数据索引和快速查找等应用。hashlib 模块提供了多种散列算法，包括 MD5、SHA-1、SHA-256、SHA-512 等，以及更高级的散列函数，如 HMAC（基于密钥的散列算法）。

（1）MD5 算法的应用。在图 2-32 的例子中，用内置的 hashlib 库来计算 MD5。为了展示散列算法的雪崩效应，使用了两个非常相近的输入，从结果可以看到散列值差别非常大。

```
##MD5
import hashlib
# 要计算MD5哈希值的字符串
data1 = "hello world!"
data2 = "hello,world!"
# 创建MD5哈希对象
md5_hash1 = hashlib.md5()
md5_hash2 = hashlib.md5()
# 更新哈希对象以包含要哈希的数据
md5_hash1.update(data1.encode())
md5_hash2.update(data2.encode())
# 获取MD5哈希值的十六进制表示
md5_hex1 = md5_hash1.hexdigest()
md5_hex2 = md5_hash2.hexdigest()
print(f"hello world!的MD5 Hash: {md5_hex1}")
print(f"hello,world!的MD5 Hash: {md5_hex2}")
```

```
hello world!的MD5 Hash: fc3ff98e8c6a0d3087d515c0473f8677
hello,world!的MD5 Hash: c0e84e870874dd37ed0d164c7986f03a
```

图 2-32 MD5 算法的应用

MD5 的散列值长度较短，容易发生碰撞和被暴力攻击，目前已属于不安全的散列算法，不应用于加密或安全目的。在许多情况下，应该考虑使用更安全的散列算法，如 SHA-256、SHA-512 等。

（2）SHA-512 算法的应用。在图 2-33 的例子中，创建了一个名为 sha512_hash 的函数，它接收一个字节串作为输入数据，然后计算其 SHA-512 散列值，并返回散列值的十六进制表示。可以将不同的字节串传递给 data 变量来计算不同数据的 SHA-512 散列值。需要注意的是，散列函数处理字节串，其数据需要以字节串形式传递。SHA-512 算法的输出为 512bit，以十六进制输出，将输出串平分为两段展示。

```
##sha-512
import hashlib

def sha512_hash(data):
    # 创建SHA-512哈希对象
    sha512 = hashlib.sha512()
    # 更新哈希对象以包含数据
    sha512.update(data)
    # 获取SHA-512哈希值的十六进制表示
    sha512_hex = sha512.hexdigest()
    return sha512_hex

if __name__ == "__main__":
    # 输入数据需要以字节串形式传递
    data = bytes("出淤泥而不染,glowed bneath the dirt",'utf-8')
    # 计算SHA-512哈希值
    sha512_result = sha512_hash(data)
    print(f"SHA-512 Hash 001~256位: {sha512_result[:63]}")
    print(f"SHA-512 Hash 257~512位: {sha512_result[64:]}")
```

```
SHA-512 Hash 001~256位: 0485745c9f63ee1f6b6cbcb69bcd78c28f36ab43abb5494e0427430d00617f8
SHA-512 Hash 257~512位: b2789cb34c7ee7ca519987bbce609a3e8fbbb141aabf48ee359977e676030823
```

图 2-33 SHA-512 算法的应用

2.6.6 生日攻击

生日攻击是一种加密攻击，它利用了概率论中生日问题背后的数学原理，属于一种暴力攻击。

1. 生日悖论问题

考虑一个教室里有 30 名学生和一位老师的例子。如果老师确定一个特定的日期，如 10 月 1 日，那么至少有一名学生在这一天出生的概率是 $1-(364/365)^{30}$，约为 7.9%。但是，如果老师希望找到一对生日相同的学生（日期是任意的），这个概率的计算公式为 $1-365!/[(365-k!)*(365^k)]$，在 30 人的班级中（$k$=30），至少有一名学生与任何其他学生生日相同的概率约为 73%：

在上面的例子中，假设之一是非闰年（因此为 365 天），假设之二是一个人在一年中的任何一天出生的可能性相同。

所以对于 k 个人来说，他们所有人生日不同的概率是：

$$\begin{aligned}P（k\text{ 个人生日不同}）&=(365/365)\times[(365-1)/365]\times[(365-2)/365]\times\cdots[(365-k+1)/365]\\&=365!/[(365-k)!\times 365k]\end{aligned}$$

因此，k 个人中至少两个人生日相同的统率为

$$P（k\text{ 个人中至少两个人生日相同}）=1-365!/[(365-k)!\times 365k]$$

根据上面的计算方法，在 23 人的小组中，至少有 50%的机会有两个人的生日相同。随着群体规模的增加，概率会迅速提高。在 60 人的小组中，概率已经超过 99.4%。

2. 对散列函数的生日攻击

生日攻击是依靠生日悖论来查找散列函数的碰撞，它尝试查找生成相同散列值的两条不同输入消息。如果攻击者发现冲突，他们可能会诱使系统认为两条不同的消息是相同的。

数字签名容易受到生日攻击。消息 m 通常通过计算 $H(m)$进行签名，其中 H 是散列函数，然后使用一些密钥对 $H(m)$进行签名。假设 A 想诱骗 B 签署一份欺诈性合同。A 准备了一份公平的合同 m 和欺诈性的合同 m'。然后，他找到了许多可以在不改变含义的情况下更改 m 的位置，如在句子后插入逗号、空行、一个空格与两个空格及替换同义词等。通过结合这些变化，她可以在 m 上创建大量变体，这些变体都是公平的合同。

同样，A 也可以对 m'进行一些类似的更改，使 $H(m)=H(m')$。因此，A 现在可以将公平的合同 m 提交给 B 进行签名。B 签名后，A 拿走了签名，并附上了欺诈性合同。此签名证明 B 已签署欺诈性合同。

假设散列值空间的大小为 N，则 K 条消息中至少有两条消息具有相同散列值的概率可以表示为 $P(K,N)=1-N!/[(N-K)!*N^K]$。N 越大，发生碰撞的概率越小。因此，为了避免生日攻击，散列函数的输出应该是一个非常长的位序列，使生日攻击在计算上变得不可行。

一、思考题

1．对称密码和非对称密码分别是什么？分析这两种密码体系的特点和应用领域。

2．Feistel 密码结构有哪些特点？证明 Feistel 解密是 Feistel 加密的逆过程。

3．对称算法的基本要素是什么？

4．加密算法中的两种基本操作是什么？

5．分组密码和流密码的区别是什么？各有什么优点？

6．DES 算法中 S 盒的作用是什么？若第 6 个 S 盒的输入是 100101，那么其输出是什么？

7．使用两个密钥的 3DES 算法的密钥有效长度是多少？为什么 3DES 算法的中间部分使用解密操作？

8．对称密码的工作模式有哪几种？比较密码反馈模式与输出反馈模式的异同。

9．密码攻击的常用方法有哪些？

10．使用 ECB 模式时，如果在密文传输中存在一个错误，那么只会影响相应的明文块，但在 CBC 模式中，错误就会传播。

（1）假设第 1 个密文块 C1 在传输中出现错误，那么解密时会影响到几个明文块？

（2）如果第 1 个明文块 P1 出现错误，那么错误会在多少个密文块中传播？对于接收者有什么影响？

11．如果在 8bit 的 CFB 模式中传输的密文字符发生了 1bit 的错误，那么该错误会传播多远？

12．对于下列值，使用 RSA 算法进行加密和解密。

（1）p=3，q=11，e=7，m=5。

（2）p=17，q=31，e=7，m=2。

（3）p=7，q=11，e=17，m=8。

13．在使用 RSA 公钥系统中，如果窃听到发送给用户 A（其公钥为 e=5，n=35）的密文为 c=10，请问对应的明文是什么？在 RSA 公钥系统中，若 e=31，n=3599，试求 d。该计算结果说明什么问题？

14．在 Diffie-Hellman 算法中，若 p=11，本原根 a=2，求：

（1）如果用户 A 的公钥为 Y_A=9，则 A 的私钥是什么？

（2）若用户 B 的公钥是 Y_B=3，则 A、B 之间的共享密钥是什么？

15．一个安全的散列算法需要具备哪些属性？这些属性对于散列算法的安全性及实用性有什么作用？

16．利用生日悖论来解释弱抗碰撞性和强抗碰撞性。

17．为什么散列函数要进行填充？

18．在 SHA-512 算法中，如果原始输入的消息长度为 524288bit，请问还需要填充吗？如果需要，填充数据的长度是多少？

二、实践题

1．编程实现移位密码、单表代换密码、多表代换密码的加密和解密过程。

2．编程实现利用穷举法破译移位密码、置换密码，并分析计算复杂性。

3．编程实现 DES 算法、AES 算法和 RSA 算法，并比较算法的效率。

4．编程实现 MD5 算法、SHA-1 算法和 SHA-512 算法，并比较算法的效率。

5．编程分析 DES 算法、MD5 算法及 RSA 算法的雪崩效应特性。

第 3 章　密码学应用

本章主要介绍密码学应用方面的知识，主要包括密钥管理、消息认证、数字证书、PGP等方面的基本原理、方法和应用。通过本章的学习，应达到以下目标：

- 理解密钥的生命周期及密钥管理的概念。
- 掌握对称密钥体制、公钥体制的密钥管理方法。
- 掌握消息认证的原理和方法。
- 理解 PKI 的原理。
- 掌握数字证书的应用。
- 了解 OpenSSL 的使用方法。

3.1　密 钥 管 理

现代密码学的一个基本思想是一切秘密寓于密钥之中，即密码算法是公开的，密码的安全性依赖密钥。在一个密码系统中，密码算法是固定的，密钥作为系统的一个可变输入部分，与被加密的内容进行融合，生成密文。只有持有密钥的人才能够轻松地解密，因而密钥的管理是密码应用中至关重要的环节。

3.1.1　密钥产生及管理概述

密钥的生成

早期的密码系统对算法和密钥没有明显的区分，随着信息加密需求的逐渐增加以及信息加密标准化、产业化的要求，密码系统逐渐采用加密算法固定不变、密钥经常变化的方式。算法和密钥的分离极大地促进了密码学技术的发展，它简化了对加密设备的管理，使密码算法可以完全公开，促进了信息加密的标准化及产业化进程；它使保密的核心部分——密钥可以方便地更换，从而增强了系统的抗攻击能力。这样的密码系统把安全焦点从算法转移到密钥，因而密钥管理成为一个密码系统的核心领域。

一个好的密钥管理系统应当尽量不依赖人的因素，这不仅是为了提高密钥管理的自动化水平，更是为了提高系统的安全性。一般来说，一个密钥管理系统应具备以下几个特点：密钥难以被非法窃取；在一定条件下窃取密钥也没有用；密钥的分配和更换过程透明等。下面将介绍有关密钥管理的基本概念和术语。

一个密钥的生存期是指授权使用该密钥的周期。一个密钥在生存期内一般要经历以下几个阶段。

（1）密钥的产生。

（2）密钥的分发。

（3）密钥的更新。

（4）密钥的存储和备份。

（5）密钥的撤销和销毁。

1. 密钥的产生

产生密钥时应考虑密钥空间、弱密钥、随机过程的选择等问题。例如，DES 使用 56bit 的密钥，正常情况下，任何 56bit 的数据串都可以是密钥，但某些系统加入一些特别的限制，使密钥空间大大减少，其抗穷举攻击的能力就会大打折扣。例如，有的系统仅允许使用 ASCII 码字符，并强制每一个字节的最高位为 0，将小写字母转换成大写字母，并忽略每个字节的最低位，这样就导致该程序可产生的密钥只有 2^{40} 个。

另外，人们在选择密钥时常选择姓名、生日、常用单词等，这样的密钥都是弱密钥。聪明的穷举攻击并不按照顺序去试所有可能的密钥，而是首先尝试最可能的密钥，这就是所谓的字典攻击。攻击者使用一本公用的密钥字典，利用这个方法能够破译一般计算机 40%以上的口令。为了避开这样的弱密钥，并且又使密钥比较好记，可以采用下面的方法：用标点符号分开一个词，如 splen&did；用较长的句子产生密钥，如以 Timing Attack on Implementation of Diffie-Hellman 中每个单词的开头字母作为密钥，TaoIoDH。

好的密钥一般是由自动处理设备产生的随机位串，那么就要求有一个可靠的随机数生成器，如果密钥为 64bit，每一个可能的 64bit 密钥必须具有相同的可能性。使用随机噪声作为随机源是一个好的选择。另外，使用密钥碾碎技术可以把容易记忆的短语转换为随机密钥，它使用单向散列函数将一个任意长度的文字串转换为一个伪随机位串。根据信息论的研究，标准的英语中平均每个字符含有 1.3bit 的信息，如果要产生一个 64bit 的随机密钥，一个大约有 49 个字符或者 10 个一般单词的句子就足够了。

ANSI X9.17 强调了基于时间的密钥生成。在这种方案中，使用一个种子值，该种子值取决于前一次生成的密钥和当前的时间戳。通过应用确定性的算法，可以生成一个新的密钥。ANSI X9.17 标准适合在一个系统中产生会话密钥或伪随机数。其过程如下：设 $E_k(X)$ 表示用密钥 k 对 X 进行加密，其中 k 是密钥发生器保留的一个特殊密钥，V_0 是一个秘密的 64bit 种子，T_i 是一个时间标记。ANSI X9.17 密钥的生成过程如图 3-1 所示。

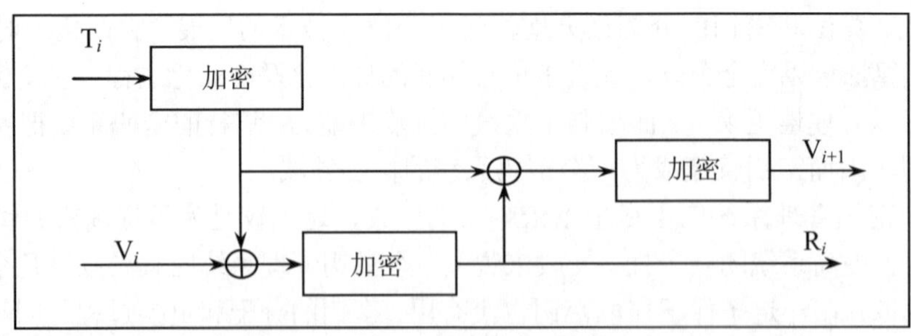

图 3-1 ANSI X9.17 密钥的生成过程

随机密钥的计算方法为 $R_i=E_k[E_k(T_i) \oplus V_i]$。

V_{i+1} 的计算方法为 $V_{i+1}=E_k[E_k(T_i) \oplus R_i]$。

2. 密钥的分发

对于对称加密体制和非对称加密体制，密钥的分发方法不同。在对称加密中，进行安全交互通信的双方必须拥有相同的密钥，并且必须保护该密钥不被第三方知道，而且出于保密的要求，需要频繁地更换会话密钥。在分发会话密钥时，用主密钥加密会话密钥进行传送，或使用公钥加密体制来分发会话密钥。对于公钥体制的密钥分发一般采用数字证书来实现。

3. 密钥的更新

如果每天都改变通信密钥当然是一种很安全的做法，但密钥分发工作是很繁重的，更容易的办法是从旧的密钥中产生新密钥，也称为密钥更新。密钥更新可以使用单向散列函数进行，如果用户 A 和 B 用户共享一个密钥，并用同样的散列函数进行操作，他们会得到新的相同的密钥。

4. 密钥的存储和备份

密钥的存储是密钥管理另一个很棘手的问题。人们都有这样的经历，许多系统采用简单的方法，让用户把自己的口令和密码记在脑海里，但当用户使用这样的系统比较多时，忘记和混淆密码是常有的事情。许多时候用户不得不把这些口令和密码记在纸上，这无疑增加了密钥泄露的可能性。其他的解决方案有把密钥存储在硬件的介质上，如 ROM 密钥和智能卡，用户也不知道密钥是什么，使用时，只有将存有密钥的物理介质插入专门设备，系统才能读出密钥。更安全的做法是将密钥平分成两份，一半存入终端，另一半存为 ROM 密钥，丢失或损害任何一部分都不会造成真正的威胁。ROM 密钥的安全性比较好，但需要相应硬件设备（读卡设备）的支持，对于小型的应用系统和分散的用户群体适用性较差。

其他的一些方法还有用密钥加密密钥的方法来对难以记忆的密钥进行加密保存。如一个可用 DES 密钥加密 RSA 私钥后存在磁盘上，需要恢复密钥时，用户只需把 DES 密钥输入到解密程序中即可。

对密钥进行备份是非常有意义的。在某些特殊情况下，如果保管机密文件的人出了意外，而他的密钥没有备份，那么他加密的文件就无法恢复了。因而在一个完善的安全保密系统中，必须有密钥备份措施以防万一。可以用密钥托管方案和秘密共享协议来解决密钥的备份问题。

密钥托管就是用户将自己的密钥交给一个安全员，由安全员将所有密钥安全地保存起来。这个方案的前提是安全员必须是可以信任的，他不会滥用任何人的密钥。另外，可以用智能卡作为临时密钥托管。一个用户可将密钥存入智能卡，当他不在时，将智能卡交给其他人，他人在需要时可以使用智能卡来解密文件或进入系统。这种方案的好处在于密钥存在智能卡里，持卡人可以使用密钥，但不知道密钥是什么。

为了防止密钥托管方案中有人恶意滥用被托管的密钥，一个更好的方法是采用秘密共享协议来实现密钥的备份。一个用户将自己的密钥分成若干片，然后把每片发给不同的人保存。任何一片都不是密钥，只有搜集到所有的密钥片，才有可能重新把密钥恢复出来。对此可以采取一些防范措施，如把每片密钥用受托保管该密钥片者的公钥加密再发给他保存，这样，只有在所有密钥片的受托人都参与的情况下才能解密并恢复密钥。

秘密共享的另一种方案是将一个密钥 K 分成 n 份，每一份称为 K 的“影子”，知道任意 m 个或更多个密钥块就能恢复密钥 K，知道的密钥块少于 m，则无法恢复密钥，这种方案称为 (m,n) 门限方案。下面以拉格朗日插值多项式方案为例讲解 (m,n) 门限方案。

首先生成比 K 大的随机素数 p，然后生成 $m-1$ 个比 p 小的随机整数 $R_1,R_2,\ldots,R_{m-1}$，然后使

用下面的式子将 $F(x)$ 定义为有限域上的多项式：

$$F(x)=(R_{m-1}x^{m-1}+R_{m-2}x^{m-2}+\cdots+R_1x+\mathrm{K})\bmod p$$

使用 n 个不同的 x_i（如 $x_i=1,2,3,\ldots,n$）来计算 $k_i=F(x_i)$，作为 K 的 n 个影子，将 (p,x_i,k_i) 分发给 n 个秘密共享者的第 i 个人，然后销毁 $R_1,R_2,\ldots,R_{m-1}$ 和 K。

m 个秘密共享者可以重构 K。重构时由 m 个秘密共享者中的每一个人写出如下的构造方程：$k_i=(C_{m-1}x_i^{m-1}+C_{m-2}x_i^{m-2}+\cdots+C_1x_i+\mathrm{K})\bmod p$，对于第 i 个秘密共享者，(p,x_i,k_i) 为已知，这样 m 个秘密共享者写出 m 个以 $C_1,C_2,\ldots,C_{m-1}$ 及 K 为未知数的方程，解这个 m 元一次方程组，可重构 K。

5. 密钥的撤销和销毁

密钥都有一定的有效期，密钥使用的时间越长，泄露的可能性就越大；如果一个密钥已泄露，那么这个密钥使用的时间越长，损失就越大；密钥使用越久，其受攻击的可能性和可行性就越大；对同一密钥加密的多个密文进行密码分析比较容易。因此，密钥在使用一段时间后，如果发现与密钥相关的系统出现安全问题，怀疑某一密钥已受到威胁或发现密钥的安全级别不够高等情况，该密钥应该被撤销并停止使用。即使没有发现此类威胁，密钥也应该设定一定的有效期限，过了此期限后密钥自动撤销并重新生成和启用新的密钥。被撤销的旧密钥仍需要继续保密，因为过去使用了该密钥加密或签名的文件还需要使用这个密钥来解密或认证。一般来说，用于加密数据的密钥，若加密的数据价值较高或加密的通信量较大，则应更换频繁一些；用于加密密钥的密钥一般无须频繁更换；用作数字签名和身份识别的私钥使用时间较长。

密钥的销毁要清除一个密钥所有的踪迹。当和一个密钥有关的所有保密性活动都终止以后，应该安全地销毁密钥及所有的密钥备份。对于自己进行内存管理的计算机，密钥可以很容易地进行复制和存储在多个地方，在计算机操作系统控制销毁过程的情况下，很难保证密钥被安全销毁密钥。谨慎的做法是写一个特殊的删除程序，让它查看所有的磁盘，寻找在未用存储区上的密钥副本，并将它们删除。还要记住删除所有临时文件或交换文件的内容。

如果密钥在 EEPROM 硬件中，密钥应进行多次重写；如果在 EPROM 或 PROM 硬件中，芯片应被打碎成小片分散丢弃；如果密钥保存在计算机磁盘里，应多次重写实际存储该密钥的磁盘存储区或将磁盘切碎。

3.1.2 对称密码体制的密钥管理

对称密钥分配

1. 基于对称加密的密钥分配——KDC

对称密码系统中密钥的分配技术比较成熟的方案是采用密钥分配中心（Key Distribution Center，KDC），为了说明 KDC 的工作原理，首先说明两个术语。

（1）会话密钥（Session Key）：当两个端系统要相互通信时，它们建立一个逻辑连接。在逻辑连接期间，使用一个一次性的密钥来加密所有的用户数据，这个密钥称为会话密钥。会话密钥在会话结束后就失效。

（2）永久密钥（Permanent Key）：为了分配会话密钥，在两个实体之间使用永久密钥。

下面介绍 KDC 的基本思想。KDC 与每一个用户之间共享一个不同的永久密钥，当用户 A 和用户 B 要进行通信时，由 KDC 产生一个双方会话使用的密钥 $\mathrm{K_S}$ 并分别用两个用户的永久密钥 $\mathrm{K_A}$、$\mathrm{K_B}$ 来加密会话密钥发给他们，即将 $\mathrm{E_{K_A}(K_S)}$ 发给 A，$\mathrm{E_{K_B}(K_S)}$ 发给 B；A、B 接收到加密的会话密钥后，将其解密得到 K，然后用 K 来加密通信数据。这样做的好处是每个用户不必保存大量的密钥，密钥的分配和管理工作主要由 KDC 来完成；可以做到每次通信都申请新的密钥，做到一次一个密钥，提高安全性；KDC 与每一个用户间共享一个密钥，可以进行用户身份验证等功能。但 KDC 也存在不可忽视的缺陷，如 KDC 采用一种集中的密钥管理方式，通信量较大，并且由于 KDC 保存着系统中所有用户的永久密钥，一旦 KDC 出现问题，会导致整个网络安全通信系统崩溃。

2. 基于公钥体制的密钥分配

公钥体制适用于进行密钥管理，特别是对于大型网络中的密钥管理。在只使用公钥体制的密钥分配方案中，要么每个用户需要维护大量的密钥关系，要么需要配置可信的密钥分配中心。而使用公钥系统则只需保存较少的密钥关系，且公钥是公开的，无须机密性保护。公钥体制与对称密钥体制相比，其处理速度太慢。通常采用公钥体制来分发密钥，采用对称密码系统来加密数据。假设通信双方为 A 和 B，使用公钥体制交换对称密钥的过程是这样的：首先 A 通过一定的途径获得 B 的公钥；然后 A 随机产生一个对称密钥 K，并用 B 的公钥加密对称密钥 K 发送给 B；B 接收到加密的密钥后，用自己的私钥解密得到密钥 K。在这个对称密钥的分配过程中，不再需要在线的密钥分配中心，也节省了大量的通信开销。

3.1.3　公开密钥体制的密钥管理

公钥管理

公开密钥体制与对称密钥体制的密钥管理有着本质的区别。对称密钥体制中，密钥需要在通信双方之间进行传输，而公开密钥体制使用一对密钥，其中私有密钥只有通信一方自己保存，其他任何人不接触该密钥。公开密钥则像电话号码一样是公开的，任何人都可以通过一定的途径得到它，并使用它与其所有者进行秘密通信。

公开密钥体制的密钥管理相对来说比较容易，但它也存在问题。由于公钥是公开的，不存在机密性问题，但公钥的完整性必须保证。假设 A 与 B 使用公钥体制进行秘密通信，A 必须首先知道 B 的公钥。A 可能通过以下一些途径获得 B 的公钥，如 A 直接从 B 那里获得他的公钥，A 也可以从公开密钥数据库或自己的私人数据库中获得 B 的公钥。当 A 通过公开的密钥数据库获得 B 的公钥时，可能出现这样的问题：不法之徒 C 用某种方式潜入公开密钥数据库，并用自己的公钥代替 B 的公钥，而未被觉察。当 A 想与 B 进行通信时，A 从公开密钥数据库中获得 B 的公钥（其实是 C 的公钥）并用它来加密消息发送给 B，这时躲在一旁伺机截获 AB 通信的 C 将 A 发送的消息截取，用自己的私钥破译并阅读消息的原文。然而 C 并不满足于只偷窥一次秘密，他会把解密后的消息又用 B 的公钥加密发给 A，这样 A 和 B 就都被蒙在鼓里了。因此，公钥虽然是公开的，但必须有一定的措施来保证公钥的完整性，实现公钥和公钥持有人身份的绑定。目前，主要有两种公钥管理模式，一种是采用公钥证书的方式，另一种是优良保密协议（Pretty Good Privacy，PGP）采用的分布式密钥管理模式。

1. 公钥证书

公钥证书是由一个可信的人或机构签发的，它包括证书持有人的身份标识、公钥等信息，并由证书颁发者对证书签字。在这种公钥管理机制中，首先必须有一个可信的第三方来签发和管理证书，这个机构通常称为 CA（Certificate Authority，证书授权中心）。CA 收集证书申请人的信息，并为之生成密钥对，为申请者生成数字证书，将申请者的身份与其公钥绑定，并用自己的私钥对生成的证书进行签名。证书可以放在 CA 的证书库里保存，也可以由证书持有者在本地存储。一个用户要与另一个用户进行通信时，他可以从证书库里获取对方的公钥证书，并使用该CA的公钥来解密证书，从而验证签名证书的合法性并获取对方的公钥。这个方案的前提是CA必须是通信双方都信任的，并且CA的公钥必须是真实有效的。关于CA和证书将在3.4节和3.5节做详细讲解。

2. 分布式密钥管理

在某些情况下，集中的密钥管理方式是不可能的，如没有通信双方都信任的CA。用于PGP的分布式密钥管理采用了通过介绍人的密钥转介方式，这更能反映出人类社会的自然交往，而且人们也能自由地选择信任的人来介绍，非常适用于分散的用户群。介绍人是系统中对他们朋友的公开密钥签名的其他用户。通过一个例子来了解一下分布式密钥转介方式。B将其公钥的一个副本交给他的朋友C和D，C和D在B的密钥上签名并交还给B，为了防止别人替换B的公钥，介绍人在签名之前必须确认公钥是属于B的。现在假设B要与一个新来者A通信，B就把由介绍人签名的两个公钥副本交给A，如果A认识并相信两个介绍人中的一个，则她有理由相信B的公钥是合法的。但如果A既不认识C也不认识D，她便没有理由相信B的公钥。随着时间的推移，B可以收集到更多介绍人的签名，如果A和B在同一个社交圈子里，则A很有可能认识B的介绍人。这种机制的优点是不需要建立一个人人都信任的CA，缺点是不能保证A肯定认识介绍人中的一个，因而不能保证她相信B的公钥。

3.2 消息认证

消息认证

密码学除了为数据提供保密方法，还可以用于以下三个方面。

（1）鉴别（Authentication）：消息的接收者可以确定消息的来源，攻击者不可能伪装成他人。

（2）抗抵赖性（Nonrepudiation）：发送者事后不能否认自己已发送的消息。

（3）完整性（Integrity）：消息的接收者能够验证消息在传送过程中是否被修改；攻击者不可能用假消息来代替合法的消息。

本节将介绍消息源认证（鉴别和抗抵赖性）、消息内容的完整性认证及其实现算法。

3.2.1 数据完整性认证

实现消息的安全传输，仅用加密方法是不够的。攻击者虽无法破译加密消息，但如果攻击者篡改或破坏了消息，接收者仍无法收到正确的消息。因此，需要有一种机制来保证接收者能够辨别收到的消息是否为发送者发送的原始数据，这种机制称为数据完整性机制。

数据完整性认证可以通过下述方法来实现。发送者用要发送的消息和一定的算法生成一个附件，并将附件与消息一起发送出去；接收者收到消息和附件后，用同样的算法与接收到的消息生成一个新的附件；把新的附件与接收到的附件相比较，如果相同，则说明收到的消息是正确的，否则说明消息在传送中出现了错误，其一般过程如图3-2所示（图中H表示一种算法，消息经过该算法后生成一个附件）。

完整性认证也称为消息认证、封装。上面所说的附件在具体的应用中被称为封装、完整性校验值、消息认证码（Message authentication code，MAC）、消息完整性码（Message Integrity Code，MIC）等。

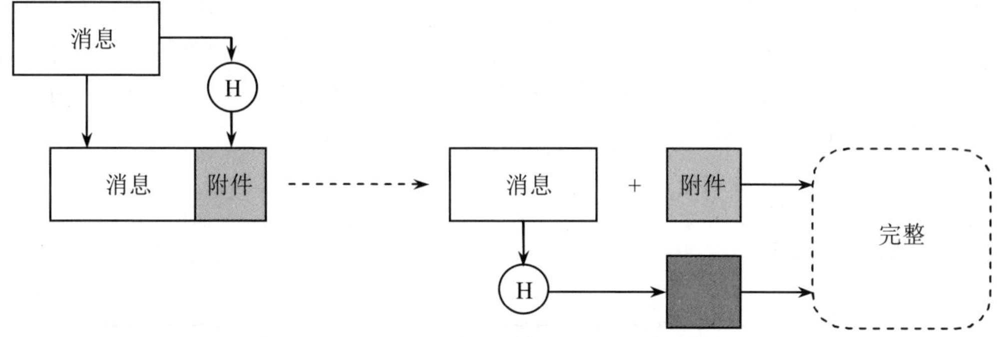

图 3-2　消息完整性认证的一般过程

消息认证码可以由以下方式产生。

1. 使用对称密钥体制产生消息认证码

发送者把消息 m 分成若干个分组（$m_1,m_2,\ldots,m_n$），利用分组密码算法来产生 MAC，其过程如图 3-3 所示。

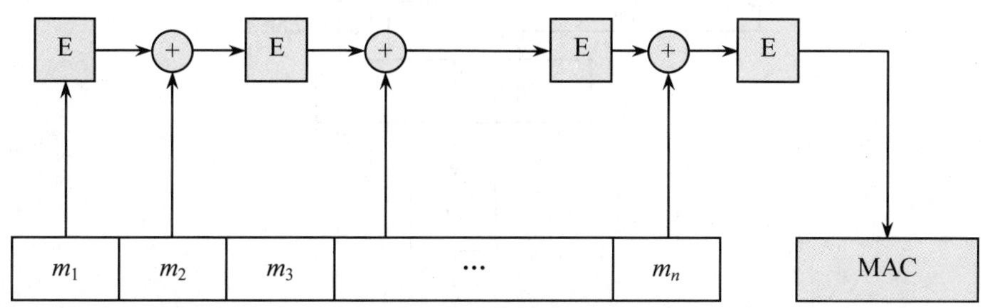

图 3-3　利用分组密码算法产生 MAC 的过程

2. 使用散列函数产生消息认证码

散列函数可以将任意长度的输入串转化成固定长度的输出串，在第 2 章中介绍了 MD5 及 SHA 等散列算法。由于密码散列算法比传统的加密算法执行速度快，而且密码散列算法的库函数容易得到，使利用散列算法来产生消息认证码的方法得到较为广泛的认可。但像 MD5、SHA-1 这样的散列算法不能直接用于消息的认证，因为它不依赖秘密密钥。因此，研究者提出了一些方法将秘密密钥与现有的算法结合起来。密钥相关的散列运算消息认证码（Hash-based Message Authentication Code，HMAC）算法是其中一个比较著名的方法，它在 RFC 2104 中发布，并被选作 IP 安全中强制执行的消息认证码，也被应用在传输层安全和安全电子交易等协议中。在 RFC 2104 中列出了 HMAC 算法的设计目标。

（1）无须修改，直接使用目前可用的散列函数，尤其是那些在软件中运行良好、免费且广泛使用的算法。

（2）当有更安全、更快的散列算法出现时，可以容易地使用新算法代替旧算法。

（3）保留散列函数的原始性能，不发生严重的退化。

（4）能够以一种简单的方式使用和处理密钥。

（5）能用易于理解的方式对认证机制的强度进行分析。

从前两条设计目标来看，HMAC 把散列算法看成一个“黑盒”，这样做的好处是，首先，现存的散列函数的实现可以作为一个模块用于 HMAC 中；其次，如果想用新的算法代替 HMAC 中的算法，只需移除旧的散列函数模块，加入新模块即可。这一点非常有用，如果已嵌入的散列函数受到安全威胁，只需更换一个安全的散列函数就可以保持 HMAC 的安全性。HMAC 算法的结构及流程如图 3-4 所示。

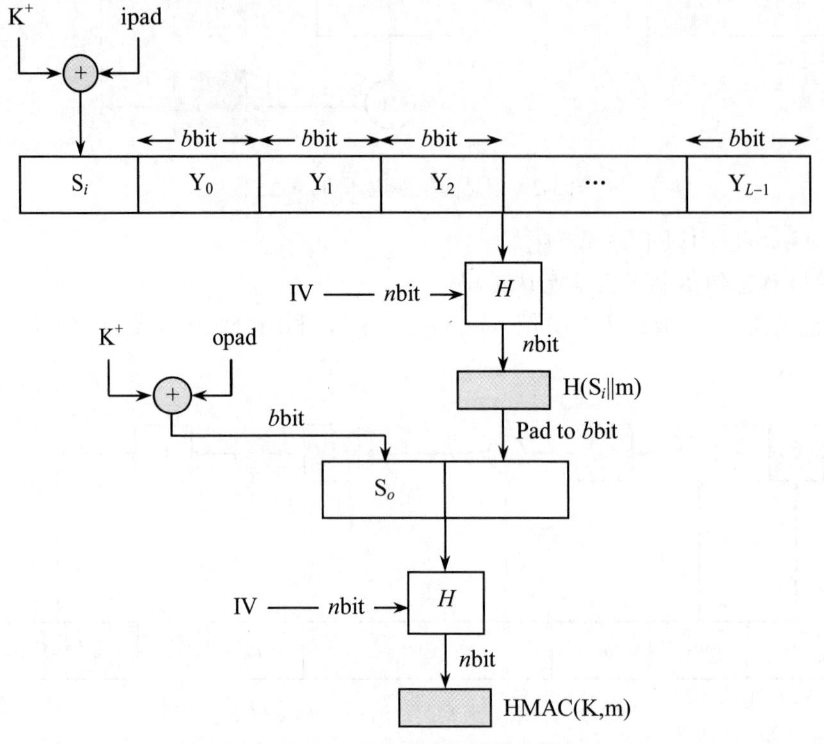

图 3-4 HMAC 算法的结构及流程

图 3-4 中各符号的定义如下：

（1）H：散列函数。

（2）m：输入到 HMAC 算法的消息（消息 M 要根据散列函数 H 的定义进行填充）。

（3）Y_i：消息 M 的第 i 个块（每块的长度依据散列函数 H 的定义）。

（4）L：消息 M 分块的数目。

（5）b：每个消息块的长度，单位为 bit。

（6）n：散列函数 H 产生的散列码的长度，单位为 bit。

（7）K：秘密密钥，如果密钥长度大于 b，就将密钥输入到散列函数产生一个 $n$bit 的密钥，建议密钥的长度大于 n。

（8）K^+：在 K 的左侧填充 0，达到 $b$bit 的长度。

（9）ipad：00110110（十六进制的 36）重复 $b/8$ 次。

（10）opad：01011100（十六进制的 5C）重复 $b/8$ 次。

（11）IV：Hash 函数的初始化向量。

HMAC 算法的过程描述如下：

（1）在 K 的左侧添加 0 生成一个 $b$bit 的串 K^+（例如，如果 K 的长度为 160bit，b=512bit，

则需要在 K 的左侧添加 44 个为 0 的字节）。

（2）将 K^+与 ipad 进行按位异或运算，生成 *b*bit 的块 S_i。

（3）将消息 M 添加到 S_i 后面。

（4）对第（3）步中生成的比特串流运用散列函数 H。

（5）将 K^+与 opad 进行按位异或运算，生成 *b*bit 的块 S_o。

（6）将第（4）步得到的散列值添加到 S_o 后面。

（7）对第（6）步得到的结果再运用散列函数 H，输出的结果就是 HMAC 消息认证码。

3.2.2　数字签名

数字签名

数字签名是信息安全的又一个重要研究领域。使用数字签名的主要目的与手写签名一样：用于证明消息发布者的身份。由于数字签名是在计算机上实现的，手写签名是行不通的，因为通过剪裁和粘贴很容易实现签名的伪造。因此，数字签名不仅要能证明消息发送者的身份，还要与所发送的消息相关。数字签名机制需要实现以下几个目的：

（1）消息源认证：消息的接收者通过签名可以确信消息确实来自消息的发送者。

（2）不可伪造：签名应是独一无二的，其他人无法假冒和伪造。

（3）不可重用：签名是消息的一部分，不能被挪用到其他文件中。

（4）不可抵赖：签名者事后不能否认自己签过的文件。

1. 基本原理

数字签名实际上是附加在数据单元上的一些数据或是对数据单元所做的密码变换，这种数据或变换能使数据单元的接收者确认数据单元的来源和数据的完整性，并保护数据，防止被人（如接收者）伪造。

签名机制的本质特征是该签名只有通过签名者的私有信息才能产生，也就是说，一个签名者的签名只能唯一地由他自己产生。当收发双方发生争议时，第三方（仲裁机构）就能够根据消息上的数字签名来裁定这条消息是否确实由发送方发出，从而实现抗抵赖服务。另外，数字签名应是所发送数据的函数，即签名与消息相关，从而防止数字签名的伪造和重用。

2. 实现方法

（1）使用对称加密和仲裁者进行数字签名。假设 A 与 B 进行通信，A 要对自己发送给 B 的文件进行数字签名，以向 B 证明是自己发送的，并防止他们伪造。利用对称密码系统和一个双方都信赖的第三方（仲裁者）可以实现。假设 A 与仲裁者共享一个秘密密钥 K_{AC}，B 与仲裁者共享一个秘密密钥 K_{BC}，实现过程如图 3-5 所示（其中 E 表示加密，D 表示解密，M 表示明文，C 和 C'表示密文，S 表示第三方的证明）。

1）A 用 K_{AC} 加密准备发给 B 的消息 M，并将之发给仲裁者。

2）仲裁者用 K_{AC} 解密消息。

3）仲裁者把解密的消息及自己的证明 S（证明消息来自 A）用 K_{BC} 加密。

4）仲裁者把加密的消息送给 B。

5）B 用与仲裁者共享的密钥 K_{BC} 解密收到的消息，就可以看到来自 A 的消息 M 和来自仲裁者的证明 S。

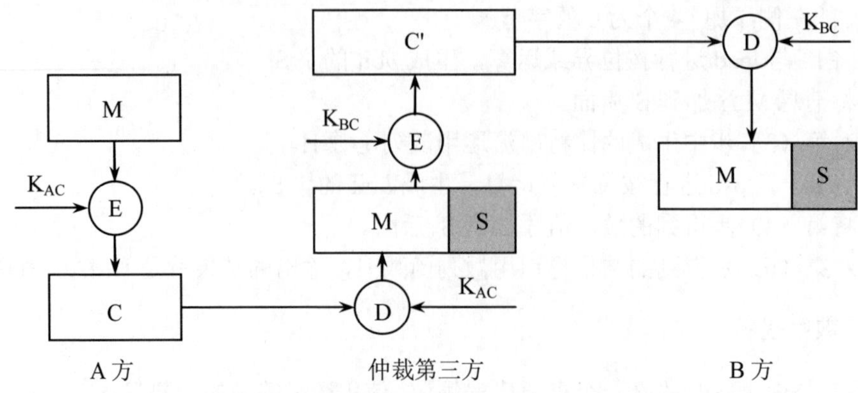

图 3-5 使用对称加密和仲裁者进行数字签名的实现过程

这种签名方法是否可以实现数字签名的目的呢？首先，仲裁者是通信双方 A、B 都信赖的，因而由他证明消息来自 A、B 是可信的；其次，K_{AC} 只有 A 与仲裁者有，别人无法用 K_{AC} 与仲裁者通信，所以签名不可伪造；再次，如果 B 把仲裁者的证明 S（证明消息来自 A）附在别的文件上，通过仲裁者时，仲裁者就会要求 B 提供消息和用 K_{AC} 加密的消息，B 因不知道 K_{AC} 无法提供，所以签名是不可伪造的；最后，当 A、B 之间发生纠纷，A 不承认自己做的事时，仲裁者的证明 S 可以帮助解决这一问题。因此，这种签名过程是不可抵赖的，可以实现数字签名的目的。但这种签名方法无法抵抗仲裁者伪造签名，因为仲裁者知道所有用户的密钥，为解决这个问题，可以采用下面的方案。

（2）使用公开密钥体制进行数字签名。公开密钥体制的发明，使数字签名变得更简单，它不再需要第三方去签名和验证。签名的实现过程如下：

1）A 用他的私人密钥加密消息，从而对文件签名。

2）A 将签名的消息发送给 B。

3）B 用 A 的公开密钥解密消息，从而验证签名。

由于 A 的私人密钥只有他一人知道，因而用私人密钥加密形成的签名别人是无法伪造的；B 只有使用 A 的公钥才能解密消息，因而 B 可以确信消息的来源为 A，并且 A 无法否认自己的签字；同样，在这个签名方案中，签名是消息的函数，无法用到其他消息上，因而此种签名也是不可重用的。这样的签名方式可以达到上面所述的数字签名的目标。但众所周知，公钥体制的一个缺点就是运算速度较慢，如果采用这种方式对较大的消息进行签名，效率会降低。为解决这个问题，可以采用下面的方案。

（3）使用公开密钥体制与单向散列函数进行数字签名。利用单向散列函数产生消息的指纹，用公开密钥算法对指纹加密，形成数字签名，过程如图 3-6 所示。过程描述如下：

1）B 使消息 M 通过单向散列函数 H，产生散列值，即消息的指纹或消息认证码。

2）B 使用私人密钥 KR_b 对散列值进行加密，形成数字签名 S。

3）B 把消息与数字签名一起发送给 A。

4）A 收到消息和签名后，用 B 的公开密钥解密数字签名 S；再用同样的算法对消息运算生成散列值。

5）A 把自己生成的散列值与解密的数字签名相比较，看是否匹配，从而验证签名。

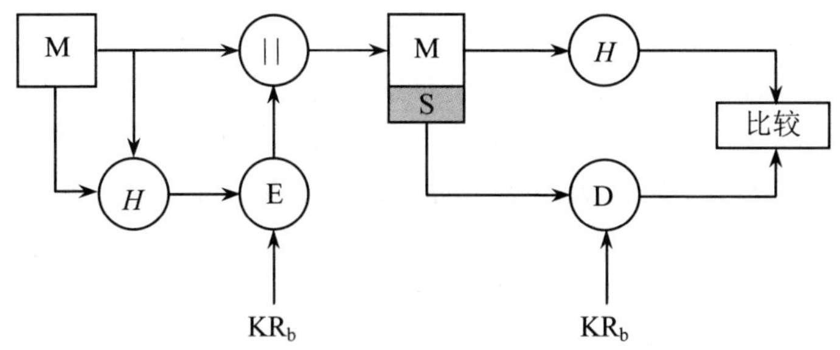

图 3-6　使用公开密钥体制与单向散列函数进行数字签名的过程

利用此数字签名方法不仅可以实现数字签名的可信、不可重用、不可抵赖、不可伪造等目的（读者可以自己分析一下），而且由于签名是从消息的散列值产生的，可以实现对消息的完整性认证。

（4）加入时间标记的签名。在实际应用中存在这样的问题：把签名和文件一起重用。例如，A 在一张数字支票上签名，把它交给 B；B 在银行验证支票并将钱从 A 的账户转到自己的账户。本来这次交易就完成了，现在假设 B 是一个不法之徒且贪婪成性，过一段时间，他又把数字支票交给银行，银行再次把支票上的钱数转到他的账户上。只要不被 A 发现，B 就可以源源不断地把钱从 A 的账户转到自己的账户。想想看，谁还敢进行网上支付？

利用带时间标记的签名可以解决这个问题。把消息加上时间标记，然后再进行签名，B 第一次到银行里进行支票转账时，银行验证签名并将其存储在数据库里；如果 B 再次使用这个数字支票，银行验证时，会发现该支票上的时间标记与数据库中记录的已转账的支票的时间一样，从而制止了 B 的不法行为。

（5）多重签名。有时存在这样的情况：对同一消息需要多人的签名。利用公开密钥体制与单向散列函数也很容易做到这一点。

1）A 用自己的私人密钥对文件的散列值进行签名。

2）B 用自己的私人密钥对文件的散列值进行签名。

3）B 把文件与自己的签名及 A 的签名一起发送给 C。

4）C 用 A 的公开密钥验证 A 的签名，用 B 的公开密钥验证 B 的签名。

（6）盲签名。盲签名就是先将要隐蔽的文件放到一个信封里，然后在信封里放一张复写纸，当签名者在信封上签名时，他的签名会通过复写纸而签到里面的文件上。这样签名者就在没有看到文件的前提下完成了签名过程。计算机中实现盲签名的一般过程如下：（假设 A 为消息拥有者，B 为签名者）。

1）A 将消息 m 乘以一个随机数得到 m'，这个随机数通常称为盲因子，A 将盲消息发给 B。

2）B 在收到的消息 m'上签名，然后将签名 Sig(m')发给 A。

3）A 通过去除盲因子可从 B 在 m'上的签名 Sig(m')中获得 B 对 m 的签名 Sig(m)。

通俗地说，消息 m 乘以盲因子转换成消息 m'的过程就相当于把文件装进信封的过程；Sig(m')就相当于在信封上签名；去除 Sig(m')中的盲因子得到 Sig(m)的过程，就是打开信封获得签名文件的过程。

3.2.3　数字签名算法

1991 年 8 月，美国国家标准与技术学会提出数字签名标准（Digital Signature Standard,

DSS）。DSS 作为联邦信息处理标准，规定了一种适用于联邦数字签名应用中的公开密钥数字签名算法（Digital Signature Algorithm，DSA）。DSA 算法使用公开密钥，为接收者验证数据的完整性和数据发送者的身份。它也可用于由第三方鉴定签名和所签数据的真实性。DSA 算法的安全性基于解离散对数的困难性，这类签名标准具有较大的兼容性和适用性，成为网络安全体系的基本构件之一。

1. DSA 算法描述

DSA 算法中用到了以下参数。

（1）p 是 L 位长的素数，其中 L 的范围是 512～1024 且是 64 的倍数。

（2）q 是 160 位长且与 p–1 互素的因子。

（3）$g=h^{(p-1)/q} \bmod p$，其中 h 是小于 p–1 且满足 g 大于 1 的任意数。

（4）$y=g^x \bmod p$，x 是小于 q 的数。

另外，算法使用一个单向散列函数 H(m)。标准指定了安全散列算法。前 3 个参数 p、q 和 g 是公开的，并且可以被网络中所有的用户公有。私人密钥是 x，公开密钥是 y。

对消息 m 签名时，发送者产生一个小于 q 的随机数 k，如下：

$$r=(g^k \bmod p) \bmod q$$

$$s=\{k^{-1}[H(m)+xr]\} \bmod q$$

式中，r 和 s 就是发送者的签名，发送者将它们发送给接收者。

接收者通过计算验证签名：

$$w=s^{-1} \bmod q$$

$$u_1=[H(m)\times w] \bmod q$$

$$u_2=(rw) \bmod q$$

$$v=[(g^{u_1}\times y^{u_2}) \bmod p] \bmod q$$

如果 $v=r$，则签名有效。

2. 对 DSA 算法的评价

（1）DSA 算法不能用于加密或密钥分配。

（2）DSA 算法比 RSA 算法慢：产生签名的速度相同；验证签名时 DSA 算法慢 10～40 倍。

（3）DSA 算法是由 NSA 算法研制的，算法中有可能存在“陷门”。

（4）DSA 算法密钥的长度太小。

3.3 Kerberos 认证交换协议

3.3.1 Kerberos 模型的工作原理和步骤

Kerberos 是为 TCP/IP 网络设计的基于对称密码体系的可信第三方鉴别协议，负责在网络上进行可信仲裁及会话密钥的分配。Kerberos 可以提供安全的网络鉴别，允许个人访问网络中不同的机器。在 Windows 2000 以上版本的操作系统中，都可以使用 Kerberos 服务。

Kerberos 有一个所有客户的秘密密钥的数据库，对于个人用户来说，秘密密钥是一个加密口令。需要对访问客户身份进行鉴别的服务器以及要访问此类服务器的客户，需要用 Kerberos 注册其秘密密钥。由于 Kerberos 知道每个人的秘密密钥，故它能产生消息并向一个实体证实另一个实体的身份。Kerberos 还能产生会话密钥，供两个实体加密通信消息，通信完毕后销毁会话密钥。Kerberos 协议的步骤很简明，如图 3-7 所示，它包括一个认证服务器（AS）和一个（或多个）门票分配服务器（TGS）。

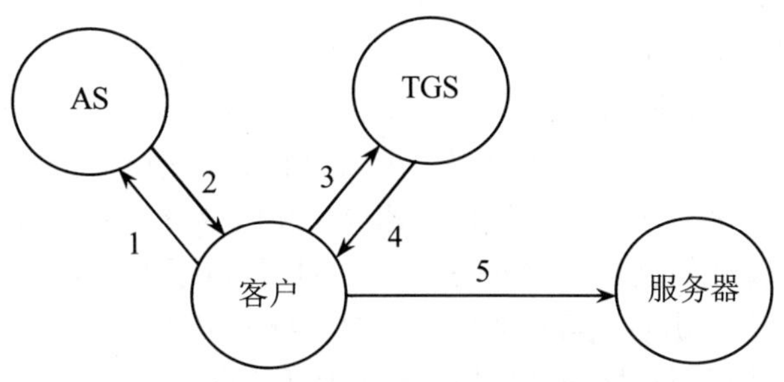

图 3-7　Kerberos 协议的步骤

Kerberos 的工作过程如下。其中，c 表示客户，s 表示服务器，tgs 表示门票服务器，K_x 表示 x 的秘密密钥，$K_{x,y}$ 表示 x 与 y 的会话密钥，$\{m\}K_x$ 表示以 K_x 加密消息 m，$T_{x,y}$ 表示使用 y 的 x 的票据，$A_{x,y}$ 表示从 x 到 y 的鉴别码。

（1）客户请求 Kerberos 认证服务器 AS 发给接入 TGS 的门票，过程如下：

Client→AS 的消息：c,tgs

（2）AS 在其数据库中查找客户实体，产生会话密钥 $K_{c,tgs}$，使用 K_c 对其加密，生成允许客户使用 TGS 的票据 $T_{c,tgs}$（$T_{c,tgs}$ 中包括客户实体名、地址、TGS 名、时间标记、时限、会话密钥 $K_{c,tgs}$ 等），并使用 TGS 的秘密密钥加密，然后把两个加密消息发给客户，过程如下：

AS→Client 的消息：$\{K_{c,tgs}\}K_c$，$\{T_{c,tgs}\}K_{tgs}$

（3）客户用自己的秘密密钥解密消息得到会话密钥 $K_{c,tgs}$，然后生成一个认证单 $A_{c,s}$（$A_{c,s}$ 中包括客户实体名、地址、时间标记），并使用 $K_{c,tgs}$ 加密，然后向 TGS 发出请求，申请接入应用服务器的门票，过程如下：

Client→TGS 的消息：$\{A_{c,s}\}K_{c,tgs}$，$\{T_{c,tgs}\}K_{tgs}$

（4）TGS 对 $T_{c,tgs}$ 消息解密获得 $K_{c,tgs}$，用 $K_{c,tgs}$ 对加密的认证单解密获得 $A_{c,s}$，并与 $T_{c,tgs}$ 中的数据进行比较，然后由 TGS 产生客户和服务器之间使用的会话密钥 $K_{c,s}$，将 $K_{c,s}$ 加入客户向该服务器提交的 $A_{c,s}$，生成门票 $T_{c,s}$，然后用目标服务器的秘密密钥 K_s 将此门票加密。

TGS→Client 的消息：$\{K_{c,s}\}K_{c,tgs}$，$\{T_{c,s}\}K_s$

（5）客户对消息解密获得 $K_{c,s}$，客户制作一个新的认证单 $A_{c,s}$，并用 $K_{c,s}$ 加密与 $\{T_{c,s}\}K_s$ 一起发给目标服务器；服务器对 $\{T_{c,s}\}K_s$ 解密获得 $K_{c,s}$，利用 $K_{c,s}$ 对 $\{A_{c,s}\}K_{c,s}$ 解密获得 $A_{c,s}$，将 $A_{c,s}$ 与 $T_{c,s}$ 的内容比较，如果无误，则服务器知道客户真实的身份，决定是否与其进行通信，过程如下：

Client→Server 的消息：$\{A_{c,s}\}K_{c,s}$，$\{T_{c,s}\}K_s$

如果客户需要对服务器的身份进行确认，也可以使用同样的方法。

3.3.2　Kerberos 的优势与缺陷

Kerberos 为网络中的所有实体提供一个集中的、统一的认证管理机制，而一般的认证协议（如 SSL）仅局限于客户与服务器两者之间的交换过程；运用 Kerberos 票据的概念，使一次性签放机制得以实现，每张票据中都有一个时限，典型的为 8 小时，在时限到来之前，用户可以使用该票据多次连接使用服务器；Kerberos 认证服务器与 TGS 产生的会话密钥 $K_{c,tgs}$ 和 $K_{c,s}$ 保证客户与 TGS 和 Server 之间消息传输的安全性；支持分布环境下的认证服务；支持双向的身份认证服务。

Kerberos 仍存在几个潜在的安全弱点：旧的鉴别码可能被存储和重用，尽管时间标记可以防止这种攻击，但在票据有效期内仍可能发生重用，并且鉴别码是基于网络中所有时钟同步的事实，如果能欺骗主机，使其时间发生错误，那么旧的鉴别码就会很容易地实现重放。另外，Kerberos 基于对称密码体系，因而在认证服务器 AS 和门票分配服务器 TGS 上都要存放大量的秘密密钥，而密钥的管理一直是对称密码学中一个比较棘手的问题，如果密钥管理不善，攻击者获得一个客户的秘密密钥后就可以假冒该客户的身份申请票据，从而导致整个认证无效。使用对称加密算法，仅能保证数据的安全性，无法保证数据的完整性，这是该协议一个主要的弱点。

3.4 公钥基础设施

公钥基础设施（Public Key Infrustructure，PKI），是一种遵循既定标准的密钥管理平台，它能够为所有网络应用提供加密和数字签名等密码服务及必需的密钥和证书管理体系。PKI 的技术始于 20 世纪 70 年代中期，但开发基于 PKI 的产品才刚起步不久。安全分析家维克托·维特曼说："随着越来越多的企业网和电子商务以不安全的 Internet 作为通信基础平台，PKI 所带来的保密性、完整性和不可否认性的重要意义日益突出。"

3.4.1 PKI 的定义、组成及功能

从广义上讲，PKI 就是一个用公钥概念和技术实现的、为网络数据和其他资源提供具有普适性安全服务的安全基础设施。所有提供公钥加密和数字签名服务的系统都可以称为 PKI 系统。PKI 的主要目的是通过自动管理密钥和证书，为用户建立一个安全的网络运行环境，使用户可以在多种应用环境下方便地使用加密和数字签名技术，从而保证网络通信中数据的机密性、完整性、有效性。一个有效的 PKI 系统在提供安全性服务的同时，在应用上还应该具有简单性和透明性，即用户在获得加密和数字签名服务时，不需要详细了解 PKI 内部实现原理的具体操作方法，如 PKI 如何管理证书和密钥等。

PKI 的概念和内容是动态的、不断发展的。完整的 PKI 系统必须具有权威认证机关、数字证书库、密钥备份及恢复系统、证书作废系统、应用接口等基本构成部分，构建 PKI 也将围绕着这五大系统来着手构建。

（1）证书授权中心。CA 是一个基于服务器的系统，是 PKI 的核心组成部分，是数字证书的申请及签发机关。CA 从一个目录服务中获取证书和公钥并将其发给认证过身份的申请者。在 PKI 系统中，CA 扮演着一个可信的证书颁发者的角色，CA 必须具备权威性，用户相信 CA 的行为和能力对于保障整个系统的安全性和可靠性是值得信赖的。

（2）数字证书库。用于存储已签发的数字证书及公钥，用户可由此获得所需的其他用户的证书及公钥。PKI 系统对密钥、证书及废止证书列表的存储和管理，使用了一个基于轻量目

录访问协议（Lightweight Directory Access Protocol，LDAP）的目录服务[1]。与已注册证书的人进行安全通信，任何人都可以从该目录服务器获取注册者的公钥。

（3）密钥备份及恢复系统。如果用户丢失了用于解密数据的密钥，则数据将无法被解密，这将造成合法数据丢失。为避免这种情况，PKI 提供了备份与恢复密钥的机制。但需要注意，密钥的备份与恢复必须由可信的机构来完成。并且，密钥备份与恢复只能针对解密密钥，签名私钥为确保其唯一性而不能够作备份。

（4）证书作废系统。证书作废处理系统是 PKI 的一个必备的组件。与日常生活中的各种身份证件一样，证书在有效期以内也可能需要作废，原因可能是密钥介质丢失或用户身份变更等。为实现这一点，PKI 必须提供作废证书的一系列机制。

（5）应用接口。PKI 的价值在于用户能够方便地使用加密、数字签名等安全服务，因此一个完整的 PKI 必须提供良好的应用接口系统，使得各种各样的应用能够以安全、一致、可信的方式与 PKI 交互，确保网络环境的完整性和易用性。

PKI 具有 12 种操作功能：产生、验证和分发密钥；签名和验证；获取证书；验证证书；保存证书；获取本地保存的证书；申请证书废止；恢复密钥；获取证书撤销列表（Certificate Revocation List，CRL）；更新密钥；审计；存档。

这些功能大部分是由 PKI 的核心组成部分 CA 来完成的。

3.4.2　CA 的功能

CA 的功能

CA 的主要功能包括证书颁发、证书更新、证书撤销、证书和 CRL 的公布、证书状态的在线查询、证书认证和政策制定等。

1. 证书颁发

申请者在 CA 的注册机构（Registration Authority，RA）注册和申请证书。CA 对申请者进行审核，审核通过则生成证书，颁发给申请者。证书的申请可采取在线申请和亲自到 RA 申请两种方式。证书的颁发也可采取两种方式：在线直接从 CA 下载和 CA 将证书制作成介质（磁盘或 IC 卡）后由申请者带走。

2. 证书更新

当证书持有者的证书过期，证书被窃取、丢失时，通过更新证书的方法可使其使用新的证书继续参与网上认证。证书的更新包括证书的更换和证书的延期两种情况。证书的更换实际上是指重新颁发证书，因此证书更换的过程和证书的申请流程基本一致。而证书的延期只是将证书的有效期延长，其签名和加密信息的公/私密钥没有改变。

3. 证书撤销

证书持有者可以向 CA 申请撤销证书。CA 通过认证核实，即可履行撤销证书职责，通知有关组织和个人，并写入 CRL。有些人（如证书持有者的上级）也可申请撤销证书持有者的证书。

---

[1] 目录服务是一种计算机网络中用于存储、组织和检索网络资源信息的服务。目录服务提供一种分布式的、层次结构化的资源信息组织方式，使用户和应用程序能够轻松地查找和访问网络上的各种资源。这些资源包括用户账户、打印机、文件、应用程序、设备等。

4. 证书和 CRL 的公布

CA 通过 LDAP 服务器维护用户证书和 CRL。它向用户提供目录浏览服务，负责将新签发的证书或废止的证书加入 LDAP 服务器。这样用户通过访问 LDAP 服务器就能够得到他人的数字证书或能够访问 CRL。

5. 证书状态的在线查询

通常 CRL 发布为一日一次，CRL 的状态同当前证书的状态有一定的滞后。证书状态的在线查询通过向在线证书状态协议（Online Certificate Status Protocol，OCSP）服务器发送 OCSP 查询包实现，包中含有待验证证书的序列号和验证时间戳。OCSP 服务器返回证书的当前状态并对返回结果加以签名。在线证书状态查询比 CRL 更具有时效性。

6. 证书认证

CA 对证书进行有效性和真实性的认证，但在实际中，如果一个 CA 管理的用户太多，则很难得到所有用户的信赖并接收它发行的所有用户的公钥证书，而且一个 CA 也很难对大量的用户有足够全面的了解。为此需要采用一种多个 CA 分层结构的系统。在多个 CA 分层结构的系统中，由特定 CA 发放证书的所有用户组成一个域。同一个域中的用户可以直接进行证书交换和认证，不同域中用户的公钥安全认证和递送需要通过建立一个可信赖的证书链或证书通路实现。图 3-8 为一个简单的证书链。若用户 U1 与用户 U2 进行安全通信，只需涉及 3 个证书（U1、U2、CA1 的证书），若 U1 与 U3 进行安全通信，则需要涉及 5 个证书（U1、CA1、PCA、CA3、U3）。

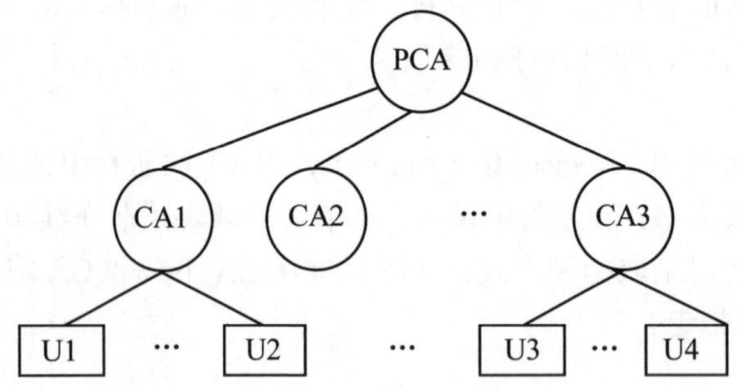

图 3-8 简单的证书链

跨域的证书认证也可以通过交叉认证来实现。通过交叉认证机制，会大幅缩短信任关系的路径，从而提高效率。

7. 政策制定

CA 的政策越公开越好，信息发布越及时越好。普通用户信任一个 CA 除了它的技术因素，另一个极重要的因素就是 CA 的政策。CA 的政策是指 CA 必须对信任它的各方负责，它的责任大部分体现在政策的制定和实施上。CA 的政策包含以下几个部分。

（1）CA 私钥的保护。CA 签发证书所用的私钥要受到严格的保护，不能被毁坏，也不能被非法使用。

（2）证书申请时密钥对的产生方式。在提交证书申请时，要决定密钥对的生成方式。生成密钥对有两种办法：一种是在客户端生成，另一种是在 CA 的服务器端生成。究竟采用哪一种生成方式取决于 CA 的政策。用户在申请证书之前应仔细阅读 CA 关于这方面的政策。

（3）对用户私钥的保护。根据用户密钥对的产生方式，CA 在某些情况下有保护用户私钥的责任。若密钥对的生成在 CA 的服务器端完成，CA 就可以提供对用户私钥的保护，以便以后用户遗失私钥后可恢复此私钥。但最好在生成密钥对时由用户来选择是否需要这种服务。

（4）CRL 的更新频率。CA 的管理员可以设定一个时间间隔，系统会按时更新 CRL。

（5）通知服务。对于用户的申请和证书过期、废除等有关事宜的回复。

（6）保护 CA 服务器。必须采取必要的措施以保证 CA 服务器的安全。必须保证该主机不被任何人直接访问，当然 CA 使用的 HTTP 服务端口除外。

（7）审计与日志检查。为了安全起见，CA 对一些重要的操作应记入系统日志。在 CA 发生事故后，要根据系统日志进行事后追踪处理，即审计。CA 管理员需定期检查日志文件，尽早发现可能出现的隐患。

3.4.3　PKI 的体系结构

CA 是 PKI 的核心，作为可信任的第三方，担负着为用户签发和管理证书的功能。根据 CA 间的关系，PKI 的体系结构可以有 3 种情况：单个 CA 的 PKI、分层结构的 PKI 和网状结构的 PKI。

1. 单个 CA 的 PKI

单个 CA 的 PKI 结构中，只有一个 CA，它是 PKI 中所有用户的信任点，为所有用户提供 PKI 服务。在这种结构中，所有用户都能通过该 CA 实现相互之间的认证。单个 CA 的 PKI 结构简单，容易实现；但对于具有大量的、不同群体用户的组织不太适用，其扩展性较差。

在现实生活中，一个 CA 很难使所有用户都信赖它并接受它所颁发的证书，同时一个 CA 也很难对所有用户的情况有全面的了解和掌握，当一个 CA 的用户过多时，就会难以操作和控制，因此，多 CA 的结构成为必然。通过使用主从结构或者对等结构将多个 CA 联系起来，扩展成为支持更多用户、支持不同群体的 PKI。

2. 分层结构的 PKI

一个以主从 CA 关系建立的 PKI 称为分层结构的 PKI。在这种结构中，所有用户都信任最高层的主 CA，上一层 CA 向下一层 CA 发放公钥证书。若一个持有由特定 CA 发放公钥证书的公钥用户要与由另一个 CA 发放公钥证书的用户进行安全通信，则需要解决跨域的认证问题，这一认证过程在于建立一个从根出发的可信赖的证书链。

层次结构 CA 系统分两大类：SET CA 系统和 non-SET CA 系统。一般的 PKI/CA 系统都为层次结构。下面以 non-SET CA 系统来描述这种分层结构，CA 的分层结构如图 3-9 所示。

第一层为根 CA（Root CA，RCA）。它负责制定和审批 CA 的总政策，为自己自签根证书，并以此为根据为二级 CA 签发并管理证书；与其他 PKI 域的 CA 进行交叉认证。根 CA 是整个 PKI 域信任的起点，是验证该域中所有实体证书的起点或终点。

第二层为政策性 CA（Policy CA，PCA）。它根据根 CA 的各种规定和总策略制定具体的管理制度、运行规范等；安装根 CA 为其签发的证书，并为第三级 CA 签发证书、管理证书以及管理 CRL。

第三层为运营 CA（Operation CA，OCA）。它安装政策 CA 签发的证书；为最终用户颁发实体证书；负责认证和管理所发布的证书及证书撤销列表。

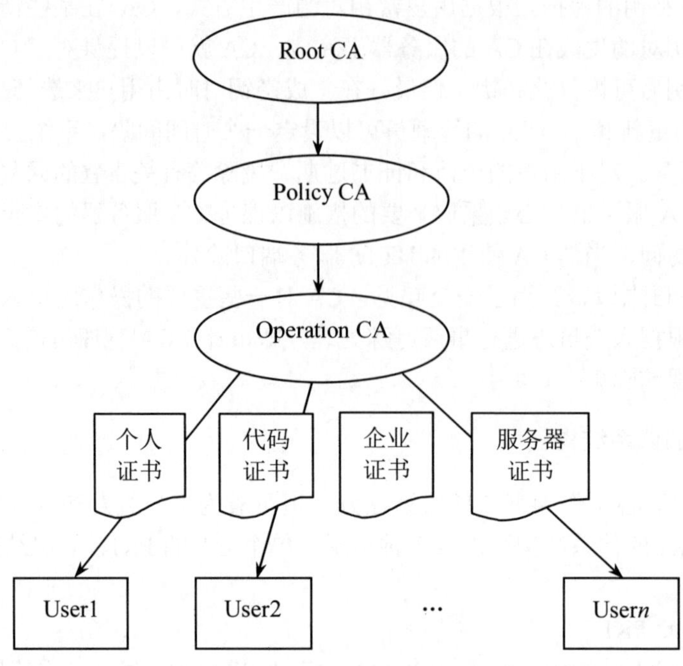

图 3-9 CA 的分层结构

这种分层结构的 PKI 系统易于升级和增加新的认证域用户，因为只要在根 CA 与该认证域的 CA 之间建立起信任关系，就能把该 CA 信任的用户引入整个 PKI 信任域。证书路径由于其单向性，可生成从用户证书到可信任点的简单的、路径相对较短的认证路径。由于分层结构的 PKI 依赖于一个单一的可信任点——根 CA，所以根 CA 的安全性是至关重要的。根 CA 的安全如果受到威胁，将导致整个 PKI 系统安全面临威胁。另外，建立全球统一的根 CA 是不现实的，而如果由一组彼此分离的 CA 过渡到分层结构的 PKI 也存在很多问题，如不同的分离 CA 的算法多样性、缺乏互操作性等。

3. 网状结构的 PKI

以对等的 CA 关系建立的交叉认证扩展了 CA 域之间的第三方信任关系，这样的 PKI 系统称为网状结构的 PKI。

交叉认证包括两个操作：第一个操作是两个域之间信任关系的建立，这通常是一个一次性操作。在双边交叉认证的情况下，每个 CA 签发一张“交叉证书”；第二个操作由客户端软件来完成，这个操作就是验证由已经交叉认证的 CA 签发的用户证书的可信赖性，这是一个经常执行的操作。下面举个例子来说明这个问题。

如图 3-10 所示，CA1 和 CA2 通过互相颁发证书来实现两个信任域内网络用户的相互认证。如果 User1 要验证 User2 证书的合法性，则首先要验证 CA2 对 User2 证书的签名，那它就要取得 CA2 的证书以获得 CA2 的公钥，因为 User1 信任 CA1，则它信任由 CA1 给 CA2 颁发的证书，通过该证书，User1 信任 User2 的证书。这样例形成一条信任路径：User1→CA1→CA2→User2。

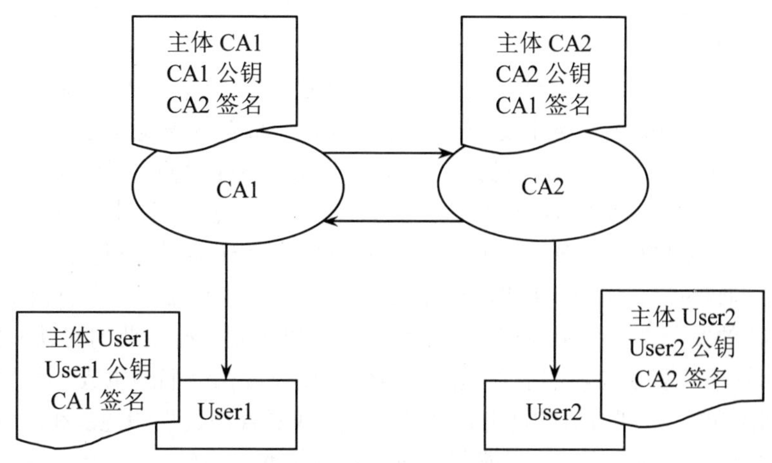

图 3-10　交叉认证

3.4.4　PKI 的相关问题

1. PKI 的安全性

PKI 是以公钥加密为基础的，为网络安全提供安全保障的基础设施。从理论上来讲，是目前比较完善和有效地实现身份认证，以及保证数据完整性、有效性的手段。但在实际的实施中，仍有一些需要注意的问题。

与 PKI 安全相关的最主要的问题是私有密钥的存储安全性。私有密钥保存的责任由持有者承担，而非 PKI 系统。私钥保存丢失，会导致 PKI 的整个验证过程没有意义。另一个问题是废止证书时间与废止证书的声明出现在公共可访问列表的时间之间会有一段延迟，而无效证书可能在这一段时间内被使用。另外，Internet 使获得个人身份信息变得容易，如身份证号等，一个人可以利用他人的这些信息获得数字证书，而使申请看起来像来自本人。同时，PKI 系统的安全很大程度上依赖运行 CA 的服务器、软件等，如果攻击者非法侵入一个不安全的 CA 服务器，就可能危害整个 PKI 系统。因此，从私钥的保存到 PKI 系统本身的安全方面还要加强防范。在这几个方面都有比较好的安全性的前提下，PKI 不失为一个保证网络安全的合理和有效的解决方案。

2. PKI 的标准化

PKI 的标准化问题是实现不同的 PKI 域具有良好的互操作性，使多个不同的应用系统与 PKI 实现良好接口的必要条件。目前世界上很多的标准化小组都在关注和从事 PKI 的标准化工作。

PKI 标准化的内容主要涉及 4 个方面：基本安全算法、公钥基础设施、E-mail 安全和 Web 安全。基本安全算法的标准包括 PKCS1～PKCS13、散列算法（MD2、MD5、SHA 等）、对称加密算法（DES、IDEA）、数字签名算法（RSA、DSA）等；公钥基础设施的标准包括 ANS.1 规范、CA 证书格式、Internet X.509 标准、PKIX、SET 安全协议等；E-mail 安全的标准包括 S/MIME、PEM、PGP 协议标准；Web 安全的标准有安全 HTTP 协议（S/HTTP）、SSL 协议等。

PKI 的标准化工作已取得了很大的进展，许多标准已相对稳定，但仍有许多方面的标准需要进一步发展和完善。预计在未来的几年内，会有更多的标准将进入完善和稳定阶段，并被

PKI 产品和服务提供商所采用。这些标准将大大增强 PKI 产品或服务的功能和互操作性。

3. PKI 的发展情况

1998 年，自国内第一家以实体形式运营的上海 CA 中心成立以来，全国先后建成了几十家不同类型的 CA 认证机构，CA 认证概念也逐步从电子商务渗透电子政务、金融、科教等各个领域，通过实现身份认证与访问控制等功能，保障访问安全站点、发送电子邮件、网上证券交易、网上招投标、网上签约、网上办公、网上缴费、网上税务、网上银行等网络信息传输与相关应用的安全。2023 年，全球公钥基础设施市场规模为 56.46 亿美元，预计 2023—2028 年该市场将以 20.94%的复合年增长率增长。PKI 在发展过程中面临了一些问题和挑战，这些问题可能影响 PKI 的安全性、可用性和广泛采用程度。以下是一些主要的问题和挑战。

（1）证书管理的复杂性。证书管理的复杂性主要体现在证书的生成、分发、吊销和更新等方面。大型组织可能管理大量的证书，这可能导致证书管理过程的混乱和困难。证书的生命周期管理需要细致地规划和执行，以确保系统的稳定性和安全性。

（2）私钥的安全性。私钥是 PKI 系统中至关重要的部分，因为它们用于数字签名和加密通信。私钥的泄露可能导致信息泄露和身份盗窃。确保私钥的安全存储和使用一直是一个挑战，特别是在分布式环境和移动设备上。

（3）用户体验和采用率。对于终端用户来说，使用 PKI 可能导致一些不便，如证书的安装和更新。为提高用户体验，使 PKI 技术更加易用，以促进广泛采用，是一个重要的挑战。

（4）标准化和互操作性。PKI 标准的不一致性问题及不同组织和系统之间 PKI 实现的互操作性问题，会影响 PKI 的全球性和跨平台的可用性，导致跨系统集成的困难，从而阻碍了 PKI 的广泛应用。

（5）CA 的信任。PKI 的安全性取决于对 CA 的信任。如果 CA 受到攻击或被恶意利用，将会对整个 PKI 系统的安全性造成威胁。确保 CA 的可信度，包括监管和审计机制，是至关重要的。

（6）新兴威胁。随着技术的不断发展，新的网络威胁和攻击方式层出不穷。例如，随着量子计算技术的发展，传统的非对称加密算法可能会受到威胁。确保 PKI 系统对抗量子计算攻击是一个未来需要解决的问题。PKI 系统需要及时适应这些新的威胁，并采取相应的安全措施。

这些问题都需要政府、企业和社会各方共同努力，加强监管和建立相关的规范，推动 PKI 体系的健康发展。

4. PKI 的发展趋势

PKI 技术将继续演变，以适应新的技术挑战和安全需求。在未来，随着技术的进步和威胁的演变，PKI 领域可能还会迎来更多的创新和发展。以下是 PKI 的一些发展趋势。

（1）量子安全性。随着量子计算技术的发展，对传统非对称加密算法的担忧日益增加。因此，PKI 领域正在研究和推动量子安全的加密算法，以抵御未来量子计算可能带来的威胁。

（2）更强大的加密算法。随着计算能力的提高，对更强大、更安全的加密算法的需求也在增加。新的算法和协议的研发和采用将继续推动 PKI 的发展，以提高系统的安全性。

（3）智能合约和区块链整合。区块链技术和智能合约对数字身份和信任建立提出了新的可能性。一些 PKI 解决方案已经开始探索如何与区块链和智能合约集成，以提供更分散、透明和可验证的身份验证系统。

（4）物联网和边缘计算的融合。随着物联网和边缘计算的快速发展，对于在大规模、分散式环境中安全地管理设备和身份的需求也在增加。PKI 技术需要适应这些新兴领域的需求，确保设备之间的安全通信和身份验证。

（5）自动化和 DevOps 整合。随着自动化和 DevOps 文化的普及，PKI 技术需要更好地集成到自动化流程中，以便更有效地管理证书的生命周期、密钥的生成和分发。

（6）多因素身份验证（Multi Factor Authentication，MFA）的普及。传统的基于用户名和密码的身份验证容易受到各种威胁，因此 MFA 变得越来越重要。PKI 作为提供强身份验证的工具之一，将与 MFA 技术结合，提高身份验证的安全性。

（7）身份管理和生命周期管理。更细粒度的身份管理和证书生命周期管理变得更加重要。组织需要有效地管理用户和设备的身份，以及相关证书的创建、更新和吊销。

（8）标准化和互操作性。为了促进 PKI 技术的广泛采用，制定和遵循一致的标准至关重要。这有助于确保不同系统之间的互操作性，降低实施和集成的复杂性。

3.5　数 字 证 书

数字证书又称公钥证书，是由证书机构的人或实体签发的、用于绑定证书持有人的身份与其公钥的一种数据结构，是公钥密码系统进行密钥管理的基本方法。

3.5.1　数字证书的类型和格式

数字证书的类型和格式

1. 数字证书的类型

数字证书是标识网络用户身份信息的一系列数据，用来在网络通信中识别通信各方的身份。就如同现实生活中的一张身份证和驾驶执照一样，它可以表明持证人的身份或表明持证人具有某种资格。

数字证书是由权威公正的第三方机构（CA）签发的，以数字证书为核心的加密技术可以对网络上传输的信息进行加密和解密、数字签名和签名验证，确保网上传递信息的机密性、完整性，以及交易实体身份的真实性和签名信息的不可否认性，从而保障网络应用的安全性。

数字证书可用于发送安全电子邮件、访问安全站点、网上证券交易、网上招标采购、网上签约、网上办公、网上缴费、网上税务等网上安全电子事务处理和安全电子交易活动。目前已定义的几种数字证书有 X.509 证书、简单 PKI 证书、PGP 证书、属性证书等。

每一种证书根据功能和使用范围的不同，又可以有多种具体的实现方式，证书的一般类型见表 3-1。

表 3-1　证书的一般类型

证书名称	证书类型	主要功能描述
个人证书	—	用于个人网上交易、网上支付、电子邮件等相关网络作业
企业证书	企业身份证书	用于企事业单位网上交易、网上支付等
	E-mail 证书	用于企事业单位内安全电子邮件通信
	部门证书	用于企事业单位内某个部门的身份认证
Web 服务器证书	—	用于服务器、安全 Web 站点认证等

续表

证书名称	证书类型	主要功能描述
代码签名证书	个人证书	用于个人软件开发者对其软件的签名
	企业证书	用于软件开发企业对其软件的签发

各类证书的内容及作用如下：

（1）个人证书。个人证书包含证书持有者的个人身份信息、公钥及 CA 的签名，在网络通信中标识证书持有者的个人身份，可用于网上购物、网上证券交易、网上金融管理、网上拍卖、网上保险购买等多种应用系统。目前，个人证书主要以软盘为存储介质。

（2）企业证书。企业证书包含企业身份信息、公钥及 CA 的签名，在网络通信中标识证书持有企业的身份，可用于网上税务申报、网上办公系统、网上招标投标、网上拍卖、网上签约等多种应用系统。目前，企业证书的存储介质主要有软盘、IC 卡和 USB 接口卡等形式。

（3）Web 服务器证书。Web 服务器证书是 Web Server 与用户浏览器之间建立安全连接时所使用的数字证书。Web Server 申请证书并装载成功，进行相关的配置后，即可与用户浏览器建立安全连接。可以要求浏览器客户端拥有数字证书，建立通信时 Web Server 和浏览器交换证书，验证对方身份后建立安全连接通道。

（4）代码签名证书。代码签名证书是 CA 签发给软件开发者的数字证书，包含证书持有者的身份信息、公钥及 CA 的签名。软件开发者使用代码签名证书对软件进行签名后放到 Internet 上，当用户从 Internet 上下载该软件时，将会得到提示，从而可以确信代码签名证书的使用。对于用户来说，可以清楚地了解软件的来源以及软件自签名后到下载前是否遭到修改或破坏。代码签名证书的使用，使用户可以清楚地了解软件的来源和可靠性，用户可以放心地使用 Internet 上的软件资源。万一用户下载的是有害软件，也可以根据证书追踪到软件的来源。对于软件提供商来说，使用代码签名证书，其软件产品更难以被仿造和篡改，增强了软件提供商与用户间的信任度并提高了软件商的信誉。

2. 数字证书的格式

下面以 X.509 标准推荐的数字证书格式为例，对证书的结构做进一步说明。X.509 推荐的数字证书不仅可用于身份验证，还可用于公钥的发布，其格式如图 3-11 所示。

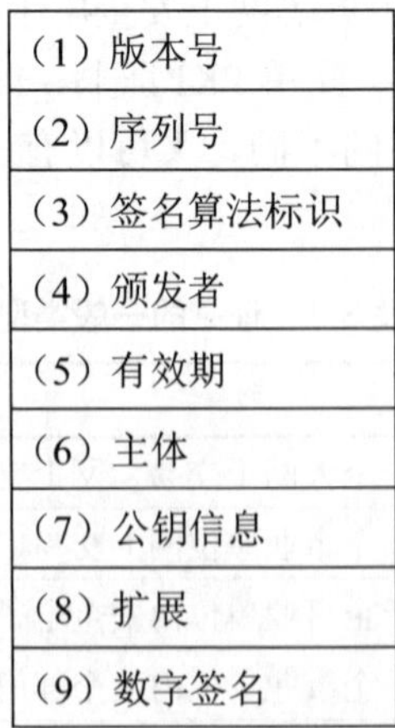

图 3-11　X.509 推荐的证书格式

（1）版本号（Version）。指定 X.509 证书的版本，通常为 1、2 或 3。

（2）序列号（Serial Number）。由证书颁发者分配的唯一标识符，用于区分不同的证书。

（3）签名算法标识（Signature Algorithm）。用于指定数字签名算法的标识符，表明颁发者使用哪种算法对证书进行签名。

（4）颁发者（Issuer）。包含颁发者的标识信息，通常包括组织名称、单位、地理位置等。

（5）有效期（Validity）。包括证书的起始日期和截止日期，表示证书的有效期限。

（6）主体（Subject）。包含证书所描述实体的标识信息，通常包括个人或组织的名称、单位、地理位置等。

（7）公钥信息（Subject Public Key Info）。包含与证书主体相关联的公钥及其算法标识。

（8）扩展（Extension）。包含可选的附加信息，用于支持各种功能，如密钥用途、基本约束、扩展密钥用途等。版本 V1 中不包含扩展。

（9）数字签名（Signature Value）。由颁发者使用其私钥对证书的内容进行数字签名，以确保证书的完整性和真实性。

实际使用的 X.509 证书都是基于 v3 标准的，包括各种应用中广泛使用的 SSL/TLS 证书、数字证书等。

3. 认证机构和 CA

负责颁发公钥证书的机构称为 CA，它也是对证书进行认证的机构，每一个颁发出去的证书上都有颁发者的私钥签名。CA 的主要功能是根据策略机构制定的策略颁发证书，负责维护证书库和 CRL 等。一个用户可以从 CA 那里得到某个用户的数字证书，并用 CA 的公钥来验证证书的完整性、可用性，通过 CRL 可以知道该证书是否已被撤销等。根据系统设计结构的不同，CA 扮演的角色和功能范围也不尽相同。在比较复杂的系统中，使用单独的注册机构，以分担 CA 的一定功能，增强系统的可扩展性，降低运营成本。在小范围的应用系统中，注册功能往往被整合到 CA 里，CA 的功能和含义更加广泛。

4. CRL

CRL 是一种包含已经被撤销（吊销）的证书序列号的列表，在验证证书时用于检查证书是否有效。证书可能因为私钥丢失、证书持有者不再被信任等被撤销。如果证书被撤销，就意味着该证书不再可信。CRL 包含以下信息。

（1）颁发者名称（Issuer Name）。指明 CRL 的颁发者，即签署 CRL 的证书颁发机构。

（2）上次更新时间（Last Update Time）。指定 CRL 的最后更新时间。

（3）下次更新时间（Next Update Time）。指定下一次更新 CRL 的预计时间。

（4）已撤销的证书序列号（Revoked Certificates）。包含已经被撤销的证书的序列号及撤销时间。

CRL 的签名是由颁发者的私钥生成的，可以通过颁发者的证书中的公钥进行验证。网络中的客户端或服务器可以定期获取 CRL，并使用其中的信息来检查证书的状态，确保证书仍然有效。

除了 CRL，另一种检查证书状态的方法是使用 OCSP，其中客户端可以直接查询颁发者的 OCSP 服务器以获取证书的状态信息，而无须下载整个 CRL。这种方法可以更及时地获取证书状态。

3.5.2 数字证书的管理

数字证书的管理包括与公钥、私钥及证书的创建、分配及撤销相关的各项功能。按密钥证书的生命周期可以把证书的管理划分成 3 个阶段，即初始化阶段、应用阶段和撤销阶段。下面详细分析各个阶段的功能及操作。

1. 初始化阶段

在一个实体能够使用一个公钥系统提供的各种服务之前，实体需要做一些初始化工作，包括：

（1）实体注册。注册是指实体（用户级的实体或进程级的实体）的身份提交并被验证的过程。

（2）密钥对的产生。密钥的产生可以在实体的本地应用系统（如浏览器）中产生，也可以在注册机构 RA 或 CA 中产生。

（3）证书的创建及分发。无论密钥在哪里产生，证书的创建和分发都是由 CA 来完成的。

（4）密钥备份。CA 提供密钥的备份功能是必要的。当用户保存的密钥无法使用时，为用户进行密钥的恢复。

2. 应用阶段

应用阶段工作包括：

（1）证书检索。如果一个用户要使用证书，如给某个用户发送加密消息或解密来自某个用户的签名消息时，必须通过检索证书库来获取该证书。

（2）证书验证。证书的验证过程就是确定证书的真实性和有效性的过程，是证书管理中的一个重要功能。在 3.5.3 小节中，将进一步分析证书的验证过程。

（3）密钥恢复。用户可能会出现无法访问自己的密钥的情况，如存储介质损坏。如果没有一个密钥恢复机制，可能导致用户许多加密的消息无法进行验证和使用。CA 提供密钥的恢复服务，当用户不能正常使用密钥时，可以从 CA 的远程备份设备中恢复自己的私钥。

（4）密钥更新。出于安全的考虑，密钥应该适当地定期更新。当密钥对超过指定的期限时，由系统自动完成对密钥的更新。

3. 撤销阶段

撤销阶段是密钥证书生命周期的最后一个阶段，在此阶段完成证书撤销、密钥存档或销毁等操作。

（1）证书过期。在证书申请时，可以选择证书有效期是一年、几年还是永远有效。证书过期是指证书自然超过其有效期限。

（2）证书撤销。在证书到达有效期限之前对证书进行撤销。撤销证书的原因很多，如密钥丢失或泄露、工作变动等。

（3）密钥历史。一个有关过期密钥的资料，用该密钥加密过的文档或资料需要用它来解密。

（4）密钥档案。为了密钥历史恢复、审计和解决争议等目的，密钥资料由安全的第三方保存。

3.5.3 数字证书的验证

数字证书的验证是指验证一个证书的有效性、完整性、可用性的过程。证书验证主要包括以下几个方面的内容。

（1）验证证书签名是否正确有效，这需要知道签发证书的 CA 的真正公钥，有时可能涉及证书路径的处理。

（2）验证证书的完整性，即验证 CA 签名的证书散列值与单独计算出的散列值是否一致。

（3）验证证书是否在有效期内。

（4）查看 CRL，验证证书是否被撤销。

（5）验证证书的使用方式与任何声明的策略和使用限制是否一致。

下面具体介绍数字证书的验证过程。

1. 拆封数字证书

数字证书是用颁发者的私钥签字的，所谓的证书拆封就是使用颁发者的公钥解密签字的过程。该过程一方面可以验证该证书是否是由声明的可信的证书机构签发的，从而证明该证书的真实性和可信性；另一方面，正确拆封证书后，可以获得证书持有者的公钥。

2. 证书链的认证

验证证书的有效性需要用到签发者的公钥。签发该证书者的公钥可以通过一些可靠的渠道获得，也可由上一级 CA 颁发给该签发者的 CA 证书中获取。如果是从上一级的 CA 签发的 CA 证书中获取，则又要验证上一级 CA 的证书，如此就形成了一条证书链，直到最上层的根结点结束。这条路径中，任何一个 CA 的证书无效，如超过其生存期，整个验证过程就会失败。所谓证书链的认证，就是要通过证书链追溯到可信赖的 CA 的根。

3. 序列号的验证

序列号的验证是指检查实体证书中签名实体序列号是否与签发者的证书的序列号一致。操作过程如下：从实体证书中取得 Authority Key Identifier 扩展项 Cert Serial Number 字段的值，然后与签发者 CA 证书中 Certificate Serial Number 字段的值进行比较，两者的值应该相同。

4. 有效期的验证

验证证书的 Validity Period 字段的值，看证书是否在规定的有效期限之内，否则使用该证书将是不安全的。

5. 查询 CRL

一个实体证书除了超过有效期而废止，也可能由于私钥泄露等其他意外情况而提前申请废止。被废止的证书以 CRL 方式公布。用户在验证一个实体证书时，要查询 CRL，以证明该证书是否已经被废止。

6. 证书使用策略的认证

实体证书的使用方式必须与声明的策略一致，实体证书中的 Certificate Policy 字段的值应该是 CA 所承认的证书使用策略。

证书的认证过程由 CA 来完成，对用户是透明的。

3.5.4　证书服务

CA 可以是远程的第三方机构，如 VeriSign，也可以通过安装 Windows Server 2019 证书服务来创建自己单位使用的 CA。本小节将讲述如何使用 Windows Server 2019 来实现证书服务。

1. 安装证书服务

（1）以管理员的身份登录到计算机，通过“开始”菜单打开“服务器管理器”对话框。

（2）单击“服务器管理器”的“仪表板”页面中的“添加角色和功能”按钮，打开“添加角色和功能向导”对话框，如图 3-12 所示，然后单击“添加功能”按钮。

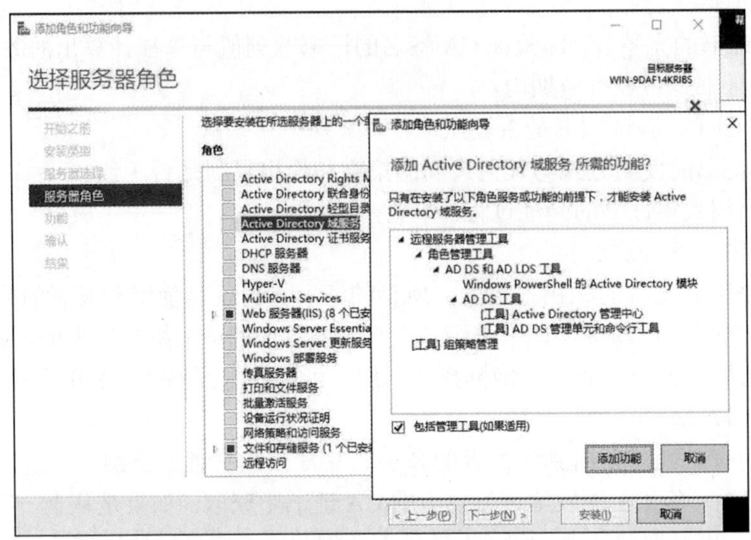

图 3-12 “添加角色和功能向导“对话框

（3）在“角色”列表中勾选“Active Directory 证书服务”复选框，连续单击“下一步”按钮，进入“选择角色服务”界面，如图 3-13 所示。

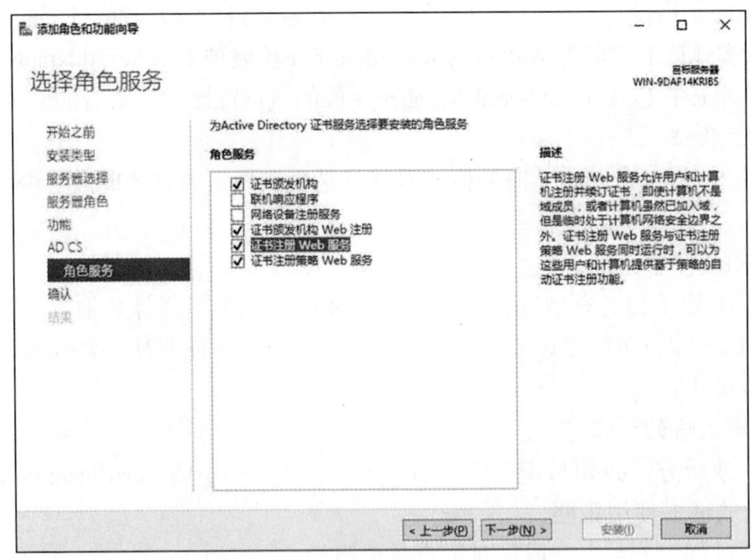

图 3-13 “选择角色服务”界面

（4）在“角色服务”列表中勾选“证书颁发机构”“证书颁发机构 Web 注册”和“证书注册 Web 服务”等复选框，连续单击“下一步”按钮，进入“确认安装所选内容”界面，如图 3-14 所示。

（5）单击“安装”按钮安装证书服务，进入“安装进度”页面，可以查看安装进度，如图 3-15 所示。

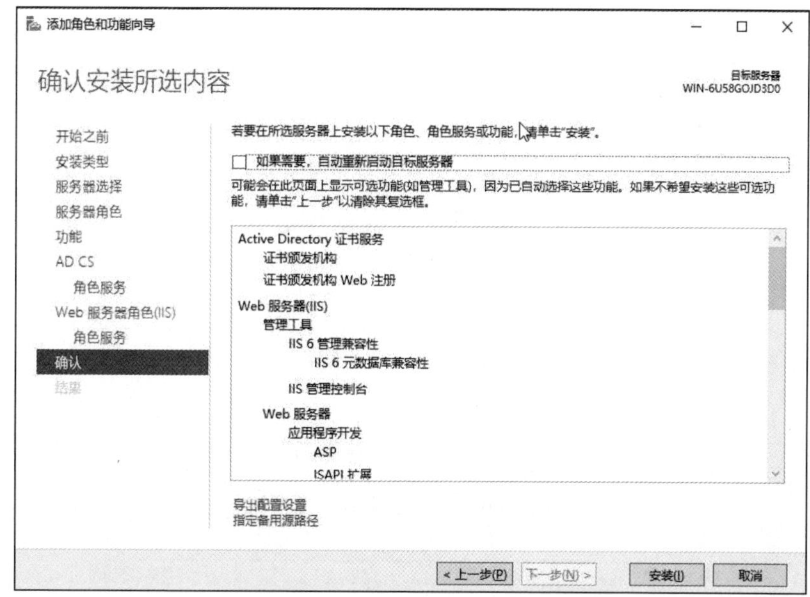

图 3-14　“确认安装所选内容”界面

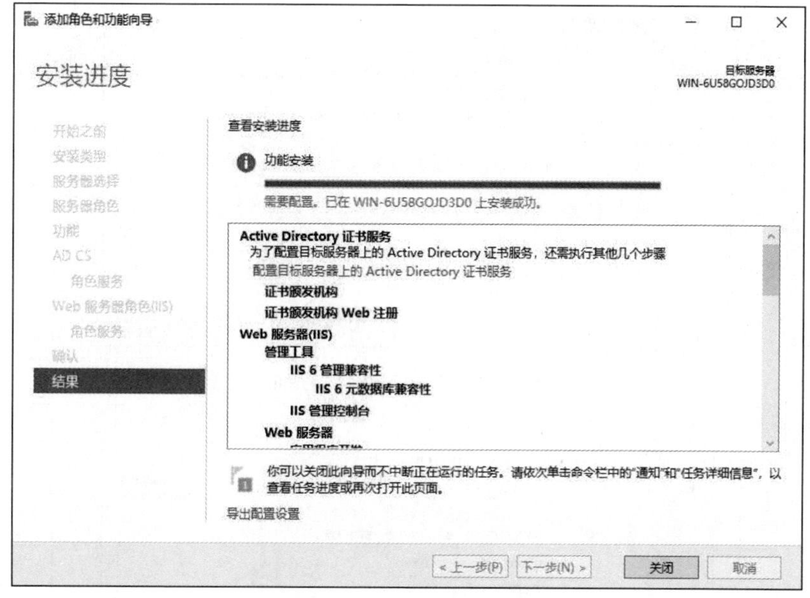

图 3-15　“安装进度”页面

2. 配置证书服务

（1）单击图 3-15 中的“配置目标服务器上的 Active Directory 证书服务”链接，进入“角色服务”界面，在“选择要配置的角色服务”列表中勾选“证书颁发机构”和“证书颁发机构 Web 注册”复选框，如图 3-16 所示，然后单击“下一步”按钮。

（2）进入“设置类型”界面，在“指定 CA 的设置类型”栏中选中“独立 CA”单选按钮，如图 3-17 所示，然后单击“下一步”按钮。选中“根 CA”单选按钮，然后连续单击“下一步”按钮，进入“确认”界面，如图 3-18 所示，单击“配置”按钮完成配置。

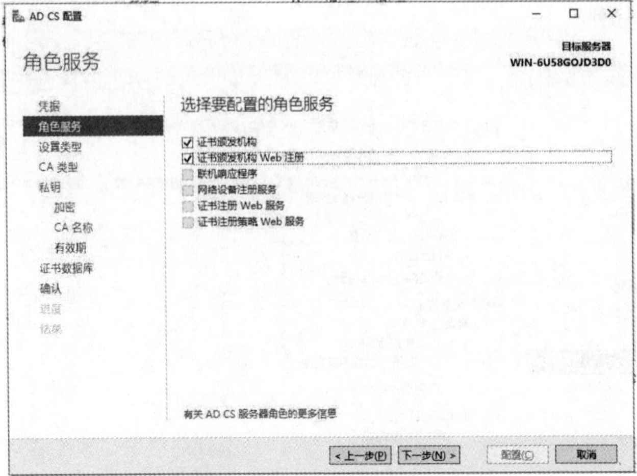

图 3-16 “角色服务”界面

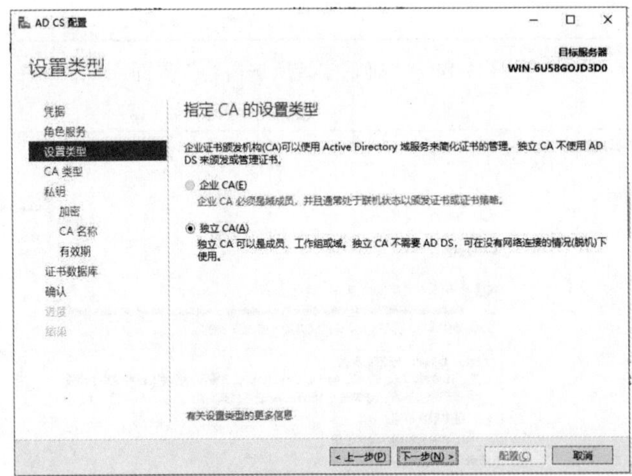

图 3-17 “设置类型”界面

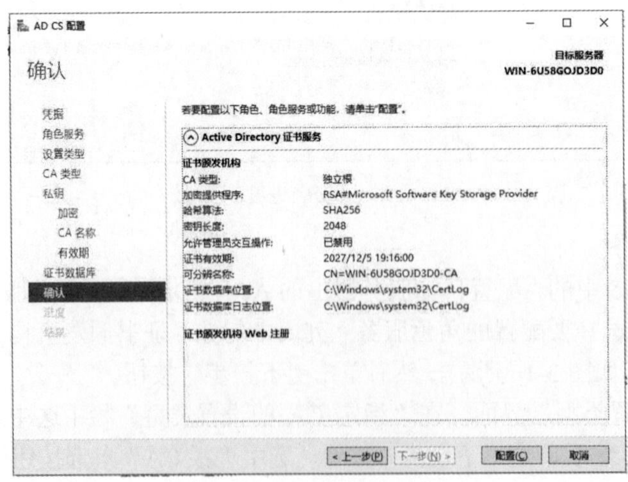

图 3-18 “确认”界面

3. 申请证书

（1）在浏览器的 URL 栏中输入 http://server/certsrv，这里的 server 是指安装证书服务的计算机 IP 地址。例如，输入 http://192.168.241.129/certsrv 并按回车键，进入证书服务的“欢迎使用”页面，如图 3-19 所示。

（2）单击“申请证书”链接，进入“申请一个证书”页面，如图 3-20 所示。例如，申请 Web 浏览器证书，则单击“Web 浏览器证书”链接进入“识别信息”页面，如图 3-21 所示。

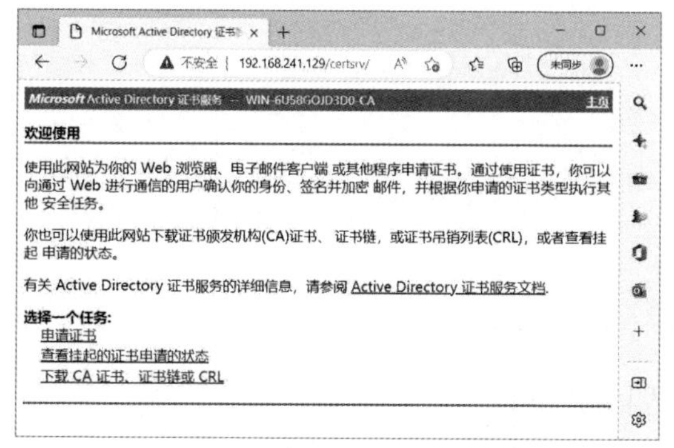

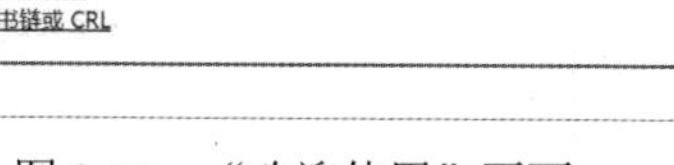

图 3-19　“欢迎使用”页面

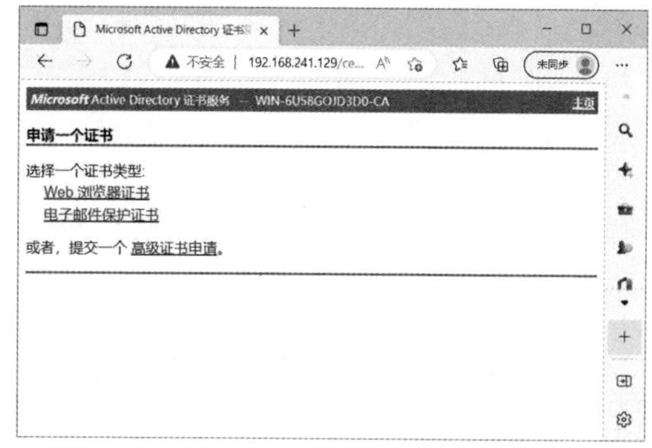

图 3-20　“申请一个证书”页面

（3）在“识别信息”页面中填写证书的相关信息后单击“提交”按钮，证书申请送到证书服务器，此时证书处于挂起状态，需要管理员批准颁发，如图 3-22 所示。

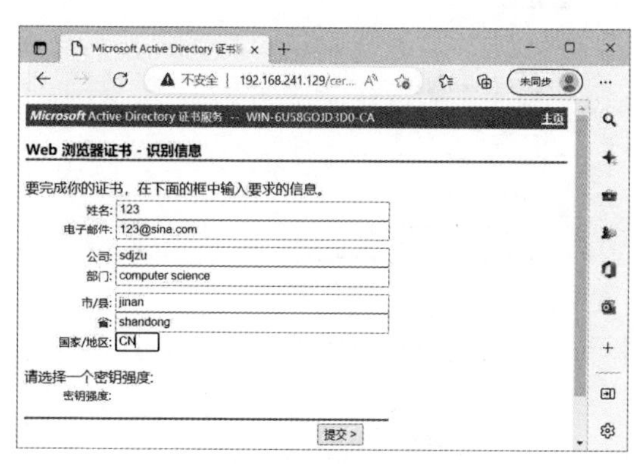

图 3-21　填写证书的相关信息

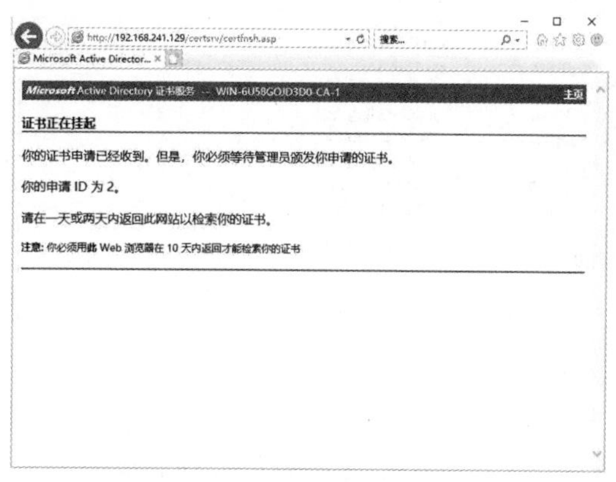

图 3-22　证书处于挂起状态

4. 颁发证书

（1）单击“开始”→“服务器管理器”的“工具”菜单中的“证书颁发机构”子菜单，打开“证书颁发机构”窗口，打开“挂起的申请”文件夹，找到刚才的证书申请，如图 3-23 所示。选中该申请，单击“操作”菜单，选择“所有任务”→“颁发”命令，则该申请证书颁发成功，证书保存到“颁发的证书”文件夹中。

（2）在“颁发的证书”文件夹中双击该证书，弹出“证书”对话框，如图 3-24 所示，选择“详细信息”选项卡，单击“复制到文件”按钮，打开证书导出向导。选择证书的格式，如图 3-25 所示，单击“下一页”按钮，把证书保存为一个 filename.cer 文件，filename 为用户所起的证书文件名。本例中保存为 123.cer，单击“下一步”按钮，完成证书导出。

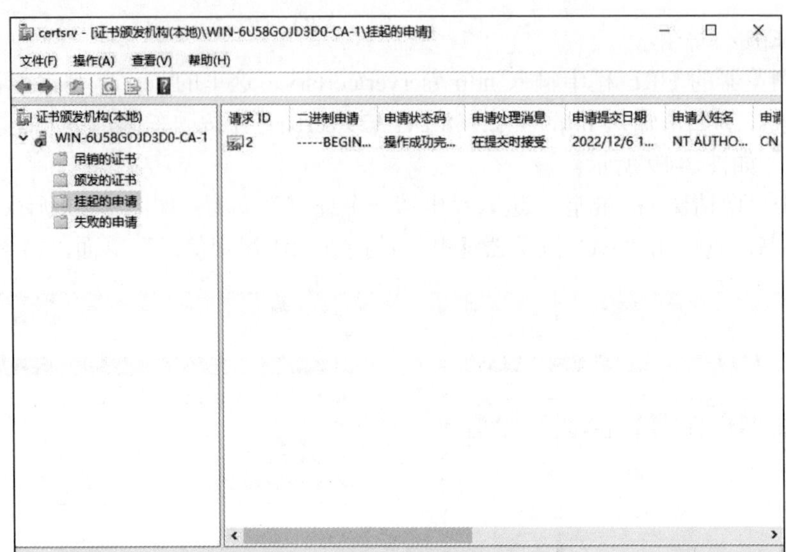

图 3-23 “证书颁发机构”窗口

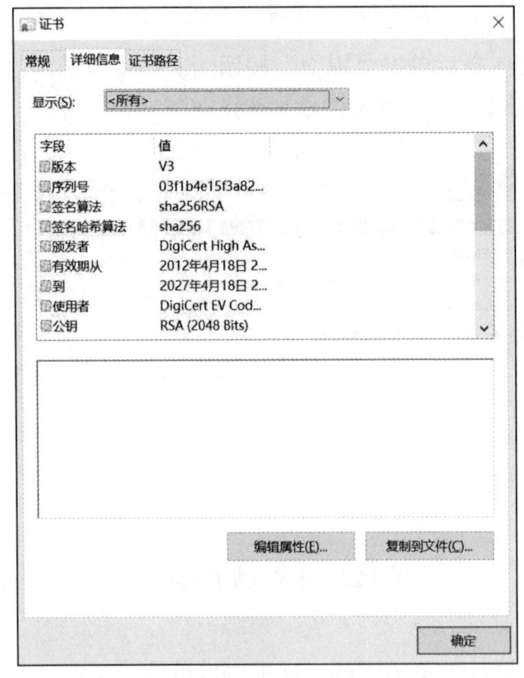

图 3-24 “证书”对话框

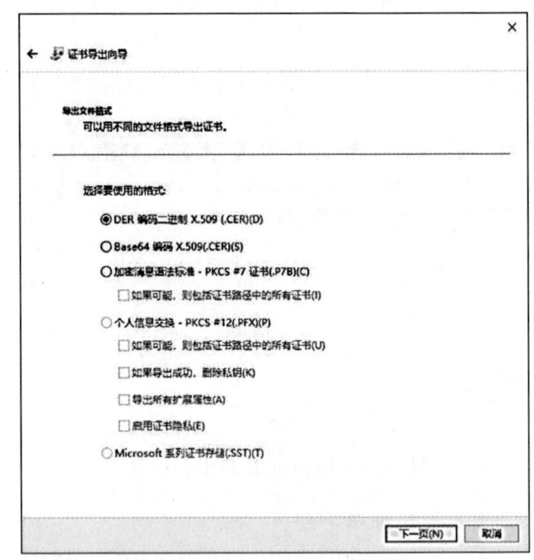

图 3-25 选择导出文件格式

5. 导入浏览器证书

在控制面板中选择“网络和 Internet”→“Internet 选项”→“内容”→“证书”→“导入”命令，打开证书导入向导。按向导的提示一步步操作，导入证书，如图 3-26 所示。

6. 吊销证书

为维护一个 PKI 的完整性，如果由于证书持有人离开单位，或者证书持有人的私钥已泄露，或者其他一些与安全相关的事件，不再需要将证书视为“有效”，则 CA 的管理员必须吊销证书。当证书被 CA 吊销时，它将被添加到该 CA 的 CRL 中。具体操作步骤如下：

（1）以管理员身份登录计算机，打开“证书颁发机构”窗口，如图 3-23 所示。

（2）打开“颁发的证书”文件夹，在右侧子窗口中显示该 CA 已颁发的证书列表。右击要注销的证书，在弹出的快捷菜单中选择“所有任务”→“吊销证书”命令，弹出“证书吊销”对话框，如图 3-27 所示。

图 3-26　导入证书

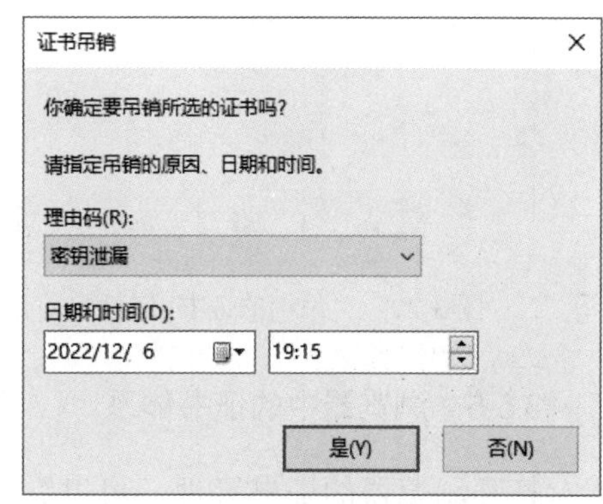

图 3-27　“证书吊销”对话框

（3）在“证书吊销”对话框中选择理由码，单击“是”按钮。这时，要吊销的证书从当前的“颁发的证书”文件夹中消失。

（4）在“证书颁发机构”窗口打开“吊销的证书”文件夹，发现刚才吊销的证书在列表中，如图 3-28 所示。

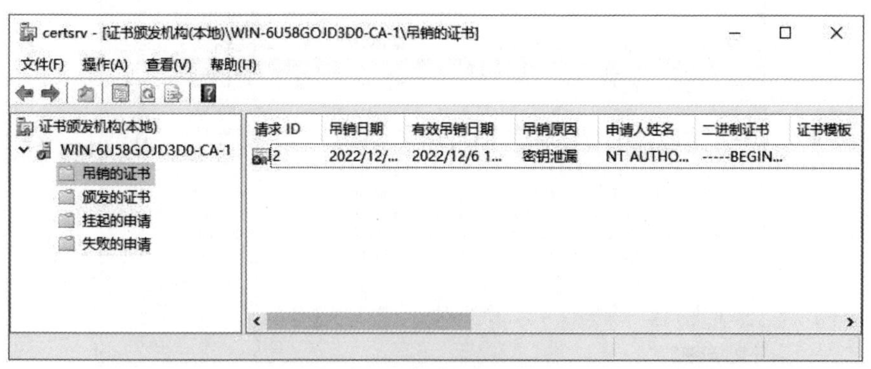

图 3-28　“吊销的证书”文件夹

（5）右击“吊销的证书”，在弹出的快捷菜单中选择“属性”命令，弹出“吊销的证书 属性”对话框，如图 3-29 所示。在此可以设置 CRL 的发行间隔。选择“查看 CRL”选项卡，可以查看当前已吊销的证书的信息（序列号、吊销日期、吊销理由），如图 3-30 所示。

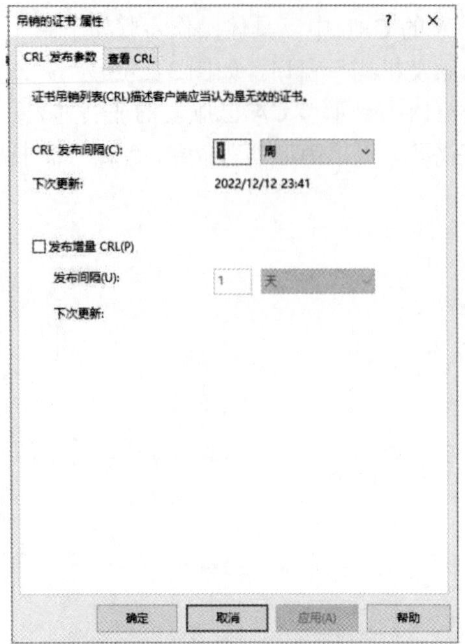

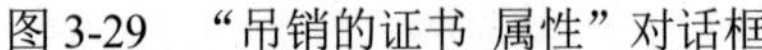
图 3-29 “吊销的证书 属性”对话框

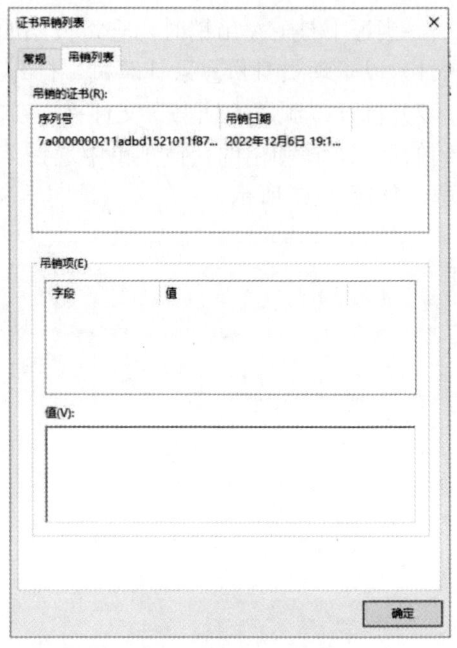

图 3-30 “证书吊销列表”对话框

3.5.5 浏览器中的证书体系

打开浏览器的证书管理，可以看到已安装的证书，在这里也可以导入或导出证书，如图 3-31 所示，可以看到分别有个人、其他人、中间证书颁发机构、受信任的根证书颁发机构、受信任的发布者、未受信任的发布者 6 个标签，对不同的证书进行分类管理。

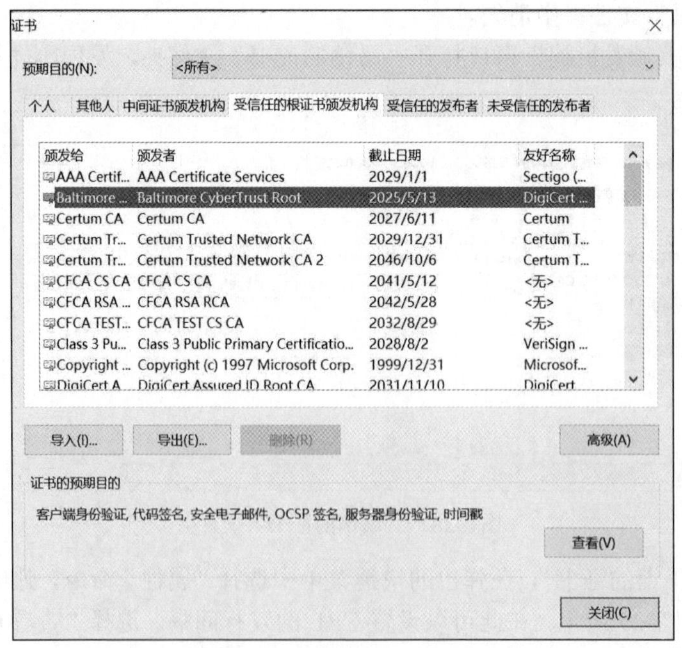

图 3-31 浏览器的证书管理

1. 个人和其他人证书

在浏览器中，当涉及个人和其他人的证书时，通常是指使用数字证书进行身份验证和安全通信的相关概念。以下是这两种类型的证书在不同场景中可能的含义。

（1）个人证书。

1）身份验证：个人证书用于证明特定个人的身份。这种证书通常与用户的个人信息相关联，并由可信的 CA 签发。个人证书可以用于加密电子邮件、签署文件、进行安全的网站登录等，以确保通信的安全性和个人身份的真实性。

2）加密通信：个人证书中包含了个人的公钥，可以用于建立安全的通信连接。当与他人进行加密通信时，可以使用对方的个人证书进行加密，保护通信内容免受窃听。

（2）其他人证书。

1）身份验证：在某些上下文中，其他人的证书是指与用户进行通信的对方的数字证书。可以是一个网站、服务器或其他实体的证书。浏览器使用这些证书来验证对方的身份，确保用户与受信任的实体进行通信，防止中间人攻击等恶意活动。

2）安全通信：浏览器通过验证其他人的证书，确保与其建立的连接是加密的、真实的，并且来自受信任的源。

2. 中间证书颁发机构

中间证书颁发机构（Intermediate Certificate Authorities，ICA）是在数字证书链中位于根证书颁发机构和最终用户服务器证书之间的机构。这些中间证书颁发机构由根证书颁发机构签发，并被用于签发用户服务器证书，构建了一条完整的信任链。浏览器和操作系统内置了一组受信任的根证书和一些常见的中间证书，以确保用户能够正确验证服务器证书，建立安全的通信连接。

使用中间证书颁发机构可以增加灵活性。如果根证书泄露或需要更新，只需更换中间证书而不影响用户服务器证书的有效性。这也简化了证书管理和更新的过程。

3. 受信任的根证书颁发机构

受信任的根证书颁发机构（Root Certificate Authorities，RCA）是浏览器和操作系统内置的一组数字证书颁发机构，它们的公钥被用来验证其他证书的真实性和有效性。这些根证书颁发机构是整个信任链体系的基础，通过它们构建的信任链用于验证 SSL/TLS 证书、代码签名证书等。常见的受信任的根证书颁发机构包括 DigiCert、Symantec、GeoTrust、GlobalSign、Entrust、VeriSign 等。

这些机构通过数字签名的方式签发其他证书，包括服务器证书、个人证书、代码签名证书等。浏览器和操作系统内置了这些根证书的公钥，使用户在访问使用 SSL/TLS 加密的网站时，能够通过验证证书的信任链（Certificate Chain），确保与网站之间的通信是加密的、真实的，从而提高了网络通信的安全性。用户可以查看、管理或导入其他根证书。这些根证书的管理对于确保浏览器能够正确验证各种数字证书非常重要。

4. 受信任的颁发者证书

受信任的颁发者证书在浏览器中起着关键的作用，主要体现在以下几个方面：

（1）证书验证。当用户访问一个使用 HTTPS 协议的网站时，服务器会发送数字证书给浏览器。浏览器使用内置的受信任的颁发者证书来验证服务器的数字证书。如果服务器的数字证书由受信任的颁发者签发，并且通过了验证，浏览器会认为连接是安全的。

（2）建立信任链。受信任的颁发者证书构成了一条信任链，将服务器的数字证书与根证书相连接。浏览器通过检查这条信任链，确保服务器的数字证书是由受信任的CA签发的。这有助于防止中间人攻击，确保用户与服务器之间的通信是加密的、真实的、受信任的。

（3）吊销检查。受信任的颁发者证书包含了有关被吊销的数字证书的信息，如CRL或OCSP。浏览器可以使用这些信息检查服务器的数字证书是否已被吊销，从而确保证书的有效性。

（4）安全指示。当用户访问一个通过受信任的颁发者签发的证书保护的网站时，浏览器会显示安全连接的指示，通常是一个锁图标。这有助于用户判断网站的可信度，因为受信任的颁发者通常只为经过验证的实体签发数字证书。

受信任的颁发者证书是建立数字证书信任体系的基础，通过确保服务器证书的真实性和有效性，为用户提供了一种安全、可信的网络连接方式。这有助于防止恶意活动，如中间人攻击和伪造数字证书。

5. 未受信任的颁发者证书

未受信任的颁发者证书通常是指一个其颁发者没有被用户的浏览器、操作系统或其他信任的 CA 所认可的数字证书。当浏览器或其他应用程序检测到用户尝试连接到一个使用未知或不被信任的发布者颁发的证书的网站时，可能会弹出警告或错误信息。

这种情况可能有以下几个常见原因。

（1）自签名证书。如果网站使用自签名证书，即由网站自身生成并签发的证书，而不是由受信任的CA颁发，那么浏览器通常会将其视为未受信任的发布者证书。

（2）不受广泛信任的 CA。有一些 CA 并非被所有浏览器和操作系统默认信任。如果网站的证书由不受广泛信任的CA签发，可能会导致其被视为未受信任的发布者证书。

（3）过期或吊销的证书。如果证书已过期或已被吊销，浏览器可能将其视为未受信任的发布者证书。

在遇到未受信任的颁发者证书时，用户通常会收到安全警告，浏览器可能会建议用户谨慎操作，以防止安全风险。如果用户信任网站，并确定其证书是可靠的，他们可以选择手动接受证书或将其添加到浏览器的信任存储中。然而，这种操作需要谨慎，因为未受信任的证书可能导致安全漏洞，尤其是在涉及敏感信息传输的情况下。

3.6 OpenSSL

OpenSSL是一个安全套接字层密码库，囊括主要的密码算法、常用的密钥和证书封装管理功能及SSL协议，并且提供了丰富的应用程序供测试或其他目的使用。OpenSSL整个软件包大概可以分成三个主要的功能部分：SSL协议库、应用程序及密码算法库。OpenSSL的目录结构自然也是围绕这三个功能部分进行规划的。OpenSSL是跨平台的，可以在多种操作系统中使用，包括Linux、Windows、macOS等。OpenSSL是开源的，遵循开放源代码许可证，允许用户自由地查看、修改和分发代码。

它的主要功能包括：

（1）加密和解密。OpenSSL支持多种加密算法，包括对称密钥加密算法（如AES、DES）、非对称密钥加密算法（如RSA、DSA、ECC）及散列算法（如SHA-256、SHA-3）等。

（2）数字证书和 SSL/TLS。OpenSSL 支持数字证书的生成、签名和验证，以及 SSL/TLS 协议的实现。这使它成为创建安全的网络通信通道的工具，用于保护 Web 服务器、邮件服务器等的通信。

（3）命令行工具。OpenSSL 附带一些命令行工具，可以执行各种密码学操作，如生成密钥对、签名文件、验证签名、创建自签名证书、执行加/解密等。这些工具对系统管理员和开发人员非常有用。

（4）安全套接字层。OpenSSL 实现了 SSL 和 TLS 协议，允许应用程序建立安全的通信连接。这对于 Web 服务器、电子邮件服务器和其他需要加密通信的应用非常重要。

3.6.1　OpenSSL 的安装

OpenSSL 是开源的，因此可以直接下载源码，自己编译，但这一过程比较复杂，建议初学者直接运行其他人已经做好的便捷版安装包，这种方式更加迅速，并且不易出现问题。OpenSSL 1.1.1 开始支持 SM2/SM3/SM4 国密算法。

在 Windows 操作系统中编译 OpenSSL 1.1.1 的步骤如下：

（1）在OpenSSL官网下载最新版软件包，此处下载 openssl-1.1.1s.tar，解压到指定位置。

（2）安装 ActivePerl 和 Visual Studio，以管理员身份打开 Visual Studio Tools 下的 Developer Command Prompt 控制台。

（3）进入解压后的 OpenSSL 安装目录，执行 perl Configure VC-WIN32 no-asm 命令，VC-WIN32 表示编译 32 位版本，no-asm 表示不使用汇编，如图 3-32 所示。

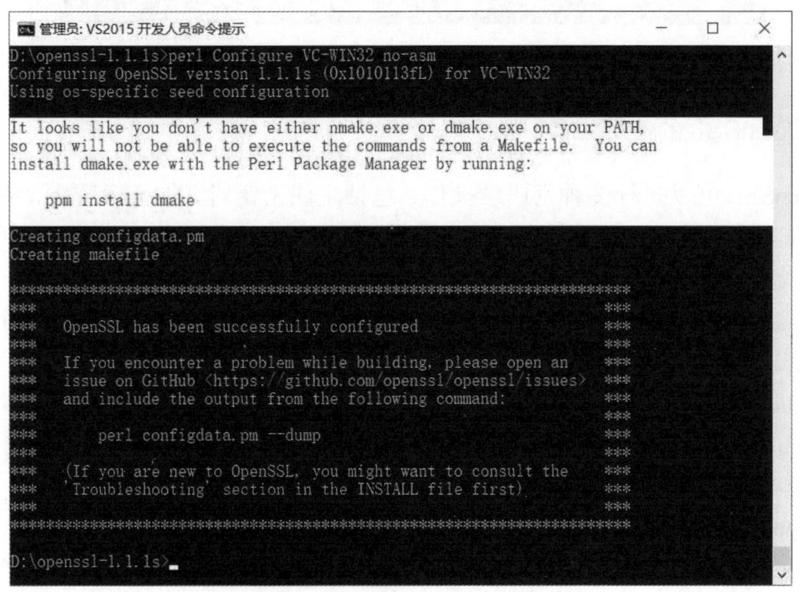

图 3-32　配置 OpenSSL 编译版本

（4）执行 nmake 命令编译 OpenSSL，用时大约 10 分钟，如图 3-33 所示。

（5）安装 OpenSSL 到默认位置，执行 nmake install 命令。

（6）测试 OpenSSL 安装是否成功，执行 openssl version 命令，若成功则可以看到 OpenSSL 的版本，如图 3-34 所示。

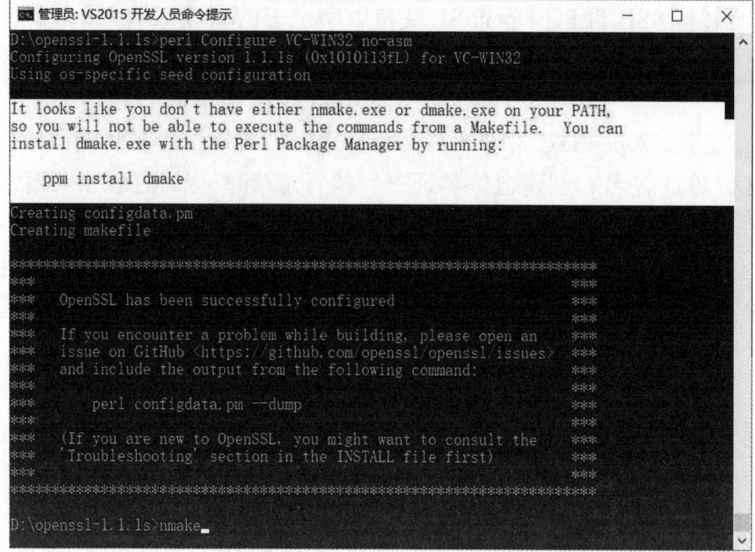

图 3-33 编译 OpenSSL

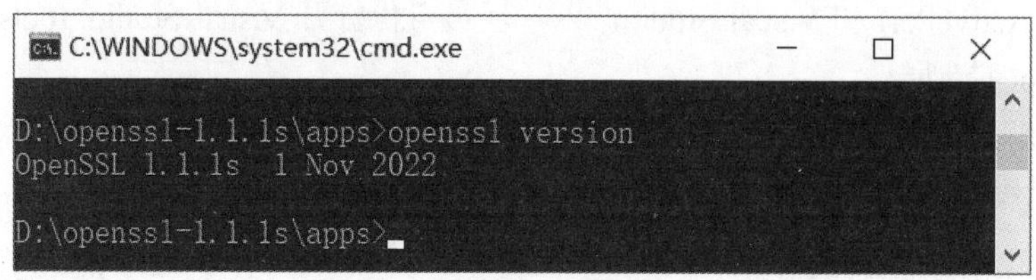

图 3-34 查看 OpenSSL 的版本

3.6.2 OpenSSL 的使用

使用 OpenSSL 可以执行多种密码学操作，包括生成密钥对、加/解密数据、签名验证及创建数字证书等。以下是一些常见的 OpenSSL 命令行操作示例。

（1）对称加密。对称加密需要使用的标准命令为 enc，语法格式如下：

openssl enc -ciphername [-in filename] [-out filename] [-pass arg] [-e] [-d] [-a/-base64] [-A] [-k password] [-kfile filename] [-K key] [-iv IV] [-S salt] [-salt] [-nosalt] [-z] [-md] [-p] [-P] [-bufsize number] [-nopad] [-debug] [-none] [-engine id]

例如，使用 AES-256-CBC 算法对文本文件进行加/解密。在加密时，需要输入一个密码，以便后续解密。命令如下：

加密：openssl enc -aes-256-cbc -salt -in plaintext.txt -out encrypted.txt

解密：openssl enc -d -aes-256-cbc -in encrypted.txt -out decrypted.txt

（2）非对称加密。使用以下命令，可生成一个 RSA 私钥（private_key.pem）和相应的公钥（public_key.pem）。

openssl genpkey -algorithm RSA -out private_key.pem

openssl rsa -pubout -in private_key.pem -out public_key.pem

以下命令分别实现使用私钥对文件进行签名，然后使用公钥验证签名。

openssl dgst -sha256 -sign private_key.pem -out signature.bin data.txt

openssl dgst -sha256 -verify public_key.pem -signature signature.bin data.txt

（3）创建自签名的数字证书。使用下面的命令，可能生成一个自签名的 x.509 数字证书（certificate.pem）和相应的私钥（private_key.pem）。

openssl req -x509 -nodes -days 365 -newkey rsa:2048 -keyout private_key.pem -out certificate.pem

创建的证书可以通过下面的命令查看：

openssl x509 -in certificate.pem -text -noout

（4）创建 SSL 客户端和服务器。使用命令 openssl req -newkey rsa:2048 -nodes -keyout server.key -x509 -days 365 -out server.crt 可以生成一个自签名的 SSL/TLS 服务器证书（server.crt）和私钥（server.key），可用于配置安全的 Web 服务器；使用命令 openssl s_client -connect example.com:443，可连接到指定的 SSL/TLS 服务器（如 HTTPS 服务器），并显示与服务器的通信详细信息。

（5）单向散列。单向散列需要使用的标准命令为 dgst，语法格式如下：

openssl dgst [-md5|-md4|-md2|-sha1|-sha|-mdc2|-ripemd160|-dss1] [-c] [-d] [-hex] [-binary] [-out filename] [-sign filename] [-keyform arg] [-passin arg] [-verify filename] [-prverify filename] [-signature filename] [-hmac key] [file...]

例如：命令 openssl dgst -sha256 your_file.txt 后，OpenSSL 会计算文件 your_file.txt 的 SHA-256 散列值，并将其显示在终端上。如果想把文件的 SHA-256 散列值保存到名为 hash.txt 的文件中，可使用命令 openssl dgst -sha256 -out hash.txt your_file.txt。

更多有关 OpenSSL 的功能和使用方法，请仔细阅读 OpenSSL 的文档和手册，了解每个命令的选项和参数。

3.6.3 GmSSL

GmSSL 是一个开源的密码工具箱，支持 SM2/SM3/SM4/SM9/ZUC 等国密（国家商用密码）算法、SM2 国密数字证书及基于 SM2 证书的 SSL/TLS 安全通信协议，支持国密硬件密码设备，提供符合国密规范的编程接口与命令行工具，可以用于构建 PKI/CA、安全通信、数据加密等符合国密标准的安全应用。GmSSL 项目是 OpenSSL 项目的分支，并与 OpenSSL 保持接口兼容，因此 GmSSL 可以替代应用中的 OpenSSL 组件，并使应用自动具备基于国密的安全能力。GmSSL 项目采用对商业应用友好的类 BSD 开源许可证，开源且可以用于闭源的商业应用。

为了保障商用密码的安全性，国家商用密码管理办公室制定了一系列密码标准，包括 SM1（SCB2）、SM2、SM3、SM4、SM7、SM9、祖冲之密码算法（ZUC）等。其中，SM1、SM4、SM7、祖冲之密码是对称算法；SM2、SM9 是非对称算法；SM3 是散列算法。目前，这些算法已广泛应用于各个领域。SM1、SM7 算法不公开，调用该算法时，需要通过加密芯片的接口进行调用。

（1）SM2。基于椭圆曲线密码（Elliptic curve cryptography，ECC）的公钥密码算法标准，提供数字签名、密钥交换、公钥加密，用于替换 RSA、ECDSA、ECDH 等国际算法。

（2）SM3。消息摘要算法，散列结果为 256bit，用于替换 MD5、SHA1、SHA256 等国际算法。

（3）SM4。对称加密算法，密钥长度和分组长度均为 128bit，主要用于无线局域网标准，用于替换 DES、AES 等算法。

（4）国密证书。这里的国密证书是指使用国密算法（SM2-with-SM3）的标准 X.509 格式证书，证书使用 SM3 作为散列算法，使用 SM2 作为数字签名算法。

（5）国密 SSL。采用国密算法，符合国密标准的安全传输协议，也就是 SSL/TLS 协议的国密版本。

一、思考题

1．简述如何利用秘密共享协议实现密钥的备份。
2．密钥在生存期内一般要经历哪几个阶段？
3．举例说明什么样的密钥是好密钥。
4．简述利用密钥分配中心进行对称密钥管理的方法及优缺点。
5．简述利用非对称算法进行对称密钥分发的方法。
6．公钥体制中有哪两种主要的密钥管理方法？
7．消息认证码一般由什么构成？列出两种不同的构造消息认证码的方法。
8．简述 HMAC 算法的实现过程及算法的优点。
9．数字签名的目的有哪些？
10．写出两种能实现数字签名的方案。
11．加入时间的签名能够实现什么功能？
12．多重签名的实现方法和作用？
13．盲签名的方法和作用？
14．简述 DSA 算法的原理。
15．Kerberos 模型的基本思想是什么？
16．简述 Kerberos 的工作过程。
17．PKI 由哪几部分组成？简述各部分的功能。
18．数字证书中主要包括哪些信息？各字段的作用是什么？
19．如何对一个数字证书进行验证？
20．Diffie-Hellman 算法是如何实现密钥分配的？这种密钥分配方法易受什么攻击？

二、实践题

1．申请一个试用数字证书，并练习使用它。
2．配置一个证书服务器，练习证书的颁发、下载、使用、撤销等操作。
3．编程实现 HMAC 算法，并分析其有效性。
4．配置和使用 Kerberos 服务。
5．安装和使用 OpenSSL。

第 4 章　Web　安　全

随着互联网及电子商务的迅速普及，人类的日常生活越来越依赖各种 Web 应用，Web 安全问题逐渐成为互联网安全最大威胁的来源之一。本章主要介绍有关 Web 的安全问题。通过本章的学习，应达到以下目标:

- 了解 Web 服务的安全威胁。
- 了解 WWW 服务器的安全漏洞。
- 掌握如何对 Web 服务器进行安全配置。
- 了解 WWW 客户端安全性。
- 了解如何增强 WWW 的安全性。
- 理解 SSL 协议及使用。
- 理解注入攻击原理和方法。
- 理解跨站脚本攻击的原理和方法。

4.1　Web 安全概述

4.1.1　Web 服务

Web 服务是 Internet 的最有活力的服务形式之一。Web 提供的信息形象、丰富，支持多媒体信息服务，是组织机构、个人在网上发布信息的主要形式。用户使用基于图形界面的浏览器访问 Web 服务，Web 服务易学易用，只要在相应位置单击，就能打开相关网页，获取丰富多彩的信息。

Web 服务是一种 B/S（Browser/Server，客户端/服务器）结构的服务模式，客户端就是 Web 浏览器，服务器就是 Web 服务器。Web 浏览器将请求发送到 Web 服务器，服务器响应这种请求，将其所请求的页面或文档传送给 Web 浏览器。图 4-1 为 Web 浏览器从 Web 服务器获得 Web 文档过程的示意图，即 HTTP（Hypertext Transfer Protocol，超文本传输协议）的工作过程。在 UNIX 和 Linux 平台下使用较广泛的免费 HTTP 服务器有 Apache、Nginx 和 Lighttpd 等，而在 Windows 平台下使用的是 IIS Web 服务器。这些 HTTP 服务器具有不同的特性和优势，选择取决于具体的使用场景、需求和管理员的偏好。在做出选择时，需要考虑服务器的性能、易用性、安全性和功能特性等因素。目前比较流行的 Web 浏览器包括 Microsoft Edge、Mozilla Firefox、Google Chrome、Apple Safari、Opera 等，这些浏览器具有不同的优势，并且支持跨平台使用。用户通常会基于浏览器基性能、速度、功能及其与特定操作系统或设备的集成性来选择浏览器。

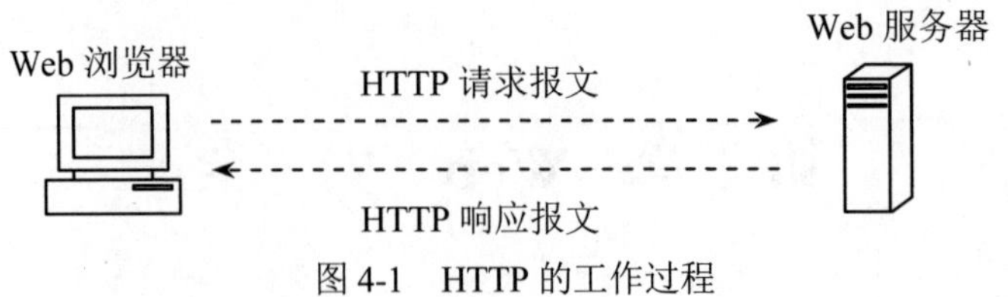

图 4-1　HTTP 的工作过程

HTTP 协议是 Web 应用的核心协议，在 TCP/IP 协议栈中属于应用层，默认端口为 80。它定义了 Web 浏览器向 Web 服务器发送 Web 页面请求的格式，以及 Web 页面在 Internet 上的传输方式。

4.1.2　Web 服务面临的安全威胁

由于 HTTP 协议允许远程用户对服务器发送通信请求，并且允许用户在远程执行命令，这会危及 Web 服务器和客户端的安全，造成网页篡改、数据泄露、非授权访问和资源滥用等问题。以下是常见的 Web 服务面临的安全威胁。

（1）注入攻击：这是最常见的一种攻击方式，攻击者通过向应用程序输入恶意数据，利用应用程序对用户输入数据的合法性不进行判断或过滤不严的缺陷，在应用程序中事先定义好的查询语句的结尾添加额外的 SQL 语句，欺骗数据库服务器执行非授权的任意查询，从而进一步得到相应的数据信息。例如，如果应用程序没有正确过滤用户输入，攻击者可以输入特定的 SQL 代码来读取、修改或删除数据库中的数据。常见的有 SQL 注入、NoSQL 注入、OS 注入、LDAP 注入等。

（2）跨站脚本攻击（Cross Site Scripting，XSS）：当应用程序未对用户输入进行适当的过滤和转义时，攻击者可以在网页中注入恶意脚本。当其他用户访问这个网页时，这些脚本会在他们的浏览器中执行，可能导致用户的敏感信息被窃取，或者被诱导执行某些操作。

（3）跨站请求伪造（Cross Site Request Forgery，CSRF）：这是一种利用用户在已登录的网站上的身份来执行恶意请求的攻击。攻击者通常会诱导用户访问一个恶意网站，然后利用用户的身份在目标网站上执行敏感操作，如更改密码、发送邮件等。

（4）文件上传漏洞：如果应用程序没有对上传的文件进行严格的检查和过滤，攻击者可以上传恶意文件，例如可执行的脚本文件或包含恶意代码的文件。这些文件可能会被执行，导致攻击者能够控制服务器或窃取敏感数据。

（5）反序列化漏洞：当应用程序从不受信任的来源接收序列化的数据时，如果没有进行适当的验证和过滤，攻击者可以注入恶意对象，导致应用程序执行恶意代码或泄露敏感数据。

（6）目录遍历漏洞：如果应用程序没有对用户请求的文件路径进行严格的检查和过滤，攻击者可以通过构造特定的请求来访问服务器上的敏感文件或执行恶意代码。

（7）敏感数据泄露：如果应用程序在处理敏感数据时未采取适当的安全措施，如加密存储、访问控制等，可能导致敏感数据泄露，如数据库连接字符串、API 密钥等。

（8）会话劫持：当攻击者能够窃取用户的会话令牌时，他们可以利用这个令牌冒充用户进行操作。会话劫持可以通过多种方式实现，如嗅探网络通信或利用应用程序的会话管理漏洞等方式。

（9）文件包含漏洞：如果应用程序没有对包含的文件进行严格的检查和过滤，攻击者可以指定包含恶意文件，导致应用程序执行恶意代码或泄露敏感数据。

（10）代码注入：当应用程序没有对用户输入的数据进行适当的过滤和验证时，攻击者可以注入恶意代码。例如，如果应用程序允许用户上传自定义脚本或配置文件，并且没有进行适当的验证和过滤，攻击者可以上传包含恶意代码的文件，导致应用程序执行这些恶意代码。

（11）拒绝服务：拒绝服务攻击是指故意导致应用程序的可用性降低。典型的示例是：让 Web 应用程序负载过度，使其无法为普通用户服务。

为了防止这些安全威胁，开发者应当采取一系列的安全措施，如输入验证和过滤、输出编码、安全配置、加密传输、拒绝已知的恶意用户或 IP 地址的访问、尽可能在最少特权的上下文中运行应用程序等。此外，编写安全的代码也是至关重要的，应该遵循最佳实践和安全编码标准，尽可能彻底地测试应用程序并保证能从错误状态完全恢复。同时，对于已经存在的安全漏洞，应该及时修复并进行安全审计和漏洞扫描，以确保系统的安全性。

4.2　Web 服务的安全性

4.2.1　Web 服务器的安全性

目前比较流行的服务器有很多种，其中最主流的 3 个 Web 服务器是 Apache、Nginx、IIS。Apache 一直是最流行的 Web 服务器之一，它是开源的、稳定的，广泛用于世界各地的网站和 Web 应用程序。Nginx 是另一个非常流行的 Web 服务器，以其高性能和低资源消耗而闻名。它通常用作反向代理服务器，可以处理大量并发连接。IIS 是 Microsoft 开发的 Web 服务器，通常与 Windows Server 操作系统一起使用。它在 Windows 生态系统中非常流行。

Web 服务器在默认配置下是相对安全的，但在实际使用中，仍然存在一些安全问题需要管理员关注和解决。以下是一些常见的 Web 服务器安全问题。

（1）未及时更新：Web 服务器和相关组件可能会有安全漏洞的存在。管理员应该定期检查并安装最新的安全更新和补丁，以确保服务器的安全性。

（2）不安全的配置：错误的配置选项和权限设置可能会导致 Web 服务器安全漏洞。例如，如果不正确配置文件夹权限，可能会导致敏感文件的暴露。管理员需要仔细审查服务器配置，确保最小化潜在的风险。

（3）DDoS 攻击：分布式拒绝服务（Distributed Denial of Service，DDoS）攻击可能会导致服务器性能下降或完全不可用。管理员可以采取措施来缓解 DDoS 攻击，如使用反向代理、CDN、防火墙等。

（4）SQL 注入和跨站脚本攻击：不安全的 Web 应用程序代码容易受 SQL 注入和跨站脚本等攻击。确保 Web 应用程序代码有适当的输入验证和过滤，以防止这些安全漏洞。

（5）未加密的数据传输：如果未正确配置 SSL/TLS 证书，敏感数据的传输可能会受到威胁。管理员应当确保网站上的敏感数据（如登录凭据和支付信息）使用 HTTPS 进行加密传输。

（6）默认凭据和漏洞路径：攻击者可以尝试使用默认的管理员凭据来入侵服务器，或者寻找已知的漏洞路径。管理员应当更改默认凭据，并且定期审查和修复潜在的漏洞。

（7）不安全的插件和模块：某些第三方插件和模块可能存在安全漏洞，因此应该审查并定期更新它们。只使用信任的、受信任的插件和模块。

（8）访问控制不当：不正确的访问控制列表（Access Control Lists，ACL）和权限设置可能会导致不希望的访问。管理员应当仔细配置访问控制以限制对服务器资源的访问。

（9）错误消息处理不当：默认的错误消息可能包含敏感信息，可能会泄露服务器配置和其他信息给潜在的攻击者。管理员应该自定义错误消息，以最小化信息泄露。

（10）监控和日志记录不足：监控和日志记录的不足可能会导致无法及时检测和应对安全威胁。管理员应当启用详细的日志记录，并实施有效的监控解决方案。

综上所述，Web 服务器的安全问题涉及的范围很广，包括外部的、内部的、技术的和管理的。因此，管理员需要对 Web 服务器定期审查和维护，应当采取一系列措施来确保服务器的安全性，包括更新、配置、监控、访问控制和代码审查等。此外，了解最新的安全威胁事件以及对此采取的最佳实践也是确保服务器安全的关键。

4.2.2 ASP 与 Access 的安全性

ASP（Active Server Pages，动态服务界面）作为一种典型的服务器端网页设计技术，被广泛地应用在网上银行、电子商务、搜索引擎等各种互联网应用中。同时，Access 数据库作为微软推出的以标准 JET 为引擎的桌面型数据库系统，由于具有操作简单、界面友好等特点，具有较大的用户群体。因此，ASP+Access 成为许多中小型网上应用系统的首选方案。但 ASP+Access 应用系统在为用户带来便利的同时，也带来了不容忽视的安全问题。其主要安全隐患来自 Access 数据库的安全性，其次来自 ASP 网页设计过程中的安全漏洞，可以归纳为以下 4 点。

1. Access 数据库的存储隐患

在 ASP+Access 应用系统中，如果他人获得或者猜到 Access 数据库的存储路径和数据库名，则该数据库就可以被下载到本地。例如，对于网上书店的 Access 数据库，一般命名为 book.mdb、store.mdb 等，而存储的路径一般为 URL/database 或干脆放在根目录（URL/）下。这样，只要在浏览器地址栏中输入 URL/database/store.mdb，就可以轻易地把 store.mdb 下载到本地机器中。

2. Access 数据库的解密隐患

由于 Access 数据库的加密机制非常简单，所以即使数据库设置了密码，解密也很容易。该数据库系统通过将用户输入的密码与某一固定密钥进行异或来形成一个加密串，并将其存储在.mdb 文件中从地址“&H42”开始的区域内。由于异或操作的特点是经过两次异或就恢复原值，因此，用这一密钥与.mdb 文件中的加密串进行第二次异或操作，就可以轻松得到 Access 数据库的密码。基于这种原理，人们可以很容易地编制出解密程序。

由此可见，无论是否设置了数据库密码，只要数据库被下载，其信息就没有任何安全性可言。

3. 源代码的安全隐患

由于 ASP 程序采用的是非编译性语言，这大大降低了程序源代码的安全性。任何人只要进入站点，就可以获得源代码，从而造成 ASP 应用程序源代码的泄露。

4. 程序设计中的安全隐患

ASP 代码利用表单实现与用户交互的功能，而相应的内容会反映在浏览器的地址栏中，如果不采用适当的安全措施，只要记下这些内容，就可以绕过验证直接进入某一页面。例如，在浏览器中输入……page.asp?x=1，即可不经过表单页面直接进入满足 x=1 条件的页面。因此，在设计验证或注册页面时，必须采取特殊措施来避免此类问题的发生。

4.2.3 Java 与 JavaScript 的安全性

Java 是 Sun 公司设计的一种编程语言。Java 程序有两种类型：一种是应用程序 Application，它可以单独运行，不必借助浏览器；另一种是小应用程序 Applet，可以嵌入网页，借助浏览器运行，实现 HTML 不具备的一些功能。

JavaScript 是 Netscape 公司设计的一系列 HTML 语言扩展，它增强了 HTML 语言的动态交互能力，并且可以把部分处理转移到客户端。

1．JavaScript 的安全性问题

JavaScript 在历史上因为安全漏洞有过很多麻烦，尽管 Netscape 的开发人员试图修复漏洞，但以下漏洞仍然存在。

（1）JavaScript 可以欺骗用户：将用户本地硬盘上的文件上传到 Internet 上的任意主机中。尽管用户必须按一下按钮才开始传输，但这个按钮可以很容易地被伪装成其他东西，并且在这一操作前后也没有任何提示表明发生了文件传输。这对依赖口令文件来控制访问的系统来说是主要的安全风险，因为偷走的口令文件通常能被轻易破解。

（2）JavaScript 能获得用户本地硬盘上的目录列表，这既代表对隐私的侵犯，又代表存在安全风险。

（3）JavaScript 能监视用户某段时间内访问的所有网页，捕捉 URL 并将它们上传到 Internet 上的任意主机中。这个漏洞需要用户的交互来完成上，但像漏洞（1）那样，这个交互可以被伪装成无害的方式。

（4）JavaScript 能够在无须经过用户允许的情况下触发 Netscape Navigator 送出电子邮件信息。这个技术可被用来获得用户的电子邮件地址。

（5）嵌入网页的 JavaScript 代码是公开的，缺乏安全保密功能。

2．Java Applet 的安全性问题

Java Applet 在浏览器端执行，而不是在服务器端执行，把安全风险直接从服务器转移到客户端。Java Applet 的安全性存在表现在以下几个方面问题。

（1）跨站请求伪造攻击：攻击者可能会利用 Java Applet 的漏洞，通过伪造请求来执行恶意操作。例如，攻击者可能会伪造一个表单提交请求，导致用户在不知情的情况下执行某些敏感操作。

（2）代码注入攻击：攻击者可能会向 Java Applet 注入恶意代码，从而控制应用程序的行为。例如，攻击者通过注入恶意脚本，窃取用户的敏感信息或执行其他恶意操作。

（3）资源泄露：Java Applet 可能存在资源泄露漏洞，攻击者可以利用这些漏洞获取敏感信息，如本地文件路径、系统配置等。

（4）权限提升：Java Applet 可能存在权限提升漏洞，攻击者可以利用这些漏洞获取更高的权限，从而执行敏感操作。

为了解决这些问题，可以采用以下措施。

（1）限制 Java Applet 的权限：可以通过设置 Java 的安全策略文件来限制 Java Applet 的权限，从而降低其潜在的安全风险。

（2）使用最新的 Java 版本：最新的 Java 版本可能包含更多的安全功能和修复了一些已知的安全漏洞。

（3）验证和过滤输入数据：对于用户输入的数据，应该进行严格的验证和过滤，以防止恶意代码注入攻击。

（4）限制网络访问：可以通过设置 Java 的安全策略文件来限制 Java Applet 的网络访问权限，从而减少其潜在的攻击面。

（5）更新和修补漏洞：及时更新和修补 Java Applet 中存在的漏洞，可以降低其被攻击的风险。

4.2.4 Cookie 的安全性

Cookie 的安全性

Cookie 是 Netscape 公司开发的一种机制，用来改善 HTTP 协议的无状态性。通常，每当浏览器向 Web 服务器发出请求时，这个请求都被认为是一次全新的交互，这就使 Web 服务器难以在一定时间内记住用户执行的操作。Cookie 解决了这个问题。Cookie 是一段很短的信息，它可以记录用户 ID、密码、浏览过的网页、停留的时间等信息，以 key-value 的形式保存用户的相关信息。在浏览器第一次连接 Web 服务器时，由服务器端写入客户端的系统中。这样当该用户再次访问同一个站点时，浏览器会把这个 Cookie 的一个备份返回给服务器。服务器通过 Cookie 可以记住用户和跟踪用户的行为，但这也引发了一些隐私和安全问题。因此，在使用 Cookie 时需要权衡其功能和潜在的风险。

Cookie 不能用来窃取用户或用户计算机系统中信息。在某种程度上，它们只能用在存储用户提供的信息上。例如，如果用户填写了一张表格，其中包含喜欢的颜色，服务器把这个信息放在一个 Cookie 里并发送到用户的浏览器。下次当用户浏览这个网页时，用户的浏览器会返回这个 Cookie，使服务器调整其网页中的背景色来满足用户的需求。

然而 Cookie 能被用于更有争议的地方。用户的浏览器在 Web 结点上的每次访问都留下与用户有关的某些信息，在 Internet 上产生轻微的痕迹。在这个痕迹的少量数据中，包含了计算机的名字和 IP 地址、浏览器的类型和前面访问的网页的 URL。如果没有 Cookie，任何人几乎不可能跟踪这个痕迹来掌握用户的浏览习惯。他们将不得不从成百上千的服务器记录中整理出用户的路径；而有了 Cookie 后，用户的隐私更容易被侵犯。

Cookie 可以用于增强用户体验，但也需要被谨慎使用以维护隐私和安全。Cookie 本身并不是有害的，但它们的安全性取决于如何使用它们以及存储在其中的信息。以下是有关 Cookie 安全性需要考虑的一些重要因素。

（1）数据隐私：Cookie 可以用于存储用户的标识信息、偏好设置和其他数据。为了维护用户的隐私，网站应该谨慎处理这些信息，确保它们不被滥用或泄露。

（2）安全标志：Cookie 可以用于在用户登录时存储会话标志，以维护用户的登录状态。这些标志应该受到保护，以防止恶意用户访问他人账户。

（3）HttpOnly 标志：将 HttpOnly 标志应用于 Cookie 可以防止 JavaScript 访问这些 Cookie，这有助于防止跨站点脚本攻击。

（4）Secure 标志：将 Secure 标志应用于 Cookie 可以确保它们只通过加密的 HTTPS 连接传输，从而防止中间人攻击。

（5）SameSite 属性：使用 SameSite 属性可以限制 Cookie 的跨站点传递，从而降低跨站请求伪造攻击的风险。

（6）存储敏感信息：不应该在 Cookie 中存储敏感信息，如密码或信用卡号码。敏感信息应该存储在服务器端，并使用令牌进行身份验证和授权。

（7）定期更新和设置过期时间：Cookie 可以设置过期时间，以确保它们不会无限期存储在用户设备上，这有助于降低潜在的安全风险。

（8）避免第三方 Cookie：第三方 Cookie 可能会引入跟踪和隐私问题，因此在可能的情况下，应该限制其使用。

总之，Cookie 的安全性主要依赖如何使用和处理它们。网站和应用程序的开发人员应遵循安全原则来确保用户数据的隐私和安全，并减少潜在的安全威胁。同时，用户也应该及时更新浏览器和操作系统，以确保自己的设备不容易受到已知的 Cookie 安全漏洞的影响。

4.3 Web 客户端安全

WWW 上存在着安全隐患，用户一不小心就会陷入恶意网页、网络诈骗的圈套，轻者泄露隐私、系统设置被更改，重者会带来严重的经济损失。

浏览器是用户与互联网交互的主要工具之一，但同时也是潜在的安全风险。以下是一些浏览器可能面临的安全隐患。

（1）恶意网站：用户可能会访问恶意网站，这些网站可能包含恶意代码，如恶意软件、恶意脚本或钓鱼攻击，以尝试窃取敏感信息或感染用户的设备。

（2）插件和扩展：浏览器的插件和扩展可能存在安全漏洞，攻击者可以利用这些漏洞来入侵用户的系统或窃取用户的数据。

（3）弹出窗口和广告：恶意广告和弹出窗口可能包含恶意代码，通过单击这些广告或弹出窗口，用户的设备可能受到威胁。

（4）跨站脚本攻击：跨站脚本攻击是一种常见的攻击方式，攻击者通过注入恶意脚本到网页中，可以窃取用户的 Cookie、Session 数据或其他敏感信息。

（5）跨站请求伪造攻击：攻击者可以诱使用户在未经许可的情况下执行操作，如更改账户设置或进行金融交易，因此用户可能会受到损失。

（6）密码管理问题：浏览器内置的密码管理器可能不够安全，存储密码的方式可能会受到威胁，如果浏览器密码被泄露，用户的账户可能会受到攻击。

（7）不安全的扩展和附加组件：用户安装的浏览器扩展和附加组件可能不是完全可信的，一些恶意扩展可能会监视用户的行为或操纵浏览器。

（8）不安全的连接：使用不安全的 HTTP 连接而不是加密的 HTTPS 连接可能会导致敏感数据在传输过程中被窃取。

（9）隐私问题：浏览器可能会收集用户的浏览数据和个人信息，这些信息可能会被滥用，或者在不经用户允许的情况下共享给第三方。

（10）浏览器漏洞：浏览器自身可能存在漏洞，攻击者可以利用这些漏洞来执行恶意代码或入侵用户的系统。

为了减少这些安全隐患，用户和组织可以采取相应措施。例如，使用最新版本的浏览器，因为它们通常包含了最新的安全修复功能；不随意单击来自不明来源的链接或下载不明文件；启用浏览器的安全设置，如弹出窗口阻止和跟踪保护；定期清除浏览器缓存、Cookie 和历史记录。使用密码管理器来管理强密码，避免浏览器内置密码管理器；避免在公共或不受信任的网络上访问敏感信息。

总之，浏览器是用户互联网安全的第一道防线，用户和组织需要采取适当的措施来降低潜在的安全风险，保护自己免受潜在的威胁。

4.3.1 防范恶意网页

恶意网页是指嵌入了用 Java Applet、JavaScript 或 ActiveX 设计的非法恶意程序的网页，通常用于攻击用户的计算机或窃取其敏感信息。当用户浏览包含恶意代码的网页时，这些程序会利用浏览器的漏洞，进行修改用户的注册表、修改浏览器的默认设置、获取用户的个人资料、删除硬盘文件、格式化硬盘等非法操作。由于 Web 应用非常广泛，因此恶意网页的危害范围也很大。

1. 网页病毒的症状及修复方法

被恶意网页感染，系统可能会出现以下症状。

（1）计算机桌面上无故出现陌生网站的链接，无论采用何种方式删除，每次开机依旧出现。

（2）注册表编辑器被告知“已锁定”，从而无法修改注册表。

（3）不寻常的弹出广告和窗口：计算机桌面上可能会有大量的不寻常弹出广告或新窗口，这些广告通常是恶意的。

（4）重定向到奇怪的网站：可能会被重定向到不明网站，而不是尝试访问的目标网站。

（5）计算机变得缓慢：恶意脚本可能会导致计算机运行变得缓慢，因为它们会消耗大量的系统资源。

（6）更改浏览器的默认主页和搜索引擎：浏览器的默认设置可能会被改变，包括主页和搜索引擎设置。

（7）未经授权的扩展或插件：恶意网页可能会安装未经授权的浏览器扩展或插件。

（8）安全警告：可能存在一些虚假的安全警告，试图欺骗用户下载恶意软件或提供个人信息。

如果出现上述症状，用户应进行必要的修复以防止威胁扩大和传播。以下是一些常见的修复方法。

（1）关闭网页和浏览器：如果怀疑某个网页可能感染了恶意代码，立即关闭该网页和浏览器，以防止进一步感染。

（2）清除浏览器缓存和 Cookie：清除浏览器缓存和 Cookie 可能有助于清除网页病毒的痕迹。

（3）运行安全扫描工具：使用可信赖的安全扫描工具来扫描计算机以查找和清除恶意软件。常见的工具包括 Windows Defender、Malwarebytes 和其他杀毒软件。

（4）升级浏览器和插件：确保浏览器和浏览器插件是最新版本，因为较新的版本通常包括对已知安全漏洞的修复。

（5）禁用不必要的插件和扩展：仔细审查浏览器的插件和扩展，禁用不必要的或不受信任的插件。

（6）重置浏览器设置：在某些情况下，重置浏览器的设置到默认值可能是一个好方法，以消除恶意更改。

2. 网页恶意代码的预防

（1）增强安全意识，约束上网行为。要避免计算机感染病毒，关键是不要轻易访问自己并不了解的站点，特别是那些看上去不熟悉、不正规的网址。

（2）安装防病毒软件。例如，卡巴斯基网页反病毒中的安全浏览功能，可以即时检测 Edge、谷歌、Firefox 等三大浏览器中的链接是否安全、是否属于钓鱼网址，并且还告诉用户这些危险网址属于哪种程度的危险网址。

（3）注册表加锁。有些网页是通过修改注册表来破坏系统的，那么可以事先把注册表加锁，禁止修改注册表，这样就可以达到预防的目的。锁定注册表的方法如下：在 Windows 10 操作系统中按 Win+R 组合键，调出"运行"命令窗口，输入 gpedit.msc 后按回车键（只有专业版和企业版能用组策略，家庭版没有）；在"本地组策略编辑器"窗口的左侧依次展开并定位至用户配置→管理模板→系统，在窗口右侧找到并双击名称为"阻止访问注册表编辑工具"的项目；在"阻止访问注册表编辑工具"对话框中选择"已启用"，然后单击底部的"确定"按钮即可。

（4）禁用远程注册表操作服务。Windows 10 用户还可以通过把"服务"里面的远程注册表操作服务 Remote Registry 禁用，来应对该类型网页的攻击。具体方法是：选择"开始"→"运行"命令，打开"运行"对话框，在"打开"文本框中输入 services.msc 命令，打开系统"服务"程序窗口。在右侧的窗格中找到 Remote Registry 选项后右击，在弹出的快捷菜单中选择"属性"命令，弹出相应的对话框，在"启动类型"下拉列表框中选择"禁用"选项，如果当前是启动状态，就单击"停止"按钮。

（5）避免"重蹈覆辙"。对于已知存在威胁的站点，为了防止用户不小心又访问了该网站，可以将该站点添加到受限制站点的列表中。例如，在 Edge 浏览器中，单击右上角的"…"图标，在弹出菜单的"更多工具"中单击"Internet 选项"，打开"Internet 属性"设置窗口，打开其中的"安全"选项卡，选择"受限制的站点"选项，然后单击"站点"按钮，在打开的窗口中添加需要屏蔽站点的网址。

（6）禁用 ActiveX 插件、控件和 Java 脚本。由于该类网页大多是含有恶意代码的 ActiveX 网页文件，因此在浏览器设置中将 ActiveX 插件、控件和 Java 脚本等全部禁止就可以避免此类威胁。可以从控制面板或浏览器中找到"Internet 选项"，打开"Internet 属性"设置窗口，打开其中的"安全"选项卡，单击"自定义级别"按钮，弹出"安全设置"对话框，把其中所有 ActiveX 插件和控件以及 Java 相关的内容全部选择"禁用"即可。不过，这样设置后，在网页浏览过程中可能会无法浏览一些正常使用 ActiveX 的网站。

（7）使用更安全的浏览器。例如，Microsoft Edge 提供两种可选的浏览模式（均衡和严格）用于增强安全性，以便在浏览 Web 和不熟悉的网站时提供额外的保护层。Microsoft Edge 增强 Web 安全性的功能和措施包括：

1）智能屏蔽追踪器：Microsoft Edge 默认启用跟踪防护，该功能可以阻止许多 Web 页面上的广告追踪器和隐私侵犯者，从而保护用户的隐私。

2）强化的 Cookie 控制：Microsoft Edge 提供了对 Cookie 的更多控制，用户可以选择阻止第三方 Cookie 或根据网站设置 Cookie 权限，从而减少信息泄露的风险。

3）沙箱模式：Microsoft Edge 使用沙箱技术来隔离浏览器的不同部分，以降低恶意代码对系统的影响。这有助于防止恶意网站利用漏洞入侵计算机。

4）Windows Defender SmartScreen：Microsoft Edge 集成了 Windows Defender SmartScreen，该功能可以检测和阻止访问已知的恶意网站，以保护用户免受欺诈和恶意软件的侵害。

5）安全浏览：当 Microsoft Edge 检测到用户正在访问恶意或可疑的网站时，它会发出警告，并阻止您进一步访问该网站，以降低风险。

6）HTTPS 支持：Microsoft Edge 鼓励加密连接，自动升级 HTTP 网站到 HTTPS 版本（如果支持），从而增强数据传输的安全性。

7）Windows Hello：Microsoft Edge 还支持 Windows Hello，这是一种生物识别技术，可以提供额外的身份验证层，以确保只有授权用户可以访问敏感数据。

8）内置密码管理器：Microsoft Edge 包括一个密码管理器，可以生成和存储强密码，从而增强用户账户的安全性。

9）自动升级：Microsoft Edge 定期接收来自 Microsoft 的安全更新，确保浏览器的最新版本对已知的漏洞进行了修复。

10）开放标准支持：Microsoft Edge 支持 Web 标准，这有助于确保与其他浏览器兼容，并提高了网站的安全性。

通过以上安全措施，Microsoft Edge 尽可能阻止浏览网站时可能带来的安全威胁，但用户仍然需要保持警惕，避免打开不明链接，只下载来自可信源的文件，定期更新浏览器和操作系统，以确保维护最佳的 Web 安全性。

4.3.2 隐私侵犯

广泛使用的 Internet 技术已经引起许多个人隐私方面的问题，它在未来发展的过程中还会对个人自由的许多方面带来意想不到的问题。例如，ISP 可以轻易破译通过其服务器上的电子邮件，可以复制网上传送的个人信息，如果网上管理人员认为这些信息违法，甚至可以将这些信息删除。

除国家安全部门和法律执行机关可以对网上的个人信息进行解密、追踪或用作其他用途外，大量的政府机构和商业团体同样可以利用计算机和网络技术对在 Internet 上传播的个人方面的信息进行搜集、下载和用作商业或其他的目的。犯罪分子有时也利用从网上获得的个人隐私方面的信息从事对个人权利进行侵犯的种种犯罪活动。

在 Internet 上，每一个用户的个人信息容易被他人窃取、存储和复制，因此如何保护每一个人的网上隐私就变得尤为重要。

1. 网上数据搜集的方法

比较常见的搜集的数据或资料的方法有以下几种。

（1）通过用户的 IP 地址获取。每当用户连接 Internet 时，该用户就会被分配一个唯一的 IP 地址。IP 地址的意义在于网上信息可以发送到这一地址上，同时，每一个被访问的站点都会得到用户的 IP 地址。这些地址可被用来生成一份该用户的记录。

（2）通过 Cookie 获得用户的个人信息。Cookie 是一种由站点直接发送到用户计算机上的小文件。这些文件可以容纳用户在随后访问中的任何信息，包括访问过的页面和下载过的信息。Cookie 可以存储在用户的硬盘上，通常只能由站点阅读。Cookie 可以汇总个人信息，从而对用户的身份和喜好形成一个比较准确的概念。

（3）Internet 服务提供商在搜集、下载、集中、整理和利用用户个人隐私材料方面具有得天独厚的有利条件。因为所有通过它所提供的网络服务的信息和内容完全可以置于管理员的"眼皮"之下，管理员可以解读用户通过 Internet 发送的电子邮件，可以在第一时间搜集、存储用户的个人隐私材料。一般的 Internet 服务提供商还在自己的服务条款里面保留了自己有权删除他们所认为的不适合在网上传送的内容。

（4）使用 WWW 的欺骗技术。用户可以利用浏览器进行各种各样的 Web 站点的访问，如阅读新闻、咨询产品价格、订阅报纸、电子商务等。然而一般的用户恐怕不会想到有这些问题存在：正在访问的网页已经被篡改过，网页上的信息是虚假的。例如，攻击者将用户要浏览的网页的 URL 改写为指向攻击者自己的服务器，当用户浏览目标网页时，实际上是向攻击者的服务器发出请求，那么他就可以达到欺骗的目的。此时攻击者可以监控受攻击者的任何活动，包括账户和口令。攻击者也能以受攻击者的名义将错误或者易于误解的数据发送到真正的 Web 服务器，以及以任何 Web 服务器的名义发送数据给受攻击者。

（5）网络诈骗邮件。诈骗者伪装成银行发出数以百万计的诱骗邮件，邮件标题通常为"账户需要更新"等，内容是一个仿冒网上银行的诈骗网站的链接，诱骗消费者提供密码、银行账户和其他敏感信息。

2. 网上数据搜集对个人隐私可能造成的侵害

通常情况下，网上数据搜集行为的泛滥对个人隐私造成的影响主要表现在以下几个方面。

（1）信息泄露风险。当个人数据被收集时，如果这些数据未得到适当的保护，可能会被泄露或被不法分子利用，从而造成财务或身份盗窃等危害。个人信息泄露可能导致个人遭受经济损失，如信用卡欺诈、网络诈骗等行为。这些行为不仅会造成财务损失，还可能会影响个人的信用记录。

（2）社交媒体隐私问题。在社交媒体上发布个人照片、位置信息、个人状态等都可能被滥用，导致个人隐私受到侵犯，如住址泄露、私人照片被传播等。一方面，个人在网上的资料由于被公开而使当事人处于被动和尴尬的境地，如一些用户可能会受到恶意留言、言语威胁、威胁恐吓等，对用户的心理和名誉等造成负面影响。另一方面，攻击者可能会利用社交媒体平台上的个人信息，通过伪装成用户的朋友或亲戚等方式，诱导用户泄露更多敏感信息或执行恶意操作。例如，攻击者可能会盗用用户的个人信息，如姓名、邮箱地址、密码等，用于进行身份盗窃或网络诈骗等行为。

（3）个人权利侵犯。在互联网时代，也需要确保个人的隐私权利得到尊重和保护。没有个人隐私的保护，将导致个人信息遭受不法分子的侵害。个人信息泄露可能导致个人隐私被非法获取和利用，如身份盗用、垃圾邮件轰炸等。这些行为不仅会干扰个人的生活，还可能造成财务损失。网上行为泄露出来的个人信息在许多情况下都是片面的而不是系统或完整的，他人对其进行的搜集与加工整理，多数时候都要利用计算机软件对这些资料进行重新组合，而重新组合出来的结果可能与当事人本人的真实情况相差很远，甚至与当事人的真实情况大相径庭。对这些资料的运用往往容易对当事人造成伤害。

（4）歧视风险。大数据的分析过程中，常常会出现数据的偏见和偏差，这些偏见和偏差可能来源于数据收集的偏见、数据处理中的错误、数据模型的局限性，以及数据分析者的主观偏见等。大数据分析可能会偏向某个群体，导致对其他群体的忽视和排斥。例如，在招聘、保险定价或其他领域中对某些群体进行歧视，可能会反映出传统的性别、种族或其他形式的偏见，引起道德和政治上的争议。

（5）安全隐患。大数据通常存储在云端，由于网络连接方式的特殊性，存在安全隐患。例如，大数据可能会被黑客攻击，导致数据泄露或篡改。许多犯罪分子已经将自己的目光锁定到别人在网上的财务信息，一些黑客还利用自己高超的技术和从网上获取的信息，非法侵入银行或他人的账户，盗取他人钱财。

网上数据搜集对个人隐私的危害非常严重，需要采取有效的措施来保护个人信息的安全。这包括加强个人信息保护的法律法规建设、增强个人安全意识、使用安全的系统和软件等。同时，作为互联网上各种服务的互联网企业应加强安全管理、遵守职业道德和行业规范，采取有效的措施保证用户的信息安全、防范用户个人信息的泄露和滥用。

4.4 SSL 技 术

4.4.1 SSL 概述

1994 年，Netscape 公司为了保护 Web 通信协议 HTTP，开发了 SSL（Secure Socket Layer，安全套接层）协议。该协议的第一个成熟的版本是 SSL2.0 版，它被集成到 Netscape 公司的 Internet 产品中，包括 Navigator 浏览器和 Web 服务器产品等。SSL2.0 的出现，基本上解决了 Web 通信协议的安全问题，很快引起广泛的关注。1996 年，Netscape 公司发布 SSL3.0，该版本增加了对除 RSA 算法之外的其他算法的支持和一些安全特性，并且修改了前一个版本中的一些小问题，比 SSL2.0 更加成熟和稳定，因此很快成为事实上的工作标准。

SSL 协议提供的安全信道有以下 3 个特征。

（1）利用认证技术识别身份。在客户端向服务器发出要求建立连接的消息后，SSL 协议要求服务器向客户端出示数字证书。客户的浏览器通过验证数字证书从而实现对服务器的验证。在对服务器的验证通过以后，如果需要对客户机的身份进行验证，也可以通过验证其数字证书的方式来实现，但通常 SSL 协议只要求验证服务器。

（2）利用加密技术保证信道的保密性。在客户机和服务器进行数据交换之前，交换 SSL 初始握手信息，在 SSL 握手过程中采用各种加密技术对其加密，以保证其机密性。这样就可以防止非法用户进行破译。在初始化握手协议对加密密钥进行握手之后，传输的消息均为加密的消息。

（3）利用数字签名技术保证消息传送的完整性。对相互传送的消息进行散列计算并加载数字签名，从而保证消息的完整性。

4.4.2 SSL 体系结构

SSL 体系结构

1. SSL 的结构

SSL 位于 TCP/IP 协议栈中的传输层和应用层之间，利用 TCP 协议提供可靠的端到端安全服务。SSL 不是一个单独的协议，它又分为两层，SSL 在 TCP/IP 协议栈中的位置如图 4-2 所示。

SSL 的上层包括 3 种协议：握手协议、改变加密规格协议和报警协议。这 3 种协议主要用于 SSL 密钥的交换的管理。SSL 下层为记录协议，记录协议封装各种高层协议，具体实施压缩/解压缩、加/解密、计算/校验 MAC 等与安全有关的操作。SSL 中有两个重要的概念：连接和 SSL 会话。

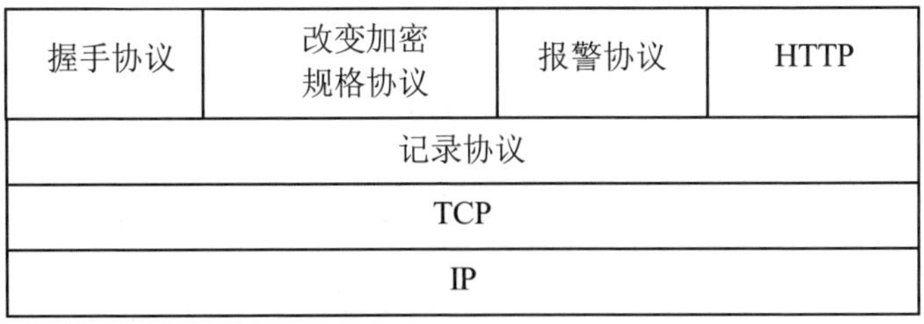

握手协议	改变加密规格协议	报警协议	HTTP
记录协议			
TCP			
IP			

图 4-2　SSL 在 TCP/IP 协议栈中的位置

（1）连接。一个连接是一个提供某种类型服务的传输载体。对 SSL 而言，连接是一种点对点的关系，这种连接是暂时的，每一个连接和一个会话相关联。连接状态可以用如下一些参数来定义。

1）服务器与客户随机数（Server and Client Random）：由服务器和客户选定的用于每一个连接的字节序列。

2）服务器写 MAC 密钥（Server write MAC Secret）：服务器在发送数据时，用于 MAC 运算的密钥。

3）客户写 MAC 密钥（Client write MAC Secret）：客户在发送数据时，用于 MAC 运算的密钥。

4）服务器写密钥（Server write Key）：服务器进行数据加密、客户进行数据解密的常规加密密钥。

5）客户写密钥（Client write Key）：客户进行数据加密、服务器进行数据解密的常规加密密钥。

6）初始化向量（Initialization Vector）：当数据块以 CBC 模式加密时，对每个密钥要维护一个初始化向量。

7）序号（Sequence Number）：实体在每一个连接中用于传输和接收消息而维护的一个单独的序号，当连接实体发送或接收改变密码的消息时，相应的序号置 0，序号最大不超过 $2^{64}-1$。

（2）会话。会话是客户和服务器之间的一种关联，通过握手协议来创建，其定义了一个密码学意义的安全参数集合，这些参数可以在多个连接中共享，从而避免每建立一个连接都要进行的消耗系统资源的协商过程。会话状态由如下一些参数来确定。

1）会话标识（Session Identifier）：服务器选定的用于鉴别活动的（或可恢复的）会话状态的认证字节序列。

2）对等证书（Peer Certificate）：对等实体的 X.505 证书，这一参数可为空。

3）压缩方法（Compression Method）：用户在加密之前对数据进行压缩的算法。

4）加密规格（Cipher SPEC）：指定数据加密算法、计算 MAC 的散列算法及一些密码属性，如散列块大小等。

5）主密钥（Master Secret）：客户与服务器共用的 48 字节的会话密钥。

6）可恢复标志（Is Resumable）：此标志用于表明该会话是否可以用来初始化新的连接。

2. SSL 协议的记录层

记录层的功能是根据当前会话状态给出参数，对当前连接中要传输的高层数据实施压缩/解压缩、加/解密、计算/校验 MAC 等操作。

发送方记录层的工作过程如图 4-3 所示。

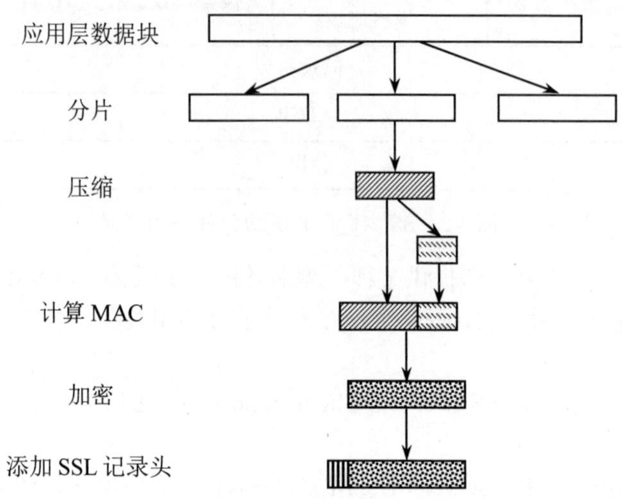

图 4-3 发送方记录层的工作过程

（1）记录层从上层接收到任意大小的应用层数据块，把数据块分成不超过 2^{14} 字节的分片。

（2）记录层用当前会话状态中给出的压缩算法将分片压缩成一个压缩块，压缩操作是可选的。

（3）每个会话都有一个参数，即加密规格，它指定对称加密算法和 MAC 算法。记录层用加密规格指定的 MAC 算法对压缩块计算 MAC，用加密算法加密压缩块和 MAC，形成密文块。

（4）对密文块添加 SSL 记录头，然后送到传输层，传输层收到这个 SSL 记录层数据单元后，加上 TCP 报头，得到 TCP Packet。

接收方的工作过程与此相反。

3. 握手协议

握手协议是 SSL 上层 3 个协议中最重要的一个，也是 SSL 最为复杂的一部分内容。握手协议的作用是产生会话的安全属性。当客户和服务器准备通信时，它们就要对以下选项进行协商并取得一致：身份验证（可选）、协议版本、密钥交换算法、压缩算法、加密算法，并且生成密钥和完成密钥交换。

客户和服务器的握手过程就是建立一个会话或恢复一个会话的过程。每次握手都生成新的密钥等参数，这些参数将作为当前连接状态中的元素。客户和服务器要建立一个连接就必须进行握手过程，每次握手都存在一个会话和一个连接。连接一定是新的，但会话可能是新的，也可能是已存在的。下面介绍建立一个新的会话和恢复一个已存在会话的握手过程。

（1）建立一个新的会话。客户发送 client_hello 消息给服务器，服务器必须以 server_hello 消息作为回答；否则，发生致命错误，本次连接失败。client_hello 和 server_hello 用于协商安全参数，包括协议版本号、会话标识、加密套件和压缩算法，还要交换两个随机数，即 client_hello.random 和 server_hello.random。如果要验证服务器，在 server_hello 消息之后服务器将发送 certificate 消息，该消息包含其证书；如果不需要验证服务器，服务器发送包含其临时公钥的 server_key_exchange 消息；如果服务器要求验证客户，则发送 certificate_request 消息。接下来服务器发送 server_hello_done 消息，指示双方握手过程中的 hello 消息阶段结束，服务器等待客户的响应。

根据是否验证对方的证书，SSL 的握手过程分为 3 种验证模式：客户和服务器都被验证；只验证服务器，不验证客户，这是 Internet 上应用最广泛的模式；客户和服务器都不验证，也称为完全匿名模式。

客户收到 server_hello_done 消息之后，根据服务器是否发送了证书请求来决定是否发送自己的证书，如果服务器要求客户发送数字证书而客户没有数字证书，则发送 no_certificate 告警。客户发送其密钥交换消息 client_key_exchange，然后发送 change_cipher_spec 消息，告诉服务器以下的通信将使用刚协商好的新的加密套件和压缩算法，客户向服务器发送 finished 消息，表示完成与服务器的握手过程。

对应地，服务器发送 change_cipher_spec 消息，然后也用刚协商好的加密算法和密钥发送 finished 消息。至此，握手过程结束，客户和服务器可以开始交换应用数据。建立一个新的会话时，握手过程如图 4-4 所示，其中带星号的消息是可选的，与采用哪种验证模式有关。

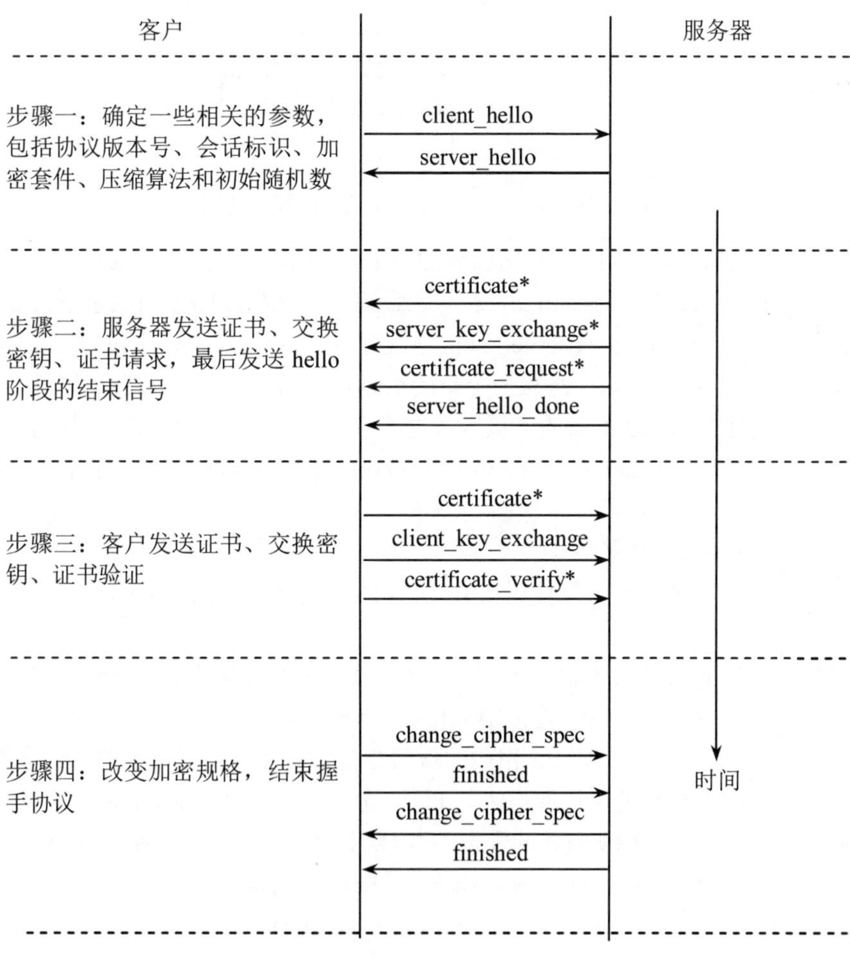

图 4-4 SSL 建立新会话时的握手过程

（2）恢复一个已存在的会话。客户和服务器的第一次连接都要经过一个完整的握手过程才能得到双方秘密通信所需的信息。实际上，握手是一个非常耗时的过程，为了减少握手过程中的交互次数以及对网络带宽的占用，可以将双方经过完整握手过程建立起来的会话状态记录下来，在以后建立连接时，采用会话重用技术重用这些会话，从而避免会话参数的重新协商过程。

SSL 恢复一个已存在的会话时，握手过程如图 4-5 所示。

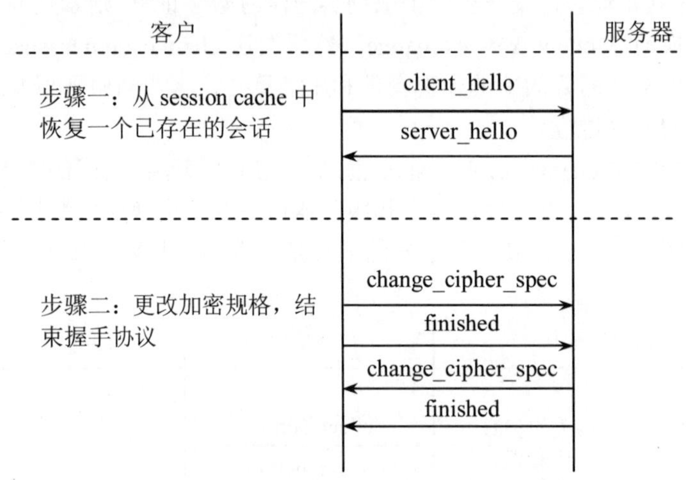

图 4-5 SSL 恢复一个已存在会话时的握手过程

客户发送 client_hello 消息，其中的 session id 字段是要恢复的会话的 session id，服务器在 session cache 中检查是否有这个 session id，若有，服务器将在相应的会话状态下建立一个新的连接，服务器发送含有 session id 的 server_hello 消息；若 session cache 中没有这个 session id，则服务器生成一个新的 session id，建立一个新的会话，执行一个全新的会话过程。当通过恢复一个会话建立一个连接时，这个新的连接继承这个会话状态下的压缩算法、加密规格和主密钥。但该连接将产生新的 client_hello.random 和 server_hello.random，与当前的主密钥生成该连接使用的密钥等参数。

4. 改变加密规格协议和报警协议

改变加密规格协议和报警协议是使用 SSL 协议的上层协议中的另外两种，这两个协议都非常简单。

改变加密规格协议的消息只包含一个字节，值为 1。这条消息的唯一功能是将延迟状态改变为当前状态，该消息更新了在这一连接中应用的密码机制。

报警协议用于向对等实体传送 SSL 相关的报警信息。报警协议的每条消息包含两个字节。第 1 个字节表示报警的严重程度，可取值为 1 和 2，分别表示警告（warning）和致命（fatal）；第 2 个字节包含一个编码，用于指明具体的警告类型。其中致命的警告消息有 unexpected_message、bad_record_mac、decompression_failure、handshake_failure、illegal_parameter；其他的报警消息有 close_notify、no_certificate、bad_certificate、unsupported_certificate、certificate_revoked、certificate_expired、certificate_unknown。

4.5 Web 服务器的安全配置

Microsoft 的 Web 服务器产品为 IIS（Internet Information Services，互联网信息服务），IIS 是目前最流行的 Web 服务器产品之一，很多著名的网站都建立在 IIS 的平台上。IIS 提供了一个图形界面的管理工具，称为 Internet 服务管理器，可用于监视配置和控制 Internet 服务。

IIS 是一种 Web 服务组件，其中包括 Web 服务器、FTP 服务器、NNTP 服务器和 SMTP 服务器，分别用于网页浏览、文件传输、新闻服务和邮件发送等，它使在网络上发布信息成为一件很容易的事。它提供互联网服务应用程序编程接口（Intranet Server API，ISAPI）作为扩展 Web 服务器功能的编程接口；同时，还提供一个 Internet 数据库连接器，可以实现对数据库的查询和更新。本节以 IIS 的 Web 服务器为例来介绍如何配置一个安全的 Web 服务器。

4.5.1 IIS 的安装与配置

以在 Windows Server 2019 上安装 IIS 为例，简单介绍 IIS 的安装和配置过程。不同版本的安装可参考 Microsoft 官方的技术文档。

IIS 是 Windows Server 2019 上的服务器角色之一，可以使用以下方法安装 IIS：通过 Windows Server 2019 中的服务器管理器用户界面安装、使用部署映像服务和管理（Deployment Image Servicing and Management，DISM）的命令行安装、使用 PowerShell cmdlet 的命令行安装。

服务器管理器提供单个仪表板来安装或卸载服务器角色、角色服务和功能。服务器管理器还提供当前安装的所有角色和功能的概述。使用 Windows Server 2019 服务器管理器首次安装 IIS 的步骤如下。

（1）单击桌面上的服务器管理器图标打开服务器管理器。

（2）在“服务器管理器”窗口中，选中“仪表板”，单击“添加角色和功能”按钮，或单击“管理”菜单，然后单击“添加角色和功能”按钮，如图 4-6 所示。“添加角色和功能向导”将从“开始之前”界面开始。

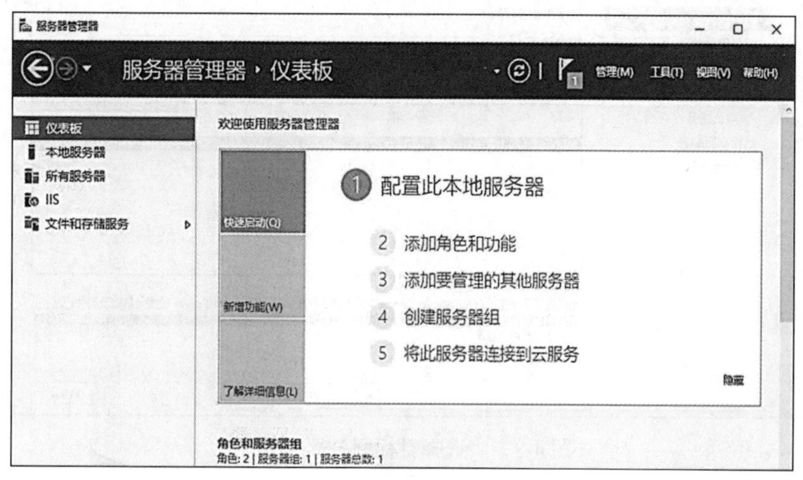

图 4-6 服务管理器仪表板

（3）在“开始之前”界面中单击“下一步”按钮。

（4）在“选择安装类型”界面中（图 4-7）选择“基于角色或基于功能的安装”以配置单个服务器，然后单击“下一步”按钮。

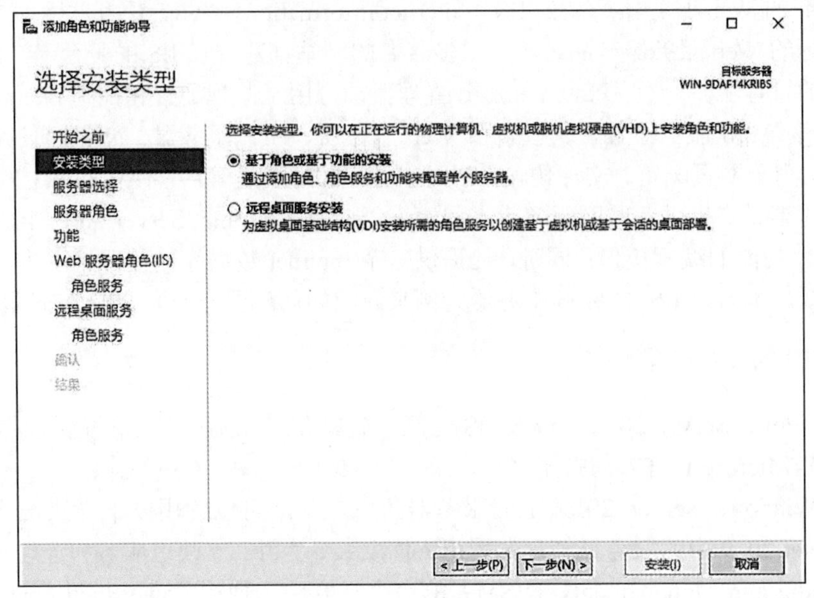

图 4-7 “选择安装类型”界面

（5）在“选择目标服务器”界面中（图 4-8）选择“从服务器池中选择服务器”，然后选择服务器，默认为本机；或选择“选择虚拟硬盘”，选择要装载 VHD 的服务器，然后选择 VHD 文件；接着单击“下一步”按钮。

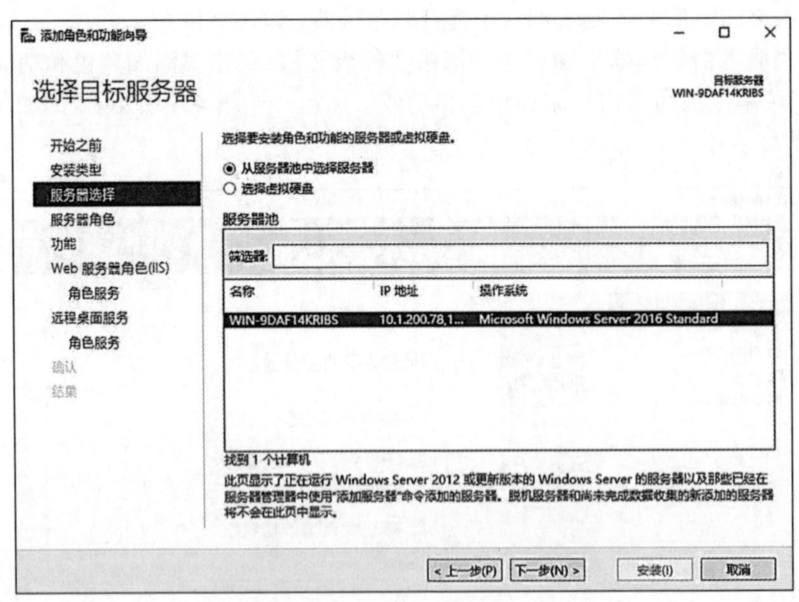

图 4-8 “选择目标服务器”界面

（6）在“选择服务器角色”界面中选择“Web 服务器（IIS）”，如图 4-9 所示。

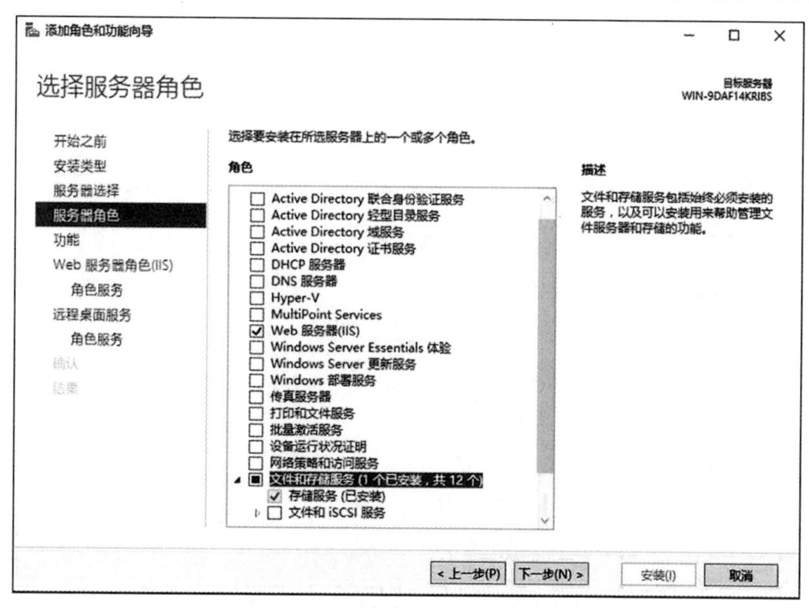

图 4-9 “选择服务器角色”界面

（7）在“添加角色和功能向导”窗口中，如果要安装 IIS 管理控制台，则单击“添加功能”按钮。如果不想安装管理控制台，则取消选中“包括管理工具（如果适用）”，然后单击“继续”按钮。

（8）在“选择服务器角色”界面中单击“下一步”按钮。

（9）在“功能”界面中选择要安装的任何功能，然后单击“下一步”按钮。需要注意的是，无须选择此界面中的任何功能即可安装 IIS。

（10）在“Web 服务器角色（IIS）”界面中，单击“下一步”按钮。

（11）在“选择角色服务”界面中（图 4-10）选择要安装的任何其他角色服务。（注意：通过选择 Web 服务器（IIS）首次安装 IIS 时，将至少获得包含最少角色服务集的默认安装。此时可以看到，这些默认服务已在“选择服务器角色”界面中预先选择。有关可用的服务器角色的列表以及默认情况下安装的角色，请参阅 IIS 8.5 的相关文档。将有机会在此过程的后面选择更多角色服务，还可以取消选择在选择 Web 服务器时默认选择的角色服务。但是，必须至少选择一个角色服务才能选择和安装 Web 服务器。）

（12）如果选择了“需要安装其他角色服务或功能的角色服务”，则会打开一个界面，指示要安装的角色服务或功能。将“包括管理工具（如果适用）”保留为选中状态，以选择与服务器角色关联的安装管理工具。如果计划远程管理角色，则可能不需要目标服务器上的管理工具。单击“添加功能”以添加所需的角色服务或功能。

（13）在“选择角色服务”界面中添加所需的角色服务后，单击“下一步”按钮。

（14）在“确认”界面中验证所选的角色服务和功能。如果需要，则选择“自动重新启动目标服务器”，以便在设置需要立即生效时重新启动目标服务器。若要将配置信息保存到可用于使用 Windows PowerShell 进行无人参与安装的基于 XML 的文件，则选择“导出配置设置”，移动到“另存为”对话框中的相应路径，输入文件名，然后单击“保存”按钮。当准备好在“确认”界面中开始安装过程时，单击“安装”按钮。

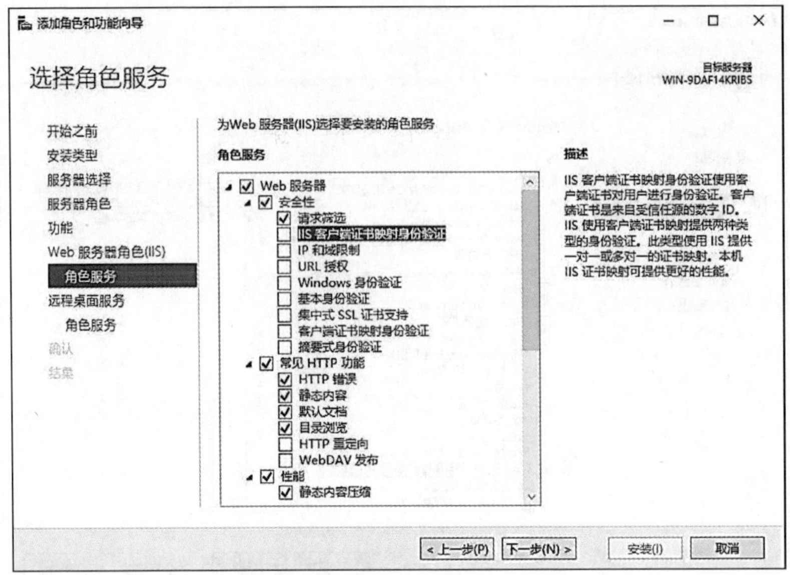

图 4-10 “选择角色服务”界面

（15）打开“安装进度”界面。可以在不中断正在运行的任务的情况下关闭向导。还可以查看任务进度或再次打开界面，方法是单击通知区域中的“通知”按钮，然后单击“任务详细信息”按钮。

（16）在“安装进度”界面中（图 4-11）验证安装是否成功，然后单击“关闭”按钮。

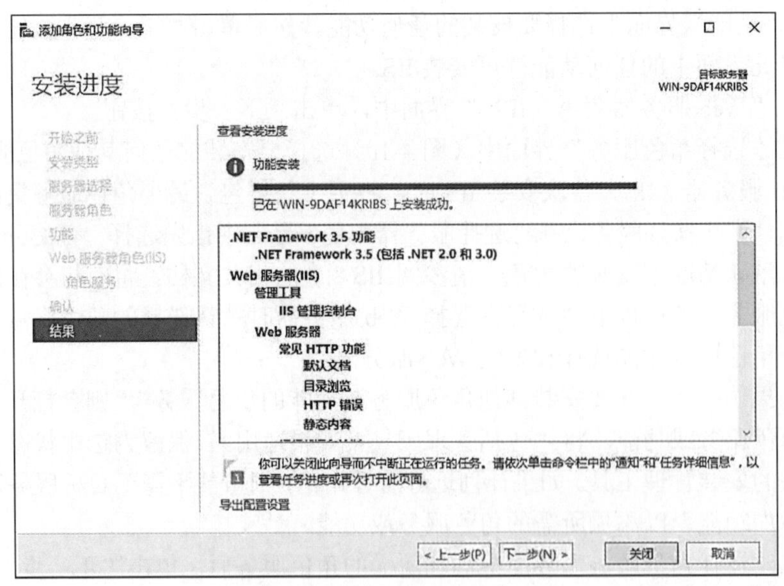

图 4-11 “安装进度”界面

（17）在“服务管理器”界面中的“工具”菜单中选择 Internet Information Services(IIS)命令，可以看到本机的默认网站，如图 4-12 所示。

（18）通过打开 Web 浏览器，输入 http://localhost，验证使用该地址时是否显示以下默认网页来确认 Web 服务器是否正常工作，如图 4-13 所示，表明 Web 服务器安装成功。

图 4-12　本机的默认网站

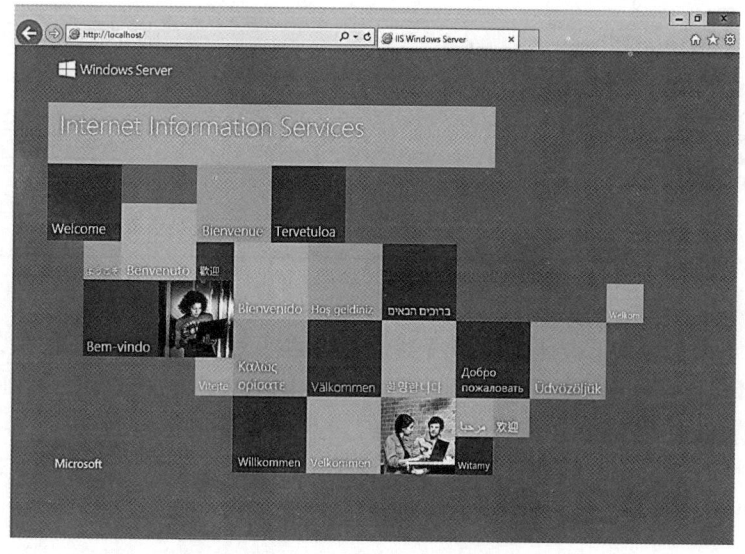

图 4-13　打开默认网页验证安装

4.5.2　IIS 的安全配置方法

Web 服务器创建好之后，还需要进行适当的管理才能使信息安全有效地被其他访问者访问。

1. SSL 访问设置

使用 SSL 或其升级版本安全传输层协议（Transport Layer Security，TLS）来启用安全套接字层是提高 Web 站点安全性的重要举措。SSL/TLS 能提供端到端的加密，可以保护在客户端和服务器之间传输的数据免受窃听。这对于敏感信息（如登录凭证、个人数据、支付信息等）的传输至关重要，防止信息在传输过程中被恶意方截获。通过使用加密散列函数，SSL/TLS 确保数据的完整性，防止在传输过程中被篡改。SSL/TLS 还可以提供服务器和客户端之间的身份验证机制，确保客户端正在连接到预期的服务器，防止中间人攻击。这对于建立双方的信任关系至关重要，可以确保用户与正确的网站进行通信。另外，一些搜索引擎更倾向于将启用了 SSL 的网站放在前面。因此，Web 站点启用 SSL 可以实现加密通信、身份验证、数据完整性保证，不仅有助于提高网站的安全性，还有助于提高搜索引擎排名。

在 IIS 中配置 SSL 通常涉及获取并安装 SSL 证书、配置网站绑定、启用 SSL 设置、验证 SSL 连接，可能还需要执行其他特定于环境的操作。通过使用 SSL，网站管理员可以提高网站的安全性，确保用户的隐私和数据安全。

（1）获取 SSL 证书。购买或获取一个由受信任的 CA 签发的 SSL 证书。也可以选择自签名证书，但它们在公共互联网上不会受到信任。下面以从本地证书服务器申请服务器证书为例，了解证书的申请过程。

1）在 IIS 管理器窗口中，打开“服务器证书”界面，如图 4-14 所示。在右侧“操作”栏里单击“创建证书申请”，在接下来的对话窗口中，分别填写相应的信息、选择加密服务提供程序、指定证书申请的文件名，如 c:\iiscert.txt，将证书申请保存在该文件中。

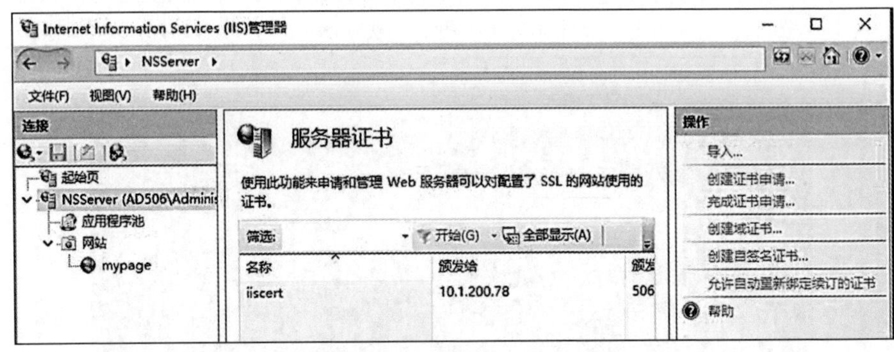

图 4-14　创建证书申请

2）利用第 3 章搭建的 CA 来生成服务器证书。通过浏览器打开证书服务页面，如图 4-15 所示，依次选择“申请证书”→“高级证书”→使用 base64 编码的 CMC 或 PKCS #10 文件提交一个证书申请，或使用 base64 编码的 PKCS #7 文件续订证书申请，打开图 4-16 所示的页面。将证书申请文件 iiscert.txt 的内容粘贴到“保存的申请”文本框中并提交。这时将显示证书申请收到并处于挂起状态的信息。

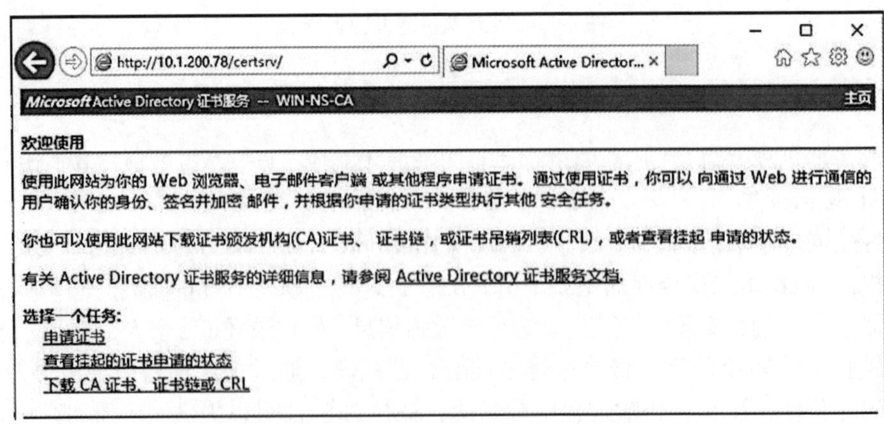

图 4-15　证书服务页面

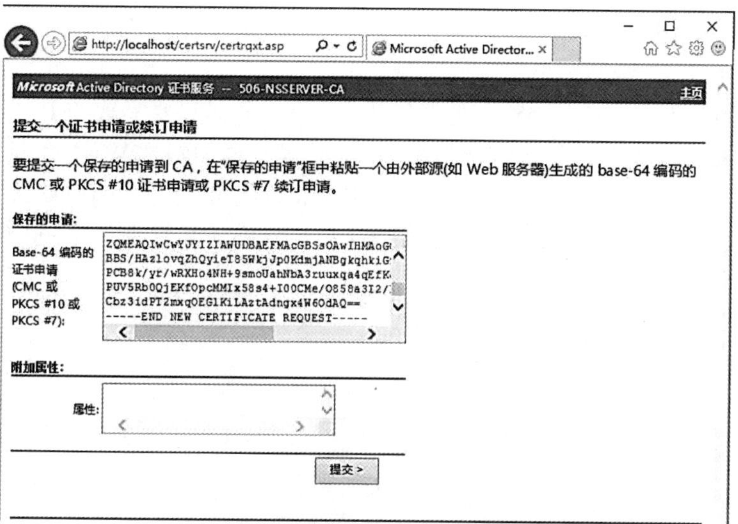

图 4-16　提交服务器证书申请页面

3）在“开始”菜单→Windows 管理工具中打开“证书颁发机构”的控制台程序，或运行 certsrv.msc 命令打开“证书颁发机构”的控制台程序。在“挂起的申请”中找到相应的申请，右击所有任务，在弹出的快捷菜单中选择“颁发”命令，完成证书颁发，如图 4-17 所示。已颁发的证书可以从“颁发的证书”页面找到。

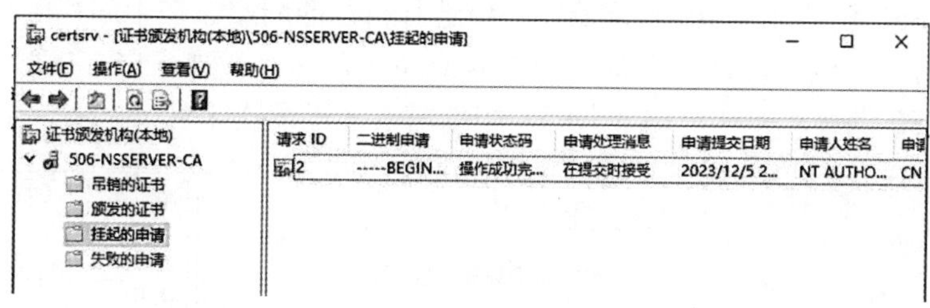

图 4-17　证书颁发

4）重新打开浏览器，输入证书服务器的网址，打开证书服务页面，单击“查看挂起的证书申请的状态”链接，进入“证书已颁发”页面，如图 4-18 所示。单击“下载证书”链接，并以文件的形式保存，假设文件名为 certnet.cer。

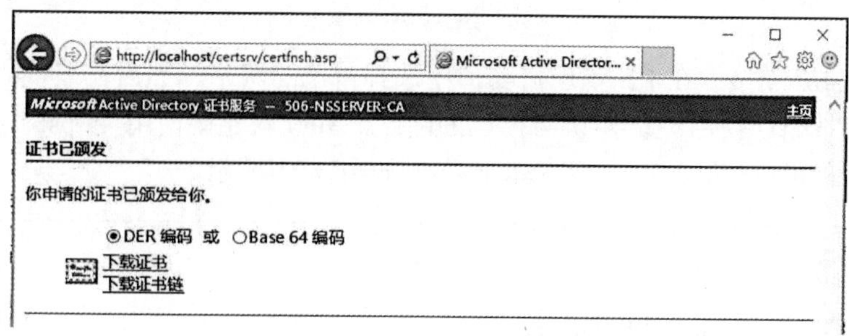

图 4-18　“证书已颁发”页面

（2）安装 SSL 证书。将 SSL 证书安装到服务器，这通常涉及在服务器上导入证书文件，或者按照 CA 的指示执行一些其他安装步骤。打开图 4-14 所示的“服务器证书”界面，单击

“操作”栏中的“完成证书申请”，选择刚保存的证书，输入自定义的名称，然后单击“确定”按钮，此时证书已配置到该服务器。

（3）配置网站绑定。打开 IIS 管理器窗口，找到服务器和要配置 SSL 的网站，右击该网站，在弹出的快捷菜单选择“编辑绑定”命令，在弹出“添加网站绑定”对话框中，单击“添加”按钮，在“类型”下拉列表框中选择 https，选择正确的 IP 地址，端口默认为 443。在“SSL 证书”下拉列表框中选择刚刚安装的 SSL 证书，单击“确定”按钮完成 SSL 配置，如图 4-19 所示。

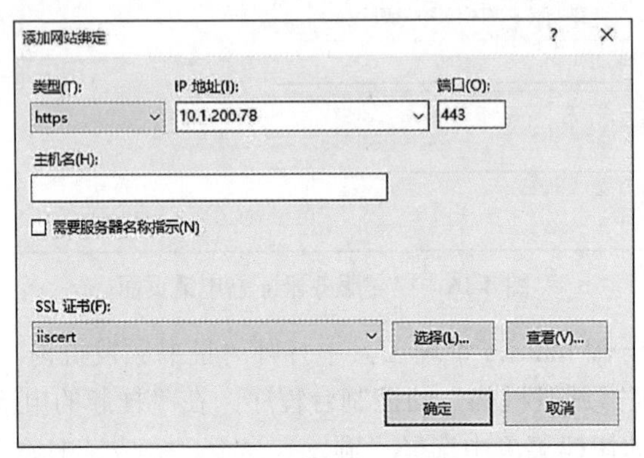

图 4-19 网站配置 SSL

（4）启用 SSL 设置。在 IIS 管理器窗口中选择自己的网站。在中间栏的功能视图中找到“SSL 设置”，打开“SSL 设置”界面，如图 4-20 所示，确保“要求 SSL”处于启用状态。还可以配置其他 SSL 设置，如客户端证书等，根据需要进行设置即可。

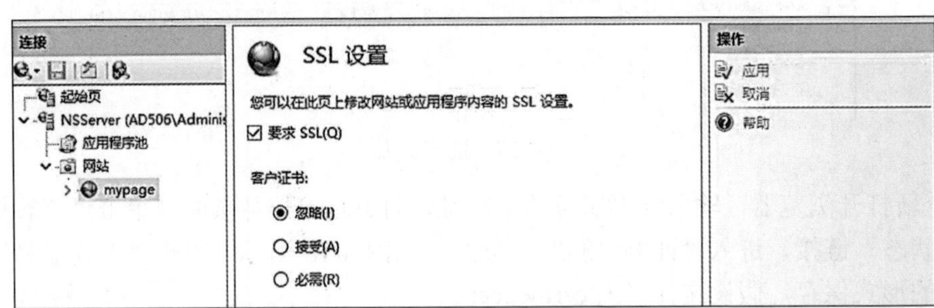

图 4-20 SSL 设置

（5）验证 SSL 连接。在 IIS 管理器窗口中选择自己的网站，然后在右侧“操作”栏中单击“重新启动”按钮。使用浏览器访问自己的网站，并确保连接使用 https://。查看浏览器地址栏中的锁定图标可以确认这是一个 SSL 连接，如图 4-21 所示。

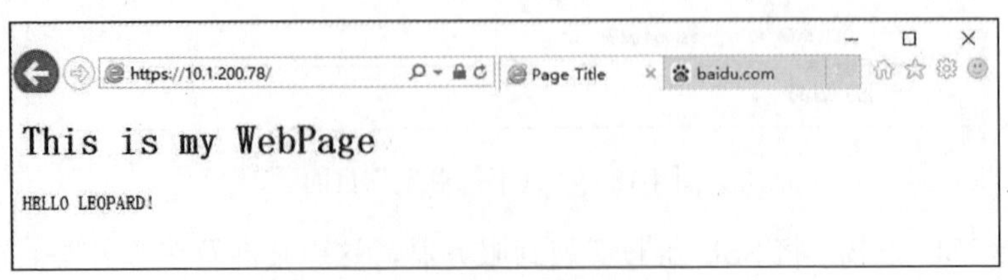

图 4-21 启动 SSL 的安全连接

2. IIS 身份验证和访问控制

Windows Server 2019 提供了多种身份验证机制，用于保护 IIS Web 服务器。以下是一些常见的身份验证方法。

（1）匿名身份验证（Anonymous Authentication）：允许未经身份验证的用户访问网站，适用于公共内容。系统默认只启用匿名身份验证，匿名身份验证后用户无须输入用户名和密码，当用户试图连接到网站时，Web 服务器将连接分配给账户 IUSR，用户实际上是使用 IUSR 这个账户访问站点的。

（2）基本身份验证（Basic Authentication）：基本身份验证要求用户提供有效的用户名和密码才能访问，它是工业标准验证方法。但是用户发送给网站的用户名和密码以明文形式发送，所以容易被恶意拦截并得知这些数据。若要使用基本身份验证，建议与 SSL 一同使用，以确保安全性。

（3）Windows 身份验证（Windows Authentication）：Windows 身份验证也会要求输入用户名与密码，而且用户名与密码在通过网络发送之前会经过散列处理，因此可以确保安全性。Windows 使用 NTLM 或 Kerberos 协议对客户端进行身份验证，由于 Kerberos 会被防火墙阻挡且代理服务器不支持 NTLM，所以 Windows 身份验证适用于连接内部网络（Intranet）的网站。

（4）摘要式身份验证（Digest Authentication）：摘要式身份验证也要求输入用户名和密码，但密码以摘要（散列）形式发送，相对于基本身份验证更安全，相比 Windows 身份验证，摘要式身份验证可以通过代理服务器使用，使用更灵活。

（5）客户端证书映射身份验证（Client Certificate Authentication）：客户端证书映射身份验证是一种基于 PKI 的身份验证方法，用于验证连接到服务器的客户端的身份。在这种身份验证方式中，客户端需要提供数字证书，而服务器使用这个证书来验证客户端的身份。使用客户端证书映射验证用户身份通常与 SSL 配合使用。

上述的身份验证方式可在安装 IIS 的角色服务选项中添加，如图 4-22 所示。

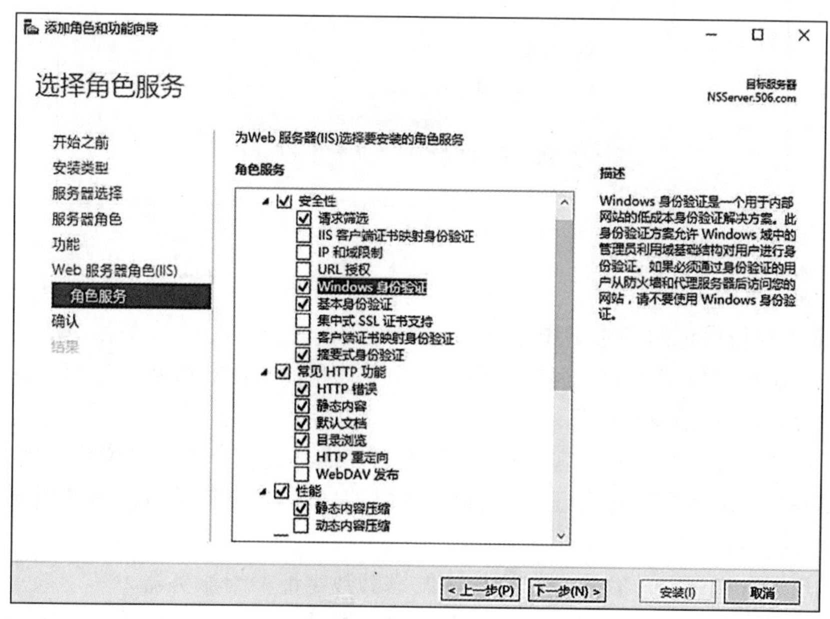

图 4-22　IIS 身份验证方式

3. 网站的身份验证设置

打开网站的身份验证设置页，可以看到已添加的身份验证方式，如图 4-23 所示。系统默认只启用了匿名身份验证，即当用户访问站点时不需要提供身份认证信息就可以正常访问站点。

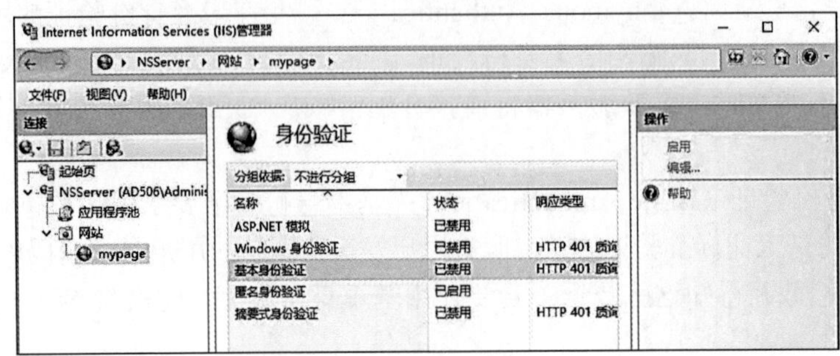

图 4-23 身份验证方式

如果网站只想使用“基本身份验证”方式，需要先将“匿名身份验证”禁用。启用“基本身份验证”后，再访问该站点时，则会要求用户输入账号和密码，如图 4-24 所示，输入 Windows 用户名和密码就可以正常访问了。启用身份验证时，需要确保所需的文件或目录具有适当的访问权限，以便只有经过身份验证的用户能够访问它们。另外，基本身份验证会使用 Windows 用户账户进行身份验证，需要确保这些用户账户存在，并且拥有访问权限。

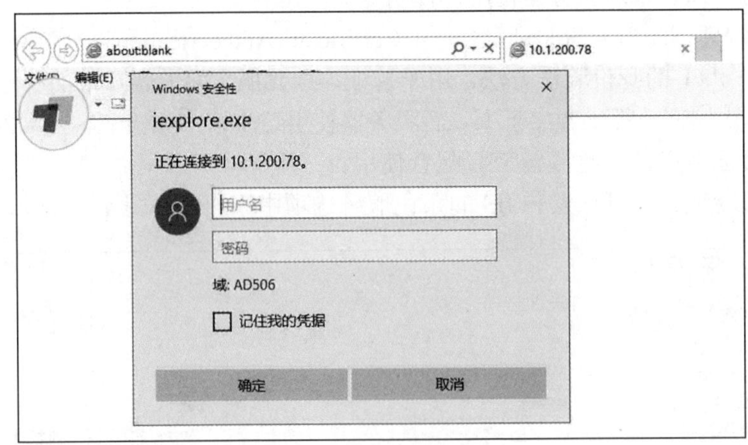

图 4-24 基本身份验证

4. 客户端证书身份验证

客户端证书身份验证的基本工作原理如下：

（1）客户端获取数字证书。客户端通过一个受信任的 CA 获取数字证书。这个证书包含了客户端的公钥和相关的身份信息。

（2）客户端连接到服务器。客户端通过 HTTPS 或其他安全通信协议连接到服务器。

（3）服务器要求客户端提供证书。当客户端与服务器建立连接时，服务器要求客户端提供数字证书以进行身份验证。

（4）客户端发送证书。客户端在连接中发送其数字证书给服务器。

（5）服务器验证客户端证书。服务器使用事先配置好的受信任的 CA 列表来验证客户端的数字证书。这通常涉及检查证书的签名是否有效、证书是否过期，以及是否在 CA 的受信任列表中。

（6）成功验证。如果服务器成功验证了客户端的证书，那么客户端就被视为经过身份验证的用户，服务器可以信任其身份。

客户端证书身份验证提供了一种强大的身份验证机制，特别适用于需要更高安全级别的应用程序和网络服务。它确保连接到服务器的每个客户端都有有效证书，并且证书是由受信任的 CA 颁发的，从而增加了对连接方身份真实性的信任度。

5. 创建独立运行的程序池

给网站设置独立运行的程序池，这样每个网站与错误就不会互相影响。要新建应用程序池，在 IIS 管理器窗口的“连接”栏中右击“应用程序池”文件夹，在弹出的快捷菜单中选择“新建”命令并选择“应用程序池”，弹出“添加应用程序池”对话框，如图 4-25 所示。然后在对话框中输入名称并单击“确定”按钮。接着就可以为 Web 站点分配应用程序池了。

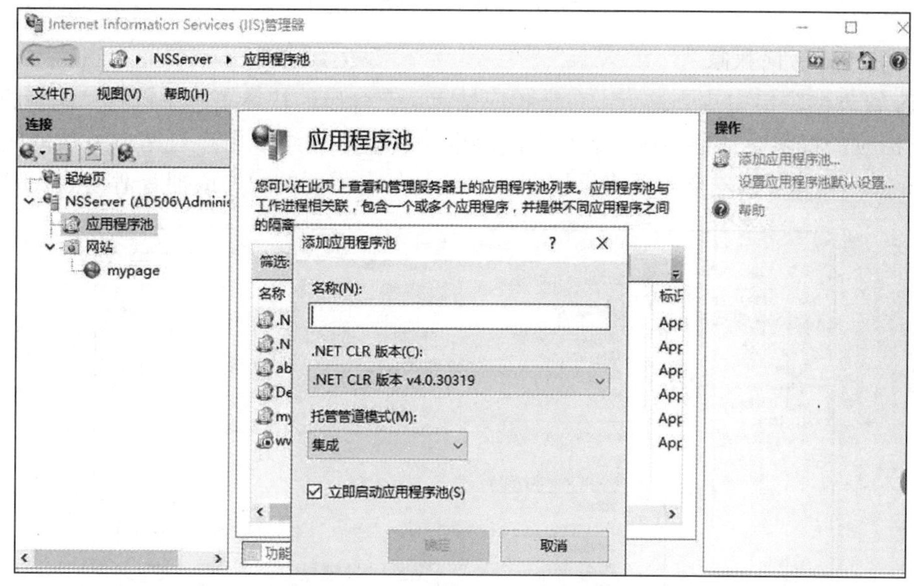

图 4-25　创建独立运行的程序池

6. 限制目录执行权限

在 IIS 中，限制目录的执行权限是一种重要的安全措施。通过限制目录的执行权限，可以防止未经授权的用户或恶意用户在服务器上执行脚本。这对于防止脚本注入和代码执行攻击非常重要，可以更精细地控制对服务器上文件的访问，只有经过授权的用户或角色可以执行目录中的文件。对于包含敏感信息的目录，如配置文件、日志文件等，限制执行权限可以确保未经授权的用户无法直接执行或查看这些文件。

打开 IIS 管理器窗口，展开服务器节点，选择要配置的目标站点，选择要配置的目录。然后在“功能视图”选项卡中单击“处理程序映射”链接，进入“处理程序映射”界面。在该界面中可以看到已配置的处理程序和模块。移除不需要的处理程序映射，确保只有必要的处理程序映射被启用。单击“操作”栏中的“编辑功能权限”链接，弹出“编辑功能权限”对话框，取消勾选“脚本”复选框，如图 4-26 所示。

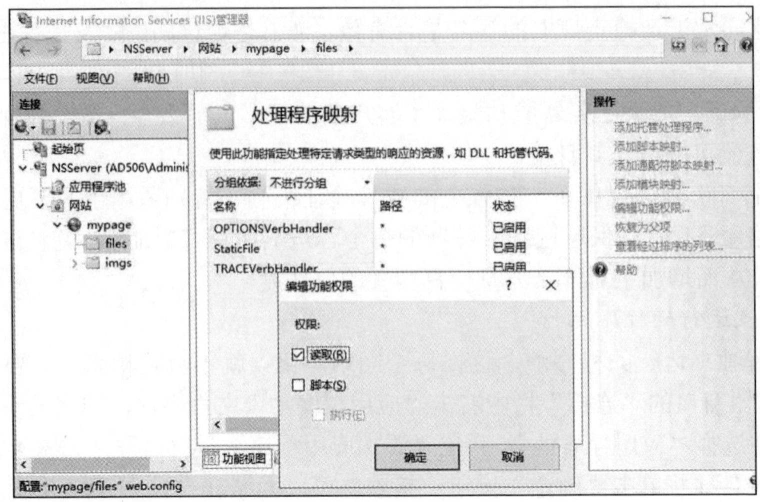

图 4-26 限制目录执行权限

7. 设置用户访问权限

在 IIS 管理器窗口中找到站点，右击相应站点，在弹出的快捷菜单中选择“编辑权限”命令，打开相应的权限对话框，在“安全”选项卡中配置不用组或用户对站点目录的权限，如图 4-27 所示。具体根据安全需要来设置即可，确保只有需要的用户或拥有适当的权限。

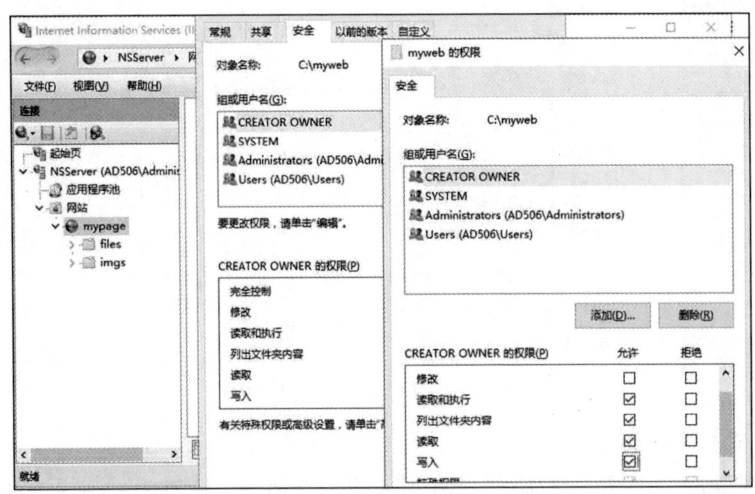

图 4-27 设置用户访问权限

4.6 SQL 注入攻击

SQL 注入攻击原理

4.6.1 SQL 注入攻击原理

SQL 语句是一种用于与数据库交互的数据库结构化查询语言，灵活多变，可以通过交互在 Web 的三层应用架构中进行编译、执行和管理数据。几乎每个服务器的后台都有自己的数据库，很多情况下，数据库中都存放了一些敏感的隐私信息（如账号、密码等）。网页的应用数据和后台数据库中的数据进行交互时会采用 SQL 语句。例如，当用户执行登录操作时，实际上向后端发送了一条 SQL 请求以确认身份，网站内部直接发送的 SQL 请求一般不会有危险，但实际情况是很多时候需要结合用户的输入数据动态构造 SQL 语句。当用户使用 SQL 查询语句时没有遵循代码与数据分离，输入的数据就会被当作代码执行，从而造成 SQL 注入漏洞。

SQL 注入（Structured Query Language Injection，SQLI）是指攻击者利用 Web 应用程序对用户输入数据的合法性不做检测或检测不严格的特点，从客户端提交特殊的数据库查询代码，在管理员不知情的情况下实现非法操作，以此来欺骗数据库服务器执行非授权的任意查询，从而使服务端数据库泄露敏感信息，甚至利用数据库注入攻击获取高权限（如管理员账号）执行危险操作实现入侵。

简单来说，SQL 注入攻击的原理就是攻击者在 Web 表单（POST、GET）、域名或 URL 页面请求中插入针对性构造的特殊 SQL 命令，而 Web 服务器缺少对用户输入的合法性判断，导致后端服务器错误地执行含有恶意 SQL 代码的请求，从而执行了未经授权的数据库操作，如增加、删除、查询、修改操作。例如，假设某网站页面显示时 URL 为 http://www.example.com?test=123，此时 URL 实际向服务器传递了值为 123 的变量 test，这表明当前页面是对数据库进行动态查询的结果。由此，可以在 URL 中插入恶意的 SQL 语句并执行。另外，在网站开发过程中，如果开发人员使用动态字符串构造 SQL 语句，用来创建所需的应用，这种情况下 SQL 语句在程序的执行过程中被动态地构造和使用，可以根据不同的条件产生不同的 SQL 语句，如根据不同的要求来查询数据库中的字段。这样的开发过程其实为 SQL 注入攻击留下了很多的可乘之机。

为了更好地理解 SQL 注入的原理，让我们通过一个简单的代码示例来说明。考虑一个使用 PHP 语言编写的进行用户名和密码验证的简单登录系统，其验证代码可能如下所示（请注意，这是一个故意演示漏洞的示例，不应在实际系统中使用）。

```
    // 假设传入的用户名和密码是通过用户输入获取的
    $enteredUsername = $_POST['username'];
    $enteredPassword = $_POST['password'];
    // 构造 SQL 查询语句
    $sql = "SELECT * FROM users WHERE username='$enteredUsername' AND password=
'$enteredPassword'";
    // 执行 SQL 查询
    $result = mysqli_query($connection, $sql);
    // 检查查询结果
    if ($result) {
        // 用户验证通过
        echo "登录成功！";
    } else {
        // 用户验证失败
        echo "用户名或密码错误！";
    }
```

在以上代码中，用户输入的用户名和密码直接被拼接到 SQL 查询语句中。如果用户输入的是正常的用户名和密码，这个查询可能是有效的。然而，如果用户输入的内容包含恶意的 SQL 代码，就可能导致注入攻击。例如，用户输入 username=' OR '1'='1'-- 和 password=' OR

'1'='1'--，在这个情况下，构造的 SQL 查询语句将变成 SELECT * FROM users WHERE username='' OR '1'='1' --' AND password='' OR '1'='1'。

这个查询中的 -- 是 SQL 中的注释符号，它会注释掉后面的所有内容。这将导致查询返回所有用户的数据，因为 '1'='1' 永远为真。这样，攻击者就通过输入恶意的 SQL 代码成功地绕过了身份验证，因为系统在构建 SQL 查询时没有正确地验证和转义用户输入。在实际开发中，应该使用参数化查询或其他安全的数据库访问方法，而不是直接拼接用户输入到 SQL 查询语句中。

成功实施的 SQL 注入攻击可能导致以下危害。

（1）数据库数据泄露：攻击者可以通过注入恶意 SQL 语句来访问、检索或删除数据库中的敏感信息。

（2）身份验证绕过：攻击者可以利用 SQL 注入来绕过身份验证，以管理员或其他特权用户的身份执行操作。

（3）数据篡改：攻击者可以修改数据库中的数据，从而对应用程序的正常功能造成破坏。

（4）拒绝服务攻击：通过执行恶意的 SQL 查询，攻击者可以耗尽数据库资源，导致拒绝服务。

SQL 注入研究的主要内容包括 SQL 注入漏洞检测、攻击预防和攻击的检测。

SQL 注入漏洞检测技术主要分为白盒和黑盒两种测试技术，以挖掘应用程序中可能存在的 SQL 漏洞。其中，白盒测试技术需要获取源代码来发掘程序代码中可能存在的 SQL 注入漏洞，常用的技术包括约束生成和求解、符号执行、数据流分析等方法。尽管白盒测试技术在程序的开发和编码阶段就能检测出程序的安全性，但实际情况中能获取到程序源代码的可能性并不大，所以它的可用性并不高。黑盒技术无须获取源代码，其是在漏洞检测中使用场景较为广泛的方法。

攻击预防的措施主要包括以下几个方面：使用参数化的 SQL 查询语句，确保用户输入的数据不会被解释为 SQL 代码的一部分。参数化查询可以防止攻击者插入恶意代码。对用户输入进行有效地验证和过滤，只允许预期的数据类型和格式。例如，限制输入长度、使用正则表达式验证等。给予数据库用户最小必要的权限，限制其对数据库的访问范围。不要使用具有高权限的数据库用户来执行常规的应用程序查询。不要向用户显示详细的错误信息，特别是关于数据库结构和查询的信息。攻击者可以利用这些信息来进行更有针对性的攻击。开发人员应采用安全编码实践，避免使用拼接字符串来构建 SQL 查询，而是使用预编译语句或 ORM 对象关系映射（Object Relational Mapping，ORM）等安全的数据库访问方法。

想要检测和阻止 SQL 注入攻击可以从以下几个方面考虑：使用 Web 应用程序防火墙（Web Application Firewall，WAF）来检测和阻止可能的 SQL 注入攻击；WAF 可以根据已知的攻击模式和特征来拦截潜在的注入尝试。针对 SQL 查询的执行引入异常处理机制，以捕获和处理执行过程中的异常情况，防止详细错误信息泄露给攻击者。对应用程序进行定期的安全审计，包括对数据库查询的检查，以发现和修复潜在的 SQL 注入漏洞。使用自动化的漏洞扫描工具来定期扫描应用程序，以识别潜在的 SQL 注入漏洞。及时对应用数据库系统和应用程序框架进行安全更新和修补，以防止已知漏洞被利用。

综合采取这些检测和响应方法，可以显著降低 SQL 注入攻击的风险。然而，最佳的安全实践仍然是预防措施，即在设计和实施阶段考虑并遵循安全原则。

4.6.2　SQL 注入攻击过程

SQL 注入攻击过程可以大致分为以下 4 步。

（1）探测 SQL 注入点。探测 SQL 注入点是关键的一步，通过适当的分析应用程序，可以判断什么地方存在 SQL 注入点。通常只要带有输入提交的动态网页，并且动态网页访问数据库，就可能存在 SQL 注入漏洞。一般通过页面的报错信息来确定是否存在 SQL 注入漏洞，如在提交参数中使用单引号等字符，原理是这些字符会被数据库解析，而无论是字符型还是整型，都会因为后端数据库语句中个数不匹配而报错。

（2）收集后台数据库信息。不同数据库的注入方法、函数都不尽相同，因此在注入之前，要先判断数据库的类型。判断数据库类型的方法有很多，可以输入特殊字符，如通过查看输入单引号时返回的错误信息，根据错误信息提示进行判断；还可以使用特定函数来判断，如输入 1 and version()>0，程序返回正常，说明 version()函数被数据库识别并执行，而 version()函数是 MySQL 特有的函数，因此可以推断后台数据库为 MySQL。

（3）猜解后端数据库结构。每个数据库都会包含若干张表，其中系统中会存放特定的默认数据库和一些默认表，其作用类似图书馆的图书管理员，便于查询。例如，在 MYSQL 5.0 版本后，系统会默认在数据库中存放一个 informa_schema 的数据库，库中存放了 schemata、tables、columns 等默认表，可以利用这些数据库和表对后端进行查询，得到想要的数据库和表中的字段信息。

（4）寻找 Web 后台管理入口或其他敏感信息。Web 后台管理通常不对普通用户开放，要找到后台管理的登录网址，可以利用 Web 目录扫描工具（如 AWVS）快速搜索到可能的登录地址，然后逐一尝试，便可以找到后台管理平台的登录网址。

4.6.3　SQL 注入攻击检测技术

SQL 注入攻击检测技术

SQL 注入攻击检测技术的主要任务是识别 SQL 攻击等异常行为，并对其行为进行检测和过滤拦截。检测 SQL 注入攻击行为主要是通过判别 SQL 语句是否合法进行的，根据检测原理可将检测方法分为基于规则匹配和基于机器学习两大类。其中，基于规则匹配的检测方法较为传统，常常需要构建规则库进行匹配。随着机器学习技术的逐步发展，基于机器学习的检测方法逐渐获得广泛应用如基于规则匹配的检测方法、基于网络爬虫技术的检测方法、基于动态分析的检测方法、基于污点分析技术的检测方法。

（1）基于规则匹配的检测方法。这种方法主要通过匹配已知的 SQL 注入模式或特征来检测潜在的注入点。基于规则匹配的检测方法的基本步骤如下：

1）定义规则。定义一组规则或模式，这些规则包含了已知的 SQL 注入攻击特征或模式，可以包括特定的字符序列、语法结构或命令等。

2）扫描输入数据。利用检测工具对应用程序中的输入数据进行扫描，查找与定义的规则相匹配的模式，包括用户输入的数据、请求参数、Cookie 等。

3）匹配与判断。如果检测到与规则匹配的模式，则认为可能存在 SQL 注入漏洞。根据匹配的规则和上下文，可以对漏洞进行进一步的评估和分类。

4）报告结果。利用检测工具生成报告，指出潜在的 SQL 注入漏洞及其位置，以便开发人员或安全团队进行进一步的调查和修复。

基于规则匹配的检测方法具有简单、快速的特点，但也有一些局限性。例如，它可能无法检测到未知的注入模式或复杂的注入技巧。此外，需要提前构建知识规则库。如果规则定义不当或不完整，可能会产生误报或漏报的情况。因此，在使用基于规则匹配的检测方法时，需要谨慎配置和更新规则，并结合其他检测技术和方法，以提高检测的准确性和全面性。

（2）基于网络爬虫技术的检测方法。网络爬虫是一种自动的访问网页元素程序。基于爬虫的 SQL 注入自动化检测的思想是将网络爬虫技术和 Fuzzing 技术❶结合，实现自动化与智能化 SQL 注入检测。基于网络爬虫技术的检测方法的基本步骤如下：

1）爬取页面。使用网络爬虫技术，自动访问 Web 应用程序的所有页面，并获取页面的源代码。

2）提取数据。从爬取的页面中提取出所有的输入字段，如表单字段、URL 参数等。

3）构造测试用例。针对每个输入字段，构造测试用例，用于模拟攻击者的输入。测试用例可以包括常见的 SQL 注入攻击字符串、特殊字符等。

4）发送请求并监控响应。将测试用例作为输入发送到应用程序，并监控服务器的响应。如果响应中包含异常信息、错误代码或与预期不符的行为，则可能存在 SQL 注入漏洞。

5）分析结果。根据响应的结果，分析并确定是否存在 SQL 注入漏洞。可以结合其他方法，如基于规则匹配的检测方法，来提高检测的准确性和可靠性。

6）报告结果。生成报告，指出潜在的 SQL 注入漏洞及其位置，以便开发人员或安全团队进行修复。

基于网络爬虫技术的检测具有自动化、高效的特点，能够快速检测出潜在的注入点。然而，这种方法也可能存在误报或漏报的情况，并且可能无法检测到复杂的注入技巧或隐藏的注入点。

（3）基于动态分析的检测方法。基于动态分析的检测是一种通过观察应用程序在运行时的行为来检测 SQL 注入漏洞的方法。这种方法通过执行一系列的输入并观察应用程序的响应来判断是否存在 SQL 注入漏洞。基于动态分析的检测通方法的基本步骤如下：

1）选择测试输入。选择一组具有代表性的测试输入，这些输入可以是常见的 SQL 注入攻击字符串、特殊字符等。

2）执行应用程序。运行应用程序并将测试输入作为输入参数传递给应用程序。

3）监控应用程序的响应。观察应用程序的响应，包括返回的页面内容、错误信息、日志文件等。

4）分析响应。分析应用程序的响应，查找异常行为或与预期不符的结果。例如，如果应用程序返回了错误信息、异常数据或与预期不符的结果，则可能存在 SQL 注入漏洞。

5）确定漏洞位置。通过分析响应和应用程序的源代码或数据库结构，确定潜在的 SQL 注入漏洞的位置。

6）修复漏洞。根据确定的问题，采取适当的措施修复 SQL 注入漏洞，如修改查询语句、验证用户输入、使用参数化查询等。

基于动态分析的检测方法能够检测到隐藏的注入点，并且能够根据应用程序的实际行为

---

❶ Fuzzing 技术是一种基于黑盒（或灰盒）的测试技术，通过自动化生成并执行大量的随机测试用例来发现产品或协议的未知漏洞。

进行准确地判断。然而，这种方法需要执行应用程序并观察其响应，因此可能需要较长的时间和较多的资源。此外，对于一些复杂的注入技巧或隐藏的注入点，可能仍然存在误报或漏报的情况。

（4）基于污点分析技术的检测方法。基于污点分析技术的检测是一种通过追踪应用程序中的数据流来检测 SQL 注入漏洞的方法。这种方法利用污点跟踪技术，标记应用程序中的输入数据，并观察这些数据在应用程序中的传播和变化情况。基于污点分析技术的检测方法的基本步骤如下：

1）标记输入数据。在应用程序的入口点将用户输入的数据进行标记或染色，以表示这些数据可能存在安全风险。

2）数据流追踪。通过追踪标记的数据在应用程序中的流动路径，观察这些数据如何被处理和用于构建 SQL 查询。

3）检测异常行为。在数据流追踪过程中，如果发现异常行为，如将未净化的数据直接拼接到 SQL 查询中、异常的 SQL 语法结构等，则可能存在 SQL 注入漏洞。

4）报告结果。根据检测结果生成报告并指出潜在的 SQL 注入漏洞及其位置。同时，提供修复建议和措施。

基于污点分析技术的检测方法能够准确地检测到潜在的注入点，并给出详细的上下文信息。然而，这种方法需要深入了解应用程序的数据流和内部结构，并且需要仔细配置和调整以获得最佳效果。对于一些复杂的注入技巧或隐藏的注入点，可能仍然存在误报或漏报的情况。

4.6.4 常见的 SQL 注入攻击方式

常见的 SQL 注入攻击方式

1. 联合注入

攻击者通过在 UNION 操作中注入额外的 SQL 语句，将结果合并到原始查询中，从而获取未经授权的数据，下面是一个简单的 MySQL 联合注入的示例。假设有一个使用用户输入的信息在数据库中查询产品信息的应用程序，应用程序的查询可能类似于：

```
SELECT product_id, product_name, price FROM products WHERE category_id = '
用户输入';
```

攻击者可能尝试构造一个恶意的输入，例如：1' UNION SELECT 1, username, password FROM users; --，如果应用程序不正确地处理或验证用户输入，构造的 SQL 查询可能会变成 SELECT product_id, product_name, price FROM products WHERE category_id = '1' UNION SELECT 1, username, password FROM users; --'。在这个查询中，1' UNION SELECT 1, username, password FROM users; -- 是攻击者注入的部分，这会将原始查询的结果与 users 表中的用户名和密码合并在一起，从而导致未经授权的数据泄露。

联合注入的过程：判断注入点（整型、字符型）→判断查询列数→判断回显位置→获取所有数据库名→获取数据库所有表名→获取字段名→获取字段中的数据。一些常用的联合查询语句（MYSQL）如下：

（1）1' union select database(),user()。

参数说明：

1）database()将会返回当前网站所使用的数据库名字。

2）user()将会返回执行当前查询的用户名。

（2）1' union select version(),@@version_compile_os。

参数说明：

1）version() 获取当前数据库版本。

2）@@version_compile_os 获取当前操作系统。

（3）1' union select table_name,table_schema from information_schema.tables where table_schema= '[ ]'。

通过此语句可以查询到指定库内的所有表和表名，最后的方框中填入想要查询的数据库名即可。information_schema 是 mysql 自带的一张表，这张表保存了 MySQL 服务器所有数据库的信息，如数据库名、数据库的表、表栏的数据类型与访问权限等。该数据库拥有一个名为 tables 的数据表，该表包含两个字段，即 table_name 和 table_schema，分别记录数据库管理系统（Database Management System，DBMS）中存储的表名和表名所在的数据库。

2. 盲注

盲注是指在不知道数据库返回值的情况下对数据中的内容进行猜测，实施 SQL 注入。盲注主要包括布尔盲注和时间盲注。

（1）布尔盲注。当 Web 页面仅返回布尔值 True 和 False 时，就可以利用布尔盲注，根据页面返回的是 True 或 False 判断 SQL 语句的猜解是否正确，从而获得后端数据库的信息。

布尔盲注一般适用于页面没有回显字段（不支持联合查询），且 Web 页面返回 True 或者 False。构造 SQL 语句，利用 and、or 等关键字使其后的语句的值为 True 或 False，从而使 Web 页面返回 True 或 False，达到注入的目的来获取信息，参见 4.6.1 小节中的示例。

（2）时间盲注。时间盲注又称延迟注入，它提交对执行时间敏感的函数 SQL 语句，通过执行时间的长短来判断是否执行成功，正确的话会导致执行时间很长，错误的话会导致执行时间很短。

时间盲注主要用到 SLEEP()函数，时间盲注比布尔盲注难度稍高，关键在于任何输入都不会报错。时间盲注的 SQL 语句很好理解，假设一个简单的用户身份验证查询语句。

```
SELECT * FROM users WHERE username = '输入的用户名' AND password = '输入的密码';
```

攻击者可能尝试在用户名字段中输入：admin' AND IF(1=1, SLEEP(5), 0) --。在这个例子中，攻击者试图使用 IF 函数，如果条件 1=1 成立，就执行 SLEEP(5)函数，即延迟 5 秒。如果条件为真，延迟会发生，否则不会。这个查询的目的是检测条件是否为真，而不直接获取数据库中的数据。如果应用程序在处理这个查询时出现 5 秒的延迟，攻击者可以确定条件为真，即用户名是 admin；如果没有延迟，则条件为假。时间盲注通常需要一定的耐心，因为攻击者可能需要多次尝试不同的条件来逐步推断信息。预防时间盲注的方法与预防其他 SQL 注入攻击相似，包括输入验证、参数化查询等。应用程序还应该谨慎处理用户输入，确保不会导致不必要的延迟。

3. 报错注入

数据库在执行 SQL 语句时，通常会先对 SQL 语句进行检测，如果 SQL 语句存在问题，就会返回错误信息。通过这种机制，可以构造恶意的 SQL，触发数据库报错，而在报错信息中就存在着用户想要的信息。但通过这种方式，首先要保证 SQL 结构的正确性。报错注入常用 3 个函数，其对应了 3 种报错注入的方式。

（1）floor 报错注入。floor 报错注入是利用 count()、rand()、floor()、group by 这几个特定的函数结合在一起产生的注入漏洞，准确来说是 floor、count、group by 冲突报错。原理是利用数据库表主键不能重复的原理，使用 GROUP BY 分组，产生主键冗余，导致报错。

假设有一个利用用户的输入进行查询的应用程序中有于以下 SQL 语句。

```
SELECT * FROM products WHERE price = FLOOR((用户输入的价格));
```

在这个例子中，应用程序将用户输入的价格值传递给 floor()函数，然后与产品表中的价格进行比较。攻击者可能尝试构造一个恶意的输入，如输入的是下面的字符。

```
1); SELECT * FROM users WHERE username = 'admin' --
```

如果应用程序没有验证不正确的用户输入，则构造出来的 SQL 查询可能会变成：

```
SELECT * FROM products WHERE price = FLOOR((1); SELECT * FROM users WHERE username
= 'admin' -- ));
```

在这个查询中，1); SELECT * FROM users WHERE username = 'admin' -- 是攻击者注入的部分。如果数据库报错，这可能暴露敏感信息。

（2）updatexml 报错注入。updatexml 报错注入是一种 SQL 注入技巧，它利用数据库的 updatexml 函数来导致错误，以获取敏感信息。这个函数通常用于更新 XML 字段中的数据。函数语法如下：

updatexml(xml_document,xpath_string,new_value)

其中，xml_document 是 String 格式，为 XML 文档对象的名称；xpath_string，即 XPATH 格式的字符串，用于匹配第一个参数中的部分信息；new_value 是 String 格式，用于替换查找到的符合条件的数据。

当 Xpath 路径语法错误时，就会报错，报错内容含有错误的路径内容。在图 4-28 的例子中，从报错信息可以获得数据库的名字和系统的版本号。类似的，还可以获得表名或列表的信息。

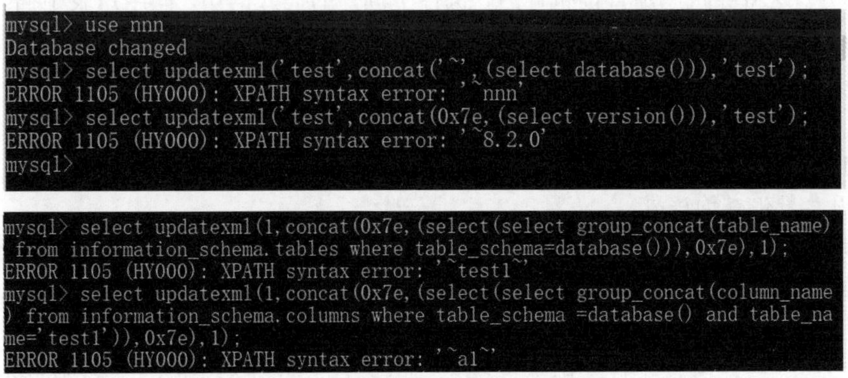

```
mysql> use nnn
Database changed
mysql> select updatexml('test',concat('~',(select database())),'test');
ERROR 1105 (HY000): XPATH syntax error: '~nnn'
mysql> select updatexml('test',concat(0x7e,(select version())),'test');
ERROR 1105 (HY000): XPATH syntax error: '~8.2.0'
mysql>
```

```
mysql> select updatexml(1,concat(0x7e,(select(select group_concat(table_name)
 from information_schema.tables where table_schema=database()),0x7e),1);
ERROR 1105 (HY000): XPATH syntax error: '~test1~'
mysql> select updatexml(1,concat(0x7e,(select(select group_concat(column_name
) from information_schema.columns where table_schema =database() and table_na
me='test1')),0x7e),1);
ERROR 1105 (HY000): XPATH syntax error: '~a1~'
```

图 4-28　updeatexml 报错注入原理

（3）extractvalue 报错注入。extractvalue 函数的定义格式如下：

extractvalue(xml_document, xpath_string)

其中，第一个参数可以传入目标 XML 文档，第二个参数是用 XPATH 路径法表示的查找路径，作用是从目标 XML 中返回包含所查询值的字符串。例如，语句 SELECT ExtractValue('<a><b>ccc</b></a>', '/a/b'); 的执行结果为 ccc。extractvalue 报错注入的用法与 updatexml 报错注入的用法相似，如图 4-29 所示。

```
mysql> SELECT ExtractValue('<a><b>ccc</b></a>', concat('~',(select database())));
ERROR 1105 (HY000): XPATH syntax error: '~mysql'
mysql> SELECT ExtractValue('<a><b>ccc</b></a>', concat('~',(select version())));
ERROR 1105 (HY000): XPATH syntax error: '~8.2.0'
```

图 4-29 extractvalue 报错注入原理

4. 堆叠注入

堆叠注入，顾名思义，就是将语句堆叠在一起进行查询。mysql_multi_query()支持多条sql语句同时执行，语句间以分号（;）分隔，用分号结束一条 SQL 语句后继续构造下一条语句，两条语句会一起执行，这就是堆叠注入。但在实际场景中为了防止 SQL 注入机制，常用的调用数据库函数是 mysqli_query()，其只能执行一条语句，分号后面的内容将不会被执行，所以堆叠注入的使用条件十分有限。其与联合注入的相同点在于都是将两条语句合并在一起，区别在于 union 或者 union all 执行的语句类型是有限的，常见的是用来执行查询语句，而堆叠注入可以执行任意语句。在字符长度限制范围内，堆叠注入可以执行多条语句。

MySQL 堆叠注入通常发生在应用程序对用户输入执行多个查询的情况下，以下是一个简单的 MySQL 堆叠注入示例。假设有一个使用用户输入的应用程序执行类似于以下 SQL 查询的操作：

```
SELECT * FROM users WHERE username = '用户输入1' AND password = '用户输入2'
```

攻击者可能尝试构造一个恶意的输入，例如：

```
'; INSERT INTO users (username, password) VALUES ('attacker', 'hacked') -
```

如果应用程序不能正确地处理或验证用户输入，构造的 SQL 查询可能会变成：

```
SELECT * FROM users WHERE username = ''; INSERT INTO users (username, password)
VALUES ('attacker', 'hacked') --' AND password = '';
```

在这个查询中，INSERT INTO users (username, password) VALUES ('attacker', 'hacked') -- 是攻击者注入的部分。这将导致原始查询执行后，执行了额外的插入语句，向用户表中插入了一行攻击者指定的数据。

4.6.5 防范 SQL 注入攻击的关键措施

常用的防范 SQL 注入攻击的关键措施有以下几种。

1. 使用参数化查询语句

使用参数化查询语句而不是字符串拼接。这样可以确保用户输入的数据不会被解释为 SQL 代码的一部分，而是作为参数传递到查询中。

示例（Python 和 MySQL）如下：

```
cursor.execute("SELECT * FROM users WHERE username = %s AND password = %s",
    (user_input_username, user_input_password))
```

2. 进行输入验证和过滤

对用户输入进行有效的验证和过滤，确保只允许预期的数据类型和格式。使用白名单验证来限制用户输入的字符集，拒绝不合法的输入。

示例（JavaScript）如下：

```
// 验证输入是否为数字
if (!isNaN(userInput)) {
```

```
        // 执行查询
    } else {
        // 拒绝非法输入
    }
```

3. 使用 ORM 库

ORM 库通常会自动处理参数化查询，可以减少手动拼接 SQL 语句的机会。

示例（Django ORM 和 Python）如下：

```
users = User.objects.raw("SELECT * FROM users WHERE username = %s AND password
= %s", [user_input_username, user_input_password])
```

4. 采取最小权限原则

为数据库用户分配必要的最小权限，以降低潜在攻击者的影响范围。

5. 限制详细错误信息的显示

在生产环境中限制详细错误信息的显示，确保不向用户泄露敏感的数据库结构和查询信息。将错误信息记录到日志中，以便审计和调试。

6. 使用存储过程

将 SQL 逻辑封装在存储过程中，这样可以减少直接执行 SQL 查询的机会。

7. 使用 WAF

使用 WAF 来检测和防御 SQL 注入攻击。WAF 可以根据已知的攻击模式和特征来拦截潜在的注入尝试。

8. 会话管理和凭证存储

使用安全的会话管理和凭证存储机制，确保用户身份验证和授权信息的安全性，以防止攻击者通过 SQL 注入绕过身份验证。

9. 定期审计和漏洞扫描

定期审计应用程序的代码和数据库访问逻辑，使用漏洞扫描工具来发现潜在的 SQL 注入漏洞。

10. 采用安全编码实践

在开发过程中采用安全编码实践，避免拼接字符串来构建 SQL 查询。使用框架和库，以减少手动处理 SQL 查询的机会。

这些方法结合起来可以有效地降低应用程序受到 SQL 注入攻击的风险。重要的是在整个开发生命周期中始终考虑安全性，将安全性作为设计和实施的核心原则。

4.7 XSS 攻击

XSS 攻击是指攻击者在 Web 页面中提交恶意脚本，当用户浏览包含恶意脚本的页面时，在不知情的情况下执行该脚本，导致被攻击。攻击成功后，攻击者可能得到更高的权限（如执行一些操作）、保密的网页信息、会话和 Cookie 等各种内容。与 SQL 注入类似，XSS 也是利用提交恶意信息来实现攻击的行为。但是 XSS 一般提交的是 JavaScript 脚本，运行在 Web 前端，也就是用户的浏览器；而 SQL 注入提交的 SQL 指令是在后台数据库服务器执行，所以两者攻击的对象是不一样的。

4.7.1 XSS 攻击分类

按照攻击手法的不同，一般可以分为反射型 XSS 攻击、存储型 XSS 攻击和 DOM 型 XSS 攻击。

1. 反射型 XSS 攻击

在反射型 XSS 攻击中，攻击者通过构造恶意的 URL，将脚本注入用户的浏览器，然后由浏览器执行。该攻击类型得名于恶意脚本“反射”到用户的浏览器，而不是存储在目标网站的数据库中，又称非持续性 XSS 攻击。反射型 XSS 攻击的攻击过程（图 4-30）如下：

（1）构造恶意 URL。攻击者构造包含恶意脚本的 URL，并将其发送给目标用户。这通常通过在 URL 的查询参数中注入恶意的脚本来实现。一个包含恶意脚本的 URL 示例如下：

```
http://example.com/page?search=<script>alert('XSS')</script>
```

（2）用户点击或访问。用户单击了包含恶意脚本的 URL，或者直接访问了这个 URL。目标网站的服务器收到用户请求，并从 URL 中提取用户的输入。

（3）注入到响应中。服务器未正确验证或转义用户输入，将恶意脚本嵌入到动态生成的页面内容中。这样，服务器返回的响应中包含了注入的恶意脚本。

（4）浏览器执行脚本。用户的浏览器收到带有恶意脚本的响应后，会解析并执行这个脚本，如向恶意服务器发起请求。

（5）攻击者可以从自己搭建的恶意服务器中获得用户提交的信息。

反射型 XSS 攻击的危险在于恶意脚本是通过用户点击或访问包含攻击者构造的 URL 而触发的，而不是存储在目标网站数据库中等待其他用户访问。这种攻击通常需要欺骗用户点击恶意链接，因此社会工程学手段也可能与攻击结合使用。

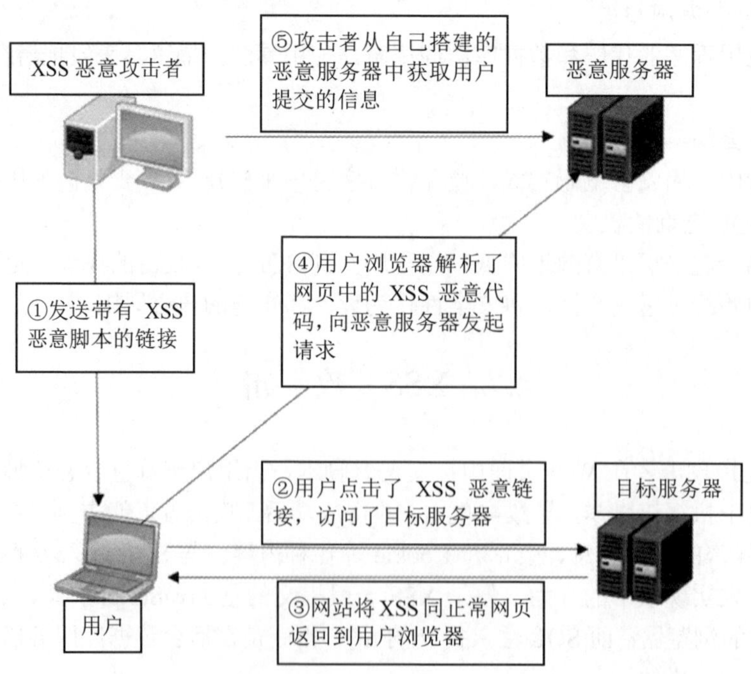

图 4-30 反射 XSS 攻击的攻击过程

2. 存储型 XSS 攻击

存储型 XSS 攻击又称持续性 XSS 攻击。在此类攻击中，脚本被存储在目标网站的数据库中，然后在用户请求页面时从数据库中检索并传递给用户的浏览器执行。比较常见的场景是攻击者发表了一篇包含攻击脚本的帖子，只要有人访问该帖子，就会自动在他们的浏览器上执行攻击脚本。相对于反射型 XSS 攻击，存储型 XSS 攻击成功率更高。存储型 XSS 攻击过程如图 4-31 所示。攻击者提交恶意脚本代码后，Web 应用并没有对脚本代码进行合适的过滤，导致脚本代码存储到 Web 数据库中，用户在指定页面发生请求，服务器接收请求并把存储在数据库中的脚本代码发送给用户，用户接收到恶意代码并在浏览器执行，把执行获取到的信息发送到攻击者搭建的服务器，这样攻击者就可以从自己搭建的服务器中获取用户提交的信息。这种类型也是 3 种类型里面最危险的一种，一般存在于留言板、发表的文章或评论的网页。

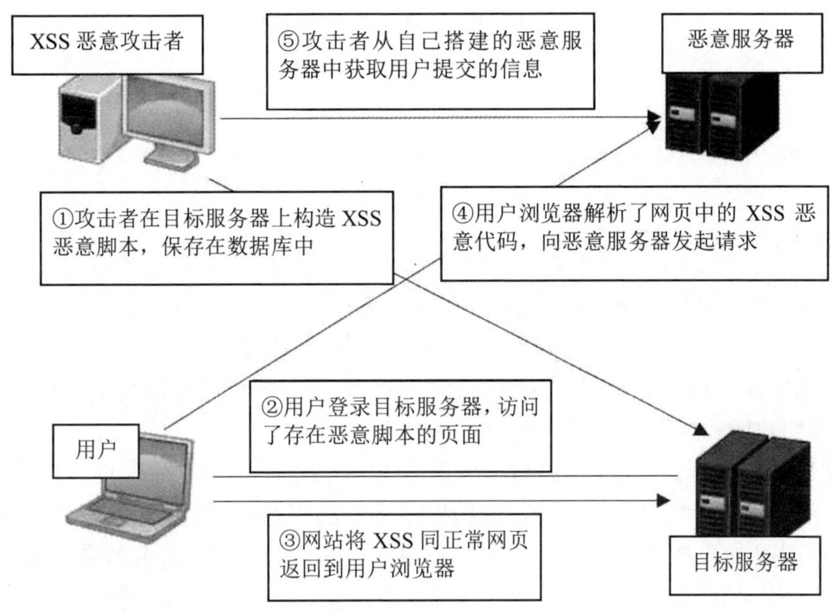

图 4-31 存储型 XSS 攻击的攻击过程

3. DOM 型 XSS 攻击

DOM 型 XSS 攻击是指利用文档对象模型（Document Object Model，DOM）漏洞进行攻击的一种 XSS 攻击方式。DOM 是指浏览器将 HTML 文档转换为可操作对象的过程。它可以让程序动态地修改 HTML 文档的内容、结构和样式。DOM 型 XSS 攻击不涉及服务器端，其只是利用客户端（浏览器）中的 DOM 解析和执行漏洞。在 DOM 型 XSS 攻击中，恶意脚本被注入到页面中，并由受害者的浏览器执行。攻击者通过操纵页面的 DOM，实现对用户的攻击。DOM 型 XSS 攻击的攻击过程如下（图 4-32）：

（1）注入恶意脚本。攻击者构造包含恶意脚本的 URL，并诱使用户单击该 URL。这个 URL 中的参数值包含了攻击者注入的恶意脚本。构造的包含恶意脚本的 URL 如下：

```
http://example.com/page?param=<script>alert('DOM型XSS')</script>
```

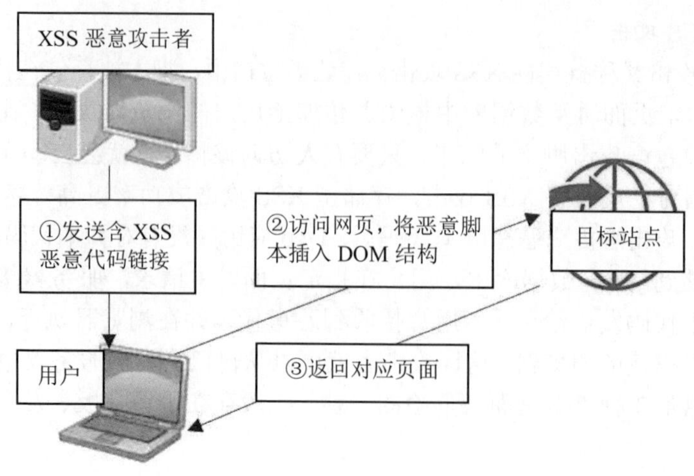

图 4-32　DOM 型 XSS 攻击的攻击过程

（2）页面解析 URL 参数。目标页面的 JavaScript 解析 URL 参数，假设存在获取 URL 参数的页面代码如下：

```
var userParam = getQueryParam('param');
document.getElementById('output').innerHTML = userParam;
```

恶意脚本被插入到 DOM 中，如下所示：

```
<div id="output">
  <script>alert('DOM 型 XSS 攻击')</script>
</div>
```

（3）浏览器执行脚本。用户访问包含恶意脚本的页面后，浏览器解析并执行脚本，触发攻击，如窃取用户的敏感信息、修改页面内容等。

DOM 型 XSS 攻击与传统的存储型和反射型 XSS 攻击的区别在于，DOM 型 XSS 攻击不涉及向服务器提交恶意输入，而是直接操纵页面上已存在的 DOM。这种攻击通常发生在 JavaScript 代码中，如直接使用未经处理的用户输入时，其无须通过服务器来存储或反射攻击。

DOM 型 XSS 攻击通常发生在没有正确过滤用户输入的地方，如在搜索框、表单中输入的数据。如果网站开发者没有对用户输入进行过滤和转义，那么攻击者就可以通过输入恶意代码来实现攻击。为了防范 DOM 型 XSS 攻击，网站开发者应该对用户输入进行严格的过滤和转义，以防止恶意代码被插入到网页中。同时，网站开发者还应该定期测试网站的安全性，以检测潜在的 XSS 漏洞。

4.7.2　防范 XXS 攻击的关键措施

常用的防范 XXS 攻击的关键措施有以下几种。

（1）输入验证和过滤。对用户输入的数据进行有效地验证和过滤，确保只接收预期的数据格式。使用白名单机制，只允许特定的字符和格式，拒绝其他非法输入。例如，当用户在网站上发布评论时，网站可以检查评论内容，确保它不包含恶意代码。这种过滤可以通过使用正则表达式或其他方法来实现。

（2）转义输出数据。在将用户输入的数据插入 HTML、JavaScript、CSS 或其他上下文前，对数据进行适当地转义。使用安全的输出编码函数，如 HTML 转义函数、JavaScript 转义函数等。

（3）采用内容安全策略。限制页面中可以加载和执行的资源，包括脚本、样式和图像。这有助于减少攻击者能够注入的恶意脚本。

（4）进行 HTTP Only Cookie 标识。将敏感信息存储在 HTTP Only Cookie 中，防止恶意脚本通过 DOM 访问 Cookie。

（5）采用会话安全措施。采用安全的会话管理机制，如将会话令牌存储在 HTTP Only Cookie 中，定期更改会话令牌，确保采用安全的会话过期策略。

（6）安全开发实践。遵循安全的开发实践，如最小权限原则，仅给予应用程序必需的权限。定期审查和更新代码，确保及时修复潜在的漏洞。使用安全的框架和库，这些工具通常包含了对 XXS 等攻击的防护机制。

（7）教育和培训。对开发人员、测试人员和其他相关人员进行安全培训，加深他们对安全问题的认识，以及了解如何防范 XXS 等攻击。

（8）安全监控。定期进行安全漏洞扫描，及时发现并修复潜在的安全漏洞。部署监控系统，实时监测网站的安全事件，记录详细的日志，以便分析和应对潜在的安全威胁。

总之，要防范 XSS 攻击，需要采取多种措施，并定期对网站进行安全审计和测试。例如，可以对用户提交的数据进行过滤和验证、使用编码和转义技术、在网站上使用安全的 HTTP 头、使用防火墙及定期扫描网站等。这些措施可以有效防范 XSS 攻击，保护网站和用户的安全。

下面是一个可以防范 XSS 攻击的代码示例。

```
# 过滤用户输入的 HTML 标签
def filter_html_tags(input):
    # 使用正则表达式替换所有的 HTML 标签
    filtered_input = re.sub(r'<[^>]*>', '', input)
    return filtered_input
# 转义用户输入中的特殊字符
def escape_special_characters(input):
    # 使用 html.escape()函数转义特殊字符
    escaped_input = html.escape(input)
    return escaped_input
# 获取用户输入
user_input = input()
# 过滤 HTML 标签
filtered_input = filter_html_tags(user_input)
# 转义特殊字符
escaped_input = escape_special_characters(filtered_input)
# 将输入存储到数据库中
save_to_database(escaped_input)
```

上面的代码中，首先定义了一个 filter_html_tags()函数，用于过滤用户输入的 HTML 标签；然后定义了一个 escape_special_characters()函数，用于转义用户输入中的特殊字符；最后由函数 save_to_database()将过滤和转义后的字符串存储到数据库中。

一、思考题

1．常见的 Web 安全威胁有哪些？
2．什么是 Cookie？使用 Cookie 有什么安全隐患？
3．什么是 JavaScript？它存在哪些安全方面的问题？
4．SSL 提供的安全信道具有哪些特征？
5．SSL 包括哪几个协议？简述 SSL 记录层的工作过程。
6．简述 SSL 建立一个新会话的握手过程。
7．什么是 SSL 会话？什么是 SSL 连接？两者的联系和区别分别是什么？
8．一个 SSL 报警协议消息包括几个字节？分别表示什么？
9．如何在 Web 服务器上启动 SSL 服务？
10．以“https://”开头的 URL 与以“http://”开头的 URL 有什么不同？
11．什么是 SQL 注入攻击？简述其原理。
12．什么是 XSS 攻击？简述其原理。

二、实践题

1．练习 IIS 的安全配置。
2．练习使用 SSL 加密 HTTP 通信。
3．查找资料举例说明利用网络进行隐私侵犯的问题。
4．利用靶场模拟 SQL 注入攻击和 XSS 攻击的过程。

第 5 章　电子邮件安全

电子邮件是病毒的主要传播途径，为了系统的安全，必须重视电子邮件的安全。本章主要讲解电子邮件系统的安全问题。通过本章的学习，应达到以下目标:

- 了解电子邮件系统存在的安全问题。
- 了解发送安全电子邮件常用的安全协议。
- 理解 PGP 的密钥管理和信任模型。
- 掌握使用 PGP 发送安全电子邮件的方法。

5.1　电子邮件系统的原理

随着 Internet 的发展，电子邮件作为一种方便、快捷的通信方式，已经从科学研究和教育行业逐渐普及到普通用户，电子邮件传递的信息也从普通文本信息发展到包含声音、图像在内的多媒体信息。随着用户的增多和使用范围的逐渐扩大，病毒、木马等恶意程序也经常伴随电子邮件而来，邮件的安全对系统安全性的影响越来越大。

5.1.1　电子邮件系统简介

1. 概念

电子邮件（Electronic mail，E-mail）是一种利用计算机网络交换电子媒体信件的通信方式，是 Internet 上应用最广、最受欢迎、最基本的服务之一。

只要能够连接到 Internet，并拥有一个 E-mail 账号，就可以通过电子邮件系统用非常低廉的价格、非常快的速度与世界上任意一个地方的网络用户联络。这些电子邮件可以是文字、图像、声音等各种形式。与传统的邮递信件相比，电子邮件具有使用简单、修改方便、投递迅速、内容丰富，以及不受时间、地域、天气等限制的特点。此外，通过订阅一些免费邮件还能够定期收到各类感兴趣的信息。电子邮件的广泛应用，使人们的交流方式得到极大的改变，因此有人说，E-mail 中的字母 E 不仅代表 Electronic（电子的），还代表 Efficient（高效的）和 Excellent（优秀的）。据统计，我国的上网用户中，有 95.07%的人在使用电子邮件。

每一个申请 Internet 账号的用户都会有一个电子邮件地址，电子邮件地址的典型格式是 abc@xyz，@之前是用户名，@之后是提供电子邮件服务的服务商名称，如 user@sohu.com。

2. 电子邮件系统的组成

E-mail 服务是一种客户端/服务器模式的应用，一个电子邮件系统主要由以下两个部分组成。

（1）客户端软件。用来处理邮件，如邮件的编写、阅读、发送、接收和管理（删除、排序等）。

（2）服务器软件。用来传递、保存邮件。

3. 电子邮件的工作原理

电子邮件不是一种“端到端”的服务，而是一种“存储转发”的服务，这也是在许多系统中采用的一种数据交换技术。一封电子邮件从发送端计算机发出，在网络传输的过程中，经过多台计算机的中转，最后到达目的计算机——收信人的电子邮件服务器，送到收信人的信箱。收信人可以在方便的时候上网查看，或者利用客户端软件把邮件下载到自己的计算机上。

电子邮件的传递过程有点像普通邮政系统中常规信件的传递过程。信件发送者可以随时随地发送邮件，不要求接收者同时在场，即使对方现在不在，仍可将邮件立刻送到对方的电子邮件服务器，存储在对方的电子邮箱中。接收者可以在方便的时候读取信件，不受时空限制。在这里，“发送”邮件意味着将邮件放到收件人的信箱中，而“接收”邮件则意味着从自己的信箱中读取信件。

5.1.2 SMTP 与 POP3 协议

电子邮件在传递过程中需要遵循一些基本的协议，主要有 SMTP、POP3、MIME、IMAP 等，其中最常用的就是 SMTP、POP3 两种协议。

1. SMTP 协议

SMTP 是被普遍使用的最基本的 Internet 邮件服务协议。电子邮件的传送都是依靠 SMTP 进行的。它最大的特点就是简单，只规定了电子邮件如何在 Internet 中通过发送方和接收方的 TCP 协议连接传送，而对其他操作均不涉及。

遵循 SMTP 协议的服务器称为 SMTP 服务器，用来发送或中转电子邮件。通过 SMTP 服务器，用户就可以把电子邮件寄到收信人的服务器上，整个过程只要几分钟。

SMTP 设计基于以下通信模型：针对用户的邮件请求，在 SMTP 发送者与 SMTP 接收者之间建立一个双向传送通道。SMTP 接收者可以是最终接收者也可以是中间传送者。SMTP 命令由 SMTP 发送者发出，由 SMTP 接收者接收，而应答则反方向传送，如图 5-1 所示。

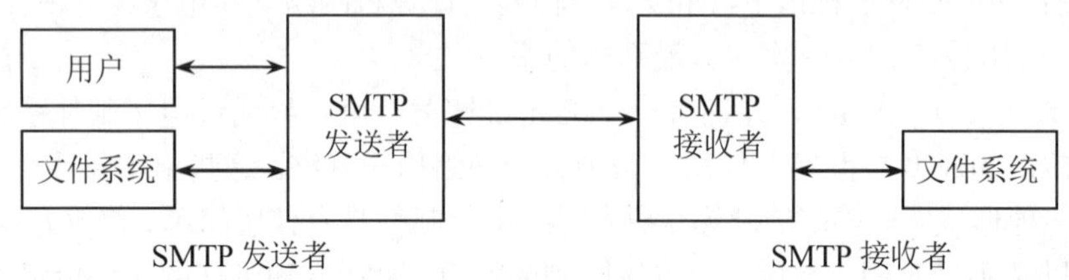

图 5-1 SMTP 通信模型

一旦传送通道建立，SMTP 发送者发送 MAIL 命令指明邮件发送者。如果 SMTP 接收者可以接收邮件则返回 OK 应答。SMTP 发送者再发出 RCPT 命令确认邮件是否接收到。如果 SMTP 接收者接收，则返回 OK 应答；如果没有接收到，则发出拒绝接收应答（但不中止整个邮件操作），双方将如此重复多次。当接收者收到全部邮件后会接收到特别的序列，如果接收者成功处理了邮件，则返回 OK 应答。

2. POP3 协议

POP 是一种允许用户从邮件服务器收发邮件的协议。POP3 即邮局协议的第 3 个版本，它规定怎样将个人计算机连接到 Internet 的邮件服务器和下载电子邮件，是 Internet 电子邮件的第一个离线协议标准。POP3 允许用户从服务器上把邮件存储到本地主机，同时删除保存在邮件服务器上的邮件。而 POP3 服务器则是遵循 POP3 协议的接收邮件服务器，用来接收电子邮件。与 SMTP 协议相结合，POP3 是目前最常用的电子邮件服务协议。

POP3 协议只包含 12 个命令，每个 POP3 命令由一个命令和一些参数组成。所有命令以一个 CRLF 对结束。命令和参数由可输出的 ASCII 字符组成，它们之间由空格间隔。命令一般是 3～4 个字母，每个参数可达 40 个字符长。这些命令被客户端计算机用来发送给远程服务器。反过来，服务器返回给客户端计算机两个响应代码，由一个状态码和一个可能含有附加信息的命令组成。所有响应也是由 CRLF 对结束。现在有两种状态码，分别为“确定”（+OK）和“失败”（-ERR）。

3. IMAP 协议

IMAP 也是邮件接收协议，它与 POP3 协议的主要区别是用户可以不用把所有的邮件全部下载，可以通过客户端直接对服务器上的邮件进行操作。一个使用 SMTP 和 POP/IMAP 协议的邮件系统的组成结构如图 5-2 所示。

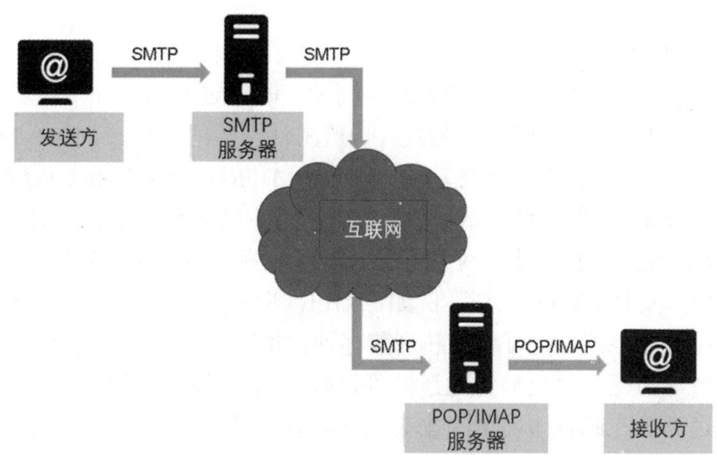

图 5-2　邮件系统的组成结构

5.1.3　邮件网关

1. 邮件网关的概念

许多组织或机构都有两个网：内联网（Intranet）和外联网（Extranet）。内联网主要用于办公自动化和各种应用管理系统；外联网主要用于收发电子邮件、企业网站、信息发布、信息收集、资料检索等。一般内联网办公有一套邮件系统，如 Lotus 或 Exchange，用于员工之间互发邮件；外联网也有一套邮件系统，挂在企业网站上，用于对外的沟通和交流。有些具有一定规模的企业还有自己的专用网，与分公司和各地办事处连接。这样，就造成一个企业多套邮件系统并存的现象。

邮件网关是指在两个不同邮件系统之间传递邮件的计算机。通常在局域网邮件系统和使用 SMTP 的 Internet 之间存在邮件网关，服务提供商也是使用邮件网关为用户存储邮件的。

2. 邮件网关的主要功能

电子邮件已经成为企业、商业及人际交往最重要的交流工具，所以很多攻击者也把电子邮件作为攻击目标。另外，电子邮件也是传播病毒最常用的途径之一，所以除了负责内部和外部邮件系统的沟通，邮件网关还应该具有以下主要功能。

（1）预防功能。能够保护机密信息，防止邮件泄密造成公司的损失。用户可以利用邮件的接收者、发送者、标题、附件和正文来定制邮件的属性。例如，可以设置自动将标题为“财务报告”或正文、附件中有“财务”字样的任何邮件复本隐密转发给总经理。邮件可以通过接收者、发送者、标题、项目、附件等属性来保护公司的网络资源，防止机密和敏感的数据从公司流出。

（2）监控功能。快速识别和监控无规则的邮件，减少公司员工不恰当使用电子邮件的现象，防止垃圾邮件阻塞邮件服务器。

（3）跟踪功能。软件可以跟踪公司的重要邮件，它可以按接收者、发送者、标题、附件和日期搜索。邮件服务器可以作为邮件数据库，可以打开邮件附件，也可以存储到磁盘上。

（4）邮件备份功能。可以根据日期和文件进行邮件备份，并且可以输出到便利的存储器上整理归档。如果邮件服务器出现问题，则邮件备份系统可以维持普通的邮件功能防止丢失邮件。

3. 邮件网关的应用

根据邮件网关的用途可将其分成普通邮件网关、邮件过滤网关和反垃圾邮件网关。

（1）普通邮件网关。普通邮件网关具有一般邮件网关的功能。例如，MailRouter 是企业级邮件服务器，提供企业内部邮件服务功能。同时，MailRouter 又是 Internet 邮件网关，可以将企业内部邮件和 Internet 邮件无缝集成，用户收发企业内部邮件和 Internet 邮件没有任何区别。

（2）邮件过滤网关。邮件过滤网关是一个集中检测带毒邮件的独立硬件系统，与用户的邮件系统类型无关，支持 SMTP 认证。例如，KILL 邮件过滤网关，它的物理旁路性和冗余性可以确保邮件系统的高性能、高可靠性和高兼容性，并且可以自动进行病毒特征码升级。邮件过滤网关可以有效地防范计算机病毒通过邮件进行传播，可以确保邮件系统的稳定性，并且查杀病毒的效率远远高于在邮件服务器上安装防病毒软件的方式。一旦安装和配置完成，无须值守，无须手工操作，即可实现自动升级、自动发现、清除病毒、自动报警、自动生成报表，时时刻刻保护邮件系统。

（3）反垃圾邮件网关。反垃圾邮件网关是基于服务器的邮件过滤和传输系统，可以帮助企业有效管理邮件系统，防止未授权的邮件进入或发出，同时被用于阻挡垃圾邮件、禁止邮件转发和防止电子邮件炸弹。它通过消除不需要的邮件，有效降低网络资源的浪费。该类产品还有一项尤为重要的功能，即对广泛传播的带有病毒和木马的邮件进行过滤，并防止扩散。

4. 邮件安全网关实例

现在的邮件安全网关综合了大数据、云计算和智能分析等新技术成果，在邮件的安全保障方面发挥重要的作用。提供邮件安全网关的厂商非常多，功能上大同小异。例如，Coremail 邮件安全网关基于反垃圾邮件服务运营中心（Coremail Anti-spam Center，CAC）可实时拦截垃圾广告、钓鱼邮件、病毒邮件、BEC 诈骗邮件，拦截有效率达到 99.8%，不仅支持自建邮件系统 Coremail、Exchange、IBM Domino、lotus notes，更支持主流云邮件品牌 O365、Gmail 等。邮件安全网关可以采用本地部署和云部署两种不同的方式，如图 5-3 所示。本地部署方式是在企业内部的邮件服务器前端部署邮件网关，邮件先通过企业防火墙进入内部网到达邮件网关，再由邮件网关进行处理，将正常的邮件转发到本地邮件服务器；云部署方式则是将邮件交换记录解析至部署在云端的邮件网关服务器，只有经网关处理后的正常邮件才通过企业防火墙进行企业内部的邮件服务器。相比较而言，云部署的方式更加简单快捷、更加安全可靠、维护成本低并且不会对本地网络造成影响。

（a）邮件安全网关（本地部署）

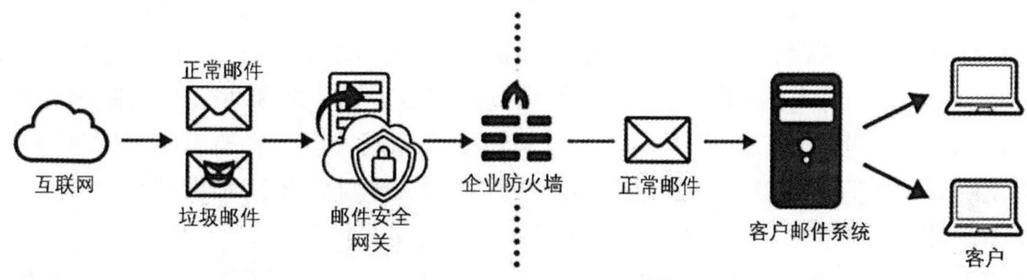

（b）邮件安全网关（云部署）

图 5-3　安全邮件网关示意图

5.2　电子邮件系统的安全问题

电子邮件从一个网络传到另一个网络，从一台机器传输到另一台机器，在整个过程中它都是以明文方式传输的。在电子邮件所经过物理线路上的任一系统管理员或攻击者都有可能截获和更改该邮件，甚至伪造某人的电子邮件。一些敏感信息（如商务计划、合同、账单等）很容易被人看见。通过修改计算机中的某些配置可轻易地冒用别人的电子邮件地址发送电子邮件，冒充别人从事网上活动。把电子邮件误发给陌生人或不希望发的人，由于电子邮件是不加密的可读文件，收信人可以知道其中的内容，甚至可以利用错发的信件做文章，这些情况已屡见不鲜。因此，电子邮件的安全保密问题已越来越引起人们的担忧。下面是电子邮件面临的一些安全问题。

5.2.1　匿名转发

匿名转发

电子邮件的发送和接收工作并不是“端到端”的，而是通过邮件服务器来中转进行的。也就是说，用户在发送电子邮件时，首先把信件发送到自己预先指定的邮件服务器中，接着邮件服务器使用 SMTP 协议来传送邮件，如果对方信箱所在的邮件服务器正常，那么所传送的信件将顺利存储到用户的信箱中，等到对方上网时，他就可以直接打开自己的信箱阅读邮件。虽然在使用电子邮件时有账号和密码，但用户在使用 SMTP 协议发送邮件时，邮件服务器一般来说是没有安全检查的，即发送邮件是不需要密码验证的，只有接收邮件时邮件服务器需要用户提供密码信息。发送匿名邮件正是利用邮件服务器在发信时不需要进行身份验证这个特点来进行的，这也是产生电子邮件炸弹的根本原因。现在有些 Internet 服务商开始注意到这点，发信时也需要进行密码检测。

实现匿名邮件的一种最简单的做法是打开普通的邮件客户端程序或一般免费的 Web 信箱，然后在发件人一栏中简单地输入电子邮件发送者的名字，如输入一个假的电子邮件地址，或者让发件人一栏空着。但这是一种表面现象，因为通过信息表头中的其他信息，如 IP 地址、代理服务器信息、端口信息等资料，对方只要稍微深究一下，就能够明白情况。这种发送匿名邮件的方法并不是真正匿名的，真正的匿名邮件应该是除了发件人本身，无人知道发件人的信息，就连系统管理员也不例外。而让邮件地址完全不出现在邮件中的唯一方法是让其他人发送这个邮件，邮件中的发信地址就变成了转发者的地址。

邮件的匿名转发是指在转发电子邮件时隐藏或模糊原始发件人的身份信息，以保护其隐私。通常，当用户转发一封电子邮件时，原始发件人的姓名和电子邮件地址会一同显示在新的邮件中。但有时候，为了保护发件人的隐私或在需要保密性的情况下，用户可能希望进行匿名转发。现在 Internet 上有大量的匿名转发邮件系统，发送者首先将邮件发送给匿名转发系统，并告诉转发系统希望将这个邮件发送给谁，匿名转发邮件系统将删去所有的返回地址信息，再把邮件转发给真正的收件者，并将自己的地址作为发信人地址显示在邮件的信息表头中。至于匿名邮件的具体收发步骤，其实与正常信件的收发没有多大区别。

匿名转发通常涉及将原始邮件的发件人信息从转发的邮件中删除，或者用一般性的描述性词语替代，这样有助于防止接收者直接了解邮件的真实发件人身份。匿名转发有一些重要的合法用途，如在参加心理方面的讨论组，向专家们咨询一些难以启齿的问题时可能会用到。然而，从安全的角度考虑，使用匿名转发的动机是可疑的，发送的信息可能是暴力、色情的或对他人有威胁的。

笔者郑重提示：匿名转发邮件可能涉及法律和道德方面的风险。在某些情况下，匿名转发邮件可能违反电子邮件使用政策或涉及滥用电子邮件的问题。在进行匿名转发之前，请确保您了解相关法规和道德准则，并谨慎使用这种功能。

5.2.2 电子邮件欺骗

电子邮件欺骗

电子邮件欺骗是在电子邮件中改变名字，使之看起来是从某地或某人发来的行为。例如，攻击者佯称自己为系统管理员（邮件地址和系统管理员完全相同），给用户发送邮件要求用户修改口令（口令可能为指定字符串）或在貌似正常的附件中加载病毒或其他木马程序（某些单位的网络管理员有定期给用户免费发送防火墙升级程序的义务，这为攻击者成功地利用该方法提供可乘之机），这类欺骗只要用户提高警惕，一般危害性不是太大。

攻击者使用电子邮件欺骗有三个目的：第一，隐藏自己的身份；第二，冒充别人，使用这种方法，无论谁接收到这封邮件，都会认为它就是攻击者冒充的那个人发的；第三，电子邮件欺骗能被看作社会工程攻击的一种表现形式。例如，如果攻击者想让用户发给他一份敏感文件，攻击者伪装自己的邮件地址，使用户认为这是其老板的要求，用户就可能会发给他这封邮件。

这种欺骗对于使用多于一个电子邮件账户的人来说，是合法且有用的工具。例如，有一个账户 yourname@email.net，但是希望所有的邮件都回复到 yourname@reply.com。这时可以采取小小的“欺骗”行为使所有从 email.net 邮件账户发出的电子邮件看起来好像是从 reply.com

账户发出的。如果有人回复该电子邮件，回信将被送到 yourname@reply.com。

要改变电子邮件身份，到电子邮件客户软件的邮件属性栏中，或者 Web 页邮件账户页面中寻找“身份”一栏，通常选择“回复地址”。回复地址的默认值正常来说就是用户的电子邮件地址和用户名，但可以更改为任意期望的内容。

就目前来说，SMTP 协议缺乏验证能力，所以假冒某一个电子邮件地址进行电子邮件欺骗并非一件困难的事情，因为邮件服务器不会对发信者的身份做任何检查。如果邮件服务器允许和它的 25 端口连接，那么任何一个人都可以连接到这个端口发一些假冒用户的邮件，这样邮件就会很难找到跟发信者有关的真实信息。用户唯一能做的就是查看系统的日志文件，找到这个邮件是从哪里发出的，但事实上很难找到伪造地址的人。

进行电子邮件欺骗以下有 3 种基本方法，每一种有不同难度级别，可以执行不同层次的隐蔽操作。

1. 相似的电子邮件地址

攻击者找到一个公司老板或者高级管理人员的名字，并注册一个看上去像高级管理人员名字的邮件地址。他只需简单地进入 Hotmail 等提供免费邮件的网站，注册一个账号，然后在电子邮件的别名字段填入管理者的名字即可。众所周知，别名字段显示在用户的邮件客户的发件人字段中。因为邮件地址似乎是正确的，所以邮件接收人很可能会回复它，这样攻击者就会得到想要的信息。

这种邮件地址是不完整的，这是因为攻击者把邮件客户设成只显示名字或者别名字段。虽然通过观察邮件头，用户能看到真实的邮件地址是什么，但是很少有用户这么做。

2. 修改邮件客户

当用户发出一封电子邮件时，没有对发件人地址进行验证或者确认，如果攻击者有一个像 Outlook 的邮件客户程序，那么他能够指定出现在发件人地址栏中的地址。

攻击者能够指定他想要的任何返回地址。因此当用户回信时，答复回到真实的地址，而不是到被盗用了地址的人那里。

3. 远程登录端口 25

一个更复杂的电子邮件欺骗方法是远程登录到邮件服务器的端口 25，邮件服务器使用它在互联网上发送邮件。当攻击者想发送给用户信息时，他先写一个信息，然后单击“发送”按钮。接下来他的邮件服务器与用户的邮件服务器联系，在端口 25 发送信息，转移信息。然后用户的邮件服务器把这个信息发送给用户。

因为邮件服务器使用端口 25 发送信息，所以当攻击者连接到端口 25 后，装作一台邮件服务器，然后写一条信息，发送给用户。有时攻击者会使用端口扫描来判断哪个端口 25 是开放的，以此找到邮件服务器的 IP 地址。

越来越多的系统管理员意识到攻击者在使用他们的系统进行欺骗，所以更新版的邮件服务器不允许邮件转发，并且一个邮件服务器应该只发送或者接收一个指定域名或者公司的邮件。

5.2.3　电子邮件炸弹

电子邮件炸弹

电子邮件炸弹（E-mail Bomb）是一种攻击者常用的攻击手段。传统的邮件炸弹大多只是简单地向邮箱内扔去大量的垃圾邮件，从而充满邮箱，大量占用系统的可用空间和资源，使机器暂时无法正常工作。过多的邮件垃圾往往会加重网络的负载，消耗大量的空间资源，还将导致系统的日志文件变得很大，甚至有可能溢出文件系统，这样会给 UNIX、Windows 等系统带来危险。除系统有崩溃的可能之外，大量的垃圾信件还会占用大量的 CPU 时间和网络带宽，造成正常用户的访问速度变慢。例如，近百人同时向某个大型站点发送大量的垃圾信件，那么很有可能会使这个站点的邮件服务器崩溃，甚至造成整个网络的中断。

目前，电子邮件采用的协议在技术上也没有办法防止攻击者发送大量的电子邮件炸弹。只要用户的邮箱允许别人发邮件，攻击者即可通过循环发送邮件程序把邮箱灌满。由于不能直接阻止电子邮件炸弹，所以在收到电子邮件炸弹攻击后，只能做一件事，即在不影响邮箱内正常邮件的前提下，把这些大量的垃圾电子邮件迅速清除掉。

电子邮件炸弹是一种恶意的网络攻击，它旨在通过发送大量的电子邮件来超载目标邮箱，使其无法正常工作。这种攻击通常利用电子邮件系统的弱点，以及邮件服务器和客户端的漏洞。以下是一些预防和解决电子邮件炸弹攻击的方法。

1. 预防方法

（1）过滤器和防火墙。使用强大的反垃圾邮件过滤器和防火墙，以阻止恶意电子邮件进入系统。

（2）更新安全补丁。及时更新邮件服务器和客户端软件，以修复已知漏洞，并确保系统处于最新的安全状态。

（3）强密码和身份验证。使用强密码，并启用多因素身份验证，以加强对邮件系统的访问控制。

（4）监控邮件流量。定期监控邮件流量，查看异常的发送模式，并采取适当的措施。

2. 解决方法

（1）断开网络连接。如果已经成为攻击目标，可以考虑断开与网络的连接，以防止继续接收大量恶意邮件。

（2）增加资源。增加邮件服务器的资源，如带宽和处理能力，以应对攻击。

（3）限制发送速率。在邮件服务器上设置发送速率限制，防止大量邮件同时涌入。

（4）检查系统日志。查看系统日志，以识别攻击的来源，并采取适当的措施，如封锁攻击者的 IP 地址。

（5）联系服务提供商。如果用户使用的是云服务或托管服务，立即联系服务提供商，并报告攻击，以获取他们的支持和建议。

（6）法律追诉。如果确定攻击的来源，可以考虑采取法律手段追究责任，因为电子邮件炸弹是违法行为。

最好的方式是在预防电子邮件炸弹攻击方面采取措施，包括定期更新系统、使用强大的过滤器和防火墙，并教育用户增强网络安全意识。

5.3 电子邮件安全协议

电子邮件在传输中使用的是 SMTP 协议，它不提供加密服务，攻击者可在邮件传输中截获数据。看起来好像是好友发来的邮件，但可能是一封冒充的、带着病毒或其他欺骗性的邮件另外，若将电子邮件误发给陌生人或误发给不希望发给的人，由于电子邮件的不加密性会带来信息泄露。

安全电子邮件能解决邮件的加密传输问题、验证发送者的身份问题、错发用户的收件无效问题。保证电子邮件的安全常用到两种“端到端”的安全技术：PGP 和 S/MIME（Secure/Multipurpose Internet Mail Extensions，安全的多用途 Internet 邮件扩展）。它们的主要功能就是身份的认证和传输数据的加密。

另外，PEM（Privacy Enhanced Mail，私密性增强邮件）、MOSS（MIME Object Security Services，对象安全服务）等都是电子邮件的安全传输标准，限于篇幅，本书只简单的介绍。

5.3.1 PGP

1. PGP 简介

PGP 是一个基于公开密钥加密算法的应用程序，该程序的创造性在于把 RSA 公钥体系的方便性和传统加密体系的高速度结合起来，并在数字签名和密钥认证管理机制上有巧妙的设计。在此之后，PGP 成为自由软件，经过许多人的修改和完善逐渐成熟。

PGP 相对于其他邮件安全系统有以下几个特点。

（1）加密速度快。

（2）可移植性出色。可以在 DOS、MacOS、OS/2 和 UNIX 等操作系统和 Inter80x86、VAX、MC68020 等多种硬件体系下成功运行。

（3）源代码免费。可以削减系统预算。

用户可以使用 PGP 在不安全的通信链路上创建安全的消息和通信。PGP 已经成为公钥加密技术和全球范围消息安全性的事实标准。因为所有人都能看到它的源代码，所以系统安全故障和安全性漏洞更容易被发现和修正。

2. PGP 加密算法

PGP 加密算法是 Internet 上最广泛的一种基于公开密钥的混合加密算法，它的产生与其他加密算法是分不开的。以往的加密算法各有长处，也存在一定的缺点。PGP 加密算法综合它们的长处，避免一些弊端，在安全和性能上都有了长足的进步。

PGP 加密算法包括以下 4 个方面。

（1）对称加密算法（IDEA）。IDEA 是 PGP 加密文件时使用的算法。发送者在需要传送消息时，使用该算法加密获得密文，而加密使用的密钥将由随机数产生器产生。

（2）公钥加密算法（RSA）。公钥加密算法用于生成用户的私人密钥和公开密钥，加密/签名文件。

（3）单向散列算法（MD5 和 SHA）。为了提高消息发送的机密性，在 PGP 中，MD5 和 SHA 用于单向变换用户口令和对信息签名，以保证信件内容无法被修改。

（4）随机数产生器。PGP 使用两个伪随机数发生器，一个是 ANSI X9.17 发生器，另一个是从用户击键的时间和序列中计算熵值从而引入随机性，主要用于产生对称加密算法中的密钥。

PGP 的出现与应用很好地解决了电子邮件的安全传输问题，它将传统的对称性加密与公开密钥加密方法结合起来，兼备了两者的优点，完全能够满足电子邮件对于安全性能的要求。

5.3.2 S/MIME 协议

1. S/MIME 简介

MIME 是一种 Internet 邮件标准化的格式，它允许以标准化的格式在电子邮件消息中包含增强文本、音频、图形、视频和类似的信息。然而，MIME 不提供任何安全性元素。

S/MIME 是由 RSA 公司于 1995 年提出的电子邮件安全协议，与较为传统的 PEM 不同，由于其内部采用了 MIME 的消息格式，因此它不仅能发送文本，还可以携带各种附加文档，可以包含国际字符集、HTML、音频、语音邮件、图像、多媒体等不同类型的数据内容。目前大多数电子邮件产品都包含对 S/MIME 的内部支持。

S/MIME 和 PGP 这两个协议的目的基本上相同，都是为电子邮件提供安全功能，对电子邮件进行可信度验证、保护邮件的完整性及反抵赖性（发件人不能否认曾发送过邮件）。但无论在技术上还是实际应用中，它们都是截然不同的。虽然这两个协议都使用了加密和签名技术，但在具体实现上有着本质的不同。S/MIME 是在早期的几种信息安全技术（包括早期的 PGP）的基础上发展起来的，主要针对 Internet 或企业网；PGP 是由个人独立开发的，用户可以免费得到，后被赛门铁克收购，成为一个商业软件。

由于是针对企业级用户设计的，S/MIME 现在已得到许多机构的支持，并且被认为是商业环境下首选的安全电子邮件协议。目前市场上已经有多种支持 S/MIME 协议的产品，如微软的 Outlook Express、Lotus Domino/Notes、Novell GroupWise 及 Netscape Communicator。

2. S/MIME 加密算法

S/MIME 同 PGP 一样，利用单向散列算法和公钥与单钥的加密体系。但是 S/MIME 与 PGP 也有两方面不同：一是 S/MIME 的认证机制依赖层次结构的证书认证机构，所有下一级的组织和个人的证书由上一级的组织负责认证，而最上一级的组织（根证书）之间相互认证；二是 S/MIME 将信件内容加密签名后作为特殊的附件传送。S/MIME 的证书格式采用 X.509，与网上交易使用的 SSL 证书有一定差异。有一些专门提供证书及认证的机构，如国外的 VeriSign、国内的北京天威诚信电子商务服务有限公司等，可以向个人提供 S/MIME 电子邮件证书。

S/MIME 还提供了一种方法：在发送每条信息时指示用户有哪些算法是可用的。这样收发安全电子邮件的双方就可以协调使用最强的算法。

现在许多软件厂商都使用 S/MIME 作为安全电子邮件的标准。S/MIME 是在 PEM 的基础上建立起来的，但是它发展的方向与 PEM 不同，是选择使用 RSA 的 PKCS#7 标准同 MIME 一起来保密所有的电子邮件信息。

5.3.3 PEM

PEM 是由 IRTF（Internet Research Task Force，Internet 研究任务组）设计的邮件保密与增强规范，它的实现基于 PKI 公钥基础结构并遵循 X.509 认证协议，PEM 提供数据加密、鉴别、消息完整性及密钥管理等功能，目前基于 PEM 的具体实现有 TIS/PEM、RIPEM、MSP 等多种软件模型。

PEM 是增强电子邮件隐秘性的标准草案，在电子邮件的标准格式上增加了加密、鉴别和密钥管理的功能，允许使用公开密钥和对称密钥的加密方式，能够支持多种加密工具。对于每个电子邮件报文，可以在报文头中规定特定的加密算法、数字鉴别算法、散列功能等安全措施，它是通过 Internet 传输安全邮件的非正式标准。

在 RFC 1421～1424 中，IETF 规定 PEM 为基于 SMTP 的电子邮件系统提供安全服务。出于种种原因，Internet 业界采纳 PEM 的步伐慢，一个主要的原因是 PEM 依赖于一个现成的、完全可操作的 PKI。PEM PKI 是按层次组织的，由下述 3 个层次构成。

（1）顶层为 Internet 安全政策登记机构（IPRA）。

（2）次层为安全政策证书颁发机构（PCA）。

（3）底层为证书颁发机构（CA）。

PEM 标准确定了一个简单而又严格的全球认证分级。所有的 CA（不管是公共的、私人的、商业的还是其他的）都是这个分级中的一部分。这种做法会产生许多问题，由于根认证是由单一的机构进行的，但并不是所有的组织都信任这个认证机构。而且这个结构太严格，它试图在认证结构中分级而不是在认证本身中实施认证，因而缺乏足够的灵活性。

PEM 可以应用于各种需要保护电子邮件安全的场景，如电子商务、金融交易、政府机构和企业内部通信等。通过使用 PEM 协议，可以确保邮件在传输和存储过程中不被窃取、篡改或伪造，保护用户的隐私和数据安全。

5.3.4　MOSS

MOSS 将 PEM 和 MIME 两者的特性进行了结合，专门设计用来保密一条信息的全部 MIME 结构。MOSS 对算法没有特别的要求，它可以使用许多不同的算法，没有推荐特定的算法。MOSS 并没有被广泛使用。

5.4　PGP 详　解

5.4.1　PGP 简介

1. PGP 产生的背景

20 世纪 70 年代，美国麻省理工学院三位年轻教授罗纳德·李维斯特、阿迪·萨莫尔和伦纳德·阿德曼提出公开密钥加密的 RSA 算法，并申请了专利。在麻省理工学院的鼓励下，罗纳德·李维斯特成立了一个名为 RSA Data Security（RSADSI）的公司，努力使他们的 RSA 算法商业化。可惜生不逢时，由于当时的技术条件和有限的市场需求，他们的电子邮件加密软件 MailSafe 未能占有市场。

20 世纪 80 年代中期以后，加密技术商业化的时机逐渐成熟。首先是个人计算机的迅速发展和普及，使应用软件加密成为轻而易举的事。其次，计算机网络，特别是国际互联网的普及和电子邮件的推广，为加密软件的发展带来前所未有的驱动力。

PGP 最初是由菲利浦·齐默尔曼二世编写的、用于保护电子通信隐私的加密软件。PGP 使用 RSA 公开密钥加密算法，它的第一版在 1991 年完成。随后菲利浦·齐默尔曼把它送给了一位朋友。这位朋友把 PGP 在国际互联网上公布出来。短短的几天，PGP 系统就被世界各地的文件传输服务器相继复制，传播开来。

菲利浦·齐默尔曼的 PGP 系统采用 RSA 算法作为公开密钥加密算法，但是他本人并未申请 RSA 算法专利的使用权。因而在当时 PGP 系统是一个非法软件。由于这一点，RSADSI 公司要指控齐默尔曼。许多组织机构不敢公开批准和承认使用 PGP 软件。在 RSA 算法专利人的要求下，CompuServe 和 American Online 不得不停止向用户提供该软件。各大学也被迫不得向学生提供 PGP。

1993 年底，一个拥有 RSA 算法专利使用权的公司 ViaCrypt 与菲利浦·齐默尔曼谈判，商定发行 PGP 的商业版本，这就成为后来的 PGP 2.4 版和 PGP 2.7 版。与此同时，经过旷日持久的谈判，RSADSI 公司允许非商业性地使用它提供的 RSAREF 加密工具库。PGP 的第一个合法版本（2.6 版），于 1994 年 5 月在美国发行。

PGP 用 C 语言编写，没有系统调用限制，因此具有良好的可移植性。在个人计算机上，PGP 有 DOS 版、Windows 版、OS/2 版和 Mac 版。在工作站上，PGP 几乎可以在任何平台上编译通过。此外，PGP 还是国际化的软件，支持多种语言。

2. PGP 的操作

PGP 操作

PGP 的实际操作过程包括五种服务：认证、加密、压缩、电子邮件兼容、分段和重组。

（1）认证。PGP 的通信双方的认证和鉴别过程如图 5-4 所示，主要包括以下步骤：

1）发送方 A 创建消息 M。

2）利用散列函数计算消息的散列值。

3）用发送方 A 的私钥加密散列值生成数字签名附在要发送的消息上。

4）接收方 B 用发送方 A 的公钥解密附加的签名，恢复散列值。

5）接收方 B 从接收到的消息生成散列值，并与解密得到的散列值进行比较；如果匹配，则认为消息是真实的并接受。

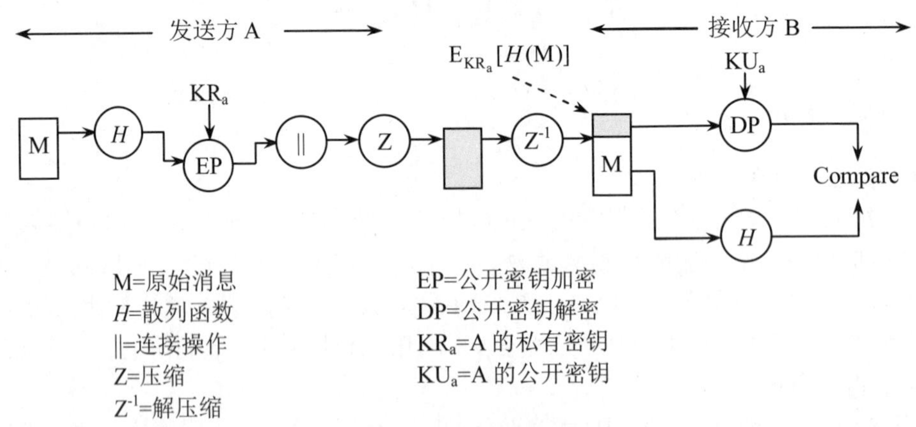

图 5-4 PGP 的认证操作

（2）加密。PGP 通信双方进行消息本身的加密和解密使用的是对称的算法，在加密过程中需要生成一个会话密钥 K_s，并利用接收方的公钥加密 K_s 将之发送给接收方。消息加密和会话密钥分发过程如图 5-5 所示，具体步骤如下：

1）发送方 A 生成随机数，作为只用于加密这个消息的会话密钥 K_s。

2）发送方 A 用对称加密算法和会话密钥将消息加密。

3）发送方 A 将会话密钥用接收方 B 的公钥加密，并附在加密的消息上。

4）接收方 B 使用自己的私钥解密和恢复会话密钥 K_s。

5）接收方 B 用会话密钥对接收到的加密消息进行解密，恢复明文消息。

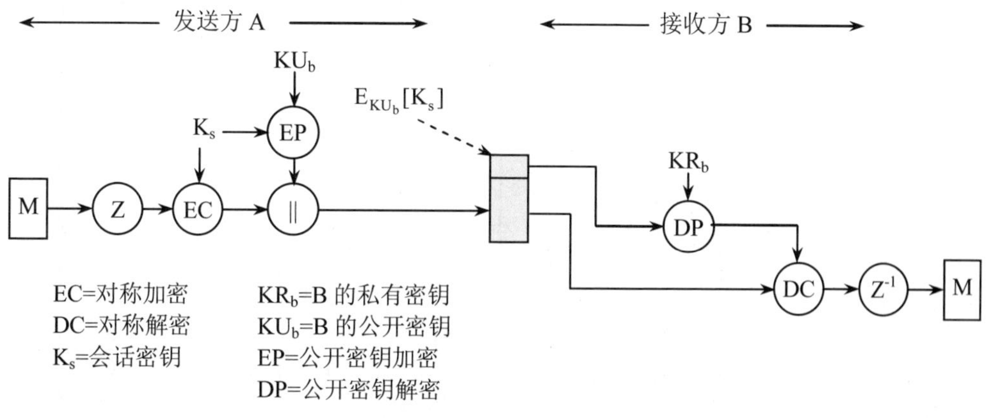

图 5-5　消息的加密操作

（3）压缩。从图 5-5 可以看到，PGP 在加密前进行了压缩处理。一方面是因为电子邮件压缩后一般会比明文更短，这就节省了网络传输的时间和存储空间；另一方面，明文经过压缩，实际上相当于经过一次变换，使邮件中的冗余信息更小，增加了密码分析的难度，对攻击的抵御能力更强。

（4）电子邮件兼容。当使用 PGP 时，邮件加密后的密文是任意的 bit，而有的电子邮件系统只允许使用 ASCII 字符，为了实现对不同电子邮件系统的兼容，为此，PGP 提供了 Radix-64 编码转换方案，将加密后的二进制流转化为 ASCII 字符。Radix-64 基于 Base-64 编码技术，Radix-64 只是在 Base64 的基础上增加了编码后的循环冗余校验码。具体编码方案如图 5-6 所示，步骤如下：

1）将每三个字节作为一组，一共是 24 个二进制位。

2）将这 24 个二进制位分为四组，每个组有 6 个二进制位。

3）在每组前面加两个 00，扩展成 32 个二进制位，即四个字节。

4）根据图 5-7 所示的编码规则，得到扩展后的每个字节的对应符号。

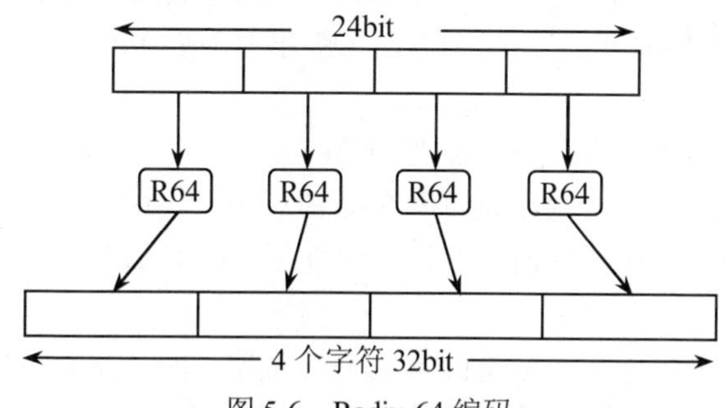

图 5-6　Radix-64 编码

（5）分段和重组。PGP 一般对消息长度的限制是不超过 50000 字节，对于长度超过限制的消息需要分段处理。分段是在所有其他处理（包括 Radix-64 转换）完成后才进行的，PGP 自动将过长的消息分段，会话密钥部分和签名部分只在第一个报文段的开始位置出现一次。在接收方，PGP 去掉接收到的分段的邮件头，并将分段进行重组，恢复为原来的完整消息。

6-bit值	字符编码	6-bit值	字符编码	6-bit值	字符编码	6-bit值	字符编码
0	A	16	Q	32	g	48	w
1	B	17	R	33	h	49	x
2	C	18	S	34	i	50	y
3	D	19	T	35	j	51	z
4	E	20	U	36	k	52	0
5	F	21	V	37	l	53	1
6	G	22	W	38	m	54	2
7	H	23	X	39	n	55	3
8	I	24	Y	40	o	56	4
9	J	25	Z	41	p	57	5
10	K	26	a	42	q	58	6
11	L	27	b	43	r	59	7
12	M	28	c	44	s	60	8
13	N	29	d	45	t	61	9
14	O	30	e	46	u	62	+
15	P	31	f	47	v	63	/
						(pad)	=

图 5-7　Radxi-64 编码规则

密钥和密钥环

5.4.2　PGP 的密钥管理

1．密钥和密钥环

PGP 使用 4 种类型的密钥：一次性会话对称密钥、公钥、私钥和基于口令短语的对称密钥。基于这些密钥可以确定以下 3 种单独的需求：

（1）需要一种方法来产生不可预测的会话密钥。

（2）允许用户拥有多个密钥对（公钥/私钥对）。用户可能需要拥有多个密钥对，以便与不同的通信者进行交互或者限制每个密钥能够加密的数据量，这有助于提高安全性。但这样做的结果是用户与他们的公钥之间不是一一对应的，因此需要某种方法来识别特定的密钥。

（3）每个 PGP 实体必须维护一份由自己的密钥对组成的文件，以及由相应的通信者的公钥组成的文件。

下面就依次谈一下 PGP 是如何解决这些问题的。

（1）产生会话密钥。每个会话密钥都与单条消息关联，并且只用于加密和解密这条消息。PGP 使用对称加密算法加密和解密消息。使用的算法包括 CAST、IDEA、3DES。这里假定使用 CAST-128 算法。

使用 CAST-128 算法本身来产生随机的 128bit 数字。将 128bit 的密钥和两个作为明文的 64bit 块作为输入，CAST-128 算法用密码反馈模式加密这两个 64bit 块，并将密文块连接起来形成 128bit 的会话密钥。

两个作为明文输入到随机数发生器的 64bit 块来自 128bit 的随机数据流。这个随机数据流的产生是以用户击键为基础的，击键时间和键值用于产生随机数据流。因此，如果用户以他的正常速度敲击任意键，就会产生一个相当“随机”的输入。这个随机的输入也与前面由

CAST-128 算法产生的 128bit 会话密钥相结合，作为生成器的输入。如果 CAST-128 算法的混合有效，结果就会产生有效的、不可预测的会话密钥。

（2）密钥标识符。在 PGP 中，加密的消息与加密的会话密钥一起发送给消息的接收者。会话密钥是使用接收者的公钥加密的，因此只有接收者才能够恢复会话密钥，从而解密消息。如果接收者只有一个密钥对，接收者就会自动知道用哪个密钥来解密会话密钥。但如上所述，一个用户可能拥有多个密钥对，在此情况下，接收者如何知道会话密钥是使用哪个公钥加密的呢？一个简单的办法是，消息的发送者将加密会话密钥的公钥与消息一起传过去，接收者验证收到的公钥确实是自己的以后，进行解密操作。但这样做会造成空间的浪费，因为 RSA 的密钥很大，可能由几百个十进制位组成。

PGP 采用的解决办法是为每个公钥分配一个密钥 ID，并且很有可能这个密钥 ID 在用户 ID 内是唯一的。与每个公钥关联的密钥 ID 包含公钥的低 64bit。也就是说，公钥 KUa 的密钥 ID 是 $KU_i \bmod 2^{64}$。这个长度足以保证密钥 ID 重复的概率非常低。

（3）密钥环。从上文可以看出，密钥 ID 对于 PGP 操作是非常重要的，而且在每个 PGP 消息中包含两个密钥 ID，用来提供机密性和认证服务。需要以系统的方式保存和组织这些密钥，以便所有的当事人都能够有效使用。PGP 用如下方案：在每个结点上提供一对数据结构，一个用于存储该结点所拥有的密钥对；一个用于存储所知道的另一个结点上的其他用户的公钥。分别称这两个数据结构为私钥环和公钥环。

私钥环的数据结构如图 5-8 所示。可以把它看成一张表，表中的每一行代表用户的一个密钥对。每行包括的信息有时间戳、密钥 ID、公钥、加密后的私钥和用户 ID。时间戳表明该密钥对的创建时间；密钥 ID 为公钥的低 64 位；公钥是指密钥对的公钥部分；私钥部分被加密保存；用户 ID 一般是用户的电子邮件地址。

时间戳	密钥 ID	公钥	加密后的私钥	用户 ID
⋮	⋮	⋮	⋮	⋮
T_i	$KU_i \bmod 2^{64}$	KU_i	$E_{H(P_i)}[KR_i]$	$User_i$
⋮	⋮	⋮	⋮	⋮

图 5-8　PGP 私钥环

虽然私钥环只在创建和拥有密钥对的机器上保存，而且只有该机器上的用户能够访问这些密钥对，但为了尽可能地保证私钥的安全性，PGP 不把私钥本身保存在密钥环里，而是保存使用 CAST-128 算法加密过的私钥。加密私钥的过程如下：当系统产生 RSA 的密钥对时，系统向用户请求口令短语，系统使用 SHA-1 从口令短语中产生 160bit 的 Hash 码，然后丢弃口令短语；系统使用 128bit Hash 码作为密钥来加密私钥，然后丢弃 Hash 码；当用户访问私钥环检索私钥时，需要提供口令短语；系统由口令短语产生 Hash 码，并使用 CAST-128 算法和 Hash 码解密私钥。

公钥环用于保存该用户知道的其他用户的公钥，公钥环的结构如图 5-9 所示，其中忽略了有些字段的内容。公钥环的每一行相当于一个公钥的公钥证书。公钥证书按用户 ID 或密钥 ID 检索。一个公钥证书中的内容包括时间戳、密钥 ID、公钥、用户 ID、签名（公钥环所有者收集的对该公钥的签名）、签名信任、所有者信任和密钥合法性。

时间戳	密钥 ID	公钥	所有者信任	用户 ID	密钥合法性	签名	签名信任
T_i	$KU_i \bmod 2^{64}$	KU_i	trust_flag$_i$	User$_i$	trust_flag$_i$		

图 5-9 PGP 公钥环

2. PGP 的密钥信任模型

PGP 的密钥信任模型

PGP 的密钥对是在每一个节点生成的，是一种分散的无边界的密钥生产。PGP 如何保证使用的公钥确实是与他通信的对方的公钥呢？PGP 对于公钥的完整性的鉴别采用了一种介绍人转介的方式，这个方式是通过图 5-9 中的“所有者信任”“签名信任”“密钥合法性”来实现的。

（1）所有者信任字段。当一个 PGP 用户 A 收到一个公钥，将其加入到公钥环中时，PGP 要求 A 必须给“所有者信任”字段赋值。PGP 中规定“所有者信任”字段可以取值为未定义信任（Undefined Trust）、未知用户（Unknown User）、一般不信任（Usually Not Trusted）、一般信任（Usually Trusted）、总是信任（Always Trusted）、完全信任（Ultimate Trust）。取值表达了用户 A 对于该公钥对其他公钥签名时的信任程度，如果这个公钥同时出现在私钥环中，说明这个公钥就是用户自己的公钥，则“所有者信任”字段的取值为完全信任。

（2）签名信任字段。当一个公钥 KU_i 插入公钥环时，会带有一些对该公钥的签名，在后续使用中还可以添加更多的签名。PGP 会搜索公钥环来查看对 KU_i 签名的是否是已知的公钥所有者，如果是，则签名公钥的“所有者信任”值被赋给 KU_i 的“签名信任”字段；如果不是，则 KU_i 的“签名信任”被赋值为 Unknown User。用户可能收集了多个签名，每个签名对应的“签名信任”都有一个相应的值。

（3）密钥合法性字段。该字段显示 PGP 认为这个公钥可信任的程度，它是由 PGP 来根据与该公钥相关的“签名信任”字段的值来计算的，可取的值包括未知或未定义（Unknown or Undefined Trust）、不信任（Not Trusted）、边缘信任（Marginal Trust）、完全信任（Complete Trust）。如果“签名信任”字段中至少有一个值是 ultimate，则“密钥合法性”字段的值为 complete。否则，PGP 会计算所有“签名信任”字段的一个加权和作为“密钥合法性”字段的值。例如，给 Always Trust 的签名权重为 $1/X$，给 Usually Trust 签名的权重为 $1/Y$，其中 X、Y 是用户可设置的参数。当一个密钥 KU_x 上的所有签名的加权和超过 1，则认为 KU_x 是可信的，其“密钥合法性”字段的值设置为 complete。因此，若 KU_x 没有一个 Ultimate Trust 的签名，则它需要 X 个 Always Trust 的签名或 Y 个 Usually Trust 签名或者它们的一些组合，以保证 KU_x 达到完全信任。

3. PGP 消息的格式

PGP 消息的格式

下面分析一下 PGP 消息的格式，以对消息的加密、会话密钥及密钥标识的用途有一个全面的认识。

PGP 的消息由 3 个部分组成：消息、签名和会话密钥，其通用格式如图 5-10 所示。

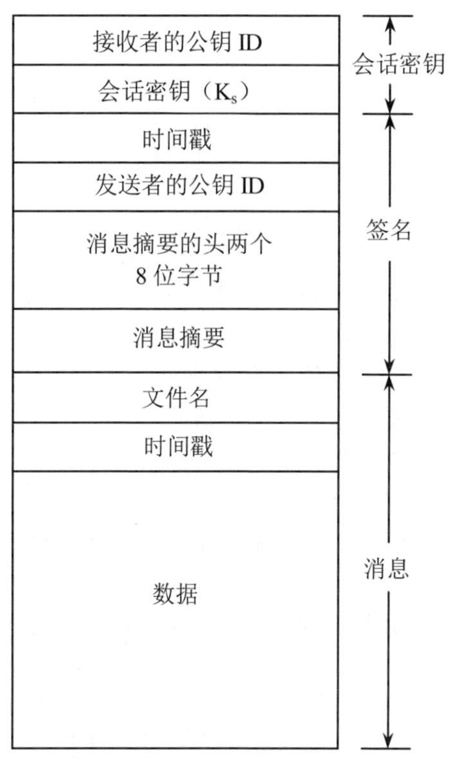

图 5-10　PGP 消息的通用格式

（1）消息包含保存或传输的实际数据、文件名和用于指定创建时间的时间戳。

（2）签名包含的内容：时间戳，用于表明签名的创建时间；消息摘要，由签名时间戳及消息的数据部分生成的，并使用发送者的私钥签名，摘要中包含签名时间戳是为了防止重放攻击；消息摘要，其两个 8 位字节的目的是使接收者将解密后的摘要的前两个字节与之进行比较，以确定所使用的公钥是否正确；发送者的公钥 ID，用于标识解密消息摘要的公钥。

（3）会话密钥部分包含会话密钥（K_s）和用来加密会话密钥的接收者的公钥 ID。

PGP 对消息的处理采用了典型的数字信封方式。数字信封是公钥密码体制在实际场景中的一个应用，是用加密技术来保证只有规定的特定收信人才能阅读通信的内容。在数字信封中，信息发送方采用对称密钥来加密信息内容，将此对称密钥用接收方的公开密钥来加密（这部分称数字信封）之后，将它和加密后的信息一起发送给接收方，接收方先用相应的私钥打开数字信封，得到对称密钥，然后使用对称密钥解开加密信息。数字信封主要包括数字信封打包和数字信封拆解，数字信封打包是使用对方的公钥将加密密钥进行加密的过程，只有利用对方的私钥才能将加密后的数据（通信密钥）还原；数字信封拆解是使用私钥将加密过的数据解密的过程。这种技术的安全性和可行性很高。

PGP 结合了非对称和对称加密算法的优点，通过 IDEA 算法对压缩后的消息内容进行加密，然后采用 RSA 算法对其密钥进行加密，形成数字信封，发送到接收方。接收方接收到加密后的信封后，先利用非对称加密算法对其密钥进行解密，然后再利用解密后的密钥来解密消息内容的本身，获取消息原文。在上述 PGP 消息的通用格式中，使用会话密钥（K_s）和对称加密算法加密消息，然后使用接收者的公钥和非对称加密算法加密会话密钥（K_s）。

PGP 密钥的使用

4. PGP 密钥的使用

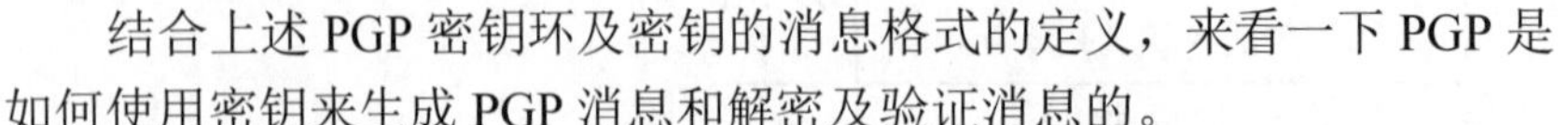

结合上述 PGP 密钥环及密钥的消息格式的定义，来看一下 PGP 是如何使用密钥来生成 PGP 消息和解密及验证消息的。

（1）发送方生成 PGP 消息。发送方对明文消息的处理包括签名和加密，过程如图 5-11 所示，处理步骤如下：

1）发送方 A 首先使用散列函数生成明文消息 M 的消息摘要。

2）使用自己的身份标识符 ID_A（生成密钥时使用的邮箱）去私钥环中检索相应的加密的私钥以及该私钥对应的公钥的密钥标识符。

3）输入口令短语，口令短语的散列值作为解密加密的私钥的密钥，解密出私钥 KR_A，使用 KR_A 对消息摘要进行加密，形成消息的数字签名。

4）将消息、数字签名及密钥标识符连接一起。

5）使用随机数发生器生成会话密钥。

6）使用接收方 B 的身份标识符检索 A 的公钥环，获得 B 的公钥 KU_B 以及对应的密钥标识符。

7）使用 KU_B 加密会话密钥，并与步骤 4）产生的消息连接在一起，形成最后的 PGP 消息。

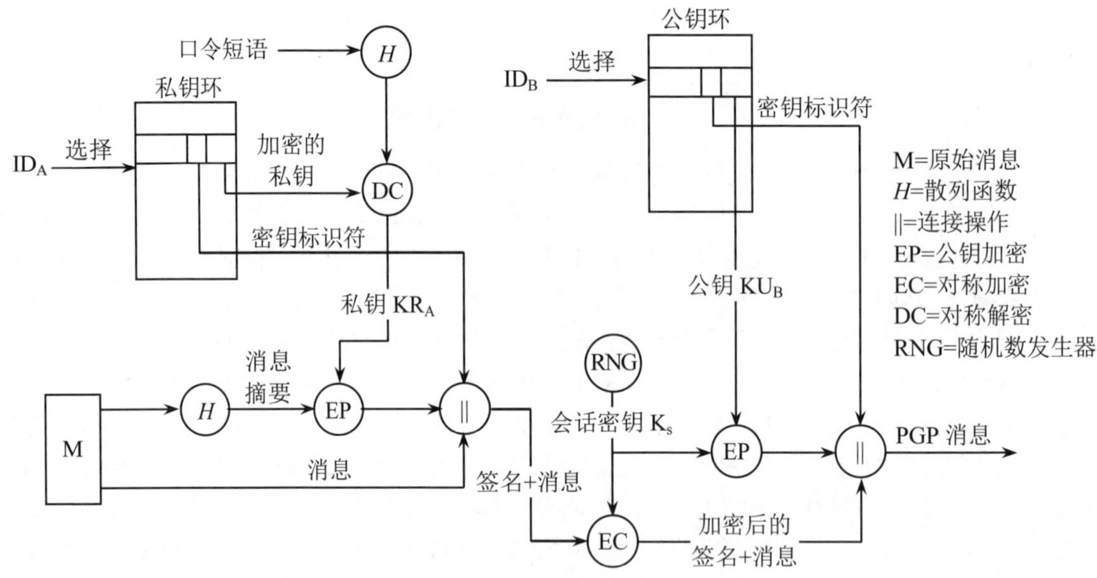

图 5-11 发送方 PGP 消息的生成

（2）接收方对消息的处理。接收方对收到的消息要进行解密和验证，过程如图 5-12 所示，处理步骤如下：

1）接收方 B 从消息中找到发送方 A 使用的 B 公钥的密钥标识符，然后到自己的私钥环中去检索相应的私钥。

2）输入口令短语，口令短语的散列值作为解密加密的私钥的密钥，解密出私钥 KR_B。

3）利用 KR_B 解密被加密的会话密钥，获得会话密钥 K_S。

4）使用 K_S 解密被 K_S 加密的信息，得到明文消息、数字签名以及签名所使用的发送方 A 的密钥标识符。

5）接收方 B 使用发送方 A 的密钥标识符到自己的公钥环中检索 A 的公钥。

6）使用 A 的公钥解密数字签名，并与接收到的明文消息的散列值进行比较，如果相同，则得到消息的来源及内容的真实性得到了认证。

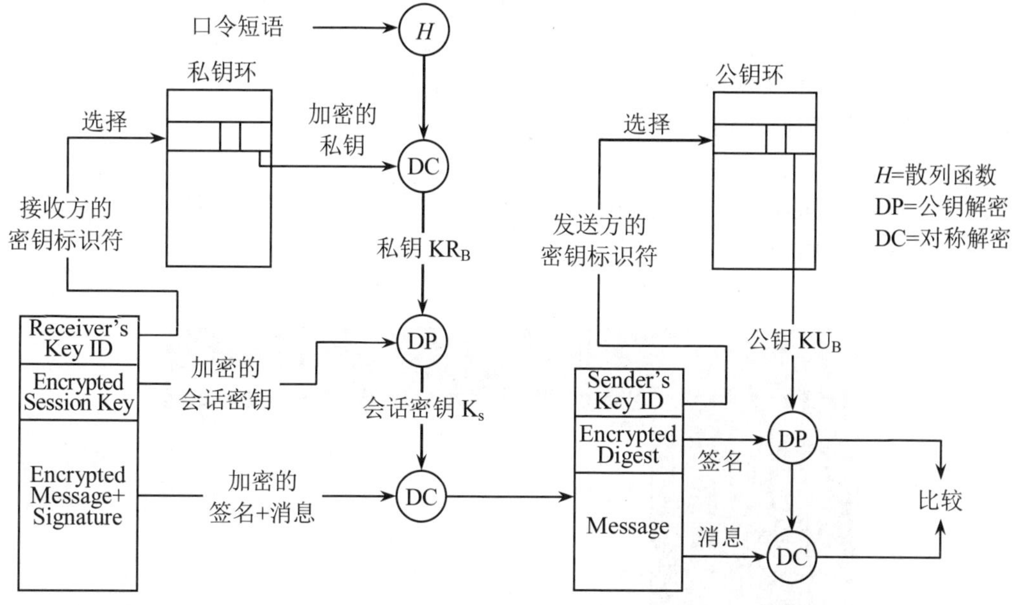

图 5-12 接收方对 PGP 消息的验证

5.4.3 PGP 应用

PGP 软件的主要功能包括：

（1）使用强大的对称加密算法对电子邮件或存储在计算机上的文件加密。经加密的文件或邮件只能由知道密钥的人解密阅读。

（2）对文件或电子邮件既加密又签字。这是 PGP 提供的最安全的通信方式，发件人可以相信只有收件人才能阅读信件内容；而收件人也可以确信信件的确是出自发件人。

（3）为用户管理密钥。PGP 可以为用户生成公开和秘密密钥对，用户可以把通信人的公开密钥放在自己的公钥环上；允许用户把所知道的公开密钥签字并分发给其他人；在得知某密钥失效或泄密后，对该密钥取消或停用；为了防止遗忘或意外，用户还可以对密钥做备份。

下面以 PGP 10.0 为例，介绍 PGP 的主要功能和使用方法。PGP 10.0 基于 Windows 操作系统，在原来版本的基础上又增加了许多新的功能。它包括 6 个主要的组件，常用的 3 种如下：

（1）PGP Keys。创建用户的个人密钥对，获得和管理他人的公钥。

（2）PGP Zip。加密或解密文件。

（3）PGP Disk。可以加密硬盘的一部分，即使硬盘被偷走，文件也不会泄露。

在使用 PGP 系统前需要做以下工作。

（1）在计算机上安装 PGP。安装 PGP 的方法很简单，首先运行 PGP 的安装程序，根据提示一步步地往下进行即可。PGP 10.0 对计算机系统的要求是 Windows 操作系统、512MB 物理内存、64MB 硬盘空间。

（2）创建个人密钥对。

（3）与别人交换公钥。

（4）验证从密钥服务器获得的他人的公钥。从密钥服务器获得他人的公钥后，需要对它的有效性进行验证，以保证它确实属于声称的拥有者，没有被人调换。

（5）开始使用 PGP 保证邮件和文件的安全。当已经产生密钥对并完成公钥的交换时，就可以用 PGP 进行邮件和文件的加密、签名、解密和验证了。

下面详细介绍 PGP 系统主要组件的使用方法。

1. 创建密钥对及使用公钥

（1）打开 PGP Desktop，其主界面如图 5-13 所示。单击“开始”菜单，然后选择“所有程序”→PGP→PGP Desktop 选项。

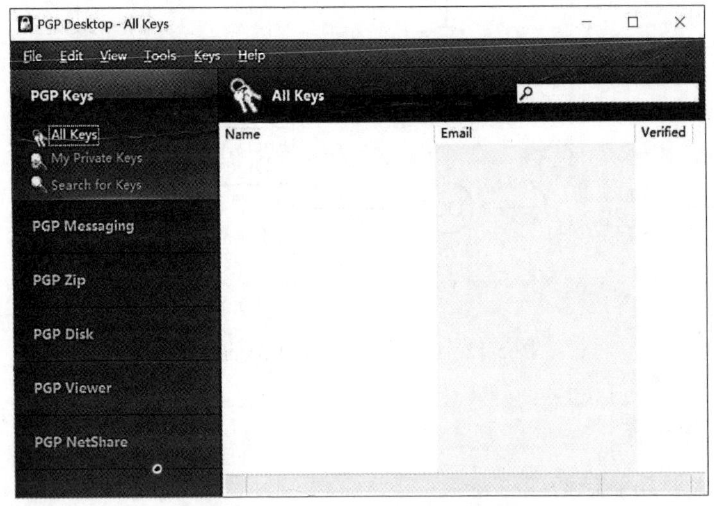

图 5-13　PGP Desktop 主界面

（2）创建密钥对。在 PGP Desktop 主界面的菜单中选择 File 菜单项下的 New PGP Key 选项，弹出 PGP Key Generation Assistant 向导，该向导将提示用户输入姓名（Full Name）和电子邮件地址（Primary Email），输入完成后，单击“下一页”按钮进入 Create Passphrase 界面。

Passphrase 用于保护私钥，用户要记住输入的 Passphrase，出于安全性的考虑，Passphrase 的长度应不少于 8 个字符，应包括非字母字符。输入完成后，单击“下一页”按钮，系统将为用户产生密钥对，再进入下一页，系统提示密钥对的创建已成功，单击 Done 按钮，退出密钥生成向导。回到 PGP Desktop 主界面，可以看到刚生成的密钥的用户信息已存在列表中。

（3）上载公钥。把公钥放到密钥服务器上。密钥服务器维护着一个很大的密钥数据库，如果希望别人可以使用你的公钥给你发送加密邮件，把该公钥放到密钥服务器上是一个不错的选择，这样，用户就不必自己去分发公钥。在 PGP Keys 的 All Keys 界面中右击一个密钥对，在弹出的快捷菜单中选择 Send to 选项，选择要上载的服务器，系统将完成向选择的服务器传送公钥的任务。

（4）获取他人的公钥。在 Tools 菜单项下选择 Search for Keys 选项，进入 PGP Keys 的

Search for Keys 界面，如图 5-14 所示。在该界面中选择要查询的服务器，并定义查询标准，如 Name 中包含 John 等。查询过程需要一段时间，状态条将显示查询状态。查询到的结果列在 Search for Keys 界面的列表中。如果想导入一个密钥（即 5.4.1 小节所说的将某人的公钥串到自己的钥匙环上），在 PGP Keys 的 Search for Keys 界面右击该密钥，在弹出的快捷菜单中选择 Add to→All Keys 选项即可。

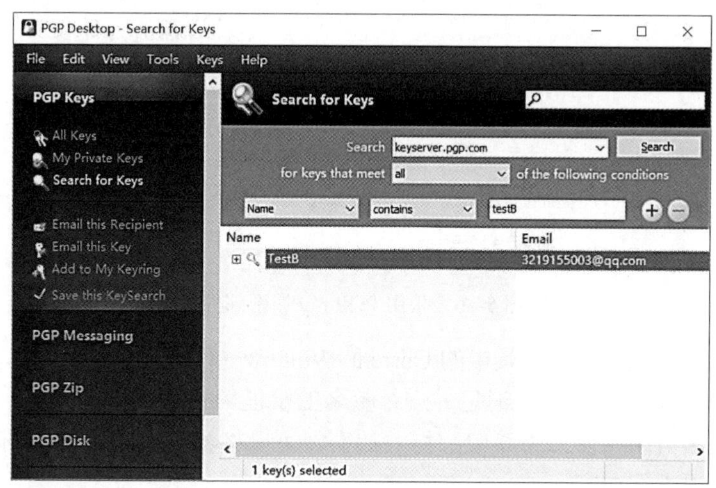

图 5-14　查询公钥窗口

2. 加密和签名邮件

最快也是最简单的加密邮件通信的方法是使用支持 PGP 插件的邮件应用程序。对于不支持 PGP 插件的邮件应用程序，可以使用 PGPtray 工具对邮件进行加密和签名。PGPtray 工具的菜单如图 5-15 所示。使用其中的 Current Window（或 Clipboard）选项就可以轻松进行邮件加密。

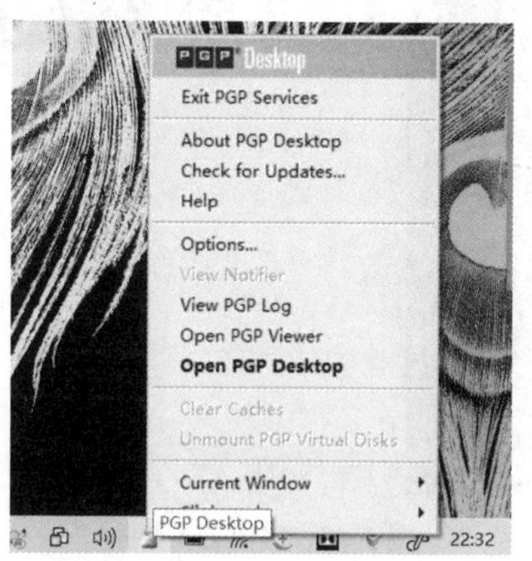

图 5-15　PGPtray 工具的弹出菜单

使用 PGPtray 工具加密邮件的具体步骤如下：

（1）像往常一样编辑邮件。

（2）选择 PGPtray 工具中的 Current Window→Encrypt&Sign 选项（或 Clipboard→Encrypt&Sign 选项），对编辑的邮件消息进行加密和签名。

（3）选择接收者的公钥加密邮件消息。邮件窗口将显示加密后的邮件内容，如图 5-16 所示，然后发送加密的邮件。

图 5-16　使用 PGPtray 加密邮件

（4）接收者选择 PGPtray 工具中的 Current Window→Decrypt&Verify 选项（或 Clipboard→Decrypt&Verify 选项）解密邮件消息并进行签名的验证。

如果 PGP 无法自动从窗口中获取数据并加密，可以将窗口中的数据复制到剪贴板，然后使用 Clipboard 选项进行加密。

3. 加密文件

可以使用 PGPtray 和 PGP Zip 工具来加密文件。下面以 PGP Zip 为例讲述文件的加密和解密过程。

（1）单击 PGP Desktop 界面左侧的 PGP Zip 菜单，PGP Zip 界面如图 5-17 所示。

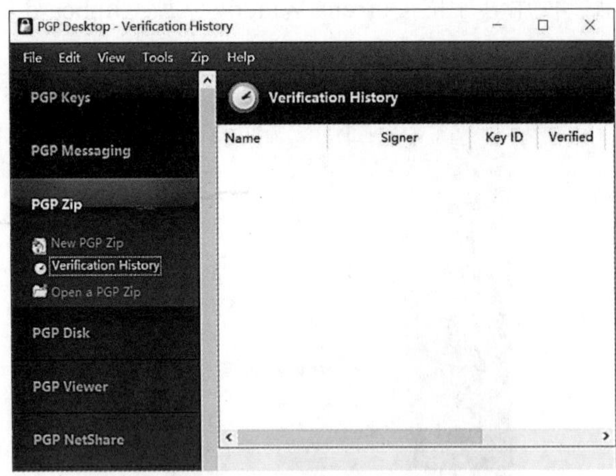

图 5-17　PGP Zip 界面

（2）单击 New PGP Zip 子菜单，系统将提示选择要加密的文件。选择文件后，单击“下一页”按钮进入 Encrypt 界面，默认选择 Recipient keys，单击“下一页”按钮进入 Add User Keys 界面。

（3）选择公钥进行文件的加密。加密后生成的文件名为在原文件名后加上后缀.pgp，例如，如果原文件名为 a.txt，则加密后的文件名为 a.txt.pgp。加密时，可根据需要选择是否签名。

（4）解密和验证签名。单击 Open a PGP Zip 子菜单，弹出文件选择对话框，选择要解密的文件。

（5）弹出 PGP Enter Passphrase for a Listed Key 对话框，如图 5-18 所示。Passphrase 即前面生成密钥对时输入的用于保存私钥的口令。

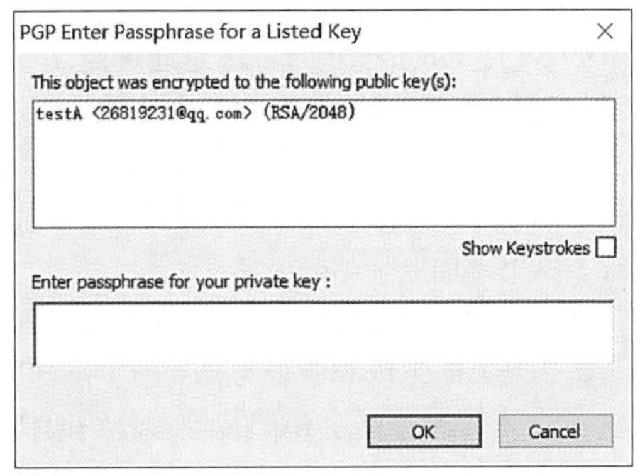

图 5-18　使用口令释放私钥

（6）完成文件的解密。

（7）对文件签名时，要求输入 Passphrase 以取出私钥进行签名。

4. PGP Disk 工具

PGP Disk 是一个简单易用的加密工具，它使用户可以在硬盘上保留一块空间来存放敏感数据。该空间用于创建一个称为“虚拟磁盘”的文件，该文件可以像一个硬盘一样工作，用于存储文件和应用程序。如果要使用该虚拟磁盘中的文件，需要安装（Mount）该虚拟磁盘。一旦安装上该磁盘，用户就可以像使用其他磁盘一样使用它。如果卸下（Unmount）该虚拟磁盘，则任何人无法使用它，除非他知道该用户的 Passphrase。可以通过 PGP Disk 菜单使用 PGP Disk 工具。单击 New Virtual Disk 子菜单，显示 New Virtual Disk 界面，引导用户创建一个新的虚拟磁盘，如图 5-19 所示。

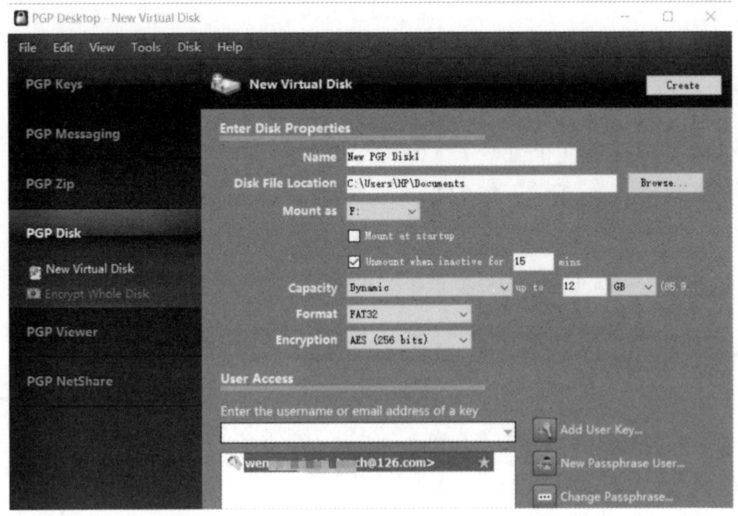

图 5-19　PGP Disk 工具

5.4.4 OpenPGP

OpenPGP 是一个在 PGP 基础上设计的开放的加密通信标准，它规范了用于数据加密、数字签名、密钥管理等安全功能的通用协议和格式。OpenPGP 标准最初由菲利浦·齐默尔曼开发，并在 1991 年首次发布。1997 年，OpenPGP 被互联网工程任务组接纳为 RFC 4880，并成为一个国际标准（ISO/IEC 1991-1）。OpenPGP 的目标是通过定义一个具有开放性和互操作的标准，让不同的软件实现能够共同支持相同的加密和签名功能。OpenPGP 标准继承了 PGP 的许多核心概念和特性，包括非对称加密、数字签名、密钥对、密钥服务器等。它扩展了 PGP 的能力，使其更加通用，并为不同的实现提供了一致的框架。

OpenPGP 标准主要涵盖了以下方面。

（1）密钥对。定义了非对称加密的公钥和私钥，以及对称加密的会话密钥。

（2）数字签名。规定了数字签名的生成和验证方法，用于确保消息的完整性和来源验证。

（3）密钥服务器。定义了在密钥服务器上存储和检索公钥的协议。

（4）数据格式。规定了用于存储和传输加密和签名数据的标准格式。

（5）消息格式。定义了消息的结构，以包含加密数据、数字签名和其他元数据。

许多现代的 PGP 实现，如 GnuPG（GPG）、Gpg4win 等，都是基于 OpenPGP 标准的实现。这意味着，通过使用这些工具，用户可以遵循 OpenPGP 标准来进行加密、数字签名和密钥管理操作，从而与其他支持 OpenPGP 标准的工具实现互操作性。

例如，PGP 和 GPG4win 之间可以相互通信，因为 GPG4win 是基于开源的 GnuPG 实现的，而 GnuPG 是一个完全兼容 OpenPGP 标准的开源实现，而 OpenPGP 是基于 PGP 的开放标准。因此，如果您用 GPG4win 生成密钥对、加密、解密或签名，那么可以与使用其他实现 PGP 或 OpenPGP 标准工具的用户进行互操作。这意味着可以实现与使用 PGP 软件（如 PGP Desktop）或其他兼容 OpenPGP 标准的用户之间进行加密通信。

习题 5

一、思考题

1．电子邮件系统包括哪几个部分？

2．简述电子邮件系统是怎样工作的。

3．邮件网关在收发电子邮件时有何作用，其主要功能是什么？

4．SMTP 与 POP3 是电子邮件系统中使用的两个重要协议，请简述两者的功能及特点。

5．什么是匿名转发？

6．什么样的行为称为电子邮件欺骗？

7．电子邮件炸弹会给用户带来什么样的危害？可以采取哪些有效的解救方法？

8．常用的电子邮件安全协议有哪几种？各有何特点？

9．PGP 能提供哪些安全服务？

10．PGP 密钥环的作用是什么？都存储了哪些信息？

11．一个 PGP 消息中都包括哪些安全相关的字段？分别起什么作用？

12．描述 PGP 进行邮件加密和签名的过程。

13．描述 PGP 进行邮件解密和验证的过程。

14．PGP 使用了哪几种密钥？

15．PGP 的密钥如何标识？为什么要标识密钥？

16．PGP 的私钥是如何保管的？

二、实践题

1．使用 OpenPGP 标准软件生成一对 4096 位的 RSA 密钥对，并上传到 PGP 密钥服务器。

2．使用 OpenPGP 标准软件给自己发送一封加密和签名的邮件，并对其进行解密和验证。

3．使用 OpenPGP 标准软件中的对称加密算法对文件进行加密操作。

4．使用 OpenPGP 标准软件给一个同伴发送一个加密和签名邮件，并由对方进行解密和验证。

第 6 章　防火墙技术

本章主要介绍防火墙的概念、分类、体系结构以及有关产品。通过本章的学习，应达到以下目标:

- 理解防火墙及相关概念。
- 理解包过滤、代理和状态检测防火墙的原理。
- 掌握包括包过滤、代理的使用和配置。
- 了解统一威胁管理和下一代防火墙的功能。
- 掌握防火墙的体系结构。
- 了解分布式防火墙与嵌入式防火墙。
- 掌握 Windows 防火墙的配置和使用。

防火墙技术是一种成熟有效的网络安全技术，应用于内部网络（内网）与外部网络（外网）之间，保障着内部网络的安全。

6.1　防火墙概述

随着 Internet 应用的发展和普及，人们在享受信息化带来的众多好处的同时，也面临着日益突出的网络安全问题。防火墙技术是建立在现代通信网络技术和信息安全技术基础上的应用性安全技术。它是一个由计算机硬件和软件组成的系统，部署于网络边界，是内部网络和外部网络之间的连接桥梁，同时对进出网络边界的数据进行保护，防止恶意入侵、恶意代码的传播等，保障内部网络数据的安全。

6.1.1　相关概念和术语

相关概念和术语

1．防火墙

古代的人们在房屋之间修建一道墙，这道墙可以防止在发生火灾时火势蔓延到别的房屋，因此称为“防火墙”。网络术语中所说的防火墙是指隔离在内部网络与外部网络之间的一道防御系统，它能挡住来自外部网络的攻击和入侵，保障内部网络的安全。防火墙示意图如图 6-1 所示。

防火墙至少都会说两个词：Yes 或 No，即接受或拒绝，它在用户的计算机和 Internet 之间建立起一道屏障，把用户同外部网隔离。用户通过设定规则来决定哪些情况下防火墙应该隔断计算机与 Internet 的数据传输，哪些情况下允许两者之间进行数据传输。

从实现方式上来看，防火墙可以分为硬件防火墙和软件防火墙两类。硬件防火墙是通过硬件和软件的结合来达到隔离内部网络和外部网络的目的；软件防火墙是通过纯软件的方式来实现的。

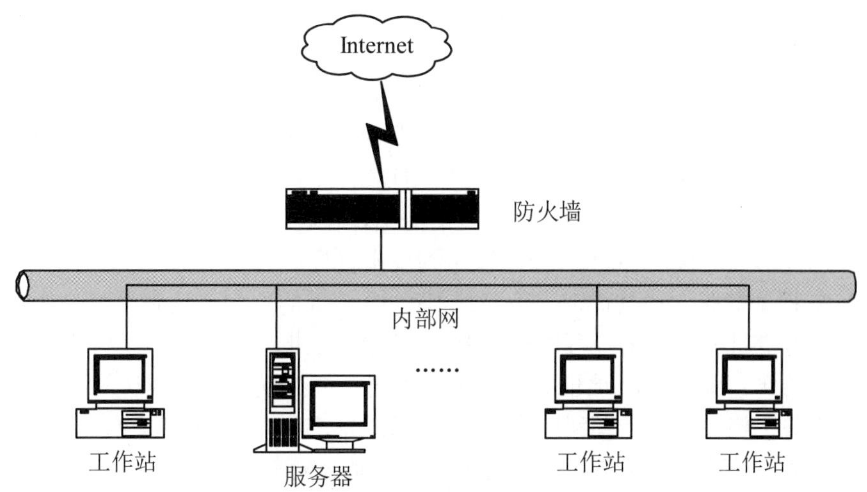

图 6-1 防火墙示意图

2. 防火墙安全策略

防火墙安全策略是指要明确地定义允许使用或禁止使用的网络服务，以及这些服务的使用规定。每一条规定都应该在实际应用时得到实现。总的来说，一个防火墙应该使用以下两种基本策略中的一种。

（1）除非明确允许，否则就禁止。这种方法堵塞两个网络之间的所有数据传输，除了那些被明确允许的服务和应用程序。因此，应该逐个定义每一个允许的服务和应用程序，而任何一个可能成为防火墙漏洞的服务和应用程序都不允许使用。这是一个最安全的方法，但从用户的角度来看，这样可能会有很多限制，不是很方便。一般在防火墙配置中都会使用这种策略。

（2）除非明确禁止，否则就允许。这种方法允许两个网络之间的所有数据传输，除非那些被明确禁止的服务和应用程序。因此，每一个不信任或有潜在危害的服务和应用程序都应该逐个拒绝。虽然这对用户来说是一个灵活和方便的方法，但它可能存在严重的安全隐患。

在安装防火墙之前，一定要仔细考虑安全策略，否则会导致防火墙不能达到预期要求。

3. 其他术语

（1）外部网络：防火墙之外的网络，一般为 Internet，默认为风险区域。

（2）内部网络：防火墙之内的网络，一般为局域网，默认为安全区域。

（3）非军事化区（Demilitarized Zone，DMZ）：又称隔离区，为了配置管理方便，内部网络向外部网络提供服务的服务器（如 WWW、FTP、SMTP、DNS 等）往往放在 Internet 与内部网络之间一个单独的网段串，这个网段便是非军事化区。

（4）包过滤：又称数据包过滤，是指在网络层中对数据包实施有选择的通过，依据系统事先设定好的过滤规则，检查数据流中的每个数据包，根据数据包的源地址、目标地址以及端口等信息来确定是否允许数据包通过。

（5）代理服务器：代表内部网络用户向外部网络中的服务器进行连接请求的程序。

（6）状态检测技术：第三代网络安全技术。状态检测模块在不影响网络正常工作的前提下，采用抽取相关数据的方法对网络通信的各个层次实行检测，并作为安全决策的依据。

（7）虚拟专用网（Virtual Private Network，VPN）：一种在公用网络中配置的专用网络技术，它通过对数据包的加密和数据包目标地址的转换实现远程访问。VPN 可以在 Internet 等公用网络上模拟专用网络，使用户可以在任何地点、任何时间安全地访问公司内部网络资源。

（8）漏洞：系统中的安全缺陷，漏洞可以导致入侵者获取信息并导致非授权的访问。

（9）数据驱动攻击：入侵者把一些具有破坏性的数据藏匿在普通数据中传送到 Internet 主机上，当这些数据被激活时就会发生数据驱动攻击。例如，缓冲区溢出攻击，它通过向程序缓冲区写入超出其边界的内容，造成缓冲区的溢出，使程序转而执行其他攻击者指定的代码，如为攻击者打开远程连接的 ShellCode，以达到攻击目标。

（10）IP 地址欺骗：通过伪造、隐藏或篡改 IP 地址的行为，达到欺骗、伪装身份、绕过访问限制或追踪等目的。攻击者可以利用 IP 地址欺骗来掩盖自己的真实身份，使被攻击的目标难以追溯或防御。此外，IP 地址欺骗也可能被用于绕过地理限制或访问限制，以获取被限制的内容或服务。例如，入侵者利用伪造的 IP 源地址产生虚假的数据包，乔装成来自内部网的数据，这种类型的攻击非常危险，是突破防火墙系统最常用的方法。

6.1.2 防火墙的作用

防火墙的作用和优缺点

防火墙是一种非常有效的网络安全模型，通过它可以隔离风险区域与安全区域，同时不会妨碍人们对风险区域的访问。防火墙的作用是监控进出网络的信息，仅让安全的、符合规则的信息进入内部网络，为用户提供一个安全的网络环境。

防火墙是加强网络安全非常流行的方法。在 Internet 上超过三分之一的 Web 网站都使用某种形式的防火墙加以保护，这是对攻击者防范最严、安全性最强的一种方式。任何关键性的服务器，都应该放在防火墙之后。

1. 防火墙的基本功能

从总体上看，防火墙应具有以下基本功能。

（1）可以限制未授权用户进入内部网络，过滤掉不安全服务和非法用户。

（2）防止入侵者接近内部网络的防御设施，对网络攻击进行检测和告警。

（3）限制内部网络用户访问特殊站点。

（4）记录通过防火墙的信息内容和活动，为监视 Internet 安全提供方便。

2. 防火墙的特性

一个好的防火墙系统应具有以下特性。

（1）所有在内部网络和外部网络之间传输的数据都必须通过防火墙。

（2）只有被授权的合法数据，即防火墙安全策略允许的数据，才可以通过防火墙。

（3）防火墙本身具有预防入侵的功能，不受各种攻击的影响。

（4）人机界面良好，用户配置使用方便，易于管理。系统管理员可以方便地对防火墙进行设置，对 Internet 的访问者、被访问者、访问协议以及访问方式进行控制。

3. 网络防火墙与病毒防火墙的区别

病毒防火墙是与网络防火墙不同范畴的软件，但由于有着“防火墙”的名字，容易引起混淆。实际上，这两种产品之间存在本质区别。

所谓的病毒防火墙，其实应该称为“病毒实时检测和清除系统”，是反病毒软件的一种工作模式。当它运行时，会把病毒监控程序驻留在内存中，随时检查系统中是否有病毒的迹象，一旦发现有携带病毒的文件，就会马上激活杀毒模块。病毒防火墙不是对进出网络的病毒进行监控，它是对所有的系统应用程序进行监控，由此来保障用户系统的“无毒”环境。

网络防火墙并不监控全部的系统应用程序，它只是对存在网络访问的应用程序进行监控。利用网络防火墙，可以有效地管理用户系统的网络应用，同时保护用户的系统不被各种非法的网络攻击所伤害。网络防火墙的主要功能是预防黑客入侵、防止木马盗取机密信息；病毒防火墙是一种反病毒软件，主要功能是查杀本地病毒、木马。两者具有不同的功能，在安装反病毒软件的同时应该安装网络防火墙。

6.1.3　防火墙的优缺点

1. 优点

防火墙是加强网络安全的一种有效手段，它具有以下优点。

（1）防火墙能强化安全策略。Internet 上每天都有上百万人在浏览信息，不可避免地会有一些恶意用户试图攻击他人，防火墙充当了防止攻击现象发生的“警察”，它执行系统规定的安全策略，仅允许符合规则的信息通过。

（2）防火墙能有效记录 Internet 上的活动。因为所有进出内部网络的信息都必须通过防火墙，所以防火墙能记录被保护的内部网络和不安全的外部网络之间发生的各种事件。

（3）防火墙是一个安全策略的检查站。所有进出内部网络的信息都必须通过防火墙，防火墙便成为一个安全检查站，把可疑的访问拒之门外。

2. 缺点

有人认为只要安装了防火墙，所有的安全问题就会迎刃而解。但事实上，防火墙并不是万能的，安装了防火墙的系统仍然存在安全隐患。防火墙具有以下缺点。

（1）不能防范恶意的内部用户。防火墙可以禁止内部用户经过网络发送机密信息，但用户可以将数据复制到磁盘上带出去。如果入侵者已经在防火墙内部，防火墙也是无能为力的。内部用户可以不经过防火墙窃取数据、破坏硬件和软件，这类攻击占全部攻击的一半以上。

（2）不能防范不通过防火墙的链接。防火墙能够有效地防范通过它传输的信息，却不能防范不通过它传输的信息。例如，如果站点允许对防火墙后面的内部系统进行拨号访问，那么防火墙绝对没有办法阻止入侵者进行拨号入侵。

（3）不能防范全部的威胁。防火墙被用来防范已知的威胁，一个很好的防火墙设计方案可以防范某些新的威胁，但没有一个防火墙能自动防御所有新的威胁。

（4）防火墙不能防范病毒。传统意义的防火墙不能防范从网络上传染来的病毒，也不能消除计算机已存在的病毒。无论防火墙多么安全，用户都需要一套防毒软件来防范病毒。

6.2　防火墙技术

随着防火墙技术的不断发展，防火墙的分类也在不断细化。从总的发展历程来看，防火墙技术可以分成五代，第一代为包过滤防火墙，第二代为代理防火墙，第三代为状态检测防火墙，第四代为统一威胁管理防火墙，第五代为下一代防火墙。其中，前三代防火墙是传统意义上的防火墙，而第四代和第五代防火墙的功能逐渐整合了多种安全技术，完全超越了传统意义的包过滤和代理的概念，具备更强大的防护能力。下面将对这五代防火墙使用的技术做进一步的介绍。

6.2.1 包过滤技术

1. 包过滤技术简介

包过滤技术在网络层中对数据包实施有选择地通过，依据系统事先设定好的过滤规则，检查数据流中的每个包，根据包头信息来确定是否允许数据包通过，拒绝发送可疑的包。

使用包过滤技术的防火墙称为包过滤防火墙，因为它工作在网络层，又称网络层防火墙。

包过滤技术的依据是分包传输技术。网络上的数据都是以包为单位进行传输的，数据被分割成一定大小的包，分为包头和数据部分，包头含有源地址和目的地址等信息。路由器从包头中读取目的地址并选择一条物理线路发送出去，包可能以不同的路线抵达目的地，当所有的包抵达后会在目的地重新组装还原。

包过滤防火墙一般由屏蔽路由器（又称包过滤路由器）来实现，这种路由器在普通路由器的基础上加入 IP 过滤功能，实现了根据数据包头信息的静态包过滤，这是防火墙的初级产品。静态包过滤防火墙对所接收的每个数据包审查包头信息以便确定其是否与某一条包过滤规则匹配，然后做出允许或者拒绝通过的决定。如果有一条规则不允许发送某个包，路由器就将它丢弃；如果有一条规则允许发送某个包，路由器就将它发送；如果没有任何一条规则能符合，路由器就会使用默认规则，一般情况下，默认规则是禁止该包通过。

2. 包过滤规则

包过滤规则是配置在防火墙上的规则集，用于确定哪些网络流量允许通过防火墙，哪些应被阻止或拒绝。这些规则定义了网络安全策略，以确保网络的安全性和合规性。包过滤规则通常包括以下要素。

（1）来源：网络流量的源头，通常表示 IP 地址、主机名或网络范围。来源可以是特定的计算机、网络、子网，也可以是任何网络地址。

（2）目的：网络流量的目标，即数据包要到达的目的地。目的可以是特定的服务器、服务、网络，也可以是任何网络地址。

（3）协议：规则可以指定所允许的协议类型，如 TCP、UDP、ICMP 等。协议类型确定了数据包是如何传输的。

（4）端口：针对 TCP 和 UDP 流量，规则可以指定允许或阻止的端口。端口用于区分不同的网络服务，如 HTTP（端口为 80）或 HTTPS（端口为 443）。

（5）动作：决定了符合规则条件的流量应该执行的操作。常见的动作包括允许、拒绝或丢弃。“允许”动作表示通过规则的流量将被允许，而“拒绝”或“丢弃”动作表示将被阻止或丢弃。

（6）状态：某些包过滤规则可能包括状态信息，用于跟踪连接的状态。这通常在处理网络连接时非常重要，尤其是在应用连接跟踪和状态保持时。

（7）规则的顺序：规则的顺序非常重要，因为包过滤通常按照规则的顺序依次检查流量。通常，第一条匹配的规则将决定流量的命运。因此，规则的排列顺序在配置中非常关键。

（8）描述：每个规则通常可以包括一个可选的描述，以便管理员了解该规则的目的或特点。

包过滤规则的目的是根据网络策略和安全需求来管理网络流量，确保只有授权的流量能够通过，而潜在的恶意流量被拒绝。这些规则形成了包过滤策略，有助于维护网络的安全性和完整性。

以下是一些典型的包过滤规则示例，用于说明如何定义允许或阻止不同类型的网络流量。

例 6-1：允许特定 IP 地址的远程访问。

来源：任何

目的：192.168.1.100

协议：TCP

端口：22（SSH）

动作：允许

这个规则允许任何来源的流量连接到目的 IP 地址（192.168.1.100）的 SSH 服务（端口为 22）。

例 6-2：拒绝特定应用程序的访问。

来源：任何

目的：任何

协议：TCP

端口：80（HTTP）

动作：拒绝

这个规则禁止任何流量尝试连接到 HTTP 服务（端口为 80），从而拒绝访问 Web 应用程序。

例 6-3：允许内部网络到外部网络的互联网访问。

来源：内部网络子网

目的：任何

协议：TCP、UDP

端口：80（HTTP）、443（HTTPS）、53（DNS）

动作：允许

这个规则允许内部网络中的计算机访问互联网上的 HTTP、HTTPS 和 DNS 服务。

例 6-4：阻止 Ping 请求。

来源：任何

目的：任何

协议：ICMP

动作：拒绝

这个规则拒绝了所有的 ICMP 请求，包括 Ping 请求，以增强网络的安全性。

例 6-5：允许 VPN 连接。

来源：外部 VPN 客户端

目的：内部网络

协议：IPsec

动作：允许

这个规则允许远程 VPN 客户端连接到内部网络，使用 IPsec 协议建立安全连接。

3. 包过滤防火墙的优缺点

包过滤防火墙具有以下优点。

（1）一个屏蔽路由器能保护整个网络。一个恰当配置的屏蔽路由器连接内部网络与外部网络，进行数据包过滤，就可以取得较好的网络安全效果。

（2）包过滤对用户透明。与代理不同，包过滤不要求任何客户机配置。当屏蔽路由器决定让数据包通过时，它与普通路由器没什么区别，用户感觉不到它的存在。较强的透明度是包过滤的一大优势。

（3）屏蔽路由器速度快、效率高。屏蔽路由器只检查包头信息，一般不查看数据部分，并且因为某些核心部分是由专用硬件实现的，所以其转发速度较快、效率较高，通常作为网络安全的第一道防线。

包过滤防火墙具有以下缺点。

（1）通常包过滤防火墙没有用户的使用记录，这样就不能从访问记录中发现攻击者的攻击记录。

（2）配置烦琐。没有一定的经验，无法将过滤规则配置得完美。有时因为配置错误，防火墙根本就不起作用。

（3）不能在用户级别上进行过滤，只能认为内部用户是可信任的，外部用户是可疑的。

（4）单纯由屏蔽路由器构成的防火墙并不十分安全，危险地带包括路由器本身及路由器允许访问的主机，一旦屏蔽路由器被攻陷就会对整个网络产生威胁。

6.2.2 代理技术

代理技术

1. 代理服务器简介

所谓代理服务器，是指代表内部网络用户向外部网络服务器进行连接请求的服务程序。代理服务器运行在两个网络之间，它对于客户机来说像是一台真的服务器，而对于外部网络服务器来说，它又是一台客户机。

代理服务器的基本工作过程是当客户机需要使用外部网络服务器上的数据时，首先将请求发给代理服务器，代理服务器再根据这一请求向服务器索取数据，然后由代理服务器将数据传输给客户机。同样的道理，代理服务器在外部网络向内部网络申请服务时也发挥了中间转接的作用。

内部网络只接收代理服务器提出的服务请求，拒绝外部网络的直接请求。当外部网络向内部网络的某个结点申请某种服务（如 FTP、Telnet、WWW 等）时，先由代理服务器接收，然后代理服务器根据其服务类型、服务内容、被服务的对象等因素，决定是否接受此项服务。如果接受，就由代理服务器向内部网络转发这项请求，并把结果反馈给申请者。

可以看出，由于外部网络与内部网络之间没有直接的数据通道，外部的恶意入侵也就很难伤害到内部网络。

代理服务器通常拥有高速缓存，缓存中存有用户经常访问的站点的内容，当用户再次请求访问同样的站点时，服务器就不用重复地读取同样的内容，既节约了时间，又节约了网络资源。

2. 代理的优点

（1）代理易于配置。因为代理是一个软件，所以它比过滤路由器容易配置，配置界面十分友好。如果代理实现得好，对配置协议要求较低，可以避免配置错误。

（2）代理能生成各项记录。因代理在应用层检查各项数据，所以可以按一定准则，让代理生成各项日志、记录。这些日志、记录对于流量分析、安全检验是十分重要和宝贵的。

（3）代理能灵活、完全地控制进出信息。通过采取一定的措施，按照一定的规则，利用借助代理可以实现一整套的安全策略，控制进出的信息。

（4）代理能过滤数据内容。可以把一些过滤规则应用于代理，让它在应用层实现过滤功能。

3. 代理的缺点

（1）代理速度比路由器慢。路由器只是简单查看包头信息，不做详细分析、记录；而代理工作于应用层，要检查数据包的内容，按特定的应用协议对数据包内容进行审查、扫描，并进行代理（转发请求或响应），故其速度比路由器慢。

（2）代理对用户不透明。许多代理要求客户端做相应改动或定制，这给用户增加了不透明度。为内部网络的每一台主机安装和配置特定的客户端软件既耗费时间，又容易出错。

（3）对于每项服务，代理可能要求不同的服务器。可能需要为每项服务设置一个不同的代理服务器，挑选、安装和配置所有这些不同的服务器的工作量很大。

（4）代理服务通常要求对客户或过程进行限制。除了一些为代理而设的服务，代理服务器要求对客户或过程进行限制，每一种限制都有不足之处，人们无法按他们自己的步骤工作。由于这些限制，代理应用就不能像非代理应用运行得那样好，相比之下要缺少一些灵活性。

（5）代理服务受协议弱点的限制。每个应用层协议都或多或少存在一些安全问题，对于一个代理服务器来说，要彻底避免这些安全隐患几乎是不可能的，除非关掉这些服务。

（6）代理不能改进底层通信协议的安全性。因为代理工作于应用层，所以它不能改善底层通信协议的安全性。

4. 代理防火墙的发展阶段

（1）应用层代理（Application Level Proxy）。应用层代理也称为应用层网关（Application Level Gateway），这种防火墙的工作方式同包过滤防火墙的工作方式具有本质区别。

代理服务是运行在防火墙主机上专门的应用程序或者服务器程序。应用层代理为某个特定应用服务提供代理，它对应用协议进行解析并解释应用协议的命令。根据其处理协议的功能可分为 FTP 网关型防火墙、Telnet 网关型防火墙、WWW 网关型防火墙等。

应用层代理的优点是能解释应用协议，支持用户认证，从而能对应用层的数据进行更细粒度的控制。缺点是效率低，不能支持大规模的并发连接，只适用于单一协议。

（2）电路层代理（Circuit Level Proxy）。这种类型的代理技术称为电路层网关（Circuit Level Gateway），也称为电路级代理服务器。在电路层代理中，包被提交到用户应用层处理。电路层代理用于在两个通信的终点之间转换包。

在电路层代理中，可能要安装特殊的客户机软件，用户需要一个可变用户接口来相互作用或改变他们的工作习惯。

它适用于多个协议，但无法解释应用协议，需要通过其他方式来获得信息。所以，电路级代理服务器通常要求修改用户程序。其中，套接字服务器（Sockets Server）就是电路级代理服务器。套接字是一种网络应用层的国际标准。当内部客户机需要与外部网络交互信息时，在防火墙上的套接字服务器中检查客户机的 UserID、IP 源地址和 IP 目的地址，经过确认后，套接字服务器才与外部的服务器建立连接。对用户来说，内部网络与外部网络的信息交换是透明的，感觉不到防火墙的存在，那是因为 Internet 用户不需要登录到防火墙上。但是客户端的应用软件必须支持 Socketsifide API，内部网络用户访问外部网络使用的 IP 地址也都是防火墙的 IP 地址。

（3）自适应代理（Adaptive Proxy）。应用层代理的主要问题是速度慢，支持的并发连接数有限。因此，NAI 公司在 1998 年又推出具有“自适应代理”特性的防火墙。自适应代理不仅能维护系统安全，还能够动态适应传送中的分组流量。自适应代理防火墙允许用户根据具体需求定义防火墙策略，而不会牺牲速度或安全性。如果对安全性要求较高，那么最初的安全检查仍在应用层进行，保证实现传统代理防火墙的最高安全性。而一旦代理明确了会话的所有细节，其后的数据包就可以直接经过速度更快的网络层。

自适应代理可以和安全脆弱性扫描器、病毒安全扫描器和入侵检测系统之间实现更加灵活的集成。作为自适应安全计划的一部分，自适应代理将允许经过正确验证的设备在安全传感器和扫描器发现重要的网络威胁时，根据防火墙管理员事先确定的安全策略，自动适应防火墙级别。

6.2.3 状态检测技术

状态检测技术

状态检测防火墙评估网络流量的状态或上下文。通过检查源和目的地址、应用程序使用情况、来源以及当前数据包与同一会话的先前数据包之间的关系，状态检测防火墙能为授权用户和活动授予更广泛的访问权限，并主动监视和阻止未经授权的用户和活动，称为第三代防火墙。

在状态检测防火墙中有两张表：规则表和状态表（即会话表）。规则表包括源地址、目的地址、源端口、目的端口、协议类型、数据流向等信息；状态表包括源地址、目的地址、源端口、目的端口、协议类型、本次连接状态、TCP 包序列号、本次连接超时值、连接已通过数据包个数等信息。

状态检测防火墙在包过滤的同时，检查数据包之间的关联性和数据包中动态变化的状态码。它有一个监测引擎，采用抽取有关数据的方法对网络通信的各层实施监测，抽取状态信息，并动态地保存起来作为以后执行安全策略的参考。当用户访问请求到达网关的操作系统前，状态监视器要抽取有关数据进行分析，结合网络配置和安全规定做出接受、拒绝、身份认证、报警或给该通信加密等处理动作。具体过程如下：数据包首先会到达状态检查模块，通过对数据包分析、提取数据包报文头文件信息，检查数据包是否符合在状态表中某个已经建立的有效的会话连接记录。如果符合记录，则根据报文头信息更新状态表并放行；若与状态表中无匹配表项，则检测其与规则表是否匹配，不匹配直接丢弃；若匹配，则进一步判断是否允许建立新连接，这时根据 IP 协议承载的上层不同协议类型建立新表项，并根据最终报文加载状态进行处理。

状态检测防火墙利用状态表跟踪每一个会话状态，对每一个包的检查不仅要考虑规则表，更要考虑数据包是否符合会话所处的状态，因此提供了完整的对传输层的控制能力。状态检测技术在大大提高安全防范能力的同时也改进了流量处理速度，使防火墙性能大幅度提升，能应用在各类网络环境中，尤其是在一些规则复杂的大型网络上。

6.2.4 统一威胁管理

统一威胁管理的下一代防火墙

统一威胁管理（Unified Threat Management，UTM）是指将多种安全功能或服务整合到网络上的单一设备中。UTM 使网络用户可以得到多种不同功能的保护，包括反病毒、内容过滤、电子邮件过滤、网页过滤、反垃圾邮件等。UTM 使组织可以将其 IT

安全服务整合到一台设备中，通过单一管理平台监控所有威胁和安全相关活动，可以更全面了解安全所有要素，简化网络保护。

1. UTM 必备的功能

（1）反病毒。UTM 包含反病毒软件，可以监控网络，可以检测并阻止病毒损害系统或与系统连接的设备。为此，需要利用特征数据库中的信息，检查系统中是否存在处于活动状态的病毒，或者是否有病毒在试图获取访问权限。UTM 中的反病毒软件可以阻止的一些威胁包括受感染的文件、特洛伊木马、蠕虫、间谍软件和其他恶意软件。

（2）反恶意软件。UTM 通过检测并处理恶意软件来保护网络免受恶意软件的攻击。UTM 可以预先配置为检测已知恶意软件，将恶意软件从数据流中过滤掉，并阻止其渗透系统。UTM 还可以配置为使用启发式分析来检测新型恶意软件威胁，这个过程需要使用规则分析文件的行为和特征。例如，如果某个程序被设计成阻止计算机摄像头的正常工作，则启发式方法可以将该程序标记为恶意软件。UTM 还可以使用沙盒作为反恶意软件措施。通过这种措施，捕获的可疑文件可被限制在沙盒内，即使恶意软件能够运行，沙盒也会阻止它与计算机中的其他程序交互。

（3）防火墙。防火墙能够扫描传入和传出流量，以确定是否存在病毒、恶意软件、网络钓鱼攻击、垃圾邮件、网络入侵攻击以及其他网络安全威胁。由于 UTM 防火墙会同时检查进出网络的数据，因此还可以防止某个网络中的设备被用于将恶意软件传播到与该网络连接的其他网络。

（4）入侵防御。UTM 系统可以为组织提供入侵防御功能，以检测并防御攻击。此功能通常称为入侵检测系统（Intrusion Detection Systems，IDS）或入侵防御系统（Intrusion Prevention System，IPS）。为了识别威胁，IPS 会分析数据包，查找已知的威胁模式。当识别出任何一种已知的威胁模式时，IPS 会阻止攻击。在某些情况下，IDS 只会检测危险的数据包，由 IT 团队决定如何处理威胁。攻击制止措施可以自动执行，也可以手动执行。UTM 还会记录恶意事件。然后，可以分析这些日志，并将其用于防御未来的其他攻击。

（5）虚拟专用网络。UTM 设备附带的 VPN 功能类似于常规 VPN 基础设施。VPN 会在公用网络上建立专用网络，使用户能够通过公用网络发送和接收数据，并避免自己的数据被别人看到。所有传输都是加密的，因此即使有人截获数据，也无法利用数据。

（6）网页过滤。UTM 的网页过滤功能可以防止用户查看特定网站或 URL，具体做法是阻止用户的浏览器将这些网站的页面加载到其设备上。可以根据相关组织的需求，将网页过滤器配置为针对某些网站。例如，如果想防止员工被某些社交媒体网站分散注意力，可以在员工联网的情况下阻止这些网站在他们的设备上加载。

（7）预防数据丢失。UTM 设备的预防数据丢失功能可以检测并防御数据泄露和数据窃取攻击。为此，数据丢失预防系统监控敏感数据，当发现有恶意攻击者试图窃取数据时，会阻止攻击，从而保护数据。

2. UTM 的优点

（1）灵活性和适应性。借助 UTM 可以使用一系列灵活的解决方案来处理现代业务基础设施中各种复杂的网络设置。组织不仅可以根据自己的网络需求从一系列安全管理工具中挑选最合适的工具，还可以选择使用所需的各种技术许可模式，从而免去逐个购买解决方案的麻烦。此外，UTM 还提供自动更新，让系统时刻准备好应对网络环境中的最新威胁。

（2）集中式集成和管理。在不使用 UTM 的网络安全配置中，可能需要同时协调多个安全组件，包括防火墙、应用程序控件、VPN 等，这需要耗费团队的时间和资源。而 UTM 可以通过同一个管理控制台整合并控制一切。这样可以更轻松地监控系统，以及处理 UTM 中可能需要更新或检查的特定组件。UTM 的集中性还表现在可以同时监控会影响多个网络组件的多种威胁。而在没有这种集中式结构的网络中，当发生多模块攻击时，防御就很困难。

（3）性价比高。由于采用集中式设置，UTM 减少了组织保护网络所需的设备数量，可以大幅节省设备成本。此外，由于监控系统所需人员的减少，还可以节省人力成本。

（4）有利于提高对网络安全威胁的响应。UTM 的集中化和更快的操作相结合，提高了用户对网络安全威胁的响应，可以更好地管理高级持续性威胁（Advanced Persistent Threat，APT）以及网络环境中的其他新型风险。UTM 统一运行多个威胁响应机制，并防御试图入侵网络的威胁，因此能够更有效地应对这种威胁。

6.2.5 下一代防火墙

下一代防火墙（Next Generation Firewall，NGFW）是一种安全设备，它基于传统防火墙的基础上演变和扩展而来，涵盖了防火墙、入侵检测系统、入侵防御系统、杀毒软件、Web 应用防火墙的功能，是能全面应对应用层威胁的高性能防火墙。与 UTM 相比，NGFW 增加了 Web 应用防护功能，功能更全；采用并行处理机制，效率更高。

NGFW 的性能更强，管理更高效。NGFW 包括传统的数据包过滤、状态检查、VPN 流量识别。除此之外，NGFW 还使用深度包检测（Deep Packet Inspection，DPI）技术，并且能够进行应用程序识别和控制、入侵防护、威胁情报搜集的信息反馈，具有应对不断变化的安全威胁的能力。

NGFW 通过执行 DPI 来改进数据包过滤。与数据包过滤一样，DPI 涉及检查每个单独的数据包，以查看源和目的地 IP 地址、源和目的地端口等。这些信息都包含在数据包的网络层和传输层数据包头中。但 DPI 不仅检查包头，还会检查每个数据包的主体。具体来说，DPI 会将每个数据包的内容与已知恶意攻击的内容进行比较，检查数据包主体是否有恶意软件的特征和其他潜在威胁。深度包检测技术融合入侵检测和攻击防范的功能，它能深入检查信息包，查出恶意行为，可以根据特征检测和内容过滤来寻找已知的攻击，理解什么是“正常的”通信，同时阻止异常的访问。DPI 引擎以基于指纹匹配、启发式技术、异常检测以及统计学分析等技术来决定如何处理数据包。DPI 防火墙能阻止 DDoS 攻击、病毒传播问题和高级应用入侵问题。

传统的防火墙一般只分析网络层和传输层的流量。NGFW 的应用程序意识让管理员能够阻止有潜在风险的应用程序。如果一个应用程序的数据不能通过防火墙，那么它就不能将威胁引入网络。

NGFW 的 DPI 功能中包含入侵防御，它通过特征检测、统计异常检测和有状态的协议分析检测来检测和防御安全风险。

威胁情报是关于潜在攻击的信息。由于攻击技术和恶意软件的种类在不断变化，最新的威胁情报对于阻止这些攻击至关重要。NGFW 能够接收来自外部的威胁情报并采取行动。威胁情报通过提供最新的恶意软件特征，可以保持 IPS 特征检测的有效性。威胁情报还可以提供 IP 信誉信息。IP 信誉标识攻击（尤其是机器人攻击）的常发 IP 地址。IP 信誉威胁情报源提供了最新的已知不良 IP 地址，然后 NGFW 可以阻止这些地址。

NGFW 既可以是硬件设备来部署，又可以作为软件来部署，还可以作为云服务来部署，称为云防火墙或防火墙即服务（FWaaS）。

6.3　防火墙体系结构

防火墙体系结构

如前所述，最简单的防火墙就是一个屏蔽路由器（Screening Router），单纯由屏蔽路由器构成的防火墙并不十分安全，一旦屏蔽路由器被攻陷就会对整个网络产生威胁，所以一般不会使用这种结构。目前使用的防火墙大都采用三种体系结构：双重宿主主机结构（Dual Homed Host Structure）、屏蔽主机结构（Screened Host Structure）、屏蔽子网结构（Screened Subnet Structure）。

6.3.1　双重宿主主机结构

双重宿主主机结构是围绕双宿主机来构筑的。双宿主机又称堡垒主机（Bastion Host），是一台至少配有两个网络接口的主机，它可以充当与这些接口相连的网络之间的路由器，在网络之间发送数据包。一般情况下，双宿主机的路由功能是被禁止的，这样可以隔离内部网络与外部网络之间的直接通信，从而达到保护内部网络的作用。

双重宿主主机结构如图 6-2 所示，一般是用一台装有两块网卡的堡垒主机做防火墙，两块网卡各自与内部网络和外部网络相连。堡垒主机上运行着防火墙软件，可以转发应用程序、提供服务等。

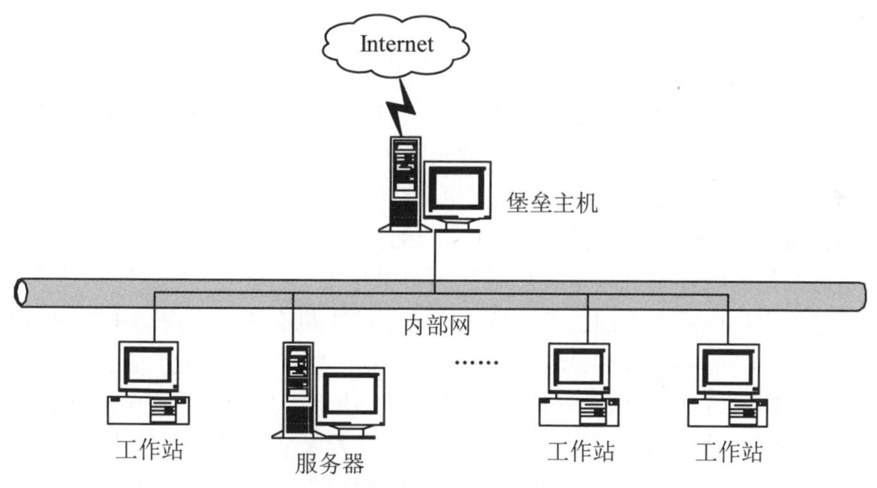

图 6-2　双重宿主主机结构

双宿主机防火墙优于屏蔽路由器的地方是堡垒主机的系统软件可用于维护系统日志，这对于日后的安全检查很有用。但它有一个致命弱点：一旦入侵者侵入堡垒主机并使其具有路由功能，则任何外部网络用户均可以随便访问内部网络。

堡垒主机是用户的网络上最容易受侵袭的机器，要采取各种措施来保护它。设计时有两条基本原则：第一，堡垒主机要尽可能简单，保留最少的服务，关闭路由功能；第二，随时做好准备，修复受损害的堡垒主机。

6.3.2 屏蔽主机结构

屏蔽主机结构，又称主机过滤结构。屏蔽主机结构需要配备一台堡垒主机和一个有过滤功能的屏蔽路由器，如图 6-3 所示。屏蔽路由器连接外部网络，堡垒主机安装在内部网络上。通常在路由器上设立过滤规则，并使堡垒主机成为从外部网络唯一可直接到达的主机。入侵者要想入侵内部网络，必须通过屏蔽路由器和堡垒主机两道屏障，所以屏蔽主机结构比双重宿主主机结构具有更高的安全性和可用性。

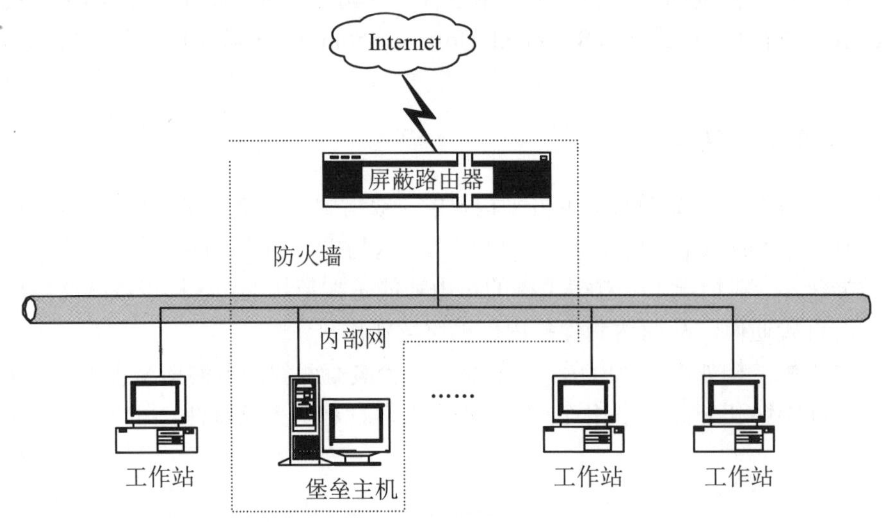

图 6-3　屏蔽主机结构

在屏蔽路由器上的数据包过滤是按这样一种方法设置的：堡垒主机是外网主机连接到内部网络的桥梁，并且仅有某些确定类型的连接被允许（如传送进来的电子邮件）。任何外部网络如果试图访问内部网络，必须连接到这台堡垒主机上。因此，堡垒主机需要拥有高等级的安全。

在屏蔽路由器中数据包过滤可以按下列之一配置。

（1）允许其他的内部主机为了某些服务（如 Telnet）与外网主机连接。

（2）不允许来自内部主机的所有连接（强迫那些主机必须经过堡垒主机使用代理服务）。

用户可以针对不同的服务混合使用这些配置，某些服务可以被允许直接经由数据包过滤，而其他服务可以被允许仅间接地经过代理。这完全取决于用户实行的安全策略。

屏蔽主机结构的主要缺点是如果入侵者有办法侵入堡垒主机，而且在堡垒主机和其他内部主机之间没有任何安全保护措施的情况下，整个网络对入侵者是开放的。

6.3.3 屏蔽子网结构

堡垒主机是内部网络上最容易受侵袭的机器，即使用户采取各种措施来保护它，它仍有可能被入侵。在屏蔽主机结构中，如果有人能够侵入堡垒主机，那他就可以毫无阻挡地进入内部网络。因为该结构中在屏蔽主机与其他内部机器之间没有特殊的防御手段，内部网络对堡垒主机不做任何防备。屏蔽子网结构可以改进这种状况，它在屏蔽主机结构的基础上添加额外的安全层，即通过添加周边网络（屏蔽子网）更进一步地把内部网络与外部网络隔离开。

一般情况下，屏蔽子网结构包含外部和内部两个路由器。两个屏蔽路由器放在子网的两端，在子网内构成一个 DMZ。有的屏蔽子网中还设有一台堡垒主机作为唯一可访问点，支持终端交互或作为应用网关代理。这种配置的危险地带仅包括堡垒主机、子网主机及所有连接内部网络、外部网络和屏蔽子网的路由器。

屏蔽子网结构的最常见的形式如图 6-4 所示，两个屏蔽路由器都连接到周边网络，内部路由器位于周边网络与内部网络之间，外部路由器位于周边网络与外部网络（通常为 Internet）之间。

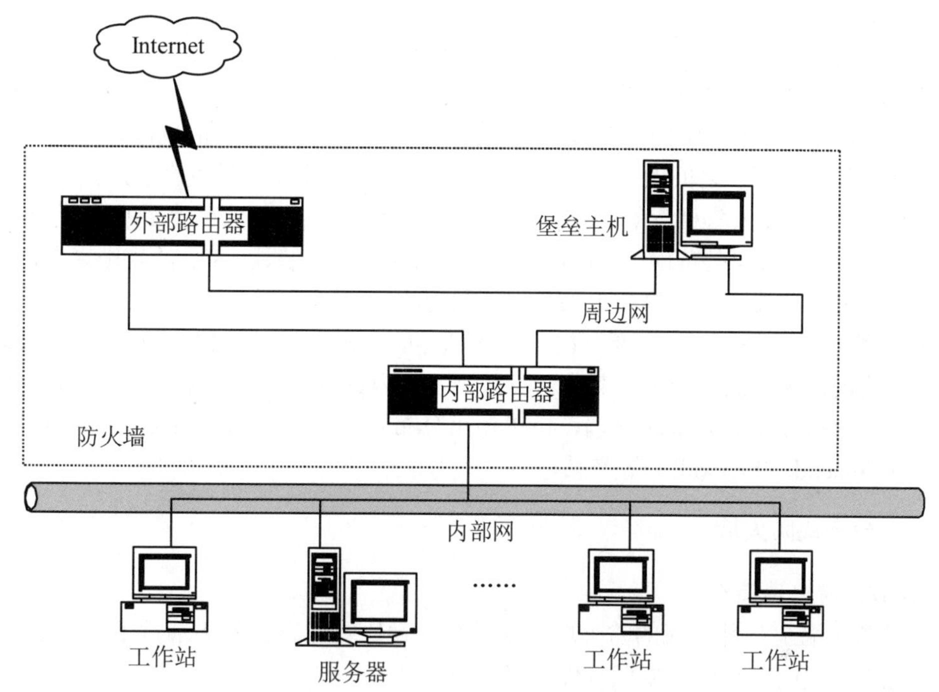

图 6-4　屏蔽子网结构

通过在周边网络上用两个屏蔽路由器隔离堡垒主机，能减少堡垒主机被入侵的危害程度。外部路由器保护周边网络和内部网络免受来自 Internet 的侵犯，内部路由器保护内部网络免受来自 Internet 和周边网络的侵犯。为了入侵使用这种防火墙的内部网络，入侵者必须通过两个屏蔽路由器。即使入侵者能够入侵堡垒主机，内部路由器也将会阻止他入侵内部网络。

6.3.4　防火墙的组合结构

建造防火墙时，一般很少采用单一的结构，通常是多种结构的组合。组合形式主要取决于网管中心向用户提供什么样的服务，以及网管中心能接受什么等级的风险。采用哪种组合形式还取决于经费、投资的大小或技术人员的技术、时间等因素，一般有以下几种组合形式。

（1）使用多堡垒主机。

（2）合并内部路由器与外部路由器。

（3）合并堡垒主机与外部路由器。

（4）合并堡垒主机与内部路由器。

（5）使用多台内部路由器。

（6）使用多台外部路由器。

（7）使用多个周边网络。

（8）使用双重宿主主机结构与屏蔽子网结构。

6.4 内部防火墙

内部防火墙

传统的防火墙设置在网络边界，在内部网络和外部网络之间构成一道屏障，保护内部网络免受外部网络的侵扰，所以称为边界防火墙（Perimeter Firewall）。

实际上，各种不同类型的边界防火墙都基于一个共同的假设，那就是防火墙把内部网络一端的用户看成是可信任的，而外部网络一端的用户则都被作为潜在的攻击者来对待。边界防火墙并不能确保内部用户之间的安全访问。内部网络中每一个用户的安全要求是不一样的，一些机密信息（如财务、人事档案等）就要求较高的安全等级，否则一旦遭受攻击就会造成巨大损失。这种攻击可能来自外部网络，也可能来自内部网络，据统计，80%的攻击来自内部网络。对于来自内部网络的攻击，边界防火墙是无能为力的。

为了机密信息的安全，还需要对内部网络部分的主机再加以保护，使之免受内部用户的侵袭。可以将内部网络的一部分与其余部分隔离，在内部网络的两个部分之间再建立防火墙，称之为内部防火墙。建立内部防火墙，可以使用分布式防火墙（Distributed Firewall）和嵌入式防火墙（Embedded Firewall）等产品。

6.4.1 分布式防火墙

1. 分布式防火墙简介

分布式防火墙是一种全新的防火墙概念，是一种比较完善的防火墙技术，它是在边界防火墙的基础上开发的，目前主要以软件形式出现。

分布式防火墙是一种主机驻留式的安全系统，用以保护内部网络免受非法入侵的破坏。分布式防火墙把 Internet 和内部网络均视为“不友好的”，对所有的信息流进行过滤与限制，无论其来自 Internet，还是来自内部网络。它们对个人计算机进行保护的方式如同边界防火墙对整个网络进行保护一样。

分布式防火墙克服了操作系统具有的安全漏洞，如 DoS，从而使操作系统得到强化。分布式防火墙对每个主机都能进行专门的保护。

2. 分布式防火墙的体系结构

分布式防火墙包含以下三个部分。

（1）网络防火墙（Network Firewall）。这一部分有的公司采用的是纯软件方式，有的公司可以提供相应的硬件支持。它用于内部网络与外部网络之间，以及内部网络各子网之间。与边界防火墙相比，它多了一种用于内部子网之间的安全防护层，这样整个网络的安全防护体系就显得更加全面、更加可靠。其功能与传统的边界式防火墙类似。

（2）主机防火墙（Host Firewall）。主机防火墙同样也有纯软件和硬件两种产品，用于对网络中的服务器和工作站进行防护。这是边界防火墙所不具有的功能，是对边界防火墙在安全体系方面的一个完善。它作用在同一内部子网之间的各工作站与服务器之间，以确保内部网络的安全。

（3）中心管理（Central Management）。这是一种服务器软件，负责总体安全策略的策划、管理、分发及日志的汇总。这样防火墙就可以进行智能管理，提高了防火墙的安全防护灵活性，具备可管理性。

3. 分布式防火墙的主要特点

综合起来这种新的防火墙技术具有以下 4 个主要特点。

（1）主机驻留。分布式防火墙最主要的特点就是采用主机驻留方式，所以称为“主机防火墙”。它驻留在被保护的主机上，该主机以外的网络不管是处在网络内部还是网络外部都被认为是不可信任的，因此可以针对该主机设定针对性很强的安全策略。主机防火墙使安全策略不仅停留在内部网络与外部网络之间，而是把安全策略延伸到网络中的每台主机。

（2）嵌入操作系统内核。这主要是针对目前的纯软件式分布式防火墙来说的，操作系统自身存在许多安全漏洞是众所周知的，运行在其上的应用软件无一不受到威胁。分布式主机防火墙也运行在该主机上，所以其运行机制是主机防火墙的关键技术之一。为了自身的安全和彻底堵住操作系统的漏洞，主机防火墙的安全监测核心引擎要以嵌入操作系统内核的形态运行，直接接管网卡，在把所有数据包进行检查后再提交给操作系统。

（3）类似于个人防火墙。个人防火墙是一种软件防火墙产品，是在分布式防火墙之前已经出现的一类防火墙产品，用来保护单一主机系统。针对桌面应用的主机防火墙与个人防火墙有相似之处，如它们都对应个人系统，但其又有本质性的差别。首先，它们的管理方式不同，个人防火墙的安全策略由系统使用者自己设置，目标是防外部攻击，而针对桌面应用的主机防火墙的安全策略由整个系统的管理员统一安排和设置，除了对该桌面机起到保护作用，也可以对该桌面机的对外访问加以控制，并且这种安全机制是桌面机的使用者不可见和不可改动的。其次，不同于个人防火墙面向个人用户，针对桌面应用的主机防火墙是面向企业级客户的，它与分布式防火墙其他产品共同构成一个企业级应用方案，形成一个安全策略中心统一管理、安全检查机制分散布置的分布式防火墙体系结构。

（4）适用于服务器托管。Internet 和电子商务的发展促进了 Internet 数据中心的迅速崛起，其主要业务之一就是服务器托管服务。对服务器托管用户而言，该服务器逻辑上是其企业网的一部分，只不过物理上不在企业内部。对于纯软件式的分布式防火墙，用户只需在该服务器上安装主机防火墙软件，并根据该服务器的应用设置安全策略即可，并且可以利用中心管理软件对该服务器进行远程监控。对于硬件式的分布式防火墙，因为通常做成 PCI 卡式，所以可以直接插在服务器机箱里面，对企业来说更加实惠。

4. 分布式防火墙的优势

分布式防火墙代表新一代防火墙技术的潮流，它可以在网络的任何交界和结点处设置屏障，从而形成一个多层次、多协议、内外皆防的全方位安全体系。其主要优势如下：

（1）增强系统安全性。分布式防火墙增加了针对主机的入侵检测和防护功能，加强了对来自内部攻击的防范，可以实施全方位的安全策略。分布式防火墙将防火墙功能分布到网络的各个子网、桌面系统、笔记本电脑以及服务器上，使用户可以方便地访问信息，而不会将网络的其他部分暴露在非法入侵者面前。分布式防火墙还可以避免由于某一台主机受到入侵而导致入侵向整个网络蔓延的发生。

（2）提高系统性能。一方面，分布式防火墙从根本上去除单一的接入点，消除结构性瓶颈问题，提高系统性能；另一方面，分布式防火墙可以针对各个服务器及终端计算机的不同需要，对防火墙进行最佳配置，配置时能够充分考虑到这些主机上运行的应用，在保障网络安全的前提下大大提高网络运转效率。

（3）系统的扩展性。分布式防火墙为系统扩展提供安全防护无限扩展的能力。因为分布式防火墙分布在整个企业的网络中，所以它具有无限制的扩展能力。随着网络规模的增大，它们的处理负荷也在网络中进一步分布，因此它们可以持续保持高性能，而不会像边界式防火墙一样随着网络规模的增大而不堪重负。

（4）应用更为广泛，支持 VPN 通信。分布式防火墙最重要的优势在于，它能够保护物理上不属于内部网络，但逻辑上位于“内部”网络的那些主机，这种需求随着 VPN 的发展越来越多。对这个问题的传统处理方法是将远程“内部”主机和外部主机的通信依然通过防火墙隔离来控制接入，而远程“内部”主机和防火墙之间采用“隧道”技术保证安全性。这种方法使原本可以直接通信的双方必须绕过防火墙，不仅效率低，而且增加了防火墙过滤规则设置的难度。与之相反，对分布式防火墙而言，远程“内部”主机与物理上的内部主机没有任何区别，它从根本上防止了这种情况的发生。

6.4.2 嵌入式防火墙

目前分布式防火墙主要是以软件形式出现的，也有一些网络设备开发商（如 3Com、Cisco 等）开发生产了硬件分布式防火墙，做成 PCI 卡或 PCMCIA 卡的形式，将分布式防火墙技术集成在硬件上（一般可以兼有网卡的功能），通常称为嵌入式防火墙。

对于那些安全性要求较高的单位（如政府机构、金融机构、保险服务机构）来说，嵌入式防火墙是他们的最佳选择。同时，嵌入式防火墙也能够为那些需要在家里访问公司局域网的远程办公用户提供保护。

由于大部分用户的 Internet 服务都运行在开放的链路上，并且没有高级安全手段加以保护，家庭计算机非常容易受到黑客的攻击。如果这些家庭办公人员使用宽带接入方式，他们所面临的网络安全风险将更大。这些永远在线的宽带链路比拨号调制解调器更容易受到攻击，因为它们使计算机 24 小时都与 Internet 保持互联。电话拨号服务通常在用户每次接入 Internet 时为用户分配一个新的 IP 地址，但宽带服务提供商通常为每一个用户分配一个永久固定的 IP 地址，从而使黑客非常容易锁定他们的计算机，然后控制这些“僵尸”计算机去进行分布式 DoS 攻击。

嵌入式防火墙能将网络安全延伸到边界防火墙的范围外，并分布到网络的每个结点。安全性措施在主机系统上执行，但是却由嵌入式防火墙的硬件系统来实施，整个过程独立于主机系统之外。这一策略使企业网络几乎不受任何恶意代码或黑客攻击的威胁。即使攻击者完全通过防火墙的防护并取得运行防火墙主机的控制权，他们也将寸步难行，因为他们不能关闭嵌入式防火墙。

嵌入式防火墙的代表产品是 3Com 公司的 3Com 10/100 安全服务器网卡（3Com 10/100 Secure Server NIC）、3Com 10/100 安全网卡（3Com 10/100 Secure NIC）及 3Com 公司嵌入式防火墙策略服务器（3Com Embedded Firewall Policy Server）。

6.4.3 个人防火墙

前面讲的防火墙都是为局域网用户提供安全保障的，价格都很高，个人用户不可能购买。

对个人用户来说，个人防火墙是比较好的选择。

个人防火墙是安装在个人计算机里的一段程序，把个人计算机和 Internet 分隔开。它检查进出防火墙的所有数据包，决定该拦截某个包还是将其放行。在不妨碍正常上网浏览的同时，阻止 Internet 上的其他用户对个人计算机进行的非法访问。

在个人计算机上安装个人防火墙带来的好处是显而易见的。例如，如果个人计算机被植入了黑客程序，一旦该程序启动，个人防火墙就会及时报警并禁止该程序与外界的数据传送。

6.5　防火墙产品介绍

防火墙是一种综合性的技术，涉及计算机网络技术、密码技术、安全技术、软件技术、安全协议等多个方面。在国外，近几年防火墙发展迅速，产品众多，更新换代快，不断有新的信息安全技术和软件技术应用在防火墙的开发上，这些技术包括包过滤、代理服务器、VPN、状态检测、加密技术、身份认证等。

从 1991 年 6 月 ANS 公司的第一个防火墙产品 ANS Interlock Service 防火墙上市以来，到目前为止，世界上至少有几十家公司和研究所在从事防火墙技术的研究和产品开发工作。包过滤防火墙的代表产品是以色列 Check Point 公司的 FireWall-1 防火墙和美国 Cisco 公司的 PIX 防火墙，应用层网关防火墙的代表产品是美国 NAI 公司的 Gauntlet 防火墙。

近几年国内的防火墙产品市场发展很快，主要的防火墙产品包括天融信防火墙（Topsec Firewall）、华为防火墙（Huawei Firewall）、绿盟防火墙（Nsfocus Firewall）、启明星辰防火墙等。另外，新华三、深信服、山石网科等品牌的防火墙产品也具有一定的市场份额。

6.5.1　企业级防火墙产品介绍

广受欢迎的国外企业级防火墙产品包括 Cisco ASA、Palo Alto Networks Next-Generation Firewall、Fortinet FortiGate、Check Point Security Gateway 等，它们目前仍然在市场上具有竞争力。国内的防火墙产品发展很快，有一些著名的企业级防火墙产品，包括华为防火墙、网御星云防火墙、360 企业防火墙、绿盟防火墙、天融信防火墙等。这些企业级防火墙产品在国内和国际市场上都有一定的知名度，并提供各种网络安全功能，以满足不同组织的需求。下面简单介绍几款防火墙的功能及防火墙产品的未来发展方向。

1. 第五代华为防火墙

第五代华为防火墙是指华为公司的最新一代防火墙解决方案。第五代防火墙具备先进的网络安全功能，以满足不断演进的网络威胁和业务需求。第五代华为防火墙的特点和功能如下：

（1）高性能和可伸缩性。第五代华为防火墙具有卓越的性能和可伸缩性，可以应对大规模网络和高流量要求。

（2）深度包检测。支持深度包检测技术，以检测和防止复杂的威胁，包括零日漏洞攻击和高级持续性威胁。

（3）应用程序识别和控制。能够对网络流量中的应用程序进行深入识别和控制，以便实施策略和确保网络合规性。

（4）威胁情报共享。可以与威胁情报提供商集成，以及时获取最新的威胁情报并自动阻止恶意流量。

（5）支持 VPN。提供强大的 VPN 功能，允许安全地连接分支机构、远程办公室和移动用户，以及实现安全的站点到站点通信。

（6）入侵检测和防护。具备高级入侵检测和防护功能，用于检测并阻止入侵、恶意活动和攻击。

（7）高可用性和冗余性。支持高可用性配置，以确保网络的连续性，即使在硬件或软件故障时也能提供无缝切换。

（8）云集成。允许与云服务集成，以保护云基础设施和云应用程序。

（9）集中管理。提供集中的管理界面，以便管理员轻松配置、监控和管理网络安全策略。

第五代华为防火墙的目标是提供高级的网络安全防护，应对不断演进的网络威胁和业务需求。这些防火墙适用于企业、数据中心和云环境，提供了多层次的安全性，以确保网络和数据的完整性和可用性。

2. Check Point 安全网关

Check Point 安全网关是 Check Point Software Technologies 开发的防火墙和安全网关解决方案，用于保护企业网络免受各种网络威胁和攻击。Check Point 安全网关的主要特点和功能如下：

（1）防火墙保护。它提供强大的防火墙功能，可以检测和阻止入侵、恶意流量和攻击。

（2）安全网关。它充当安全网关，允许企业连接到互联网并提供安全通信，同时保护敏感数据和网络流量。

（3）高级威胁防护。它集成了高级威胁防护技术，包括反病毒、反恶意软件、反垃圾邮件和反钓鱼功能，以保护网络免受各种恶意软件和网络攻击。

（4）支持 VPN。它支持 VPN，允许安全地远程访问企业网络，以及实现分支机构之间的安全通信。

（5）应用程序控制。它可以对网络流量中的应用程序进行深度检查和控制，以确保应用程序的合规性，并根据策略对其进行管理。

（6）安全策略管理。它提供了集中的安全策略管理，允许管理员轻松管理和配置安全策略，以确保网络的安全性。

（7）高性能和可伸缩性。它被设计为高性能和可伸缩的解决方案，以应对大规模和高流量的网络环境。

（8）云安全支持。它还提供了与云安全服务的集成，以保护云基础设施和云应用程序。

（9）日志和报告。它生成详尽的日志和报告，以帮助管理员了解网络活动和潜在威胁，并支持合规性审计。

Check Point Security Gateway 是一款多功能的安全解决方案，可提供综合的网络安全保护，适用于企业和组织，以确保其网络和数据的安全性。

从上述两款防火墙产品介绍可以看到，当前先进的防火墙产品的性能越来越强大，涵盖了防火墙、VPN、入侵检测和阻止、反恶意软件、反垃圾邮件、高可用性和可扩展性等功能和特点。

3. 防火墙技术的发展趋势

防火墙技术一直在不断演进，以适应不断变化的网络威胁和安全需求。以下是一些防火墙技术的发展趋势。

（1）云原生防火墙。随着组织越来越多地将应用程序和数据迁移到云中，云原生防火墙变得至关重要。云原生防火墙是专为云环境设计和部署的防火墙解决方案。能够在云环境中实时监控和保护应用程序，提供云安全策略管理和云连接性。与传统的防火墙不同，云原生防火墙更加灵活、可扩展，并能够适应动态、分布式的云计算环境

（2）零信任安全（Zero Trust Security）。零信任安全是一种安全模型，强调在网络安全中不信任任何用户、设备或系统，即使它们位于组织的内部网络之内。这一模型的核心理念是不论用户是否在组织内部，都应该经过身份验证和授权，并且需要实时的访问控制。零信任安全模型不仅侧重于外部威胁，还要考虑内部威胁。采用最小权限原则，用户和设备只被授予完成其工作所需的最低权限。这有助于减少潜在的攻击面，即使某些凭据被泄露，攻击者也受到权限的限制。新一代防火墙将集中精力于用户和设备身份验证、访问控制和持续监控。

（3）SASE。SASE（Secure Access Service Edge，安全接入服务边缘）是一种融合了网络安全和网络服务的安全架构和服务模型。Gartner 公司在 2019 年首次提出了这个概念。SASE 的核心理念是将安全性推送到网络边缘，使用户和设备在连接时能够直接访问安全服务，而不必经过中心化的数据中心。同时，SASE 是云原生的安全架构，支持零信任安全模型。

（4）人工智能和机器学习。利用人工智能（Artificial Intelligence，AI）和机器学习（Machine Learning，ML）技术，现代防火墙能够更好地检测和应对复杂的威胁。它们可以分析网络流量、识别异常行为、作出自动化安全决策，以及减少虚假警报。

（5）物联网和工业物联网安全。随着物联网设备的广泛使用，防火墙需要适应物联网（Internet of Things，IoT）和工业物联网（Industrial Internet of Things，IioT）的安全需求，以确保这些设备不成为网络入口点。

（6）应用程序安全。现代防火墙更强调应用程序层面的安全，包括应用程序识别、应用程序控制和应用程序防护。

（7）多云安全。随着组织使用多个云提供商，多云安全变得越来越重要。新一代防火墙需要支持多云环境，并提供一致的安全性和策略管理。

（8）自动化和集成。防火墙趋向于更强大的自动化，以减轻安全团队的工作负担。此外，与其他安全解决方案的集成也更加重要，以建立综合的网络安全生态系统。

（9）可视化和报告。新一代防火墙提供更强大的可视化工具和报告功能，以帮助管理员更好地理解网络活动和威胁情况。

这些趋势反映了防火墙技术在不断演进，以适应复杂的网络威胁和多样化的网络环境。组织需要密切关注这些趋势，并根据其具体需求来选择适合的防火墙解决方案。

6.5.2 个人防火墙产品介绍

个人防火墙系统用于保护个人计算机免受网络威胁和入侵的影响。比较有名的个人防火墙系统有 Windows 防火墙（Windows Defender 防火墙）、Norton 个人防火墙、McAfee 个人防火墙等。中国有一些著名的个人防火墙品牌，这些品牌提供了各种网络安全解决方案，如 360 安全卫士提供了包括个人防火墙、杀毒、恶意软件检测等功能；金山毒霸包括个人防火墙和杀毒功能；火绒安全软件提供了个人防火墙和杀毒解决方案，专注于网络安全防护。下面以 Windows 操作系统内置的防火墙为例，介绍防火墙功能及使用方法。

1. Windows Defender 防火墙的功能

Windows Defender 防火墙是 Windows 操作系统内置的防火墙解决方案，旨在帮助保护计

算机免受网络威胁和不良网络活动的影响。Windows Defender 防火墙提供了多种功能和设置，包括以下主要功能。

（1）阻止不良网络流量。Windows Defender 防火墙可以阻止未经授权的网络连接，如恶意软件、网络蠕虫和入侵尝试，以保护计算机的安全性。

（2）入站和出站规则配置。用户可以定义入站和出站规则，以控制哪些应用程序或服务可以在计算机上接收和发送网络流量。这有助于用户限制应用程序的网络访问权限。

（3）应用程序访问权限配置。用户可以为每个安装的应用程序指定网络访问权限，允许或拒绝它们连接到互联网或局域网。

（4）高级安全设置。Windows Defender 防火墙允许用户配置高级设置，包括配置防火墙规则、安全性监控和通知选项，以满足特定的安全需求。

（5）默认规则。Windows Defender 防火墙预先配置了一组默认规则，以允许通常的网络通信，如浏览网页、发送电子邮件等。

（6）自动配置。Windows Defender 防火墙可以自动检测并配置针对已知网络服务和应用程序的规则，以简化用户体验。

（7）通知功能。当有应用程序或服务尝试建立网络连接时，Windows Defender 防火墙可以生成通知，让用户可以允许或拒绝该连接。

（8）高级安全日志。Windows Defender 防火墙可以生成高级安全日志，记录网络活动，帮助用户监视潜在的威胁和安全事件。

2. 启用或关闭 Windows Defender 防火墙

要搭建防火墙，首先需要打开“控制面板”，然后选择“系统和安全”→“网络和 Internet”→“Windows Defender 防火墙”命令，打开“Windows Defender 防火墙”窗口，如图 6-5 所示。也可以通过搜索“防火墙”或 firewall.cpl 程序来打开“Windows Defender 防火墙”窗口。

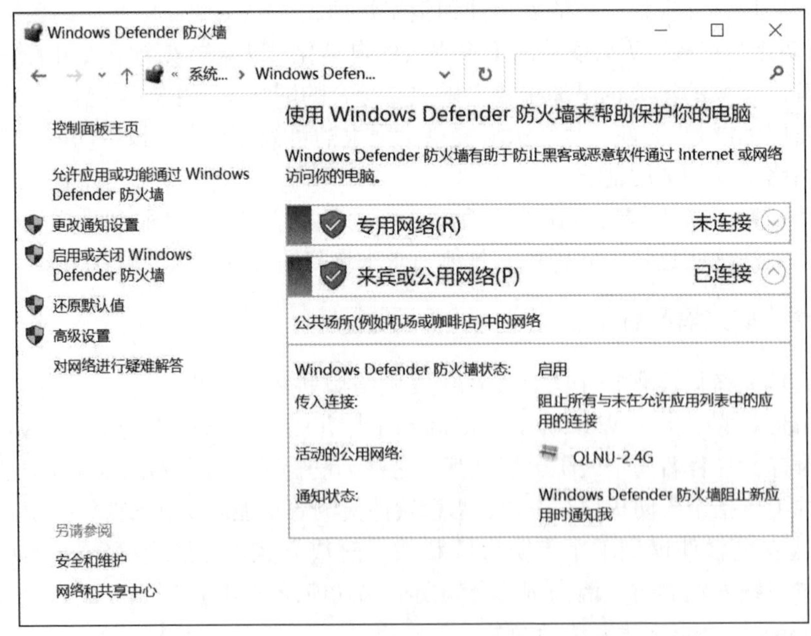

图 6-5 “Windows Defender 防火墙”窗口

单击左侧栏中的“更改通知设置”或“启用或关闭 Windows Defender 防火墙”链接，都会打开“自定义设置”窗口，如图 6-6 所示。这里可以看到防火墙的开关，可以根据自身的需求开启或关闭防火墙。如果需要开启，可以选中“启用 Windows Defender 防火墙”单选按钮，并单击“确定”按钮，防火墙就会立即启动。

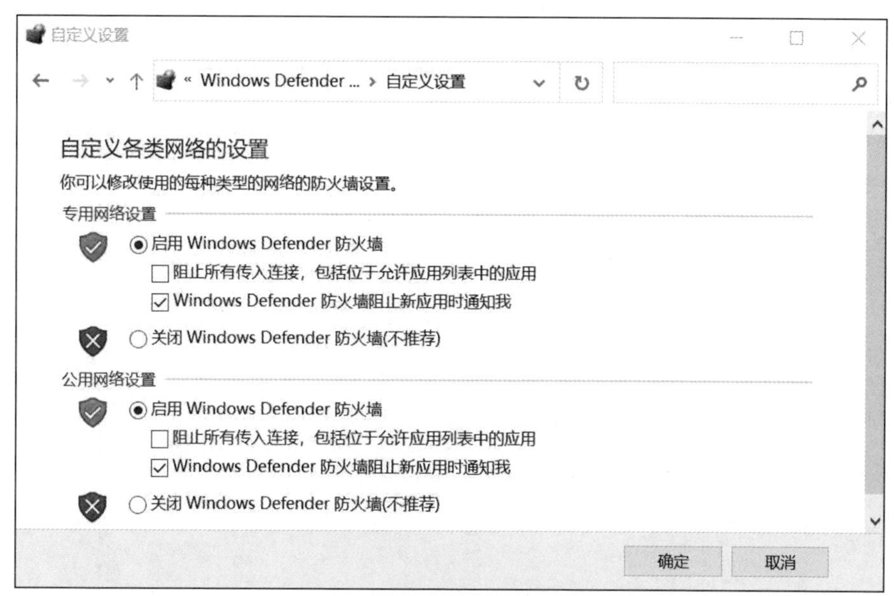

图 6-6　启用或关闭 Windows Defender 防火墙

另外，还可以通过“开始”菜单来打开或关闭防火墙，步骤如下：

（1）单击“开始”菜单，然后选择“设置”→“更新和安全”→“Windows 安全中心”及“防火墙和网络保护”命令，打开“Windows 安全中心设置”窗口。

（2）选择网络配置文件：域网络、专用网络或公用网络。

（3）在“Windows Defender 防火墙”下将设置切换到“打开”。如果你的设备已连接到网络，则网络策略设置可能阻止你完成这些步骤。有关详细信息，请与管理员联系。

（4）若要将其关闭，则将设置切换为“关闭”。关闭 Windows Defender 防火墙可能会使设备更容易受到未经授权的访问，增加安全风险。因此，如果有某个需要使用的应用被阻止，则可以通过设置允许它通过防火墙而不要关闭防火墙。

3. Windows 防火墙配置

（1）对应用和功能的限制。在图 6-5 窗口左侧，有一个“允许应用和功能通过 Windows Defender 防火墙”链接，单击可打开“允许的应用”窗口。该窗口中列出了当前应用和功能是否可以通过专用或公用网络的情况，如图 6-7 所示。如果想改变当前的设置，单击窗口右上角的“更改设置”按钮，进入可编辑状态，可设置当前应用是否允许通过防火墙。

滑动滚动条，可以看到右下角的三个按钮，分别为“详细信息”“删除”“允许其他应用”，如图 6-8 所示。单击“允许其他应用”按钮，在打开的窗口中单击右侧的“浏览”按钮，然后在打开的窗口中选择想要允许的应用程序，接着单击底部的“添加”按钮，即可把应用添加到列表中。“详细信息”“删除”分别用于显示列表中应用的详细信息或从列表中删除一个应用。

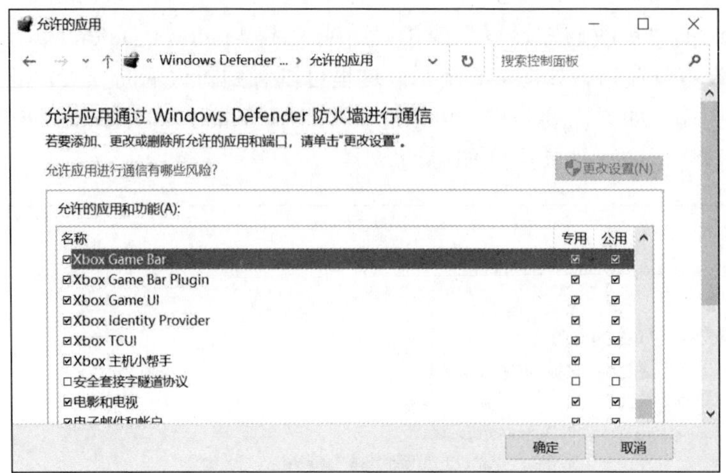

图 6-7 “允许的应用”窗口

图 6-8 删除、添加应用

（2）高级设置。Windows Defender 防火墙提供基于主机的双向流量筛选，它可以阻止进出本地设备的未经授权的流量。

在图 6-5 窗口的左侧栏中单击“高级设置”链接，打开“高级安全 Windows Defender 防火墙”窗口台程序，如图 6-9 所示。另外，也可以通过在命令行窗口键入 wf.msc 命令来打开“高级安全 Windows Defender 防火墙”窗口。尽管标准用户可以启动 Windows Defender 防火墙 MMC 管理单元，但若要更改大多数设置，用户必须是具有修改这些设置（如管理员）的权限的组的成员。

首次打开 Windows Defender 防火墙时，可以看到适用于本地计算机的默认设置。位于窗口中间的“概述”面板显示设备可连接到的每种类型的网络的安全设置。其中，域配置文件针对 Active Directory 域控制器的账户身份验证系统的网络；专用配置文件针对专用网络（如家庭网络）中使用的配置；公共配置文件设计时考虑了公用网络（如 Wi-Fi、咖啡店、机场、酒店或商店）的安全性。尽量不要修改 Windows Defender 防火墙的默认设置。这些设置旨在大多数网络场景下，确保用户能够安全地使用设备。默认设置中有一个关键示例是入站连接的默认阻止行为。

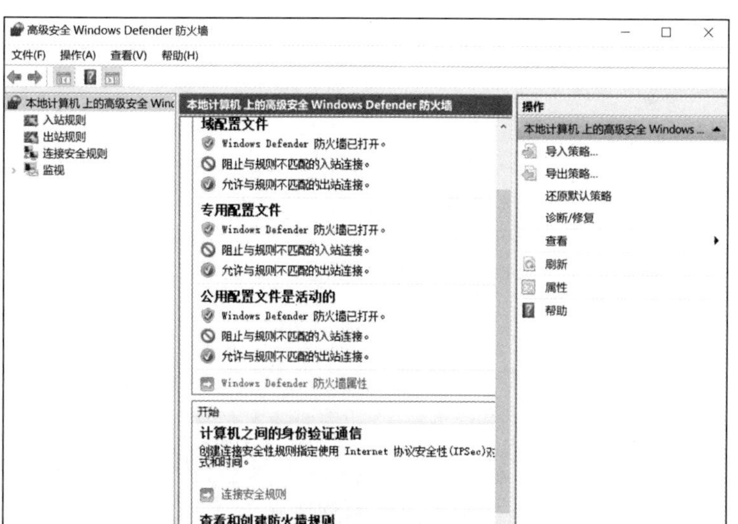

图 6-9　“高级安全 Windows Defender 防火墙”窗口

右击图 6-9 窗口左侧窗格顶部的“本地计算机上的高级安全 Windows Defender 防火墙”区域，然后在弹出的快捷菜单中（该快捷菜单的选项与右侧窗格内容相同）选择“属性”选项，即可查看每个配置文件的详细设置。如图 6-10 所示。

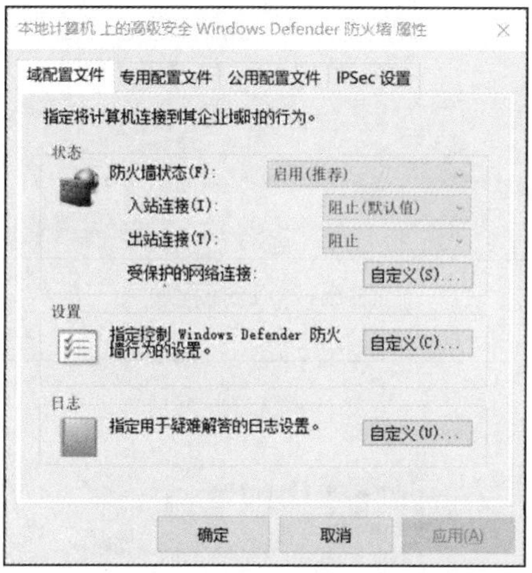

图 6-10　属性窗口

管理员可以使用规则来自定义这些配置文件（也称为筛选器），以允许或禁止应用或软件的使用。例如，管理员或用户可以选择新建规则以接纳程序、打开端口或协议，或允许预定义类型的流量。可通过右击“入站规则”或“出站规则”，并在弹出的快捷菜单中选择“新建规则”选项来完成此规则新建任务。新建规则的界面如图 6-11 所示。

选择新建规则的类型，如程序、端口、预定义、自定义等，进入下一步的设置，如图 6-12 所示。在图 6-12 中，强以为程序类型的规则指定规则的适应范围，如所有程序或特定的程序。

在图 6-13 中，可以指定规则的操作，包括允许连接、只允许安全连接和阻止连接。

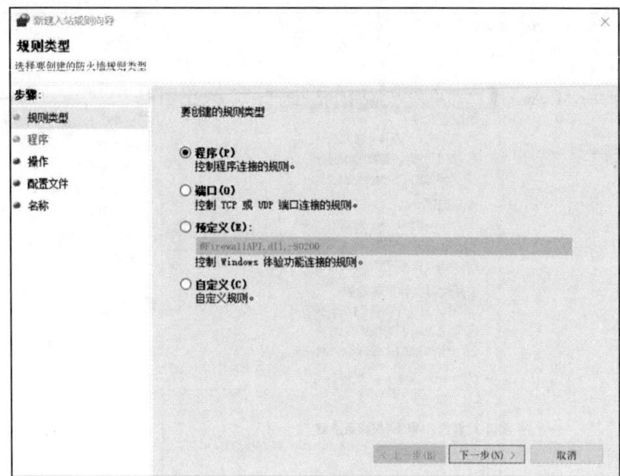

图 6-11　新建规则

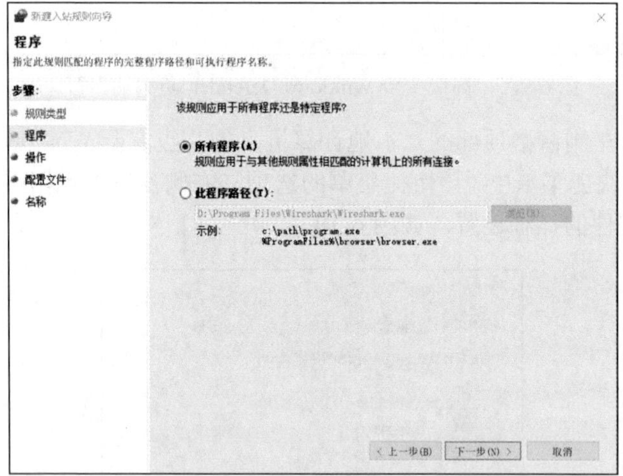

图 6-12　选择程序

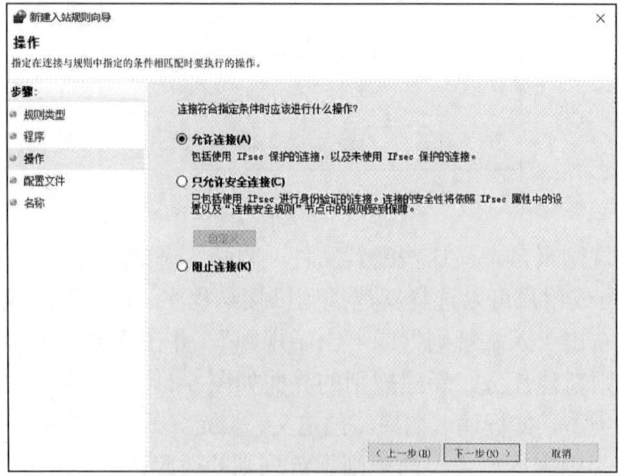

图 6-13　配置操作

接下来配置规则的应用范围，包括域、专用和公用，分别对应域配置文件、专用配置文件和公用配置文件，如图 6-14 所示。

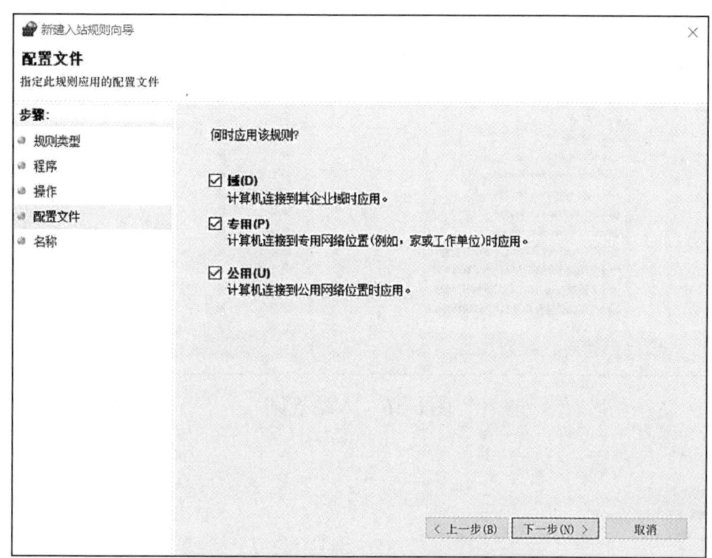

图 6-14　配置规则应用的范围

最后为新建的规则命名，如图 6-15 所示，完成规则的创建。这时可以在图 6-16 所示的入站规则窗口中看到新建的规则了。

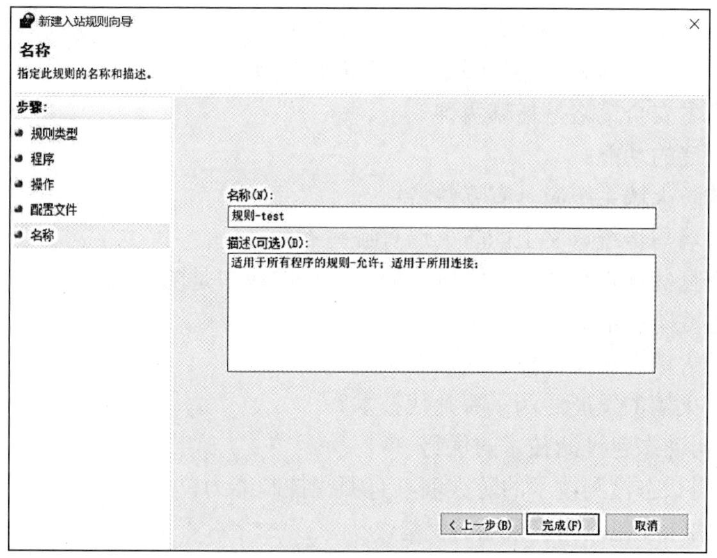

图 6-15　为规则命名

Windows Defender 防火墙提供了一套功能强大的工具，可以帮助用户保护其计算机免受网络威胁的影响，同时允许他们配置网络访问权限，以满足其特定的需求。它是 Windows 操作系统的一个重要组成部分，但用户可能还会考虑使用第三方防火墙解决方案，以获取更广泛的功能和更灵活的控制。

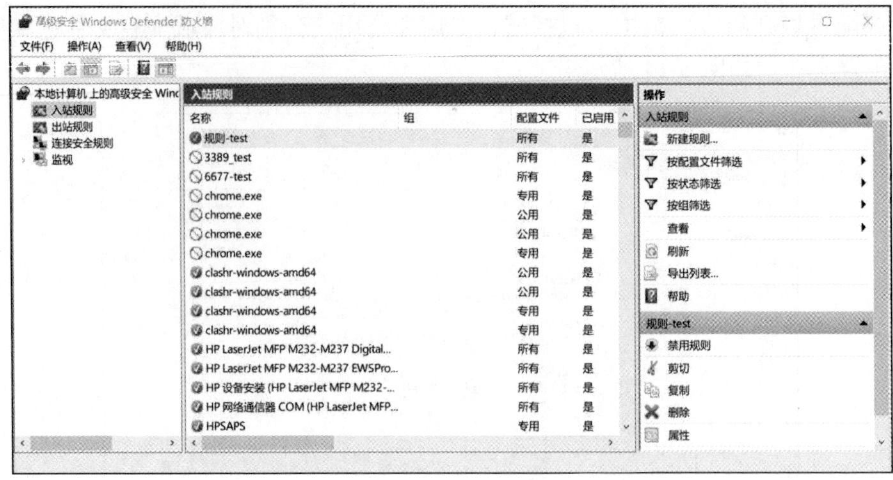

图 6-16　入站规则

一、思考题

1．解释下列名词的概念：

防火墙　　外部网络　　内部网络　　包过滤
代理服务器　　非军事区　　状态检测技术　　边界防火墙
分布式防火墙　　嵌入式防火墙　　个人防火墙

2．防火墙基本安全策略是指哪两种？
3．简述防火墙的功能。
4．一个好的防火墙系统应具有哪些特性？
5．病毒防火墙与传统意义上的防火墙有哪些不同？
6．防火墙有哪些优点和缺点？举例说明什么样的攻击是防火墙无法防范的。
7．简述包过滤防火墙的工作原理。
8．包过滤防火墙有哪些优点和缺点？
9．包过滤防火墙的发展经历了哪几代技术？
10．举例说明动态包过滤技术的优势。
11．举例说明状态检测技术的防火墙具有哪些控制能力。
12．举例说明深度包检测防火墙的优势。
13．简述代理服务器的基本工作过程。
14．代理服务器有哪些优点和缺点？
15．自适应代理技术有哪些优点？
16．防火墙的体系结构一般有哪几种？各有什么特点？
17．简述分布式防火墙的主要特点。
18．列举几种当前比较流行的防火墙产品，并了解其功能及特点。

二、实践题

1．以一个企业或校园网络为例，根据其安全需求为该网络设计和配置合适的防火墙系统。

2．在自己的计算机上配置和启用 Windows Defender。

3．查找资料，结合当前防火墙产品的功能、所采用的技术、安全市场需求及所占市场份额等信息，分析防火墙技术的发展现状和趋势。

第 7 章　网络攻击及防范

孙子云：“知己知彼，百战不殆。”本章介绍黑客和网络攻击的一些基础知识，同时对一些常用的攻击手段和攻击技术做进一步的讨论，并给出相应的防范措施。通过本章的学习，应达到以下目标：

- 了解黑客与网络攻击的基础知识。
- 掌握口令攻击、端口扫描、缓冲区溢出、网络监听、IP 欺骗、拒绝服务和高级持续威胁等攻击方式的原理、方法及危害。
- 能够识别和防范各类攻击。
- 了解网络安全工具的使用。

7.1　网络攻击概述

7.1.1　黑客简介

黑客源于英语动词 hack，意为“劈，砍”，引申为“干了一件非常漂亮的工作”。原指那些熟悉操作系统知识、具有较高的编程水平，热衷于发现系统漏洞并将漏洞公开与他人共享的一类人。黑客们通过自己的知识体系和编程能力去探索和分析系统的安全性及完整性，一般没有窃取和破坏数据的企图。目前许多软件存在的安全漏洞都是黑客发现的，这些漏洞被公布后，软件开发者就会对软件进行改进或发布补丁程序。因而黑客的工作在某种意义上是有创造性和有积极意义的。

一般认为，黑客起源于二十世纪五十年代麻省理工学院的实验室，他们精力充沛，热衷于解决难题。二十世纪六七十年代，“黑客”一词极富褒义，用于指代那些独立思考、奉公守法的计算机迷，他们智力超群，对计算机全身心投入，从事黑客活动意味着对计算机的最大潜力进行智力上的自由探索，为计算机技术的发展做出巨大贡献。正是这些黑客，倡导了一场个人计算机革命，倡导了现行的计算机开放式体系结构，并打破以往计算机技术只掌握在少数人手里的局面，开创了个人计算机的先河，提出“计算机为人民所用”的观点，他们是计算机发展史上的英雄。现在“黑客”使用的入侵计算机系统的基本技巧，如破解口令（Password Cracking）、“开天窗”（Trapdoor）、“走后门”（Backdoor）、安放特洛伊木马（Trojan Horse）等，都是在这一时期发明的。从事黑客活动的经历，成为后来许多计算机业巨子简历上不可或缺的一部分。苹果公司创始人之一乔布斯就是一个典型的例子。

在二十世纪六十年代，计算机还远未普及，仅有少量存储重要信息的数据库，也谈不上黑客对数据的非法复制等问题。到了二十世纪八九十年代，计算机越来越重要，大型数据库也越来越多，同时，信息越来越集中在少数人的手里。这样一场新时期的“圈地运动”引起黑客们的极大反感。黑客认为，信息应共享而不应被少数人垄断，于是他们将注意力转移到涉及各种机密的信息数据库上。而这时，计算机化空间已私有化，成为个人拥有的财产，社会不能再对黑客行为放任不管，必须采取行动，利用法律等手段来进行控制。黑客活动受到空前的打击。

但是，在当今社会，政府和公司的管理者越来越多地要求黑客传授他们有关计算机安全的知识。许多公司和政府机构已经邀请黑客为他们检验系统的安全性，甚至还请他们设计新的保安规程。在两名黑客连续发现网景公司设计的信用卡购物程序的缺陷并向商界发出公告之后，网景修正了缺陷并宣布举办名为“网景缺陷大奖赛”的竞赛，那些发现和找到该公司产品中安全漏洞的黑客可获得 1000 美元的奖金。这说明黑客正在对计算机防护技术的发展做出贡献。

那些怀不良企图，非法侵入他人系统进行偷窥、破坏活动的人称为骇客（cracker）、入侵者（intruder）。他们也具备广泛的计算机知识，但与黑客不同的是，他们以破坏为目的。据统计，全球每 20 秒就有一起系统入侵事件发生，仅美国一年所造成的经济损失就超过 100 亿美元。当然还有一种人介于黑客与入侵者之间。但在大多数人眼里，黑客就是指入侵者，因而在本书中出现的“黑客”一词，也作为与“入侵者”“攻击者”同一含义的名词来理解。

7.1.2 黑客攻击的步骤

黑客攻击的步骤

黑客攻击一般包括以下 3 个步骤。

1. 收集信息

收集要攻击的目标系统的信息，包括目标系统的位置、路由、目标系统的结构及技术细节等。可以用以下工具或协议来完成信息收集。

（1）Ping 程序：用于测试一个主机是否处于活动状态及主机响应所需要的时间等。

（2）Tracert 程序：可以用该程序来获取到达某一主机经过的网络及路由器的列表。

（3）Finger 协议：用于取得某一主机上所有用户的详细信息。

（4）DNS 服务器：该服务器提供系统中可以访问的主机的 IP 地址和主机名列表。

（5）SNMP 协议：可以查阅网络系统路由器的路由表，从而了解目标主机所在网络的拓扑结构及其他内部细节。

（6）Whois 协议：该协议的服务信息能提供所有有关的 DNS 域和相关的管理参数。

2. 探测系统的安全弱点

攻击者根据收集的目标网络的有关信息，对目标网络上的主机进行探测，以发现系统的弱点和安全漏洞。发现系统弱点和漏洞的主要方法如下：

（1）利用“补丁”找到突破口。对于已发现存在安全漏洞的产品或系统，开发商一般会发行“补丁”程序，以弥补这些安全缺陷。但许多用户没有及时地使用“补丁”程序，这就给攻击者以可乘之机。攻击者通过分析“补丁”程序的接口，自己编写程序通过该接口入侵目标系统。

（2）利用扫描器发现安全漏洞。扫描器是一种常用的网络分析工具。这种工具可以对整个网络或子网进行扫描，寻找安全漏洞。扫描器的使用价值具有两面性，系统管理员使用扫描器可以及时发现系统存在的安全隐患，从而完善系统的安全防御体系；而攻击者使用扫描工具可以发现系统漏洞，会给系统带来巨大的安全隐患。目前比较流行的开源扫描器有Nmap、ZAP、OSV-Scanner、CloudSploit 等。

3. 实施攻击

攻击者通过上述方法找到系统的弱点后，就可以对系统实施攻击。攻击者的攻击行为一般可以分为以下 3 种表现形式。

（1）掩盖行迹，预留后门。攻击者潜入系统后，会尽量销毁可能留下的痕迹，并在受损害系统中找到新的漏洞或留下后门，以备下次攻击时使用。

（2）安装探测程序。攻击者可能在系统中安装探测软件，即使攻击者退出去以后，探测软件仍可以窥探所在系统的活动，收集攻击者感兴趣的信息，如用户名、账号、口令等，并源源不断地把这些秘密传给幕后的攻击者。

（3）取得特权，扩大攻击范围。攻击者可能进一步发现受损害系统在网络中的信任等级，然后利用该信任等级所具有的权限，对整个系统展开攻击。如果攻击者获得根用户或管理员的权限，后果将不堪设想。

7.1.3 网络入侵的对象

了解和分析网络入侵的对象是入侵检测和防范的第一步。网络入侵的对象主要包括以下 3 种。

（1）固有的安全漏洞。任何软件系统，包括系统软件和应用软件都无法避免地存在安全漏洞。这些漏洞主要源于程序设计等方面的错误和疏忽，如协议的安全漏洞、弱口令、缓冲区溢出等。这些漏洞给入侵者提供了可乘之机。

（2）系统维护措施不完善的系统。当发现漏洞时，管理人员需要仔细分析危险程序，并采取补救措施。有时虽然对系统进行了维护，对软件进行了更新或升级，但由于路由器及防火墙的过滤规则复杂等问题，系统可能又会出现新的漏洞。

（3）缺乏良好安全体系的系统。一些系统不重视信息的安全，在设计时没有建立有效的、多层次的防御体系，这样的系统不能防御复杂的攻击。缺乏足够的检测能力也是很严重的问题。很多企业依赖审计跟踪和其他的独立工具来检测攻击，日新月异的攻击技术使这些传统的检测技术显得苍白无力。

7.1.4 主要的攻击方法

主要的攻击方法

主要的攻击方法包括以下 6 种。

1. 获取口令

获取口令一般有以下 3 种方法。

（1）通过网络监听非法得到用户口令，这种方法有一定的局限性，但危害性极大，监听者往往能够获得其所在网段的所有用户账号和口令，对局域网安全威胁巨大。

（2）在知道用户的账号后，利用一些专门软件强行破解用户口令，这种方法不受网段限制，但攻击者要有足够的耐心和时间。

（3）在获得一个服务器上的用户口令文件（在 UNIX 中此文件称为 Shadow 文件）后，用暴力破解程序破解用户口令，该方法的使用前提是攻击者获得口令文件。

第 3 种方法在所有方法中危害最大，因为它不需要像第 2 种方法那样一遍又一遍地尝试登录服务器，而是在本地将加密后的口令与 Shadow 文件中的口令相比较就能非常容易地破获用户密码，尤其对那些弱口令（如 123456、666666、hello、admin 等），在极短时间内就能够破解。

2. 放置特洛伊木马程序

特洛伊木马程序是一种远程控制工具，可以直接入侵用户的计算机并进行破坏，它常伪装成工具程序或者游戏，有时也捆绑在某个有用的程序上，诱使用户打开带有特洛伊木马程序的邮件附件或从网上直接下载，一旦用户打开这些邮件的附件或者执行这些程序，木马程序就会留在计算机中，并会在每次启动计算机时悄悄执行。当带有木马程序的计算机连接到 Internet 时，这个木马程序就会通知攻击者，泄露用户的 IP 地址以及预先设定的端口。攻击者在收到这些信息后，再利用这个潜伏在其中的程序，就可以任意修改用户计算机的参数设定、复制文件、窥视整个硬盘中的内容等，从而达到控制用户计算机的目的。

3. WWW 的欺骗技术

用户可以利用浏览器进行各种各样的 Web 站点的访问，如阅读新闻、咨询产品价格、订阅报纸、电子商务等。然而一般的用户恐怕不会想到有这些问题存在：正在访问的网页已经被攻击者篡改过，网页上的信息是虚假的。例如，攻击者将用户要浏览的网页的 URL 改写为指向攻击者自己的服务器，当用户浏览目标网页时，实际上是向攻击者的服务器发出请求，那么攻击者就可以达到欺骗的目的。此时攻击者可以监控受攻击者的任何活动，包括账号和口令。攻击者也能以受攻击者的名义将错误或者易于误解的数据发送到真正的 Web 服务器，以及以任何 Web 服务器的名义发送数据给受攻击者。简而言之，攻击者观察和控制着受攻击者在 Web 上做的每一件事。

4. 电子邮件攻击

电子邮件攻击主要表现为两种方式：一是通常所说的电子邮件炸弹，是指用伪造的 IP 地址和电子邮件地址向同一信箱发送数以千计、万计甚至无穷多次的内容相同的垃圾邮件，致使受害人的邮箱被“炸”，严重者可能会给电子邮件服务器操作系统带来危险，甚至使其瘫痪；二是电子邮件欺骗，攻击者佯称自己是系统管理员（邮件地址和系统管理员完全相同），给用户发送邮件，要求用户修改口令（口令可能为指定字符串）或在貌似正常的附件中加载病毒或其他木马程序，这类欺骗只要用户提高警惕，一般危害性不是太大。

5. 网络监听

网络监听是指将网卡置于一种杂乱的工作模式，在这种模式下，主机可以接收到本网段同一条物理通道上传输的所有信息，而不管这些信息的发送方和接收方是谁。此时，如果两台主机进行通信的信息没有加密，只要使用某些网络监听工具（如 NetXray、Sniffer 等）就可以轻而易举地截获包括账号和口令在内的信息资料。

6. 寻找系统漏洞

许多系统都有这样那样的安全漏洞，其中某些是操作系统或应用软件本身具有的，例如，微软发布的 2023 年 11 月份安全更新共包括 67 个漏洞的补丁程序，主要涵盖了 Microsoft Windows 和 Windows 组件、Microsoft Dynamics 365、Microsoft Office、Microsoft Windows Speech、Microsoft Windows Authentication Methods、Microsoft Windows Common Log File System Driver 等。其中超危漏洞 3 个，高危漏洞 33 个，中危漏洞 31 个，微软多个产品和系统版本受漏洞影响。这些漏洞在补丁未被开发出来之前一般很难防御攻击者的破坏，除非将网线拔掉；还有一些漏洞是由于系统管理员配置错误引起的，如在网络文件系统中将目录和文件以可写的方式调出，将未加 Shadow 的用户密码文件以明码方式存放在某一目录下，这都会给攻击者带来可乘之机，应及时加以修正。

后文将陆续介绍几种主要的攻击技术。

7.1.5 攻击的新趋势

攻击的新趋势

1. 利用 AI 的网络攻击愈演愈烈

ChatGPT 发布后不久，便传出犯罪分子利用该工具编写恶意软件的报道，尽管这些恶意软件看似只是简单的脚本，却已透露出 AI 被恶意利用的潜在风险。人工智能如果被用于网络犯罪活动，其潜在威胁不容小觑。美国国土安全部的《2024 年国土威胁评估》报告明确指出，网络犯罪分子将继续研发新的工具和攻击方式，以扩大受害范围、提升攻击规模和速度、增强攻击效果，并提升攻击的隐蔽性。报告中还强调，新兴的网络和 AI 工具的激增与普及，将为攻击者提供更为便捷的途径，通过创建低成本、高质量的文本、图像和音频合成内容来支持其恶意信息活动。深度造假是快速增长的威胁之一，其背后的推动力包括易于获取的廉价计算能力、生成式人工智能算法（包括生成对抗网络和自动编码器）以及用于转换人物图像（例如换脸）的移动应用程序激增，其目标是创建具有高度音视频可信度的逼真人物形象。深度伪造通常用于创建用于欺诈、实施勒索软件攻击、窃取数据和知识产权的合成身份。由此可见，AI 的持续应用和发展无疑将对网络安全构成严重威胁，其影响程度值得我们密切关注。

2. 云平台安全挑战加剧

在数字化浪潮中，云平台已成为企业和个人数据存储的首选之地。云平台在帮助人们实现了数字化空间扩展、远程办公、多元化终端接入的同时，也使网络接入的系统、位置和时间更分散。多元化运维终端接入云平台，接入设备和系统安全措施难以统一，可控性降低，判断用户身份和行为合法性难度增加。一旦攻击者成功入侵某人的账户，他们便能轻易浏览和窃取该账户内的工作文件、私人照片、财务信息等各类敏感数据。攻击者还可以通过控制存在安全漏洞的云资源进行网络钓鱼攻击，传播负面舆论，云平台管理者难以进行溯源和避免云资源被攻击者利用。

预计到 2025 年年底，云上存储的数据量将达到惊人的 100ZB，这意味着企业组织对云存储的应用需求将会持续飙升。数据显示，近 50%的受访企业会使用云来存储敏感型数据。在此情况下，企业必须优先考虑有效的加密方法，降低未经授权的数据访问和数据泄密相关的风险。随着时间的推移，越来越多的企业将会实施自动化的新一代云安全解决方案。此外，通过安全编排自动化与响应技术（Security Orchestration, Automation and Response，SOAR），企业可以减少大量云安全工具操作的复杂性，在一个统一平台上协调、自动化和执行各种云安全任务，并且跨不同的部门和业务系统。另外，通过零信任策略采用细粒度访问控制和多因素身份验证，确保只有经过授权的用户可以访问资源。

3. 物联网安全问题凸显

物联网设备使人们的日常生活变得更加便捷和高效，智能音箱、智能手表、智能家电等各种设备成为许多人日常生活中不可或缺的一部分。然而，这些设备的普及也带来了网络安全方面的挑战。物联网设备不仅依赖软件进行运行和控制，还通过无线连接进行相互通信。这两个因素都为网络犯罪分子提供了潜在的攻击机会。而物联网本身的特点决定了其面临的安全挑战与传统网络的不同。物联网涉及数十亿台设备的大规模部署，其中许多设备是不安全的，容易受到攻击；多数物联网设备具有有限的计算和存储资源，因此无法运行复杂的安全软件；物联网设备的类型和制造商繁多，安全标准和协议的不一致性增加了管理和保护的复杂性；很多物联网设备需要长期持续运行，因此需要持续的安全更新和维护。

据 Statista 报告显示，从 2018 年至 2022 年，全球物联网网络攻击数量增长了 243%以上，从每年 3270 万次激增至惊人的 1.1229 亿次。这一增长趋势表明，物联网安全问题已经成为一个亟待解决的重要问题。为了应对这一挑战，通过修复漏洞、加强安全功能（如加密和双因素身份验证）以及定期进行代码审计等措施，可以更有效抵御针对物联网设备和智能家居的网络攻击。

4. 数字供应链攻击增多

数字化供应链是一种基于互联网、物联网、大数据、人工智能等新一代信息技术，构建以价值创造为导向、以客户为中心、以数据为驱动的，对供应链全业务流程进行计划、执行、控制和优化，对实物流、信息流、资金链进行整体规划的数据融通、资源共享、业务协同的网状供应链体系。

供应链作为商业界的支柱，其高效运作对于全球范围内的产品生产和运输至关重要。然而，正是由于供应链的重要性，它也成为网络犯罪分子的主要攻击目标。近年来供应链攻击的发生频率呈明显增长趋势，攻击者利用供应链网络固有的复杂性和互联性，通过恶意软件植入、代码篡改、供应链流程破坏等方式，实现对目标组织的深度渗透和控制。未来，随着大规模生产和全球运输需求的不断增加，供应链攻击将继续增加，并可能变得更加复杂和难以应对。

7.2 口令攻击

口令攻击

口令攻击是指通过猜测或其他手段获取某些合法用户的账号和口令，然后使用这些账号和口令登录到目的主机，进而实施攻击活动。这种方法的前提是必须先得到该主机上的某个合法用户的账号，然后再进行口令的破译。获得普通用户账号的方法很多，如利用目标主机的 Finger 功能和目标主机的 X.500 服务。有些用户的电子邮件地址常会透露其在目标主机上的账号；很多系统会使用一些习惯性的账号，造成账号的泄露。

7.2.1 获取口令的方法

获取口令的方法主要包括以下 3 种。

1. 通过网络监听非法得到用户口令

目前的很多协议根本就没有采用任何加密或身份认证技术，如在 Telnet、FTP、HTTP、SMTP 等传输协议中，用户账号和口令信息都是以明文格式传输的，攻击者利用数据包截取工具便可以很容易地收集到用户的账号和口令。还有一种中途截击攻击方法，它可以在用户同服务器端完成“三次握手”建立连接之后，假冒服务器欺骗用户，获取账号和口令，再假冒用户向服务器发出恶意请求。另外，攻击者有时还会利用软件和硬件工具时刻监视系统主机的工作，记录用户登录信息，从而取得用户密码；或者编制有缓冲区溢出错误的 SUID 程序来获得超级用户权限。

2. 口令的穷举攻击

在知道用户的账号后，可以利用一些专门软件强行破解用户口令，这种方法不受网段限制，但攻击者要有足够的耐心和时间，如采用字典穷举法来破解用户的密码。攻击者可以通过一些工具程序，自动地从口令字典中取出一个单词，作为用户的口令，再输入给远端的主机，申请进入系统。若口令错误，就按序取出下一个单词，进行下一次尝试，并一直循环下去，直到找到正确的口令或字典的单词试完为止。由于这个破译过程由计算机程序来自动完成，因而用几个小时就可以把有数十万条记录的字典里的所有单词都试一遍。图 7-1 为一个软件猜测用户名和口令的界面。许多类似的软件都带有口令字典，对于弱口令，这样的软件可以在极短的时间内就完成破解。

图 7-1 猜测用户名和口令

3. 利用系统管理员的失误

在现代的 UNIX 操作系统中，用户的基本信息存放在 passwd 文件中，而所有的口令则经过 DES 加密算法加密后存放在一个叫影子的文件中。获取口令文件后，就可以用专门的破解 DES 加密法的程序来解密而获得所有用户口令。

7.2.2 设置安全的口令

在一个安全的口令里应包含大小写字母、数字、标点、空格、控制符等，口令越长，攻击的难度越大。假设每秒测试一百万次，那么仅用小写字母组成的 4 字符口令，穷举攻击需要的最大次数为 26^4，穷举搜索仅需要 0.5 秒；对于由所有可输入字符构成的 4 字符口令，则需要 95^4 次穷举，穷举搜索需要的时间为 1 分 24 秒，而这样的 8 字符口令，则要 95^8 次穷举，穷举搜索需要的时间为 210 年。随着硬件速度的不断提高以及互联网强大的分布计算能力，口令很难真正抵抗住穷举攻击的威胁。

许多人设置口令时喜欢使用生日、名字、电话号码、身份证号码、地名、常用单词等，这样的口令固然便于记忆，但安全性却极差。字典攻击对于这样的弱口令很奏效。

对于口令的安全可以参看以下 3 点建议。

（1）口令的选择。使用字母、数字及标点的组合，如 Ha、Pp@y!和 w/（X,y）*等。使用一句话的开头字母作为口令，如由 A fox jumps over a lazy dog!产生口令 AfJoAld!。

（2）口令的保存。不要将口令写下来，即使写下来，也要放到安全的地方，加密最好。

（3）口令的使用。输入口令时不要让他人看到；不要在不同的系统上使用同一口令；定期改变口令，至少做到每 6 个月改变一次。

7.2.3　一次性口令

即使采用上面介绍的措施使用常规的口令，安全仍不能得到保证，更好的方法是使用特殊的口令机制，如一次性口令（One-Time Password，OTP）。

所谓一次性口令就是一个口令仅使用一次，它能有效抵制重放攻击，这样窃取系统的口令文件、窃听网络通信获取口令及穷举攻击猜测口令等攻击方式都不能生效。OTP 的主要思路是在登录过程中加入不确定因素，使每次登录过程中生成的口令不相同，如 OTP=MD5（用户名+随机数/口令/时间戳），系统接收到登录口令后，以同样的算法进行计算以验证用户的合法性。

在使用一次性口令的系统中，用户可以得到一个口令列表，每次登录使用完一个口令后就将它从列表中删除；用户也可以使用 IC 卡或其他硬件卡来存储用户的秘密信息，这些信息再与随机数、系统时间等参数一起通过散列得到一个一次性口令。一次性口令系统比传统方式的口令系统能提供更高的安全性，但对系统的要求比较高，需要增加一些硬件和相应的软件处理过程，目前应用不是很普遍。但对于一些安全性要求比较高的系统，应该考虑使用一次性口令系统。

7.3　扫　描　器

扫描器

7.3.1　端口与服务

许多 TCP/IP 程序都可以通过网络启动客户/服务器结构。服务器上运行着一个守护进程，当客户有请求到达服务器时，服务器就启动一个服务进程与其进行通信。为了简化这一过程，每个应用服务程序（如 WWW、FTP、Telnet 等）被赋予一个唯一的地址，这个地址称为端口。端口号由 16 位的二进制数据表示，范围为 0～65535。守护进程在一个端口上监听，等待客户请求。常用的 Internet 应用所使用的端口如下：HTTP（80）、FTP（21）、Telnet（23）、SMTP（25）、DNS（53）、SNMP（169）。这类服务也可以绑定到其他端口，但一般都使用指定端口，称为周知端口或公认端口。

端口可以分为以下 3 类。

（1）公认端口（Well Known Ports）：0～1023。它们紧密绑定于一些服务。通常这些端口的通信明确表明了某种服务的协议。例如，80 端口实际上总是进行 HTTP 通信。

（2）注册端口（Registered Ports）：1024～49151。它们松散地绑定于一些服务，也就是说，有许多服务绑定于这些端口，这些端口同样用于许多其他目的。例如，许多系统处理动态端口从 1024 左右开始。许多程序并不在乎用哪个端口连接网络，它们请求操作系统为它们分配“下一个闲置端口”。基于这一点，分配从端口 1024 开始。这意味着第一个向系统请求分配动态端口的程序将被分配端口 1024。

（3）动态和/或私有端口（Dynamic and/or Private Ports）：49152～65535。理论上，不应为服务分配这些端口。

7.3.2 端口扫描

端口扫描是获取主机信息的一种常用方法。一个端口就是一个潜在的通信通道，即一个入侵通道。对目标计算机进行端口扫描，能得到许多有用的信息。进行扫描的方法很多，可以手工进行，也可以用端口扫描程序进行。简单的端口扫描程序很容易编写，掌握了基础的 Socket 编程知识，便可以轻而易举地编写出能够在 UNIX 及 Windows 操作系统中运行的端口扫描程序。利用端口扫描程序可以了解远程服务器提供的各种服务及其 TCP 端口分配，了解服务器的操作系统及目标网络结构等信息。作为系统管理员，使用扫描工具可以及时检查和发现自己系统存在的安全弱点和安全漏洞，是很常用的网络管理工具，许多安全软件都提供扫描功能。例如，当系统管理员扫描到 Finger 服务所在的端口是打开的时，应当考虑这项服务是否应关闭才更安全；如果原来该项服务是关闭的，现在被扫描到是打开的，则说明系统已遭到入侵，并且有人非法取得了管理员权限，改变了系统的设置。

与此同时，端口扫描也广泛被攻击者用来寻找攻击线索和攻击入口。例如，在 Windows NT 和 Windows 98 中，只有非常有限的几个端口开放提供服务。除了在 21（FTP）、80（WWW）端口监听外，Windows NT 还监听 135、139 等端口，而 Windows 98 只监听 139 端口。这样，通过扫描到的端口数和端口号，能大体上判断出目标所运行的操作系统。通过这种方法，还可以搜集到很多各种关于目标主机的有用信息，如是否能用匿名登录，是否有可写的 FTP 目录，是否能用 Telnet 等。端口扫描程序在网上很容易找到，因而许多人认为扫描工具是入侵工具中最危险的一类。

扫描器是指一类用于检测和识别目标系统中存在的安全漏洞、弱点或恶意活动的工具。通过与目标主机 TCP/IP 端口建立连接并请求某些服务（如 Telnet、FTP 等），记录目标主机的应答，搜集目标主机相关信息（如匿名用户是否可以登录等），从而发现目标主机某些内在的安全弱点。扫描器的重要性在于通过程序自动完成极为烦琐的安全检测，这不仅减轻了管理者的工作，而且缩短了检测时间，可以更快地发现问题。当然，扫描器也可以认为是一种网络安全性评估软件。一般而言，扫描器可以快速、深入地对网络或目标主机进行评估。

根据扫描器功能和用途，可以分为不同的类别。以下是一些常见的扫描器类别。

（1）漏洞扫描器（Vulnerability Scanners）：专注于识别目标系统中存在的已知安全漏洞。它们会扫描目标，寻找可能被攻击者利用的软件或系统漏洞。

（2）网络扫描器（Network Scanners）：用于识别目标网络中的活跃主机、开放端口以及网络服务。它们有助于绘制目标网络的地图，并帮助管理员了解网络拓扑结构。

（3）Web 应用程序扫描器（Web Application Scanners）：专门用于检测 Web 应用程序中的安全问题和漏洞，包括寻找潜在的 SQL 注入攻击、XSS 攻击和其他与 Web 应用程序安全相关的问题。

（4）恶意软件扫描器（Malware Scanners）：致力于检测系统中的恶意软件，包括病毒、蠕虫、特洛伊木马等。它们通过扫描文件、内存和注册表等途径来发现潜在的恶意活动。

（5）无线网络扫描器（Wireless Scanners）：主要用于评估和确保无线网络的安全性。这类扫描器可以识别无线网络中的安全漏洞，如未加密的连接或弱密码。

（6）主机扫描器（Host Scanners）：专注于目标主机上的安全问题，包括开放端口、运行的服务以及系统配置方面的漏洞。

（7）端口扫描器（Port Scanners）：专门用于检测目标系统上的开放端口，帮助管理员了解系统上哪些服务是活跃的。

（8）代码扫描器（Code Scanners）：用于检测软件源代码中的安全漏洞和编程错误，帮助开发人员提高其应用程序的安全性。

一些扫描器可能具有多种功能，因此它们可能属于多个类别。

扫描器通过对扫描对象的脆弱性进行深入了解，能较好地运用程序来自动检测其是否存在已知的漏洞；能给扫描时发现的问题提供一个良好的解决方案；可以在系统实现时提供相应的补救措施，提供系统的实现和运行效率。扫描器在进行扫描时会造成大量数据的传送，会加重服务器的负担，甚至会给某些服务带来危害。所以，不要轻易使用扫描工具随意扫描主机，更不要违背国家法律法规和道德准则使用扫描工具进行危害网络安全的活动。

有许多安全扫描器可用于不同的用途。以下是一些常见的扫描器，它们在网络安全和应用程序安全方面得到了广泛应用。

（1）Nmap（Network Mapper）：用于网络发现和安全审计的强大开源工具。它可以扫描目标网络上的主机、服务和开放端口。

（2）OpenVAS（Open Vulnerability Assessment System）：用于扫描和评估系统漏洞的开源工具。它包含一系列网络服务和应用程序漏洞的插件。

（3）Nessus：一款商业漏洞扫描器，用于检测网络上的漏洞和安全问题。它提供了广泛的漏洞签名库和定期更新。

（4）Acunetix：专注于 Web 应用程序安全的扫描器，用于检测诸如 SQL 注入攻击、XSS 攻击等 Web 漏洞。

（5）Burp Suite：主要用于 Web 应用程序渗透测试，包括扫描、代理、爬虫和渗透测试等功能。

这些工具各有其长，具体选择取决于用户的安全需求和环境。在使用这些工具时，务必遵循法律法规和道德准则，确保操作的合法性和合规性。

7.3.3 常用的扫描技术

常用的扫描技术包括以下几种。

1. TCP connect()扫描

TCP connect()是最基本的 TCP 扫描技术。通过系统提供的 connect()调用，可以用来与任何一个感兴趣的目标计算机的端口进行连接。如果目标端口开放，则会响应扫描主机的 SYN/ACK 连接请求并建立连接；如果目标端口处于关闭状态，则目标主机会向扫描主机发送 RST 的响应。这种技术一个最大的优点是用户不需要任何权限，系统中的任何用户都有权力使用这个调用；另一个优点是用户可以通过同时打开多个套接字来加速扫描。

2. TCP SYN 扫描

TCP SYN 扫描技术通常被认为是“半连接”扫描。所谓的“半连接”扫描是指在扫描主机和目标主机的指定端口建立连接时只完成了前两次握手，在第三步时，扫描主机中断了本次连接，使连接没有完全建立起来。扫描程序发送的是一个 SYN 数据包，好像准备打开一个实际的连接并等待反应一样。返回 SYN/ACK 信息，表示端口处于侦听状态；返回 RST，表示端口没有处于侦听状态。如果收到一个 SYN/ACK 信息，则扫描程序必须再发送一个 RST 信息，来关闭这个连接过程。TCP SYN 扫描的优点在于：即使日志中对扫描有所记录，但是尝试进行连接的记录也要比全扫描少得多；缺点在于：在大部分操作系统中，发送主机需要构造适用于这种扫描的 IP 包，通常情况下，构造 SYN 数据包需要超级用户或者授权用户访问专门的系统调用。

3. TCP FIN 扫描

有的防火墙和包过滤器会对一些指定的端口进行监视，有的程序能检测到 TCP SYN 扫描。此时，使用 FIN 数据包可能会顺利地通过检测。这种扫描方法的思想是关闭的端口会用适当的 RST 来回复 FIN 数据包，而打开的端口会忽略对 FIN 数据包的回复。这种方法和系统的实现有一定的关系。有的系统不管端口是否打开，都回复 RST，此时，这种扫描方法就不适用了。

4. IP 段扫描

IP 段扫描技术不是直接发送 TCP 探测数据包，而是将数据包分成两个较小的 IP 段。这样就将一个 TCP 头分成好几个数据包，使过滤器很难探测到。

5. TCP 反向 Ident 扫描

Ident 协议允许看到通过 TCP 连接的任何进程拥有者的用户名，即使这个连接不是由这个进程开始的。例如，用户可以连接到 HTTP 端口，然后用 Identd 来发现服务器是否正在以 root 权限运行。这种方法只能在和目标端口建立一个完整的 TCP 连接后才能实现。

6. FTP 返回攻击

FTP 协议的一个有趣的特点是它支持代理 FTP 连接，即攻击者可以从自己的计算机 myself.com 和目标主机 target.com 的 FTP server-PI（协议解释器）连接，建立一个控制通信连接。然后，请求这个 server-PI 激活一个有效的 server-DTP（数据传输进程）来向 Internet 上的任意地方发送文件。这个特点可能造成的问题包括能用来发送不能跟踪的邮件和新闻、给许多服务器造成打击、用尽磁盘、企图越过防火墙等。

可以利用这个特点，从一个代理的 FTP 服务器来扫描 TCP 端口。这样，就能在一个防火墙后面连接到一个 FTP 服务器，然后进行端口扫描。如果 FTP 服务器允许从一个目录读写数据，就能发送任意的数据到发现的打开端口。这种方法的优点是难以跟踪，能穿过防火墙；主要缺点是速度很慢。

7. UDP ICMP 端口不能到达扫描

UDP ICMP 端口不能到达扫描方法与上面几种方法的不同之处在于它使用的是 UDP 协议。由于这个协议很简单，所以扫描变得相对困难，这是因为对于扫描探测，已打开的端口并不发送一个确认，而关闭的端口也不需要发送一个错误数据包。但幸运的是，许多主机在用户向一个未打开的 UDP 端口发送一个数据包时，会返回一个 ICMP_PORT_UNREACH 错误，通过这个就能判断哪个端口是关闭的。由于 UDP 和 ICMP 错误都不保证能到达，因此这种扫描器必须具备在一个包看上去丢失的情况下能重新传输的功能。由于 RFC 对 ICMP 错误消息的产生速率做了规定，所以这种扫描方法很慢。同样，这种扫描方法需要具有 root 权限。

8. ICMP Echo 扫描

ICMP Echo 扫描并不是真正意义上的扫描，但有时通过 ping 命令可以判断一个网络上的主机是否开机。

7.3.4 扫描程序分析

本小节从 Socket 和代码两个方面对一个简单的扫描程序进行分析。

1. Socket 介绍

Socket 称为套接字，Socket 字面上的意思是“插座”“孔”，在网络编程中是指运行在网络上的两个程序间双向通信连接的末端，它提供客户端和服务器端的连接通道。Socket 绑定于特定端口，这样 TCP 层就知道将数据提供给哪个应用程序。

从连接的建立到连接的结束，每个 Socket 应用都大致包含以下几个基本步骤。

（1）服务器端 Socket 绑定于特定端口，服务器侦听 Socket 等待连接请求。

（2）客户端向服务器和特定端口提交连接请求。

（3）服务器接收连接，产生一个新的 Socket，绑定到另一个端口，由此 Socket 来处理与客户端的交互，服务器继续侦听原 Socket 来接收其他客户端的连接请求。

（4）连接成功后客户端也产生一个 Socket，并通过它来与服务器端通信（注意：客户端 Socket 并不与特定端口绑定）。

（5）服务器和客户端通过读取和写入各自的 Socket 来进行通信。

下面介绍一些基本的 Socket API 函数的用法。

（1）WSAStartup 函数。语法格式如下：

int WSAStartup(WORD wVersionRequested, LPWSADATA lpWSAData);

在使用 Socket 程序之前必须调用 WSAStartup 函数。该函数的第一个参数指明程序请求使用的 Socket 版本，其中高位字节指明副版本、低位字节指明主版本；操作系统利用第二个参数返回请求的 Socket 的版本信息。当一个应用程序调用 WSAStartup 函数时，操作系统根据请求的 Socket 版本来搜索相应的 Socket 库，然后将找到的 Socket 库绑定到该应用程序中。以后应用程序就可以调用所请求的 Socket 库中的其他 Socket 函数。该函数执行成功后返回 0。

假设一个程序要使用 2.1 版本的 Socket，程序代码如下：

```
wVersionRequested = MAKEWORD(2,1);
err = WSAStartup(wVersionRequested, &wsaData);
```

（2）WSACleanup 函数。语法格式如下：

int WSACleanup(void);

应用程序在完成对请求的 Socket 库的使用后，要调用 WSACleanup 函数来解除与 Socket 库的绑定并且释放 Socket 库所占用的系统资源。

（3）socket 函数。语法格式如下：

SOCKET socket(int af,int type,int protocol);

应用程序调用 socket 函数来创建一个能够进行网络通信的套接字。第一个参数指定应用程序使用的通信协议的协议族，对于 TCP/IP 协议族，该参数置为 PF_INET；第二个参数指定要创建的套接字类型，流套接字类型为 SOCK_STREAM，数据报套接字类型为 SOCK_DGRAM；

第三个参数指定应用程序使用的通信协议。该函数如果调用成功，就返回新创建的套接字的描述符；如果失败，就返回 INVALID_SOCKET。套接字描述符是一个整数类型的值。每个进程的进程空间里都有一个套接字描述符表，该表中存放着套接字描述符和套接字数据结构的对应关系。该表中有一个字段存放新创建的套接字的描述符，另一个字段存放套接字数据结构的地址，因此根据套接字描述符就可以找到其对应的套接字数据结构，套接字数据结构都在操作系统的内核缓冲里。下面是一个创建流套接字的例子。

```
struct protoent *ppe;
ppe=getprotobyname("tcp");
SOCKET  ListenSocket=socket(PF_INET,SOCK_STREAM,ppe->p_proto);
```

（4）closesocket 函数。语法格式如下：

int closesocket(SOCKET s);

closesocket 函数用来关闭一个描述符为 s 的套接字。由于每个进程中都有一个套接字描述符表，表中的每个套接字描述符都对应一个位于操作系统缓冲区中的套接字数据结构，因此可能有几个套接字描述符指向同一个套接字数据结构。套接字数据结构中专门有一个字段存放该结构被引用的次数，即有多少个套接字描述符指向该结构。当调用 closesocket 函数时，操作系统先检查套接字数据结构中该字段的值。如果该字段的值为 1，就表明只有一个套接字描述符指向它，因此操作系统就先把 s 在套接字描述符表中对应的那条表项清除，并且释放 s 对应的套接字数据结构；如果该字段的值大于 1，那么操作系统仅清除 s 在套接字描述符表中的对应表项，并且把 s 对应的套接字数据结构的引用次数减 1。closesocket 函数如果执行成功就返回 0，否则返回 SOCKET_ERROR。

（5）send 函数。语法格式如下：

int send(SOCKET s,const char FAR *buf,int len,int flags);

不论是客户还是服务器，应用程序都用 send 函数向 TCP 连接的另一端发送数据。客户程序一般用 send 函数向服务器发送请求，而服务器则通常用 send 函数向客户程序发送应答。该函数的第一个参数指定发送端套接字描述符；第二个参数指明一个存放应用程序要发送数据的缓冲区；第三个参数指明实际要发送的数据的字节数；第四个参数一般置 0。如果没有错误发生，send 函数返回已发送的数据的数量（字节数），这个数字可以比第三个参数 len 小；如果函数调用产生错误，没有正常完成，就会返回一个错误。

（6）recv 函数。语法格式如下：

int recv(SOCKET s,char FAR *buf,int len,int flags);

不论是客户还是服务器，应用程序都用 recv 函数从 TCP 连接的另一端接收数据。该函数的第一个参数指定接收端套接字描述符；第二个参数指明一个缓冲区，该缓冲区用来存放 recv 函数接收到的数据；第三个参数指明 buf 的长度；第四个参数一般置 0。

（7）bind 函数。语法格式如下：

int bind(SOCKET s,const struct sockaddr FAR *name,int namelen);

当创建一个 Socket 以后，套接字数据结构中有一个默认的 IP 地址和默认的端口号。一个服务程序必须调用 bind 函数来给其绑定一个 IP 地址和一个特定的端口号。客户程序一般不必调用 bind 函数来为其 Socket 绑定 IP 地址和端口号。该函数的第一个参数指定待绑定的 Socket

描述符；第二个参数指定一个 sockaddr 结构，该结构的定义格式如下：

```
struct sockaddr {
u_short sa_family;
char sa_data[14];
};
```

sa_family 指定地址族，对于 TCP/IP 协议族的套接字，将其置为 AF_INET。当对 TCP/IP 协议族的套接字进行绑定时，通常使用另一个地址结构，如下所示：

```
struct sockaddr_in {
short sin_family;
u_short in_port;
struct in_addr sin_addr;
char sin_zero[8];
};
```

其中，sin_family 置为 AF_INET；sin_port 指明端口号；sin_addr 结构体中只有唯一的字段 s_addr，表示 IP 地址，该字段是一个整数，一般用函数 inet_addr()把字符串形式的 IP 地址转换成 unsigned long 型的整数值后再置给 s_addr。有的服务器是多宿主机，至少有两个网卡，运行在这样的服务器上的服务程序在为其 Socket 绑定 IP 地址时可以把 htonl（INADDR_ANY）置给 s_addr。这样做的好处是，不论哪个网段上的客户程序都能与该服务程序通信；如果只给运行在多宿主机上的服务程序的 Socket 绑定一个固定的 IP 地址，那么只有与该 IP 地址处于同一个网段上的客户程序才能与该服务程序通信。用 0 来填充 sin_zero 数组，目的是让 sockaddr_in 结构的大小与 sockaddr 结构的大小一致。下面是一个调用 bind 函数的例子。

```
struct sockaddr_in saddr;
saddr.sin_family = AF_INET;
saddr.sin_port = htons(8888);
saddr.sin_addr.s_addr = htonl(INADDR_ANY);
bind(ListenSocket,(struct sockaddr *)&saddr,sizeof(saddr));
```

（8）listen 函数。语法格式如下：

int listen(SOCKET s, int backlog);

服务程序可以调用 listen 函数使其流套接字 s 处于监听状态。处于监听状态的流套接字 s 将维护一个客户连接请求队列，该队列最多容纳 backlog 个客户连接请求。如果该函数执行成功，返回 0；反之，返回 SOCKET_ERROR。

（9）accept 函数。语法格式如下：

SOCKET accept(SOCKET s,struct sockaddr FAR *addr, int FAR *addrlen);

服务程序调用 accept 函数从处于监听状态的流套接字 s 的客户连接请求队列中取出排在最前面的一个客户请求，并且创建一个新的套接字来与客户套接字创建连接通道。如果连接成功，就返回新创建的套接字的描述符，以后与客户套接字交换数据的是新创建的套接字；如果连接失败，就返回 INVALID_SOCKET。该函数的第一个参数指定处于监听状态的流套接字；操作系统利用第二个参数返回新创建的套接字的地址结构；操作系统利用第三个参数返回新创建的套接字的地址结构的长度。下面是一个调用 accept 函数的例子。

```
struct sockaddr_in ServerSocketAddr;
int addrlen;
addrlen=sizeof(ServerSocketAddr);
ServerSocket=accept(ListenSocket,(struct sockaddr *)&ServerSocketAddr, &addrlen);
```

（10）connect 函数。语法格式如下：

int connect(SOCKET s,const struct sockaddr FAR *name,int namelen);

客户程序调用 connect 函数来使客户 s 与监听于 name 所指定的计算机的特定端口上的服务 Socket 进行连接。如果连接成功，connect 返回 0；反之，则返回 SOCKET_ERROR。下面是一个调 connect 用函数的例子。

```
struct sockaddr_in daddr;
memset((void *)&daddr,0,sizeof(daddr));
daddr.sin_family=AF_INET;
daddr.sin_port=htons(8888);
daddr.sin_addr.s_addr=inet_addr("133.197.22.4");
connect(ClientSocket,(struct sockaddr *)&daddr,sizeof(daddr));
```

关于 Socket 的内容在此只简单地介绍这些，有兴趣的同学可以参考 MSDN 进行更深入地学习。

2. 代码分析

下面是一个利用 TCP connect()的单线程扫描器程序，程序中不涉及数据读写操作，只是简单地测试与对方主机的某个端口是否能够连接成功。如果连接成功，就说明该端口已打开，否则说明端口未打开。主要使用的 Socket 函数有 WSAStartup、socket、connect、closesocket，通过该程序可对扫描器的实现有一个初步的了解。

```
#include <string.h>
#include <winsock.h>
#include <windows.h>
#include <iostream.h>
#pragma comment(lib,"ws2_32.lib")
int main(int argc, char *argv[])
{
    int iportFrom=1,iportTo=65535;       //默认的扫描起始端口、终止端口
    int testsocket;
    int iopenedport=0;                   //记录目标主机打开的端口的数量
    struct sockaddr_in target_addr;      //目标主机的地址
    WSADATA wsaData;
    WORD wVersionRequested=MAKEWORD(1,1);    //设置最低版本号
    if(argc<2)    //命令用法：程序名 目标主机 IP [起始端口号] [终止端口号]
    {
        cout<<"usage:"<<argv[0]<<" host startport endport\n"<<endl;
        exit(1);
    }
    if (iportFrom>iportTo)
    {
```

```
        cout<<"错误!起始端口号必须小于终止端口号"<<endl;
        exit(1);
    }
    else
    {
        if (WSAStartup(wVersionRequested, &wsaData))
        {
            cout<<"连接 socket 库失败，请检查版本号是否为 1.1\n"<<endl;
            exit(1);
        }
        iportFrom=atoi(argv[2]);
        iportTo=atoi(argv[3]);
        for(int i=iportFrom; i<iportTo; i++)
        {
            cout<<"正在建立 socket........................"<<endl;
        if((testsocket=socket(AF_INET,SOCK_STREAM,0))==INVALID_SOCKET)
        {
            cout<<"Socket 建立失败"<<endl;
            exit(0);
        }
        target_addr.sin_family = AF_INET;
        target_addr.sin_port = htons(i);
        target_addr.sin_addr.s_addr = inet_addr(argv[1]);
        cout<<"正在扫描端口:"<<i<<endl;
        if(connect(testsocket, (struct sockaddr *)&target_addr,
                sizeof(struct sockaddr))==SOCKET_ERROR)
            cout<<"端口"<<i<<"关闭!"<<endl;
        else
        {
            iopenedport++;
            cout<<"端口"<<i<<"开放\n"<<endl;
        }
    }
    cout<<"目标主机"<<argv[1]<<"从"<<iportFrom<<"--"<<iportTo<<"共有"<<
        iopenedport <<"个端口开放"<<endl;
    closesocket(testsocket);
    WSACleanup();
  }
return 0;
}
```

程序调试后生成一个可执行文件 cpp1.exe，在命令行窗口中输入 cpp1 10.17.7.36 80 85，这条命令的功能是扫描主机 10.17.7.36 的 80～85 端口，结果如图 7-2 所示。

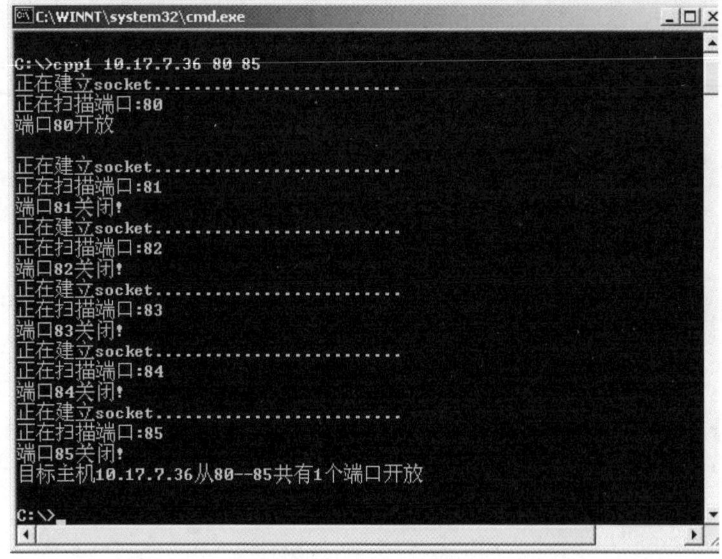

图 7-2　端口扫描结果

7.3.5　扫描的防范

常用的防范扫描的技术或工具包括以下几种。

（1）反扫描技术。反扫描技术是针对扫描技术提出的。扫描技术一般可以分为主动扫描和被动扫描两种，它们的共同点是在执行过程中需要与受害主机互通正常或非正常的数据报文。其中主动扫描是主动向受害主机发送各种探测数据包，根据其回应判断扫描的结果。因此防范主动扫描可以从以下 3 个方面入手：①减少开放端口，做好系统防护；②实时监测扫描，及时做出告警；③伪装成周知端口，进行信息欺骗。被动扫描与受害主机建立的通常是正常连接，发送的数据包也属于正常范畴，而且被动扫描不会向受害主机发送大规模的探测数据，因此其防范方法到目前为止只能采用信息欺骗（如返回自定义的 banner 信息或伪装成周知端口）这一种方法。

（2）端口扫描监测工具。最简单的一种端口扫描监测工具是在某个不常用的端口进行监听，如果发现有对该端口的外来连接请求，就认为存在端口扫描活动。另一种工具是在混杂模式下抓包并进一步分析判断是否存在端口扫描活动，类似于 IDS 中主要负责行使端口扫描监测职责的模块。

（3）利用防火墙、IDS 和 IPS。使用防火墙来监控和限制流入/流出网络的流量。防火墙可以配置成阻止扫描器的 IP 地址，或者限制扫描器的活动。IDS 和 IPS 可以帮助检测并阻止网络上的恶意活动，包括扫描尝试。它们可以自动响应威胁或发出警报，以通知安全管理员。

（4）更新和维护。确保用户的操作系统、应用程序和网络设备都经常更新到最新版本，并且已修复已知漏洞。不要使用过时或不再维护的软件，因为它们容易受到攻击。

（5）使用网络隔离技术。将网络分段以降低攻击表面。敏感数据应该在内部网络中，不应公开访问。采用 ACL 和 VPN 来控制对内部资源的访问。

（6）使用强密码和身份验证。确保所有用户都使用强密码，并启用多因素身份验证，以防止未经授权的访问。

（7）日志和监控。实施日志记录和监控系统，以便检测并响应可疑的扫描器活动，保证及时和迅速识别与应对潜在的威胁。

（8）强化安全意识和安全策略。对组织的员工进行网络安全的基本知识的普及，强化安全意识，不留弱点和漏洞，减少社会工程学攻击和人为错误。制定并执行网络安全政策，包括指导员工如何处理潜在威胁和安全事件。

通过组合以上提到的技术或工具，可以降低扫描器和其他网络威胁给网络和系统构成的风险。

7.4　网 络 监 听

网络监听

网络监听技术本来是提供给网络安全管理人员进行管理的工具，可以用来监听网络的状态、数据流动情况及网络上传输的信息等。当信息以明文的形式在网络上传输时，使用监听技术进行攻击并不是一件难事，只要将网络接口（网卡）设置成监听模式，便可以源源不断地将网络上传输的信息截获。网络监听可以在网络上的任意一个位置实施，如局域网中的一台主机、网关或远程网上的调制解调器之间等。

7.4.1　网络监听的原理

对于目前很流行的以太网协议，其工作方式是将要发送的数据包发往连接在一起的所有主机，包中包含着应接收数据包的主机的正确地址，只有与数据包中目标地址一致的那台主机才能接收。但是，当主机工作在监听模式下，无论数据包中的目标地址是什么，主机都将接收（当然只能监听经过自己网络接口的那些包）。

Internet 上有很多使用以太网协议的局域网，许多主机通过电缆、集线器连在一起。当同一网络中的两台主机通信时，源主机将写有目的主机地址的数据包直接发向目的主机。但这种数据包不能在 IP 层直接发送，必须从 TCP/IP 协议的 IP 层交给网络接口，也就是数据链路层，而网络接口是不会识别 IP 地址的，因此在网络接口数据包又增加了一部分以太帧头的信息。在帧头中有两个域，分别为只有网络接口才能识别的源主机和目的主机的物理地址，这是一个与 IP 地址相对应的 48 位的地址。

传输数据时，包含物理地址的帧从网络接口发送到物理的线路上，如果局域网是由一条粗缆或细缆连接而成的，则数字信号在电缆上传输，能够到达线路上的每一台主机。当使用集线器时，由集线器再发向连接在集线器上的每一条线路，数字信号也能到达连接在集线器上的每一台主机。当数字信号到达一台主机的网络接口时，正常情况下，网络接口读入数据帧，进行检查，如果数据帧中携带的物理地址是自己的或者是广播地址的，则将数据帧交给上层协议软件，也就是 IP 层软件，否则就将这个帧丢弃。对于每一个到达网络接口的数据帧，都要进行这个过程。

然而，当主机工作在监听模式下时，所有的数据帧都将被交给上层协议软件处理。而且，当连接在同一条电缆或集线器上的主机被逻辑地分为几个子网时，如果一台主机处于监听模式，它还能接收到发向与自己不在同一子网（使用不同的掩码、IP 地址和网关）的主机的数据包。也就是说，在同一条物理信道上传输的所有信息都可以被接收到。

7.4.2 网络监听工具及其作用

常用的网络监听工具有 NetXray、X-Scan、Sniffer、TCPDump、WinPcap、Wireshark 等，这类程序常统称为 Sniffer 或嗅探器。网络监听工具利用计算机的网络接口截获发向其他计算机的数据报文。这种监听工具是通过把网络适配卡（如以太网卡）设置为一种称为混杂模式的状态，使网卡能接收传输在网络上的每一个信息包。监听工具工作在网络环境中的底层，它会拦截所有正在网络上传送的数据。通过相应的软件处理，可以实时分析这些数据的内容，进而分析所处的网络状态和整体布局。监听程序实施的是一种消极的安全攻击，它们极其安静地躲在某个主机上偷听别人的通信，具有极好的隐蔽性。

由于 Internet 中使用的大部分协议都是很早设计的，许多协议的实现都建立在一种非常友好的、通信的双方充分信任的基础之上。在通常的网络环境下，用户的所有信息都以明文的方式在网络上传输。因此，一个攻击者使用监听工具对网络进行监听，获得用户的各种信息并不是一件很困难的事。只要具有初步的网络和 TCP/IP 协议知识，便能轻易地从监听到的信息中提取出感兴趣的部分。

网络监听对系统管理员是很重要的，系统管理员通过监听可以诊断出大量的不可见问题，这些问题有些涉及两台或多台计算机之间的异常通信，有些涉及各种协议的漏洞和缺陷。借助于网络监听工具，系统管理员可以方便地确定出多少的通信量属于哪个网络协议、占主要通信协议的主机是哪一台、大多数通信的目的地是哪台主机、报文发送占用多少时间或者相互主机的报文传送间隔时间是多少等，这些信息为管理员判断网络问题、管理网络区域提供了非常宝贵的信息。另外，正确地使用网络监听技术也可以发现入侵并对入侵者进行追踪定位，在对网络犯罪进行侦查取证时获取有关犯罪行为的重要信息，成为打击网络犯罪的有力手段。

7.4.3 网络监听的防范

本小节从发现 Sniffer 的方法和对网络监听的防范两个方面讲解如何防范网络监听。

1. *发现 Sniffer 的方法*

通过下面的方法可以分析出网络上是否存在 Sniffer。

（1）网络通信掉包率特别高。通过一些网络软件或命令（如 ping 命令），可以看到信息包的传送情况。如果网络中有人在监听，由于 Sniffer 拦截了每一个包，信息包将无法每次都顺畅地流到目的地。

（2）网络带宽出现异常。通过某些带宽控制器，可以实时看到目前网络带宽的分布情况。如果某台机器长时间地占用较大的带宽，这台机器就有可能正在运行 Sniffer。

（3）对于怀疑运行监听程序的主机，用正确的 IP 地址和错误的物理地址去 ping，正常的机器不接收错误的物理地址，而处于监听状态的机器则能接收，这种方法依赖系统的 IP Stack，对有些系统可能行不通。

（4）往网络上发送大量包含着不存在的物理地址的包。由于监听程序将处理这些包，会导致性能下降，通过比较前后该机器性能（如 ICMP Echo Delay 等方法）加以判断。这种方法难度较大。

（5）目前也有许多探测 Sniffer 的应用程序可以用来帮助探测 Sniffer，如 ISS 的 anti-Sniffer、Sentinel、Lopht 的 Antisniff 等。

2. 对网络监听的防范措施

（1）从逻辑或物理上对网络分段。网络分段通常被认为是控制网络广播风暴的一种基本手段，但其实也是保证网络安全的一项措施。其目的是将非法用户与敏感的网络资源相互隔离，从而防止可能的非法监听。

（2）以交换式集线器代替共享式集线器。对局域网的中心交换机进行网络分段后，局域网监听的危险仍然存在。这是因为网络最终用户的接入往往是通过分支集线器而不是中心交换机，而使用最广泛的分支集线器通常是共享式集线器。这样，当用户与主机进行数据通信时，两台机器之间的数据包还是会被同一台集线器上的其他用户所监听。

因此，应该以交换式集线器代替共享式集线器，使单播包仅在两个结点之间传送，从而防止非法监听。当然，交换式集线器只能控制单播包而无法控制广播包（Broadcast Packet）和多播包（Multicast Packet）。但广播包和多播包内的关键信息，要远远少于单播包。

（3）使用加密技术。数据经过加密后，通过监听仍然可以得到传送的信息，但显示的是乱码。使用加密技术的缺点是影响数据传输速度，而使用一个弱加密技术比较容易被攻破。系统管理员和用户需要在网络速度和安全性上进行折中。

（4）划分 VLAN。运用 VLAN 技术，将以太网通信变为点到点通信，可以防止大部分基于网络监听的入侵。

7.5 IP 欺骗

IP 欺骗

下面假设有 3 台主机，即 A、B、Z，其中 A 和 B 处于一个信任域，即 A 和 B 是互相信任的，可以通过远程登录命令互相访问。Z 冒充 B 实现与 A 连接的过程，这就是 IP 欺骗。早在 1985 年，贝尔实验室的工程师罗伯特·塔潘·莫里斯在他的一篇文章 *A Weakness in the 4.2BSD Unix TCP/IP Software* 中提出 IP 欺骗的概念，但真正实现 IP 欺骗并不容易。

7.5.1 IP 欺骗的工作原理

IP 欺骗首先需要选定攻击的目标主机，然后需要找出目标主机的信任模式，并找到一个被目标主机信任的主机。为了进行 IP 欺骗，需要进行以下工作：使被信任的主机丧失工作能力；同时采样目标主机发出的 TCP 序列号，猜测出它的数据序列号；伪装成被信任的主机，建立起与目标主机基于 IP 地址验证的应用连接。下面详细介绍 IP 欺骗的实现过程。

1. 使被信任主机丧失工作能力

找到被攻击目标信任的主机后，需要使其丧失工作能力以便伪装成它。由于攻击者将要代替真正的被信任主机，他必须确保真正被信任的主机不能接收到任何有效的网络数据，否则将会被揭穿。有许多方法可以做到这些，这里介绍“TCP SYN 淹没”（TCP SYN-Flood）方法。

建立 TCP 连接要经过“三次握手”过程。第一次：客户端向服务器发送 SYN 请求；第二次：服务器将向客户端发送 SYN/ACK 应答信号；第三次：客户端随后向服务器发送 ACK。“三次握手”成功后连接建立起来，可以进行数据传输了。

TCP 模块有一个处理并行 SYN 请求的上限，如果请求队列里的连接数达到了上限（其中，连接数目既包括经三次握手后还没有最终完成的连接，又包括已成功完成三次握手但还没有被应用程序所调用的连接），TCP 将拒绝后来的所有连接请求，直至处理了部分连接链路。这样入侵者就可以通过使用虚假的 IP 地址向被目标信任的主机发送大量 SYN 请求的方式，使被信任主机丧失工作能力，过程如图 7-3 所示（其中，Z 表示入侵者的主机，B 表示被入侵者攻击的目标信任的主机，X 表示某一不可达主机）。

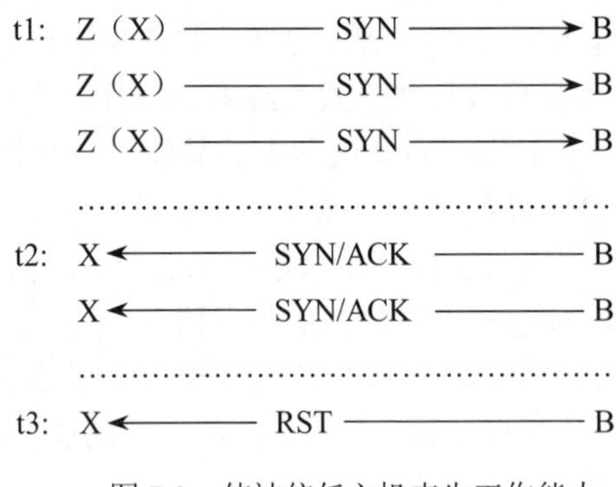

图 7-3 使被信任主机丧失工作能力

在时刻 t1，攻击主机 Z 冒用主机 X 把大批 SYN 请求发送给 B 充满其 TCP 队列。在时刻 t2，受攻击目标 B 向主机 X 做出 SYN/ACK 应答。由于 X 为不可达主机，所以 B 不会收到应答，此时 B 将继续发送 SYN/ACK，直到达到系统设置的上限回复次数或时间，如 Windows NT 4.0 中默认的可重复发送 SYN/ACK 的次数为 5。在 t3 时刻，B 向 X 发送 RST 来表示出现错误的连接。在这一期间，大量的连接会使主机 B 的 TCP 资源迅速枯竭，失去处理新连接的能力，会对所有新的请求予以忽略，此时 Z 就可以伪装成 B 进行攻击。

2. 序列号猜测

前面已经提到，要对目标主机进行攻击，必须知道目标主机使用的数据包序列号。序列号的猜测方法如下：攻击者先与被攻击主机的一个端口（SMTP 是一个很好的选择）建立起正常的连接。通常，这个过程被重复若干次，并将目标主机最后所发送的初始序列号（Initial Sequence Number，ISN）存储起来。攻击者还需要估计他的主机与被信任主机之间的往返时间（Round-Trip Time，RTT），这个 RTT 是通过多次统计平均求出的。RTT 对于估计下一个 ISN 是非常重要的。一般每秒 ISN 增加 128000，每次连接增加 64000。现在就不难估计出 ISN 的大小了，它是 128000 乘以 RTT 的一半，如果此时目标主机刚刚建立过一个连接，那么再加上一个 64000。在估计出 ISN 大小后，就立即开始进行攻击。

当攻击者的虚假 TCP 数据包进入目标主机时，根据估计的准确度不同，会发生不同的情况，具体如下：

（1）如果估计的序列号是准确的，进入的数据将被放置在接收缓冲器中以供使用。

（2）如果估计的序列号小于期待的数字，那么将被放弃。

（3）如果估计的序列号大于期待的数字，并且在滑动窗口（一种缓冲机制）之内，那么，该数据被认为是一个未来的数据，TCP 模块将等待其他缺少的数据。

（4）如果估计的序列号大于期待的数字，并且不在滑动窗口之内，那么 TCP 将会放弃该数据并返回一个期望获得的数据序列号。但攻击者的主机并不能收到返回的数据序列号。

3. 实施欺骗

Z 伪装成 A 信任的主机 B，攻击目标 A 的过程如图 7-4 所示。

t1：Z（B）——— SYN ———→A
t2：B←——— SYN/ACK ———A
t3：Z（B）——— ACK ———→A
t4：Z（B）——— PSH ———→A

图 7-4　实施欺骗

此时，B 主机仍然处在丧失处理能力的停顿状态，在 t1 时刻，Z 使用 B 的 IP 地址向目标主机 A 发送连接请求。在时刻 t2，目标主机对连接请求作出反应，发送 SYN/ACK 数据包给被信任主机 B，由于 B 处于停顿状态，该数据包被抛弃。在时刻 t3，由攻击者向目标主机发送 ACK 数据包，该 ACK 使用前面估计的序列号加 1。如果攻击者估计的序列号正确，目标主机将会接收该 ACK。在时刻 t4，攻击者与目标主机完成 TCP 的连接，将开始数据传输。

7.5.2　IP 欺骗的防范

常用的防范 IP 欺骗的措施有以下几种。

1. 抛弃基于地址的信任策略

IP 欺骗之所以能成功，是因为信任服务建立在网络地址之上，而 IP 地址是容易伪造的。因而一种非常容易阻止这类攻击的办法就是放弃以地址为基础的验证。

2. 进行包过滤

如果网络是通过路由器接入 Internet 的，那么可以利用路由器来进行包过滤。确信只有内部 LAN 可以使用信任关系，而内部 LAN 上的主机对于 LAN 以外的主机要慎重处理。路由器可以帮助过滤掉所有来自外部、希望与内部建立连接的请求。

3. 使用加密方法

另一种有效阻止 IP 欺骗的方法就是在通信时要求加密传输和验证。

4. 使用随机化的初始序列号

攻击者攻击得以成功实现的一个很重要的因素是序列号不是随机选择的或者随机增加的。一种弥补 TCP 不足的方法就是分割序列号空间。每一个连接将有独立的序列号空间，序列号将仍然按照以前的方式增加，但是在这些序列号空间中没有明显的关系。

总之，由于 IP 欺骗的技术比较复杂，必须深入了解 TCP/IP 协议的原理，知道攻击目标所在网络的信任关系，而且要猜测序列号，尤其是猜测序列号很不容易做到，因而这种攻击方法使用得并不多。

7.6　DoS　攻　击

Dos 攻击和 DDos 攻击

7.6.1　DoS 攻击简介

DoS 攻击也称为拒绝服务攻击，是指一个用户占据了大量的共享资源，使系统没有剩余的资源给其他用户提供服务的一种攻击方式。DoS 攻击可以降低系统资源的可用性，这些资源可以是网络带宽、CPU时间、磁盘空间、打印机，甚至是系统管理员的时间。DoS攻击可以出现在任何一个平台之上，UNIX系统面临的一些DoS攻击方式，也完全可能以相同的方式出现在Windows NT和其他系统中，它们的攻击方式和原理都大同小异。最常见的DoS攻击有网络带宽攻击和连通性攻击。网络带宽攻击是指以极大的通信量冲击网络，使所有可用网络资源都被消耗殆尽，最后导致用户的合法请求无法通过；连通性攻击是指用大量的连接请求冲击计算机，使所有可用的操作系统资源都被消耗殆尽，最终计算机无法再处理用户的合法请求。

DoS攻击的基本过程如图7-5所示。首先攻击者向服务器发送众多的带有虚假地址的请求，服务器发送回复信息后等待回传信息，由于地址是伪造的，所以服务器一直等不到回传的消息，分配给这次请求的资源就始终没有被释放。当服务器等待一定的时间后，连接会因超时而被切断，攻击者会再度传送一批新的请求，在这种反复发送伪地址请求的情况下，服务器资源最终会被耗尽。

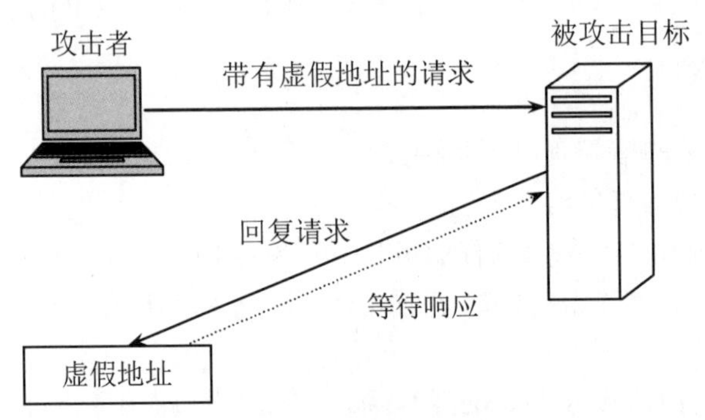

图7-5 DoS攻击的基本过程

单一的DoS攻击一般是采用一对一的方式，当攻击目标的CPU速度、内存或者网络带宽等各项性能指标不高时，它的效果是明显的。随着计算机与网络技术的发展，计算机的处理能力迅速增长，内存大大增加，同时也出现了千兆级别的网络，这使DoS攻击的困难程度加大——目标对恶意攻击包的“消化能力”加强不少。例如，攻击软件每秒可以发送3000个攻击包，但用户的主机与网络带宽每秒可以处理10000个攻击包，这样一来攻击就不会产生什么效果。这时DDoS攻击就应运而生了。DDoS攻击是在传统的DoS攻击基础之上产生的一类攻击方式。如果理解了DoS攻击，DDoS的原理就很好理解了，它是利用分布式网络环境，对单一DoS攻击的一种有效放大。如果说计算机与网络的处理能力加大了10倍，用1台攻击机来攻击不再能起作用的话，那么攻击者使用10台攻击机同时攻击呢？用100台呢？DDoS就是利用更多的攻击机来发起进攻，以比从前更大的规模来攻击受害者。

7.6.2 DDoS攻击

DDoS是一种基于DoS的特殊形式的拒绝服务攻击，是一种分布、协作的大规模攻击方式，主要瞄准比较大的站点，像商业公司、搜索引擎和政府部门的站点。

一个比较完善的DDoS攻击体系通常分成三层，如图7-6所示。

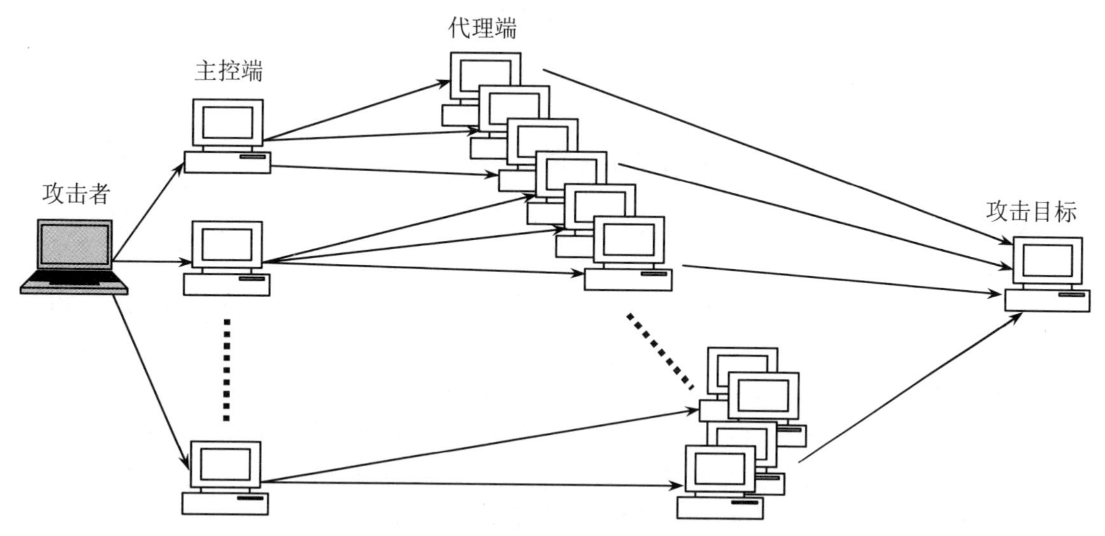

图 7-6 DDoS 攻击体系

（1）攻击者。攻击者所用的计算机是攻击主控台，它可以是网络上的任何一台主机，甚至可以是一个活动的便携机。攻击者操纵整个攻击过程，向主控端发送攻击命令。

（2）主控端。主控端是攻击者非法入侵并控制的一些主机，这些主机还分别控制大量的代理主机。主控端主机上安装了特定的程序，因此它们可以接收攻击者发来的特殊指令，并且可以把这些指令发送到代理主机上。

（3）代理端。代理端同样也是攻击者入侵并控制的一些主机，它们运行攻击器程序，接收和运行主控端发来的命令。代理端主机是攻击的执行者，由它向受害者主机实际发起攻击。

攻击者发起 DDoS 攻击的第一步就是寻找在 Internet 上有漏洞的主机，进入系统后安装后门程序，攻击者入侵的主机越多，他的攻击队伍就越壮大。第二步在入侵主机上安装攻击程序，其中一部分主机充当攻击的主控端，一部分主机充当攻击的代理端。最后各部分主机各司其职，在攻击者的调遣下对攻击目标发起攻击。由于攻击者在幕后操纵，所以在攻击时不会受到监控系统的跟踪，身份不容易被发现。

也许有人会问："为什么攻击者不直接控制代理端，而要从主控端上转一下呢？"这样做可以增加追查 DDoS 攻击者的难度。从攻击者的角度来说，肯定不愿意被追查到。攻击者使用的代理端越多，就会留下越多的蛛丝马迹，即使攻击者对占领的代理端进行清理以掩盖踪迹，但是由于代理机往往数量巨大，清理日志实在是一项庞大的工程，这就导致了有些代理端清理得不是很干净，通过留存的线索便可以找到控制它的上一级计算机。如果上一级计算机是攻击者的机器，那么攻击者就会直接面临处罚；如果上一级计算机是主控端，那么攻击者自身还是安全的。主控端的数目相对少，清理主控端计算机的日志相对就轻松多了，这样从控制机再找到攻击者的可能性也大大降低。

DDoS 攻击通常有以下表现。

（1）被攻击主机上有大量等待的 TCP 连接。

（2）网络中充斥着大量无用的数据包，源地址为假。

（3）制造高流量无用数据，造成网络拥塞，使受害主机无法正常和外界通信。

（4）利用受害主机提供的服务或传输协议上的缺陷，反复高速地发出特定的服务请求，使受害主机无法及时处理所有正常请求。

（5）严重时会造成系统死机。

7.6.3 DDoS 的主要攻击方式及防范策略

DDoS 的主要攻击方式及防范策略

本小节介绍 DDoS 的主要攻击方式及防范策略。

1. Smurf 攻击

Smurf 是一种简单但有效的 DDoS 攻击技术，它利用了 ICMP。ICMP 在 Internet 上用于处理错误和传递控制信息。它的功能之一是与主机联系，通过发送一个“回音请求”信息包查看主机是否“活着”，最普通的 ping 程序就使用了这个功能。Smurf 攻击过程如图 7-7 所示，攻击者用一个伪造的源地址连续向一台或多台计算机网络的广播地址发送 ICMP echo 包，这就导致这些网络的所有计算机对接收到的 echo 包进行响应，但由于接收到的包的源地址是伪造的，这个伪造的源地址实际上就是攻击的目标地址，所以响应包全都回应到攻击目标，攻击目标将被极大数量的响应信息量所淹没。对这个伪造信息包做出响应的计算机网络就成为攻击的不知情的同谋。

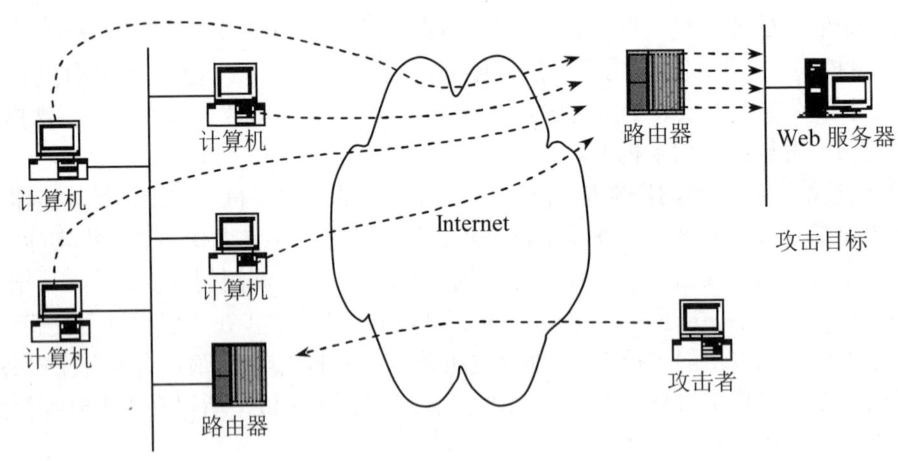

图 7-7　Smurf 攻击过程

下面介绍 Smurf DDoS 攻击的基本特征以及建议采用的抵御策略。

（1）Smurf 为了能工作，必须找到攻击平台，这个平台就是其路由器上启动了 IP 广播功能的网络。这个功能允许 Smurf 发送一个伪造的 ping 信息包，然后将它传播到整个计算机网络中。为防止系统成为 Smurf 攻击的平台，要将所有路由器上的 IP 广播功能都禁止。一般来讲，IP 广播功能并不需要。

（2）攻击者也有可能从 LAN 内部发动一个 Smurf 攻击。在这种情况下，禁止路由器上的 IP 广播功能就没有用了。为了避免这样一个攻击，许多操作系统都提供了相应设置，防止计算机对 IP 广播请求做出响应。

（3）如果攻击者要成功地利用一个网络作为攻击平台，该网络的路由器必须允许信息包以不是该网络中的源地址离开网络。为了避免这样的攻击，须配置路由器，让它将不是由该网络中生成的信息包过滤出去。这就是所谓的网络出口过滤器功能。

（4）ISP应使用网络入口过滤器，以过滤掉那些不是来自一个已知范围内IP地址的信息包。

（5）挫败Smurf攻击最简单的方法是对边界路由器的回音应答信息包进行过滤，然后丢弃它们。对于使用Cisco路由器的系统，另一个选择是采用Cisco开发的承诺访问速率（Committed Access Rate，CAR）技术，它能够规定各种信息包类型使用的带宽的最大值。例如，采用CAR技术可以精确地规定回音应答信息包所使用的带宽的最大值。丢弃所有的回音应答信息包能使网络避免被淹没，但是它不能防止来自上游供应者通道的交通堵塞。如果成为攻击的目标，就要请求ISP对回音应答信息包进行过滤并丢弃。如果不想完全禁止回音应答，就可以有选择地丢弃那些指向Web服务器的回音应答信息包。

2. trinoo攻击

trinoo是复杂的DDoS攻击程序，它使用“主控”程序对实际实施攻击的任何数量的“代理”程序实现自动控制。攻击者连接到安装了master程序的计算机，启动master程序，然后根据一个IP地址的列表，由master程序负责启动所有的代理程序。接着，代理程序用UDP信息包攻击网络，从而攻击目标。在攻击之前，攻击者为了安装软件，已经控制了装有master程序的计算机和所有装有代理程序的计算机。

下面介绍trinoo DDoS攻击的基本特征以及建议采用的抵御策略。

（1）在master程序与代理程序的所有通信中，trinoo使用了UDP协议。入侵检测软件能够寻找使用UDP协议的数据流（类型17）。

（2）trinoo master程序的监听端口是27655，攻击者一般借助Telnet通过TCP连接到master程序所在的计算机。入侵检测软件能够搜索到使用TCP（类型6）并连接到端口27655的数据流。

（3）所有从master程序到代理程序的通信都包含字符串l44，并且被引导至代理的UDP端口27444。入侵检测软件检查到UDP端口27444的连接，如果有包含字符串l44的信息包被发送过去，那么接收这个信息包的计算机可能就是DDoS代理。

（4）master和代理之间的通信受到口令的保护，但是口令不是以加密格式发送的，因此它可以被“嗅探”到并被检测出来。使用这个口令以及来自Dave Dittrich的trinot脚本，要准确地验证出trinoo代理的存在是很有可能的。一旦一个代理被准确地识别出来，trinoo网络就可以按照如下步骤被拆除。

1）在代理daemon上使用strings命令，将master的IP地址暴露出来。

2）与所有作为trinoo master的机器管理者联系，通知它们这一事件。

3）在master计算机上识别含有代理IP地址列表的文件，得到这些计算机的IP地址列表。

4）向代理发送伪造命令trinoo来禁止代理。通过crontab文件（在UNIX系统中）的一个条目，代理可以有规律地重新启动。因此，代理计算机需要一遍一遍地被关闭，直到代理系统的管理者修复了crontab文件为止。

5）检查master程序的活动TCP连接，这能显示攻击者与trinoo master程序之间存在的实时连接。

6）如果网络正在遭受trinoo攻击，那么系统就会被UDP信息包所淹没。trinoo从同一源地址向目标主机上的任意端口发送信息包。探测trinoo就是要找到多个UDP信息包，它们使用同一源IP地址、同一目的IP地址、同一源端口，但是不同的目的端口。

7）使用检测和根除trinoo的自动程序。

7.7 缓冲区溢出

缓冲区溢出是目前最为常见的安全漏洞，也是攻击者利用最多的漏洞。因而了解缓冲区溢出方面的知识对网络管理人员和程序开发人员都是必要的。

缓冲区溢出的原理

7.7.1 缓冲区溢出的原理

缓冲区是内存中存放数据的地方。在程序试图将数据放到机器内存中的某一个位置时，如果没有足够的空间，就会导致缓冲区溢出。例如，C语言中没有对数组上界的检查，可以对数组进行越界操作而不会产生编译错误，如果攻击者写一个超过缓冲区长度的字符串，然后写入缓冲区，可能会出现两个结果：一个结果是过长的字符串覆盖了相邻的存储单元，导致程序运行失败，甚至可能导致系统崩溃；另一个结果就是利用这种漏洞可以执行任意指令，甚至可以取得系统根用户的权限。大多造成缓冲区溢出的原因是程序没有仔细检查用户输入的参数。

例如下面一段简单的C语言程序。

```
void SayHello(char* name)
{
    char tmpName[80];
    strcpy(tmpName,name);
    printf("Hello %s\n",tmpName);
}

int main(int argc, char**argv)
{
    if(argc != 2)
    {
        printf("Usage: hello<name>.\n");
        return 1;
    }
    SayHello(argv[1]);
    return 0;
}
```

上面的程序中，如果输入的字符串长度超过80，则会造成name超出分配内存区，发生错误。在C语言中类似的函数还有sprintf()、gets()、scanf()等。一般的缓冲区溢出只会出现Segmentation fault错误，导致某个程序或系统的异常中止，还不能达到攻击的目的。攻击者要利用缓冲区溢出这个漏洞攻击系统，通常要完成两个任务：一是在程序的地址空间里安排适当的代码；二是通过适当的初始化寄存器和存储器，让程序跳转到安排好的地址空间执行。

为了说明这个问题，首先要清楚进程在内存中的存储情况。进程在内存中的布局分成以下3个区。

（1）代码区：存储程序的可执行代码和只读数据。

（2）数据区：又分为未初始化数据区（Block Started by Symbol，BSS）和初始化数据区。未初始化数据区用来存储静态分配的变量；初始化数据区用来存储程序的初始化数据。

（3）堆区和栈区：其中堆用于存储程序运行过程中动态分配的数据块；栈用于存储函数调用所传递的参数、函数的返回地址、函数的局部变量等。进程在内存中的布局如图 7-8 所示。

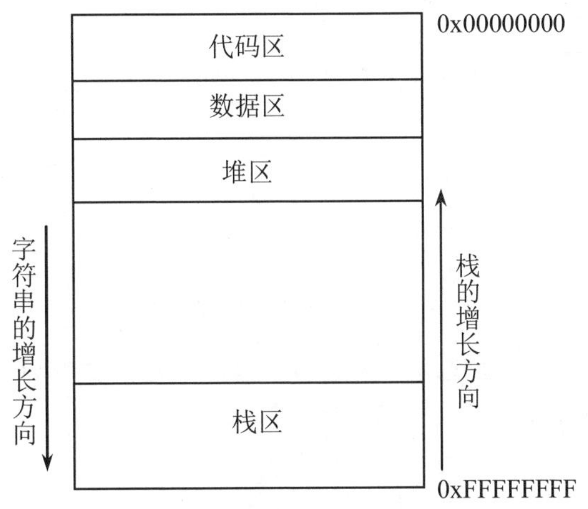

图 7-8　进程在内存中的布局

每一次过程或函数调用，在堆栈中必须保存称为栈帧的数据结构，里面包含传递给函数的参数、函数返回后下一条指令的地址、函数中分配的局部变量、恢复前一个栈帧需要的数据（基地址寄存器的值）。

每一个函数都有自己的栈帧，栈帧的引用通过以下几个寄存器实现。

（1）SP（ESP）：栈顶指针。

（2）BP（EBP）：基地址指针，可以使用 BP 引用参数及局部变量。

（3）IP（EIP）：指令寄存器，函数返回调用后下一条指令的地址。

main 栈帧在内存中的情况如图 7-9（a）所示，SayHello 栈帧在内存中的情况如图 7-9（b）所示。程序执行后，如果输入的字符串长度不超过 80，内存情况如图 7-10（a）所示；如果输入的字符串长度超过 80，由于 C 语言不检查字符串越界，字符串溢出给它分配的缓冲区，写到相邻的单元中去，把原来函数的返回地址改写了，致使函数无法正确返回，如图 7-10（b）所示。

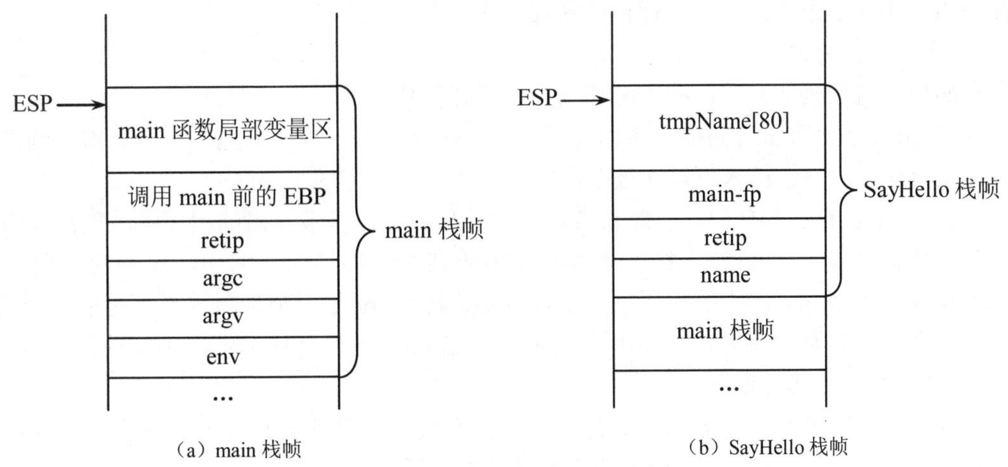

（a）main 栈帧　　（b）SayHello 栈帧

图 7-9　函数的内存分配情况

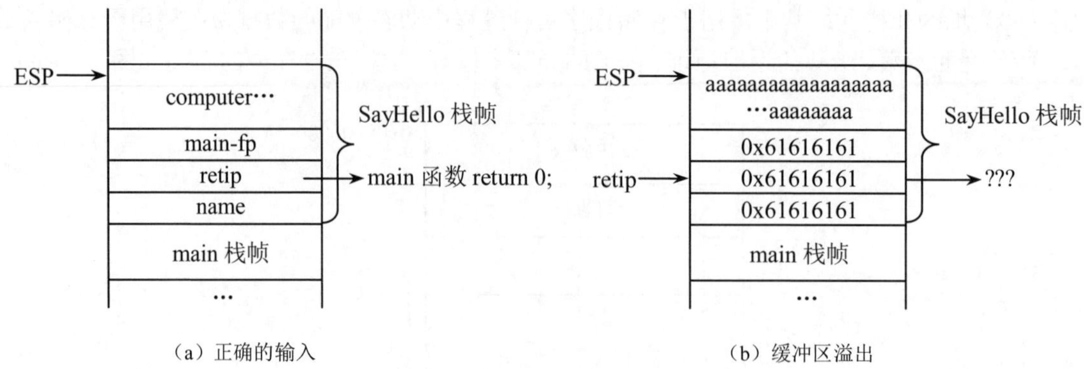

（a）正确的输入　　（b）缓冲区溢出

图 7-10　程序执行后的内存情况

从上面的分析可以看出，通过缓冲区溢出，可以改写函数的返回地址，让函数返回到攻击者事先植入的代码的地址中，如图 7-11 所示。

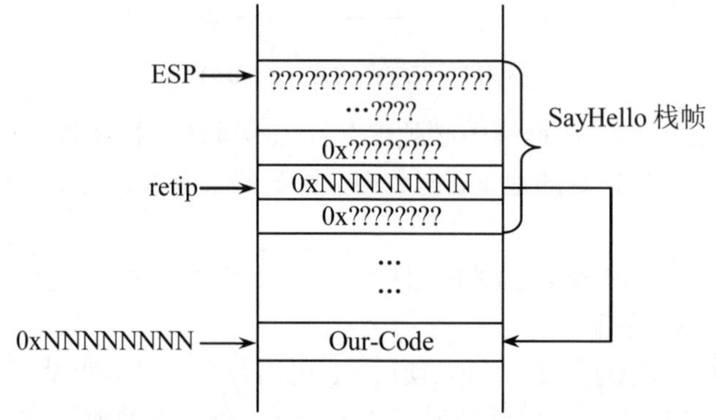

图 7-11　函数返回到一个事先植入的代码的地址中

7.7.2　对缓冲区溢出漏洞攻击的分析

下面分析一下攻击者如何实现将攻击代码放置到受攻击程序的地址空间，以及如何使一个程序的缓冲区溢出，并且将执行转移到攻击代码。

1. 代码放置的方法

有两种放置代码的方法：植入法和利用已存在的代码。

（1）植入法。攻击者向被攻击的程序输入一个字符串，程序会把这个字符串放到缓冲区中。攻击者在字符串中植入可以在被攻击的硬件平台上运行的指令序列。

（2）利用已存在的代码。有时攻击者想要的代码已经在被攻击的程序中，攻击者所要做的只是对代码传递一些参数，然后使用程序跳转到选定的目标。例如，攻击代码要求执行 exec(/bin/sh)，而在 libc 库中的代码执行 exec(arg)，其中 arg 是一个指向字符串的指针变量，那么攻击者要做的就是将字符串/bin/sh 作为参数传给 arg，然后调用 libc 库中相应的指令序列。

2. 控制程序转移的方法

控制程序转移最基本的方法就是溢出一个没有边界检查或者有其他弱点的缓冲区，这样就扰乱了程序的正常执行顺序。许多的缓冲区溢出是用暴力的方法改写程序的指针，这类方法按照其程序空间的突破和内存的定位的不同，可以分成以下几类。

（1）激活记录。每当一个函数调用发生时，调用者会在堆栈中留下一个激活记录，它包含了函数结束时的返回地址。攻击者通过溢出这些自动变量，使这个返回地址指向攻击代码。通过改变程序的返回地址，当函数调用结束时，程序就跳转到攻击者设定的地址，而不是返回原先的地址。这类的缓冲区溢出称为栈溢出攻击（Stack Smashing Attack），是目前常用的缓冲区溢出攻击方式。

（2）函数指针。函数指针变量可以用来定位任何地址空间，所以攻击者只需在函数指针附近找到一个能够溢出的缓冲区，然后溢出这个缓冲区来改变函数指针，使之指向攻击代码。当程序通过函数指针调用函数时，实际就执行了攻击代码。

（3）长跳转缓冲区。在 C 语言中包含有一个简单的检验/恢复系统，称为 setjmp/longjmp。可以用 setjmp（buffer）来设定检验点，用 longjmp（buffer）来恢复到检验点。如果攻击者能够进入缓冲区空间，那么 longjmp 实际上是跳转到攻击者的代码中。

7.7.3　缓冲区溢出的保护

近年来，许多著名的软件频频出现缓冲区溢出漏洞，如 Microsoft IIS 5.0、Windows、Winzip、Oracle、Foxmail、Sendmail、Apache Web Server、FreeBSD 等，在这不一一列举。缓冲区溢出漏洞已成为主要的攻击目标之一。

可以保护缓冲区免受缓冲区溢出的攻击和影响的方法包括：

（1）强制编写正确代码。

（2）通过操作系统使缓冲区不可执行，从而阻止攻击者植入攻击代码。这种方法有效阻止了很多缓冲区溢出的攻击，但是攻击者并不一定靠植入代码来实施攻击，这是这种方法的弱点。

（3）利用编译器的边界检查来实现缓冲区的保护。这种方法是通过使缓冲区溢出不可能出现，从而消除这种威胁，但是这种方法实施的代价较大。

（4）在程序指针失效前进行完整性检查。该方法是一种间接的方法，虽然这种方法不能使所有的缓冲区溢出失效，但它可以阻止绝大多数的缓冲区溢出攻击。

除了在开发阶段要注意编写正确的代码，对于用户而言，还应注意以下方面：

（1）关闭不必要的端口或服务，管理员应该知道自己的系统上安装了什么，并且哪些服务正在运行。

（2）一般软件的漏洞一公布，大的厂商就会及时提供补丁，用户应及时下载安装软件厂商的补丁。

（3）在防火墙上过滤特殊的流量等。

APT 攻击

7.8　APT　攻　击

APT 攻击是一种利用先进的攻击手段对特定目标进行长期持续性网络攻击的攻击形式，通常针对企业和政府重要信息资产的，对信息系统可用性、可靠性构成了极具挑战的信息安全威胁。APT 攻击是一种精密、有计划、目标明确的网络攻击，通常由高度专业化的黑客、间谍机构、犯罪集团或其他恶意行为者发起。APT 攻击变化多端、效果显著且难以防范，因此渐渐成为网络渗透和系统攻击的演进趋势，近来备受网络安全研究者关注。

7.8.1 APT 攻击的特点

APT 攻击通常具有以下特点。

（1）高度精密性。APT 攻击通常非常精密，使用先进的技术和工具，以便尽可能地隐藏攻击行为，绕过安全防御措施。

（2）目标明确。APT 攻击针对特定的目标，如政府机构、大型企业、军事机构、研究机构或其他高价值目标。攻击者通常具有特定的试图窃取、损害或监视的目标或信息。

（3）持续性。APT 攻击者的目标是长期存在目标网络中的，通常不是一次性的攻击。他们会寻找持久性的方式，以确保可以在长时间内继续访问目标。

（4）隐秘性。APT 攻击通常采取各种手段来保持隐秘性，包括使用零日漏洞、恶意软件、社交工程、钓鱼攻击和其他欺骗性技术。

（5）情报收集。APT 攻击者通常旨在获取机密信息、知识产权、国家安全情报或其他敏感数据。这些信息对攻击者来说具有重要的商业或地缘政治价值。

（6）长期计划。APT 攻击是经过精心策划和长期规划的，攻击者可能会花费数月甚至数年的时间来实施攻击。

（7）影响巨大。APT 的攻击者都是大型组织，攻击通常针对国家重要基础设施和组织，如能源、电力、金融、国防等关系国计民生或国家核心利益的网络基础设施或相关领域的大型企业，攻击一旦成功就会产生很大的危害和影响。

7.8.2 APT 攻击的步骤

APT 攻击的类型取决于攻击者的目标和方法，可能涉及各种技术，包括恶意软件、社交工程、零日漏洞利用、渗透测试工具等。这些攻击通常是高度复杂且具有针对性的，需要高度专业化的黑客团队来执行。一般来说，APT 攻击通常包括以下几个常见的步骤。

（1）侦察（Reconnaissance）。在此阶段，攻击者会收集关于目标的信息，包括网络架构、员工名单、技术架构和潜在的漏洞。这通常涉及公开可获得的信息和开源情报的收集。

（2）入侵（Initial Access）。攻击者使用各种方法获得对目标网络的初始访问权限。这可以通过钓鱼攻击、恶意附件、零日漏洞利用或其他手段实现。入侵可以开始于某个系统或用户的感染。

（3）建立立足点（Establish Foothold）。一旦获得初始访问权限，攻击者会努力建立持久性访问。他们可能会在受感染系统上部署后门、木马或恶意软件，以确保他们可以随时再次进入系统。

（4）提权（Escalation of Privilege）。为了获得更高级别的访问权限，攻击者会寻找漏洞、安全弱点或其他方法，以提高他们在网络中的权限。这可能包括获取管理员凭证或利用操作系统和应用程序的漏洞。

（5）内部侦察（Internal Reconnaissance）。攻击者在网络内部寻找更多的目标，包括关键系统、敏感数据、用户凭证等。他们可能会扫描内部网络，寻找其他潜在目标。

（6）横向移动（Lateral Movement）。一旦在网络内部建立了立足点，攻击者会努力扩大其访问权限，尝试访问其他系统和网络段。这可能涉及使用窃取的凭证、漏洞利用或其他方法。

（7）数据窃取（Data Exfiltration）。攻击者的最终目标通常是窃取敏感数据或情报。他们会将目标数据传输到控制的服务器中，通常采取掩盖通信的措施，以避免被检测。

（8）保持隐秘性（Maintaining Stealth）。攻击者会努力保持其活动的隐秘性，以尽可能长时间地存在于目标网络中。他们可能会删除日志、避免异常活动，并定期更新其工具和技术，以逃避检测。

7.8.3　APT 攻击案例

Google Aurora 极光攻击、震网攻击是 2010 年著名的 APT 攻击，也是 APT 攻击的典型案例。而近年来，供应链、远程办公、移动终端成为攻击的切入点，如 2020 年末的 SolarWinds 供应链事件。

（1）Google Aurora 极光攻击。Google Aurora 极光攻击是由一个有组织的网络犯罪团伙精心策划的有针对性的网络攻击，攻击团队向谷歌发送了一条带有恶意链接的消息，当谷歌员工单击了这条恶意链接时，会自动向攻击者的命令及控制服务器（Command and Control Server，C&C Server）发送一个指令，并下载远程控制木马到计算机上，成为“肉鸡”，再利用内网渗透、暴力破解等方式获取服务器的管理员权限，员工计算机被远程控制长达数月，其被窃取的资料数不胜数，造成不可估量的损失。

攻击的大致过程如下：

1）对谷歌的 APT 行动开始于刺探工作，特定的谷歌员工成为攻击者的目标。攻击者尽可能地收集信息，搜集该员工在 Facebook、Twitter、LinkedIn 和其他社交网站上发布的信息。

2）攻击者利用一个动态 DNS 供应商来建立一个托管伪造照片网站的 Web 服务器。该谷歌员工收到信任的人发来的网络链接并且单击它，就进入了恶意网站。该恶意网站页面载入含有 shellcode 的 JavaScript 程序造成浏览器溢出，进而执行 FTP 下载程序，并从远端进一步下载了更多新的程序来执行。

3）攻击者通过 SSL 安全隧道与谷歌员工的计算机建立了连接，持续监听并最终获得了该员工访问谷歌服务器的账号和密码等信息。

4）攻击者就使用该谷歌员工的凭证成功渗透谷歌的邮件服务器，进而不断地获取特定 Gmail 账户的邮件内容信息。

（2）震网攻击。Stuxnet 蠕虫病毒（震网病毒，又称超级工厂病毒）是世界上首个专门针对工业控制系统编写的破坏性病毒，能够利用对 Windows 系统和西门子 SIMATICWinCC 系统的 7 个漏洞进行攻击。特别是针对西门子公司的 SIMATICWinCC 监控与数据采集（SCADA）系统进行攻击。2010 年，震网病毒成功攻击了某国工厂的离心机，仅仅 2 个月，约报废 1000 台离心机。震网利用了 7 个漏洞，其中 4 个是零日漏洞。震网病毒还应用了非常多的隐身、伪装、欺骗手法，例如，它的漏洞利用程序瞄准的是系统内核级别，以此逃脱反病毒软件的扫描，实现“隐身”；它会仔细跟踪自身在计算机上占用的处理器资源情况，只有在确定所占用的资源不会拖慢计算机速度时才会将其释放，以免被发现；它还盗用了两家公司的数字签名，数字签名是程序的合法证明，公司一般会对数字签名进行额外的安全防护。

攻击者并没有广泛地传播病毒，而是针对相关工作人员的家用计算机、个人计算机等能够接触到互联网的计算机发起感染攻击，以此为第一道攻击跳板，进一步感染相关人员的移动设备，病毒以移动设备为桥梁进入“堡垒”内部，随即潜伏下来。这是一次十分成功的 APT

攻击，而其最为恐怖的地方就在于攻击者极为巧妙地控制了攻击范围，攻击对象十分精准。

2011 年，一种基于 Stuxnet 代码的新型蠕虫病毒 Duqu 又出现在欧洲，号称“震网二代”。Duqu 主要收集工业控制系统的情报数据和资产信息，为攻击者提供下一步攻击的必要信息。攻击者通过僵尸网络对其内置的 RAT 进行远程控制，并且采用私有协议与 CC 端进行通信，传出的数据被包装成 jpg 文件和加密文件。

（3）SolarWinds 供应链攻击事件。2020 年 12 月，网络安全公司 FireEye 披露其公司购置的网管软件厂商 SolarWinds 相关软件中存在后门，该后门通过 HTTP 与第三方服务器进行通信。SolarWinds 对全球客户展开排查，经排查发现，多家大公司均被攻击者通过该软件作为入口而成功渗透。此外，多个政府机构也可能已经沦陷；世界 500 强企业中，也有超过九成受到影响；全球至少 30 万家大型政企机构受到影响。

7.8.4 APT 攻击的防范

本小节介绍 APT 攻击的防范措施及 APT 攻击的检测技术。

1. APT 攻击的防范措施

首先通过人员培训、技术手段及管理手段来尽可能地防患于未然，具体可实施的措施包括：

（1）网络安全培训。对员工进行网络安全意识培训，教育他们如何识别钓鱼邮件、恶意附件和其他社交工具攻击。员工是网络安全的第一道防线，因此他们需要了解潜在风险和如何报告可疑活动。

（2）更新和漏洞管理。及时更新操作系统、应用程序和网络设备，以修复已知漏洞。实施有效的漏洞管理程序，包括漏洞扫描和修复，以降低攻击者利用漏洞的机会。

（3）网络监控。部署 IDS 和 IPS 以监控网络流量，及时识别异常活动并采取措施。实施安全信息和事件管理工具，以加强监控和警报系统。

（4）强化身份验证。使用 MFA 来加强对系统和数据的访问控制。这样即使攻击者获取了某人的凭证，仍然需要额外的身份验证来访问关键资源。

（5）数据加密。加密敏感数据，包括存储和传输中的数据。这可以减少数据泄露的风险，即使攻击者能够访问数据，也无法轻易解密。

（6）网络隔离。将网络分段以降低攻击范围，确保敏感数据只能在授权的网络段内访问。使用 VPN 等技术来远程访问内部资源。

（7）应用白名单。配置应用白名单，只允许经过授权的应用程序在系统上运行，这可以防止未知或恶意软件的执行。

（8）定期审查权限。定期审查用户和员工的访问权限，确保他们只能访问他们需要的资源。及时删除或禁用不再需要的账户和权限。

（9）信息共享。与安全企业和安全组织共享和合作，以了解最新的威胁和攻击模式，以及与其他组织分享安全情报。

（10）紧急响应计划。制定和测试紧急响应计划，以便在受到 APT 攻击时迅速采取措施，减少潜在损害。

（11）物理安全保护。不要忽视物理安全，确保服务器和关键网络设备得到适当的保护，以防止未经授权的访问。

2. APT 攻击的检测技术

APT 攻击的检测技术包括：

（1）URL 异常检测技术。深度分析 URL 内 User-Agent 字段以及 HTTP 状态码来判断网站是否异常，以及网站中是否有恶意文件的下载链接，

（2）Email 异常检测技术。通过对邮件的包头、发件人和邮件内的附件或链接进行检查，分析是否有恶意软件或链接存在。

（3）沙箱检测技术。模拟 Linux、Windows、Android 环境，将文件放在沙箱里模拟运行，通过自动观测、自动分析、自动警告发现未知威胁。沙箱又称沙盘，是一种 APT 攻击核心防御技术，该技术在应用时能够创造一种模拟化的环境来隔离本地系统中的注册表、内存以及对象，而系统访问、文件观察等可以通过虚拟环境来实施操作。同时，沙箱能够利用定向技术在特定文件夹中定向进行文件的修改和生成，防止出现修改核心数据和真实注册表的现象。一旦系统受到 APT 攻击，虚拟环境能够对特征码实施观察和分析，从而对攻击进行有效的防御。在实际应用过程中，沙箱检测技术能够充分发挥防御作用，但是由于其消耗本地资料过多，导致工作处理过程周期过长，对此要进一步加强其应用效率，从而有效区分和处理软件与文件，有效提升自身的应用效率，充分防御来自外界的 APT 攻击。

（4）信誉技术。安全信誉主要是评估互联网资源和有关服务主体在安全性能方面的指数和表现，而信誉技术在应用过程中能够以一种辅助的方式来检测 APT 攻击，并有针对性地建设信誉数据库，其中包括威胁情报库、僵尸网络地址库、文件 MD5 码库以及 WEBURL 信誉库。它能够作为辅助支撑技术帮助系统提升检测 APT 攻击的能力，利用网络安全设备进行过滤和阻断不良信息资源。在此过程中，信誉库能够充分发挥自身优势，有效保护系统相关数据和信息，提升安全产品的安全防护指数，依照实际情况来分析，信誉技术已经广泛应用到网络类安全产品中，并且通过安全信誉评估策略服务和信誉过滤器等功能为信息系统的安全提供有效保障。

（5）异常流量分析技术。异常流量分析技术在应用过程中主要以一种流量检测方式和分析方式对有关流量信息实施提取，针对其中的带宽占用、CPU/RAM、物理路径、IP 路由、标志位、端口、协议、帧长、帧数等实施有效地监视和检测，并且融入节点、拓扑和时间等分析手段来统计流量异常、流量行为等可能出现的异常信息，从而依照分析的结果和数据对可能出现的零日漏洞攻击进行准确识别。同时，异常流量分析技术进一步融入了机器学习技术和统计学技术，能够以科学化、合理化的方式建立模型。与传统的网络防御技术相比，异常流量分析技术能够充分发挥自身优势，以一种数据采集机制来保护原有系统，并且对出现的异常行为进行有效追踪，分析历史流量数据，从而有效地确定异常流量点，最终实现防御 APT 攻击的目的。

（6）大数据分析技术。大数据分析技术针对网络系统中出现的日志数据和 SOC 安全管理平台中出现的日志数据，利用大数据分析技术能够实施有效地分析和研究。可以通过态势分析、数据挖掘、数据统计技术，对大量历史数据进行分析，获取其中存在的 APT 攻击痕迹，从而以一种弥补方式加强传统安全防御技术。同时，大数据分析技术要想发挥自身的作用，需要提升自身数据分析和数据采集能力，并积极融合全自动响应系统，从而快速监控不同区域中的数据信息，改变出现的信息孤岛所导致的调查分析问题。

APT 攻击通常非常复杂和隐秘，因此没有绝对的保障。然而，通过实施上述安全措施，可以显著增强网络和系统的安全性，降低受到 APT 攻击的风险。同时，定期审查和更新安全策略也是关键，以适应不断演变的威胁手段。

7.9 网络安全工具实例

7.9.1 Nmap

Nmap（Network Mapper）是一款用于网络发现和安全审计的强大开源工具。

（1）安装 Nmap。首先需要在计算机上安装 Nmap。Nmap 支持多个操作系统，包括 Windows、Linux 和 macOS。可以从 Nmap 的官方网站上下载适用于操作系统的安装程序，或者在 Linux 上使用包管理器进行安装。

（2）打开命令行终端。无论使用的是 Windows、Linux 还是 macOS 系统，都需要打开命令行终端或终端窗口，通过运行 Nmap 命令来执行扫描等功能。

（3）运行基本扫描。基本的 Nmap 扫描是通过指定目标 IP 地址或主机名来执行的。简单的扫描命令如下：

```
nmap target_ip_or_hostname
```

其中，target_ip_or_hostname 为要扫描的目标的实际 IP 地址或主机名，将扫描目标主机上的默认前 1000 个常见端口，这是 Nmap 默认的扫描方式。

（4）指定扫描端口范围。使用 Nmap 的-p 参数可以扫描特定的端口或一定范围的端口。例如，扫描目标主机 1-100 端口，命令如下：

```
nmap -p 1-100 target_ip_or_hostname
```

扫描指定目标 target_ip_or_hostname 的 80 端口，命令如下：

```
nmap -p 80 target_ip_or_hostname
```

扫描指定目标 target_ip_or_hostname 的多个特定端口，命令如下：

```
nmap -p 80,443,8080 target_ip_or_hostname
```

扫描指定目标 target_ip_or_hostname 的所有端口（1～65535），命令如下：

```
nmap -p- target_ip_or_hostname
```

使用-sU 来指定 UDP 扫描，将执行 UDP 扫描，而不是默认的 TCP 扫描，命令如下：

```
nmap -p 80 -sU target_ip_or_hostname
```

扫描指定网络范围，命令如下：

```
nmap 192.168.1.0/24
```

（5）使用其他选项。Nmap 提供了许多的其他选项，可以根据需要进行配置。例如，可以使用-sV 参数来获取服务版本信息，使用-O 参数进行操作系统和版本检测，使用-oN 参数将结果保存到文件中，nmap -sV -O -oN scan_results.txt target_ip_or_hostname 命令的执行结果如图 7-12 所示。

这只是 Nmap 的基本用法，该工具有更多高级功能和选项。感兴趣的读者可以查阅 Nmap 的文档以深入了解其功能和用法。

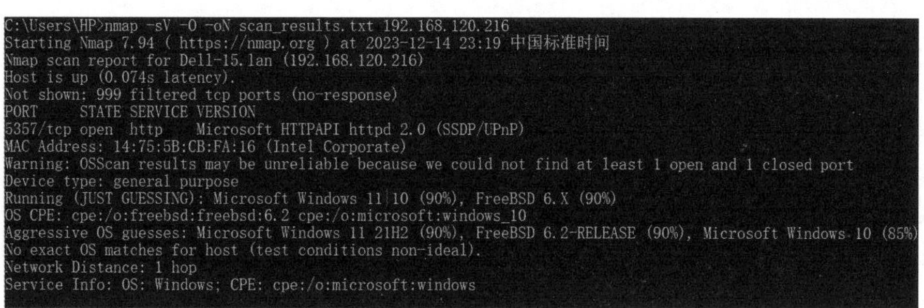
```
C:\Users\HP>nmap -sV -O -oN scan_results.txt 192.168.120.216
Starting Nmap 7.94 ( https://nmap.org ) at 2023-12-14 23:19 中国标准时间
Nmap scan report for Dell-15.lan (192.168.120.216)
Host is up (0.074s latency).
Not shown: 999 filtered tcp ports (no-response)
PORT     STATE SERVICE VERSION
5357/tcp open  http    Microsoft HTTPAPI httpd 2.0 (SSDP/UPnP)
MAC Address: 14:75:5B:CB:FA:16 (Intel Corporate)
Warning: OSScan results may be unreliable because we could not find at least 1 open and 1 closed port
Device type: general purpose
Running (JUST GUESSING): Microsoft Windows 11|10 (90%), FreeBSD 6.X (90%)
OS CPE: cpe:/o:freebsd:freebsd:6.2 cpe:/o:microsoft:windows_10
Aggressive OS guesses: Microsoft Windows 11 21H2 (90%), FreeBSD 6.2-RELEASE (90%), Microsoft Windows 10 (85%)
No exact OS matches for host (test conditions non-ideal).
Network Distance: 1 hop
Service Info: OS: Windows; CPE: cpe:/o:microsoft:windows
```

图 7-12　执行结果

虽然 Nmap 本身是一个命令行工具，但有一些 GUI 的前端工具提供了更直观和用户友好的界面，使得使用 Nmap 更加容易。其中，Zenmap 是 Nmap 的官方图形用户界面，提供了一种更友好的方式来执行和解释 Nmap 扫描结果。Zenmap 具有以下特点。

（1）直观的界面。提供了可视化的界面，使用户更容易理解和配置扫描参数。

（2）扫描配置文件。可以使用 Zenmap 创建、保存和加载扫描配置文件，简化重复性的扫描操作。

（3）拓扑图。显示扫描目标的网络拓扑图，帮助用户更好地理解目标系统之间的关系。

（4）漏洞报告。集成了 Nmap 的扫描结果，并以图形和表格的形式呈现，方便用户查看和分析。

（5）脚本引擎支持。Zenmap 可以使用 Nmap 的脚本引擎，帮助用户执行自定义的脚本和扩展扫描功能。

Zenmap 的使用可能会根据不同的操作系统有所不同。在大多数 Linux 发行版中，可以通过软件包管理器直接安装。对于 Windows 用户，安装 Nmap 后，通常可以在“开始”菜单中启动 Zenmap，或者在 Nmap 安装目录中找到 Zenmap 的可执行文件。启动 Zenmap 后，可在图 7-13 所示的界面中输入 Nmap 命令，或者通过填写目标主机地址（Target），选择操作类型（Profile），由程序构造出 Nmap 命令，单击 Scan 按钮即可开始扫描。

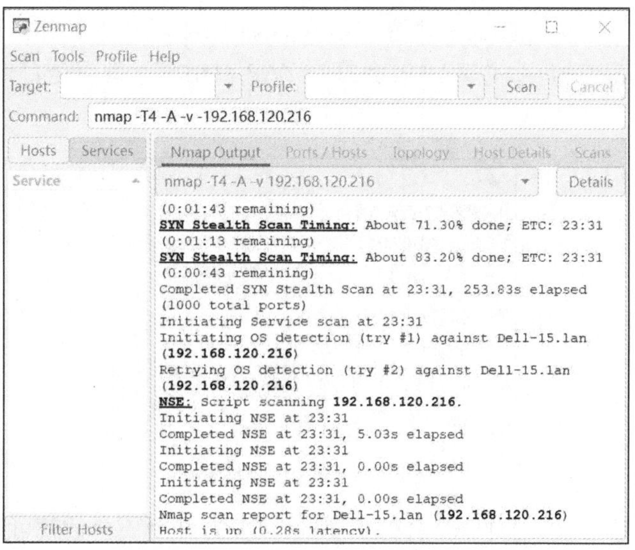

图 7-13　Zenmap 主界面

7.9.2 ZAP

1. ZAP 简介

OWASP 是一个开源的、非营利的全球性安全组织，致力于应用软件的安全研究，其使命是使应用软件更加安全，使企业和组织能够对应用安全风险做出更清晰的决策。目前 OWASP 全球拥有 220 个分部；近六万名会员，共同推动了安全标准、安全测试工具、安全指导手册等应用安全技术的发展。OWASP 颁布并且定期维护更新前十 Web 安全漏洞，也成了 Web 安全性领域的权威指导标准。OWASP ZAP 是一个由 OWASP 维护的、用于发现和防范 Web 应用程序中的安全漏洞的工具。它可以帮助人们在开发和测试 Web 应用程序过程中，自动发现应用程序中的安全漏洞。另外，它也是一款提供给具备丰富经验的渗透测试人员进行人工安全测试的优秀工具。ZAP 以架设代理的形式来实现渗透性测试，他将自己置于用户浏览器和服务器中间，充当一个中间人的角色，浏览器所有与服务器的交互都要经过 ZAP，这样 ZAP 就可以获得所有这些数据包，并且可以对他们进行分析、扫描，甚至是修改再发送，以发现潜在的安全问题。

对目标的扫描有被动和主动两种模式。在被动扫描模式下，ZAP 只是监听和记录应用程序的流量，而不会发送恶意请求。这有助于发现潜在的安全问题，而不会对目标系统产生直接影响。在主动扫描模式下，ZAP 模拟攻击，向目标应用程序发送恶意请求，以发现可能存在的漏洞，包括诸如 SQL 注入攻击、XSS 攻击等 Web 安全漏洞。ZAP 使用内置的漏洞检测引擎，检查目标应用程序中是否存在已知的漏洞。这些漏洞包括但不限于 SQL 注入攻击、XSS 攻击、CSRF 攻击等。ZAP 支持使用自定义脚本进行测试，这允许用户根据特定的需求执行自定义的攻击和测试。ZAP 能够处理 WebSockets 通信，使其可以检测和防范与 WebSockets 相关的安全问题。ZAP 生成详细的漏洞报告，帮助用户了解发现的问题，并提供修复建议。用户可以通过 ZAP 的界面查看报告，也可以将报告导出为不同的格式。

2. ZAP 安装与配置

（1）安装。从 ZAP 的官方网站上下载并安装 ZAP。它提供了适用于不同操作系统的安装包。它是用 Java 编写的，因此在运行 ZAP 之前，需要安装 Java 运行环境（Java Runtime Environment，JRE）。可以从 Oracle 官方网站或 OpenJDK 项目下载并安装适合自身操作系统的 JRE 版本。安装完成后，启动 ZAP 时会打开 ZAP 对话框，询问是否想持久化 ZAP 会话，如图 7-14 所示。

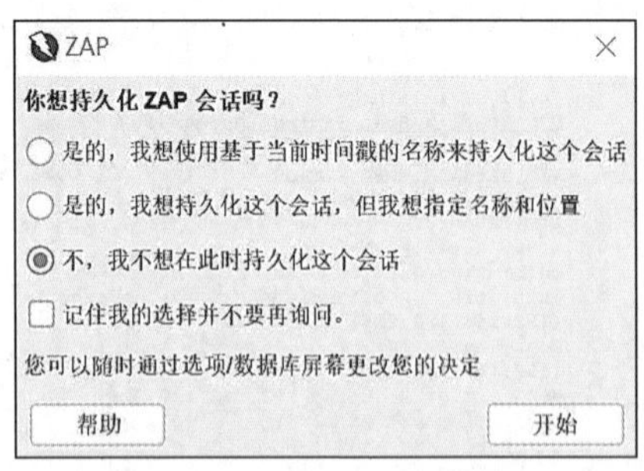

图 7-14 ZAP 对话框

持久化 ZAP 会话可以让操作得到保留，下次只要打开历史会话就可以获取之前扫描过的站点以及测试结果等。一般来说，如果对固定的产品进行定期扫描，应该选第一个或者第二个选项，便可以保持一个会话长期使用。如果只是想简单尝试 ZAP 功能，可以选择第三个选项，那么当前会话不会被保存。

打开 ZAP 以后可看到 ZAP 主界面（图 7-15），由以下 6 个部分组成。

1）菜单栏：提供对许多自动和手动工具的访问。

2）工具栏：包括常用功能的启动按钮。

3）树窗口：显示站点树和脚本树。

4）工作区窗口：显示请求、响应和脚本，并允许编辑它们。

5）信息窗口：显示自动和手动工具的详细信息。

6）页脚：显示找到的警报的摘要和主代理。

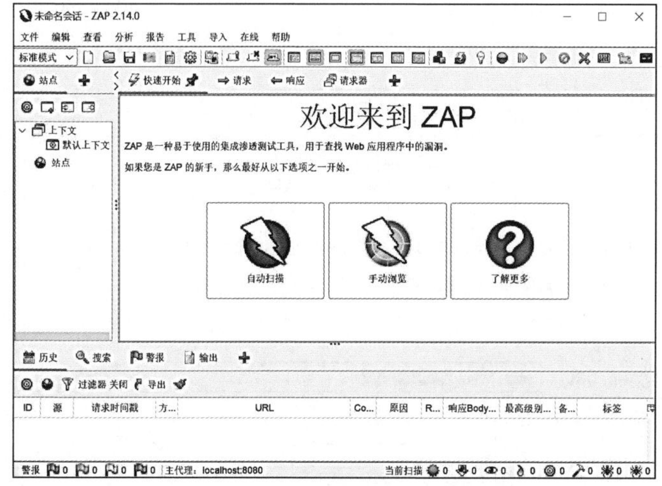

图 7-15　ZAP 主界面

（2）配置代理。在开始使用 ZAP 进行渗透测试之前，需要将其设为浏览器的代理。选择“工具”→“选项”命令，打开图 7-16 所示的“选项”窗口，在左侧栏中展开“网络”组，选择“本地服务器/代理”选项，可以看到 ZAP 的默认地址和端口是 localhost:8080。

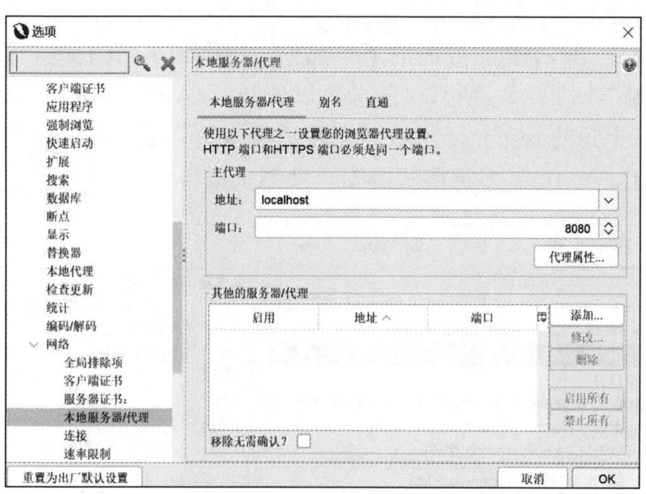

图 7-16　“选项”窗口

为了让 ZAP 拦截和修改浏览器与 Web 应用程序之间的通信，需要将浏览器配置为使用 ZAP 作为代理。在浏览器设置中，将代理设置为 ZAP 正在监听的地址和端口（默认是 127.0.0.1:8080）。之后再用这个浏览器去访问站点时，都会通过 ZAP 这个中转站，于是这就给 ZAP 提供了抓包、分析、渗透测试的可能性。

3. 扫描

（1）配置扫描目标。在 ZAP 主界面的工作区窗口中可以启动自动扫描，即快速渗透测试，如图 7-17 所示。配置目标 Web 应用程序的信息，可以手动输入目标 URL 或使用 ZAP 的自动配置工具。另外，还可以导入现有的浏览器代理历史记录。输入网址，单击“攻击”按钮，开始快速测试。在此过程中，ZAP 做了以下 3 件事：使用爬虫抓取被测站点的所有页面；在页面抓取的过程中被动扫描所有获得的页面；抓取完毕后用主动扫描的方式分析页面功能和参数。

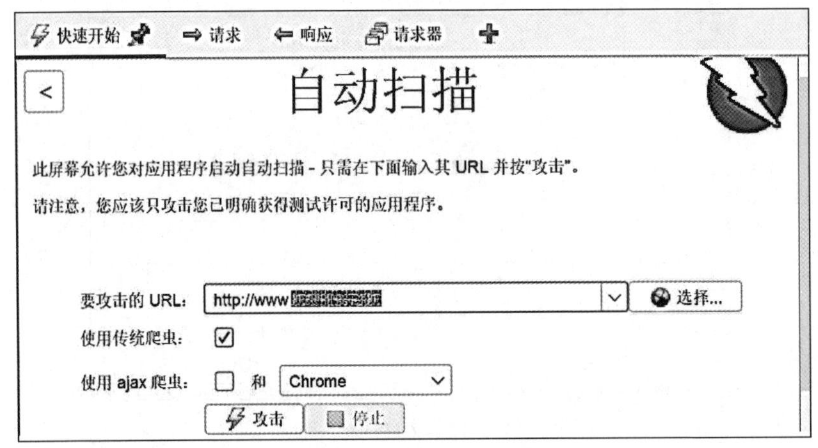

图 7-17　ZAP 自动扫描

（2）结果分析。上述快速测试完成以后，ZAP 会获取以下一些信息：被测站点地图及页面资源；所有请求、反馈记录；安全性风险项目列表。其中，最关注的是安全性风险项，ZAP 将根据风险的高低作出标识，分别为高（High）、中（Medium）、低（Low）、信息（Informational）、误警（False Positive）。在 ZAP 主界面的下半部分，切换到 Alert 标签，可以看到所有扫描出的安全性风险，如图 7-18 所示。所有风险项可以展开，ZAP 在右侧窗口会对该风险项提供说明和解释，并且在右上角的 response 区域高亮展示具体风险项由来。通过主菜单 Report 选项，可以选择输出 HTML、XML 等多种格式的安全性测试报告。

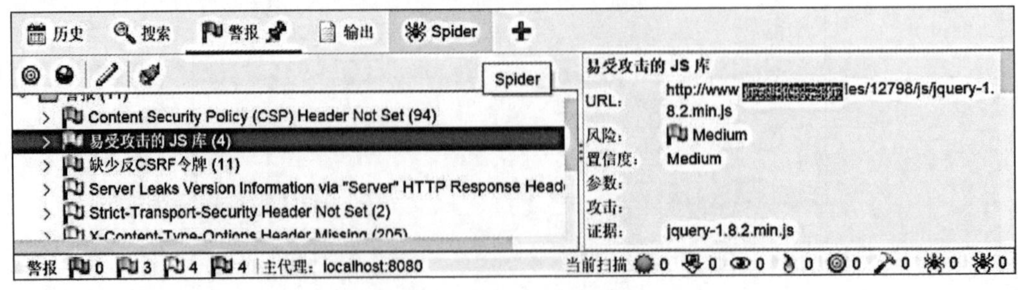

图 7-18　扫描出来的安全性风险

7.9.3 Burp Suite

Burp Suite 是一套专业的用于 Web 应用程序安全测试的工具集，由 PortSwigger Web Security 开发。它主要用于发现、利用和防范 Web 应用程序中的安全漏洞。Burp Suite 具有多个组件，每个组件都有其特定的功能。Burp Suite 和 ZAP 都是用于进行 Web 应用程序安全测试的工具，它们在很多方面功能相似。选择使用 Burp Suite 还是 ZAP 通常取决于用户的偏好、需求。Burp Suite 有一个更为直观且功能强大的界面，而 ZAP 是一个免费的、开源的工具，适用于较小的团队和项目。

1. Burp Suite 的主要组件和功能

（1）代理（Proxy）。Burp Suite 的代理允许用户拦截和修改通过浏览器与目标应用程序之间的 HTTP 请求和响应。这使用户可以查看和修改应用程序的通信，以识别潜在的安全问题。

（2）扫描器（Scanner）。Burp Suite 的扫描器用于自动发现 Web 应用程序中的漏洞。它可以检测常见的漏洞，如 SQL 注入攻击、XSS 攻击、CSRF 攻击等。

（3）爬虫（Spider）。Burp Spider 用于自动化地遍历 Web 应用程序并生成其内容的地图。这有助于发现隐藏的页面和目录，以及理解应用程序的结构。

（4）重复器（Repeater）。该工具允许用户通过手动修改和重新发送 HTTP 请求，进行渗透测试和攻击的验证。这对于测试自定义攻击向量和检查漏洞响应非常有用。

（5）序列器（Sequencer）。Burp Sequencer 用于分析应用程序生成的随机数或令牌的熵，并帮助确定其猜测难度。这对于攻击中涉及的会话管理和令牌处理非常重要。

（6）解码器（Decoder）。Burp Decoder 用于解码和编码数据，帮助用户理解应用程序的输入和输出，以及可能存在的编码问题。

（7）比较器（Comparer）。该工具允许用户比较两个 HTTP 请求或响应，以便识别差异和可能的安全问题。

（8）入侵器（Intruder）。Burp Intruder 用于自动化攻击，如爆破密码、暴力破解和其他定制攻击向量。它具有高度的可配置性。

（9）协作器（Collaborator）。Burp Collaborator 用于检测应用程序是否与外部系统进行了互动，如通过发送电子邮件或进行 DNS 查询。这有助于发现潜在的信息泄露和攻击。

2. Burp Suite 的安装与配置

Burp Suite 是一个用于进行 Web 应用程序安全测试的集成平台。以下是在 Windows 10 上安装和配置 Burp Suite 的一般步骤。

（1）下载。访问 Burp Suite 的官方网站并下载适用于 Windows 系统的安装程序。

（2）安装。运行下载的安装程序，按照提示完成安装。可以选择安装 Burp Suite Community Edition（免费版本）或 Professional Edition（需要许可证的专业版）。

（3）启动。安装完成后，启动 Burp Suite，可能会看到一些初始化设置，如选择配置文件或导入先前的配置。

（4）配置浏览器代理。Burp Suite 通过代理来拦截和修改 HTTP 请求和响应。为了让 Burp Suite 拦截浏览器的流量，需要配置浏览器使用 Burp Suite 的代理。在 Burp Suite 中，选择 Proxy 选项卡，然后选择 Options 子选项卡。查找代理监听端口（默认为 8080），确保它没有被防火墙或其他应用程序占用。在浏览器中配置代理设置，将浏览器的代理设置为 Burp Suite

的监听地址和端口。

（5）验证代理配置。在 Burp Suite 中，确保 Proxy 选项卡的 Intercept 功能处于关闭状态。这样，Burp Suite 将开始拦截流量。

（6）配置浏览器证书。Burp Suite 使用自签名的证书进行 SSL/TLS 拦截。为了让浏览器信任 Burp Suite 的证书，需要在浏览器中导入 Burp Suite 的证书。在 Burp Suite 中，选择 Proxy 选项卡，然后 Options 子选项卡。在 Import/Export CA Certificate 部分单击 Save CA Certificate 按钮并保存证书文件。在浏览器中导入保存的证书文件，将其添加为信任的根证书。

（7）开始使用 Burp Suite。现在已经配置好 Burp Suite，可以开始使用它来拦截、分析和修改 Web 应用程序的流量，以进行安全测试和渗透测试。

具体的步骤可能会因 Burp Suite 版本的不同而有所变化。建议查阅 Burp Suite 的官方文档以获取最新和详细的安装和配置说明。

7.9.4 合法合规使用网络安全工具

网络安全工具是提高网络安全性的关键工具，保证合法合规地使用至关重要，以防止滥用和潜在的负面影响。使用网络安全工具对网络和系统进行安全性测试时，需要注意以下事项，以确保安全测试的合法性和有效性，避免不必要的问题。

（1）合法授权。确保进行安全测试的网络和系统都是在合法授权下进行的。未经授权的安全测试是非法的，可能承担法律责任。

（2）知情同意。在进行安全测试之前，确保获得了相关方的知情同意。这包括通知系统管理员、业务所有者和其他可能受到影响的人员。

（3）测试环境。在测试期间使用专门的测试环境，而不要在实际的生产环境中进行测试，以防止对实际业务造成不必要的干扰或损害。

（4）备份数据。在进行安全测试之前，要确保对目标系统中的重要数据进行备份，以防止因测试活动导致的数据丢失。

（5）小心使用自动化工具。自动化工具可以提高效率，但也可能导致误报或漏报。对工具的结果要进行审查和验证，并确保自己理解输出结果。

（6）监控流量。在进行网络安全测试期间，要对测试流量以及其对网络和系统的影响进行监控，及时发现异常并采取必要的纠正措施。避免在短时间内进行过度扫描，以免对目标系统和网络造成不必要的压力和负担。

（7）敏感信息处理。在进行安全测试时，避免收集、存储或传输敏感信息，除非这是测试的明确目的。

（8）合法性和合规性。遵守国家和国际的法律法规，并保证测试步骤和测试内容的合规性要求，确保安全测试活动符合相关法规。

（9）文档记录。记录所有安全测试步骤、发现的漏洞和采取的措施。这有助于生成详细的安全测试报告，并提供清晰的证据。

（10）与团队协作。安全测试通常是团队协作的结果。确保与网络管理员、系统管理员和其他安全专业人员合作，分享信息，并确保他们了解测试活动。

最后郑重提醒读者，一定要正当使用网络安全工具，用知识和技能服务国家和社会，不可以滥用技术侵害他人利益。

一、思考题

1. 网络攻击一般有哪几个步骤?
2. 收集要攻击的目标系统信息的工具有哪些？用它们可以得到哪些信息?
3. 网络入侵的对象主要包括哪几类?
4. 主要的网络攻击方式有哪些?
5. 攻击工具的复杂化主要表现在哪几个方面?
6. 及时安装补丁程序有什么意义?
7. 口令攻击的方法有哪些?
8. 怎样选择安全的口令?
9. 扫描器的作用是什么？主要有哪些种类的扫描器？试举两例并说明其功能。
10. 简述网络监听的基本原理。
11. 从正反两个方面说明网络监听的作用。
12. 如何有效地防范网络监听?
13. 简述 IP 欺骗的实现过程。
14. 如何有效地防止 IP 欺骗攻击的发生?
15. 简述 DDoS 攻击的原理。
16. 简述 Smurf 攻击的过程及防范方法。
17. 简述 Trinoo DDoS 攻击的基本特性及抵御策略。
18. 受到 DoS 攻击的主要表现有哪些?
19. 举例说明如何利用缓冲区溢出实现攻击。
20. 如何保护缓冲区免受缓冲区溢出的攻击?
21. 什么是 APT 攻击，其特点有哪些?
22. 简述一个 APT 的攻击过程和步骤。

二、实践题

1. 在实验室环境中，试用穷举攻击的方法破解对方系统的口令。
2. 在实验室环境中，试用字典攻击的方法破解对方系统的口令。
3. 在实验室环境中，试用网络监听的方法获取对方的口令。
4. 利用 TCP connect()或 TCP SYN 方法，编写一个扫描器程序，并进行功能测试。
5. 在实验室环境中，对某个目标网络进行扫描并分析其存在的安全隐患。
6. 在实验室环境中，运行一个木马程序并分析其特征及功能，然后对其进行手工清除。
7. 搜集资料，了解当前较活跃的木马程序有哪些，并对其行为特征及危害性进行分析。

第 8 章　入侵检测技术

本章主要讲解系统入侵检测的基本原理、主要方法以及如何实现入侵检测，进行主动防御。通过本章的学习，应达到以下目标：

- 理解入侵检测的概念和方法。
- 理解入侵检测系统的分类的原理。
- 掌握 Snort 入侵检测系统的使用方法。
- 了解蜜罐概念和实现方法。

8.1　入侵检测概述

8.1.1　入侵检测的概念

入侵检测（Intrusion Detection），顾名思义，即是对入侵行为的发觉。它在计算机网络或计算机系统中的若干个关键点收集信息，通过对这些信息的分析来发现网络或系统中是否有违反安全策略的行为和被攻击的迹象。进行入侵检测的软件与硬件的组合便是入侵检测系统（Intrusion Detection System，IDS）。与其他安全产品不同的是，IDS 需要更高的智能性，它必须能对得到的数据进行分析，并得出有用的结果。一个合格的 IDS 能大大简化管理员的工作，保证网络安全地运行。它是网络安全技术中不可或缺的一部分，也是对其他安全技术的一个补充。

入侵检测技术自 20 世纪 80 年代提出以来得到了极大的发展，国外一些研究机构已经开发出应用于不同操作系统的几种典型的 IDS。典型的 IDS 通常采用静态异常模型和规则误用模型来检测入侵，这些 IDS 的检测基本是基于服务器或网络的。早期的 IDS 模型设计用来监控单一服务器，是基于主机的 IDS；近期的更多模型则集中用于监控通过网络互联的多个服务器。

早期的基于主机的入侵检测系统一般利用操作系统的审计作为输入的主要来源。典型的系统有 ComputerWatch、Discovery、HAYSTACK、IDES、ISOA、MIDAS 和 Los Alamos 国家实验室开发的异常检测系统 W&S 等。现在的 IDS 更多的是对许多互联在网络上的主机的监视。典型的系统有 Los Alamos 国家实验室的网络异常检测和侵入报告系统 NADIR，这是一个自动专家系统；加利福尼亚大学的 NSM 系统，它通过广播 LAN 上的信息流量来检测入侵行为；还有分布式入侵检测系统 DIDS 等。

8.1.2　IDS 的任务和作用

IDS 是主动保护自己免受攻击的一种网络安全技术。IDS 对网络或系统上的可疑行为做出策略反应，及时切断入侵源，并通过各种途径通知网络管理员，最大限度地保障系统安全。入侵检测是防火墙的合理补充，有效帮助系统对抗网络攻击，扩展系统管理员的安全管理能力（包括安全审计、监视、进攻识别和响应），提高信息安全基础结构的完整性。入侵检测被认为是防火墙之后的第二道安全闸门，在不影响网络性能的情况下能对网络进行监测，从而提供对内部攻击、外部攻击和误操作的实时保护。这些功能是通过执行以下任务来实现的。

（1）监视、分析用户及系统活动。

（2）对系统构造和弱点的审计。

（3）识别和反应已知进攻的活动模式并向相关人士报警。

（4）异常行为模式的统计分析。

（5）评估重要系统和数据文件的完整性。

（6）操作系统的审计跟踪管理，识别用户违反安全策略的行为。

对一个成功的 IDS 来讲，它不但可以使系统管理员时刻了解网络系统（包括程序、文件和硬件设备等）的任何变更，还能给网络安全策略的制定提供指南。入侵检测的规模和策略还应根据网络威胁、系统构造和安全需求的改变而动态地修正和改变。入侵检测系统在发现入侵后，会及时做出响应，包括切断网络连接、记录事件和报警等。

8.1.3　入侵检测过程

入侵检测过程

入侵检测过程主要包括信息收集和信息分析。

1. 信息收集

入侵检测的第一步是信息收集，收集的内容包括系统、网络、数据及用户活动的状态和行为，而且需要在计算机网络系统中的若干个不同关键点（不同网段和不同主机）收集信息。入侵检测在很大程度上依赖收集信息的可靠性和正确性，因此必须使用精确的软件来报告这些信息。黑客经常替换软件以搞混和移走这些信息，如替换被程序调用的子程序、库和其他工具。黑客对系统的修改可能使系统功能失常，但表面看起来却跟正常的一样。例如，UNIX 系统的 ps 指令可以被替换为一个不显示侵入过程的指令，或者是编辑器被替换成一个读取不同于指定文件的文件。因而用来检测网络系统的软件的完整性必须得到保证，特别是入侵检测系统软件本身应具有相当强的坚固性，以防止被篡改而收集到错误的信息。入侵检测利用的信息一般来自以下 4 个方面。

（1）系统和网络日志文件。入侵者经常在系统日志文件中留下踪迹，因此充分利用系统和网络日志文件的信息是检测入侵的必要条件。日志文件中记录了各种行为类型，每种类型又包含不同的信息。例如，记录“用户活动”类型的日志包含登录、用户 ID 改变、用户对文件的访问、授权和认证信息等内容。很显然，对用户活动来讲，不正常的或不期望的行为就是重复登录失败、登录到不期望的位置以及非授权的用户企图访问重要文件等。通过查看日志文件，能够发现成功的入侵或入侵企图，并很快地启动相应的应急响应程序。

（2）目录和文件中的不期望的改变。网络环境中的文件系统包含很多软件和数据文件，包含重要信息的文件和私有数据文件经常是入侵者修改或破坏的目标。目录和文件中的不期望的改变（包括修改、创建和删除），特别是那些正常情况下限制访问的，很可能就是入侵发生的指示和信号。因为黑客经常替换、修改和破坏他们获得访问权的系统上的文件，同时为了在系统中隐藏他们出现及活动的痕迹，会尽力去替换系统程序或修改系统日志文件。

（3）程序执行中的不期望的行为。网络系统上的执行程序一般包括操作系统、网络服务、用户启动的应用程序（如数据库服务器）。每个在系统上执行的程序由一个或多个进程来实现。每个进程执行在具有不同权限的环境中，这种环境控制着进程可访问的系统资源、程序和数据文件等。一个进程的执行行为由它运行时执行的操作来表现，操作执行的方式不同，利用的系统资源也就不同。操作包括计算、文件传输、调用设备和其他进程以及与网络间其他进程的通信。如果一个程序在执行过程中出现了不期望的行为，如越权访问、非法读写等，表明该程序可能已被修改或破坏。

（4）物理形式的入侵信息。这包括两个方面的内容：一是未授权的对网络硬件的连接；二是对物理资源的未授权访问。入侵者会想方设法地突破网络的周边防卫，如果他们能够在物理上访问内部网络，就能安装他们自己的设备和软件。

2. 信息分析

对上述收集到的有关系统、网络、数据及用户活动的状态和行为等信息，一般通过 3 种方法进行分析：模式匹配、统计分析和完整性分析。其中前 2 种方法用于实时的入侵检测，完整性分析则用于事后分析。

（1）模式匹配。模式匹配就是将收集到的信息与已知的网络入侵和系统误用模式数据库进行比较，从而发现违背安全策略的行为。这种分析方法也称为误用检测。该过程可以很简单（如通过字符串匹配以寻找一个简单的条目或指令），也可以很复杂（如利用正规的数学表达式来表示安全状态的变化）。一般来讲，一种进攻模式可以用一个过程（如执行一条指令）或一个输出（如获得权限）来表示。该方法的一大优点是只需收集相关的数据集合，显著减少系统负担，且技术已相当成熟。它与病毒防火墙采用的方法一样，检测准确率和效率都相当高。但是，该方法存在的弱点是需要不断地升级模式库以对付不断出现的黑客攻击手段，不能检测到从未出现过的黑客攻击手段。

（2）统计分析。统计分析首先为系统对象（如用户、文件、目录和设备等）创建一个统计描述，统计正常使用时的一些测量属性（如访问次数、操作失败次数和延时等）。测量属性的平均值将被用来与网络、系统的行为进行比较，任何观察值在正常值范围之外时，就认为有入侵发生。这种分析方法也称为异常检测。例如，统计分析时发现一个在晚八点至早六点从不登录的账户却在凌晨两点突然试图登录，系统则认为该行为是异常行为。该方法的优点是可检测到未知的入侵和更为复杂的入侵，缺点是误报、漏报率高，并且不适应用户正常行为的突然改变。具体的统计分析方法有基于专家系统的、基于模型推理的和基于神经网络的。

（3）完整性分析。完整性分析主要关注某个文件或对象是否被更改，通常包括文件和目录的内容及属性的变化。完整性分析在发现被更改的、被特洛伊化的应用程序方面特别有效。完整性分析利用强有力的加密机制（如消息摘要函数），能识别微小的变化。其优点是不管模式匹配方法和统计分析方法能否发现入侵，只要是成功的攻击导致文件或其他对象的任何改变，它都能够发现。缺点是一般以批处理方式实现，不用于实时响应。尽管如此，完整性分析方法还是网络安全产品的重要组成部分。可以在每一天的某个特定时间开启完整性分析模块，对网络系统全面地进行扫描检查。

IDS 的典型代表是国际互联网安全系统公司的 RealSecure。它是计算机网络上自动实时的入侵检测和响应系统，可以无妨碍地监控网络传输并自动检测和响应可疑的行为，在系统受到危害之前截取和响应安全漏洞和内部误用，从而最大限度地为企业网络提供安全保障。

入侵检测作为一种积极主动的安全防护技术，提供对内部攻击、外部攻击和误操作的实时保护，在网络系统受到危害之前拦截和响应入侵。从网络安全立体纵深、多层次防御的角度出发，入侵检测理应受到人们的高度重视，这从国外入侵检测产品市场的蓬勃发展就可以看出。在国内，随着上网的关键部门、关键业务越来越多，迫切需要具有自主版权的入侵检测产品。近年来，国内也涌现出一批优秀的 IDS 厂商，如启明星辰、绿盟科技、天融信、网御星云等。

8.2 入侵检测系统

入侵检测系统的分类

8.2.1 入侵检测系统的分类

1. 按照入侵检测系统的数据来源进行分类

按照入侵检测系统的数据来源，可以将划分为以下 3 种。

（1）基于主机的入侵检测系统。基于主机的入侵检测系统一般主要使用操作系统的审计跟踪日志作为输入，某些也会主动与主机系统进行交互以获得不存在于系统日志中的信息。其所收集的信息集中在系统调用和应用层审计上，试图从日志判断滥用和入侵事件的线索。

（2）基于网络的入侵检测系统。基于网络的入侵检测系统通过在计算机网络中的某些点被动地监听网络上传输的原始流量，对获取的网络数据进行处理，从中提取有用的信息，再通过与已知攻击特征相匹配或与正常网络行为原型相比较来识别攻击事件。

（3）采用上述两种数据来源的分布式入侵检测系统。这种入侵检测系统能够同时分析来自主机系统的审计日志和来自网络的数据流。系统一般为分布式结构，由多个部件组成。

2. 按照入侵检测系统采用的检测方法进行分类

入侵检测方法可以划分为基于规则的方法、基于行为的方法、基于神经网络的方法、基于数据挖掘的方法及基于免疫学的方法等。利用这些方法建立的入侵检测系统具有各自的特点，其中前两种方法是比较成熟的方法，在入侵检测系统中应用比较广泛，后面三种方法采用了相对先进的概念和方法，系统的实现和配置会相对复杂。

（1）基于规则的入侵检测系统。该系统需要动态建立和维护一个规则库，利用规则对发生的事件进行判断。规则的建立通常依赖大量已有的知识，与统计方法的区别在于建立的是规则而不是系统度量，如树形规则库或基于时间的规则库。专家系统是一种基于预定义规则的方法，根据专家经验预先定义系统的推理规则，将已知的入侵行为特征或攻击代码等编为规则集，是误用入侵检测的典型方法。基于规则的方法对于已知的攻击或入侵有很高的检测率，但是难以发现未知攻击。

（2）基于行为的入侵检测系统。基于行为的检测也称为异常检测，是指根据使用者的行为或资源使用状况来判断是否入侵，而不依赖于某种具体的规则来检测。这种入侵检测基于统计方法，使用系统或用户的活动画像来检测入侵活动。审计系统实时地检测用户对系统的使用情况，根据系统内部保存的用户行为概率统计模型进行检测，当发现有可疑的用户行为发生时，保持跟踪并监测、记录该用户的行为。系统要根据每个用户以前的历史行为，生成每个用户的历史行为记录库，当用户改变他们的行为习惯时，这种异常就会被检测出来。这种方法可以检测未知的攻击，但也容易产生误警。

（3）基于神经网络的入侵检测系统。神经网络方法以其并行式计算、分布式存储及多层结构的特点，适合于计算大规模、高维度的网络数据。通过已知数据训练神经网络分类器，然后以待分类的数据作为神经网络的输入，通过隐层的计算，最终输出层的结果即为分类结果。神经网络方法的优势是能够处理大规模、高维度的数据；缺点是所构建的神经网络隐层拓扑以及输出结果等，通常难以控制和解释。

（4）基于数据挖掘的入侵检测系统。采用数据挖掘方法从数据中发现知识，区分数据中的正常与异常。数据挖掘中的分类和聚类分析通常用于攻击的识别，而关联规则分析等技术适用于多阶段网络攻击或复杂网络攻击的研究，是近年来研究较多的方向之一。

（5）基于免疫学的入侵检测系统。利用生物体的免疫机理进行入侵行为的分析，区分“自我”和“非我”并消除异常模式，建立系统正常行为的特征库。定义属于“自我”的体系结构、管理策略与使用模式等，监视系统的行为，识别“非我”的行为。

为了能更准确地检测出变化无穷的入侵行为，入侵检测系统也可以融合两种不同的方法来实现。例如，利用规则推理的方法针对用户的行为进行误用检测，同时运用统计方法建立用户行为的统计模型，监控用户的异常行为。

3. 按照入侵检测的时间进行分类

按照入侵检测的时间，可以将入侵检测系统划分为以下两种。

（1）实时入侵检测系统。实时入侵检测在网络连接过程中进行，系统根据用户的历史行为模型、存储在计算机中的专家知识以及神经网络模型对用户当前的操作进行判断，一旦发现入侵迹象立即断开入侵者与主机的连接，并收集证据和实施数据恢复。这个检测过程是自动的、不断循环进行的。

（2）事后入侵检测系统。事后入侵检测由网络管理人员进行，他们具有网络安全的专业知识，根据计算机系统对用户操作所作的历史审计记录判断用户是否具有入侵行为，如果有就断开连接，并记录入侵证据和进行数据恢复。事后入侵检测是管理员定期或不定期进行的，不具有实时性，因此防御入侵的能力不如实时入侵检测系统。

其中，按照入侵检测系统的数据来源进行分类的方法是使用最普遍的分类方法，下面就按这种分类方法详细介绍不同种类的入侵检测系统的结构及特点。

8.2.2 基于主机的入侵检测系统

基于主机的入侵检测系统

基于主机的入侵检测系统一般主要使用操作系统的审计跟踪日志作为输入，某些也会主动与主机系统进行交互以获得不存在于系统日志中的信息。其所收集的信息集中在系统调用和应用层审计上，试图从日志判断滥用和入侵事件的线索。

基于主机的入侵检测系统是早期的入侵检测系统结构，其检测的目标主要是主机系统和系统本地用户。检测原理是根据主机的审计数据和系统日志发现可疑事件，检测系统可以运行在被检测的主机或单独的主机上，其结构如图 8-1 所示。这种类型的系统依赖审计数据或系统日志的准确性、完整性以及安全事件的定义。若入侵者设法逃避审计或进行合作入侵，则基于主机的入侵检测系统的弱点就会暴露出来。特别是在现代的网络环境下，单独依靠主机审计信息进行入侵检测难以适应网络安全的需求。这主要表现在以下 4 个方面。

（1）主机的审计信息的弱点容易受攻击，入侵者可通过使用某些系统特权或调用比审计本身更低级的操作来逃避审计。

（2）不能通过分析主机审计记录来检测网络攻击。

（3）入侵检测系统的运行会或多或少地影响服务器性能。

（4）基于主机的入侵检测系统只能对服务器的特定用户、应用程序执行的动作、日志进行检测，所能检测到的攻击类型受到限制。但是如果入侵者已突破网络防线进入主机系统，那么这种基于主机的入侵检测系统对于监视重要的服务器的安全状态还是十分有价值的。

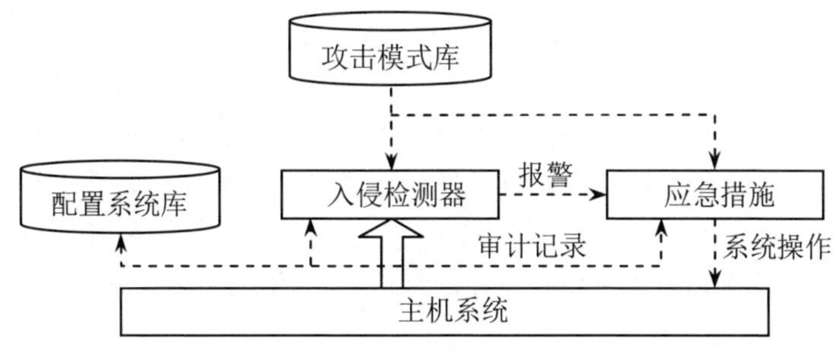

图 8-1　基于主机的入侵检测系统的结构

8.2.3　基于网络的入侵检测系统

基于网络的入侵检测系统

基于网络的入侵检测系统通过在计算机网络中的某些点被动地监听网络上传输的原始流量，对获取的网络数据进行处理，从中提取有用的信息，再通过与已知攻击特征相匹配或与正常网络行为原型相比较来识别攻击事件。

随着计算机网络技术的发展，人们提出了基于网络的入侵检测系统。这种系统根据网络流量及单台或多台主机的审计数据检测入侵，其结构如图 8-2 所示。探测器的功能是按一定的规则从网络上获取与安全事件相关的数据包，然后传递给分析引擎进行安全分析判断。分析引擎将从探测器上接收到的数据包结合网络安全数据库进行分析，把分析的结果传递给安全配置构造器。安全配置构造器按分析引擎的结果构造出探测器所需要的配置规则。

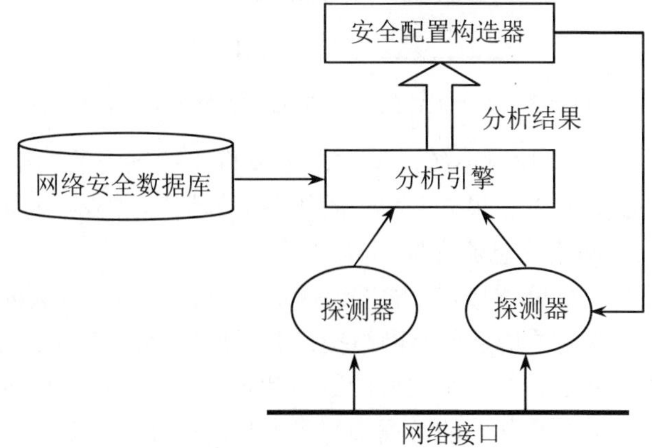

图 8-2　基于网络的入侵检测系统的结构

基于网络的入侵检测系统主要有以下优点。

（1）操作系统独立。基于网络的入侵检测系统监视通信流量，不依赖主机的操作系统作为其检测资源，操作系统平台的变化和更新不会影响基于网络的入侵检测系统。

（2）配置简单。基于网络的入侵检测系统环境只需要一个普通的网络访问接口，不需要任何特殊的审计和登录机制，不会影响其他数据源。

（3）检测多种攻击。基于网络的入侵检测系统探测器可以监视多种多样的攻击，包括协议攻击和特定环境的攻击，常用于识别与网络底层操作有关的攻击。

8.2.4 分布式入侵检测系统

分布式入侵检测系统

典型的入侵检测系统是一个统一集中的代码块，它位于系统内核或内核之上，监控传送到内核的所有请求。但是，网络系统结构趋于复杂化和大型化，系统的弱点或漏洞将趋于分布化。另外，入侵行为不再是单一的行为，而是表现出相互协作的入侵特点。在这种背景下，产生了分布式入侵检测系统。美国普渡大学安全研究小组首先提出基于主体的分布式入侵检测系统，其结构如图 8-3 所示。其主要思想是采用相互独立并独立于系统运行的进程组，这些进程组称为自治主体。通过训练这些主体并观察系统行为，然后将这些主体认为是异常的行为标记出来。

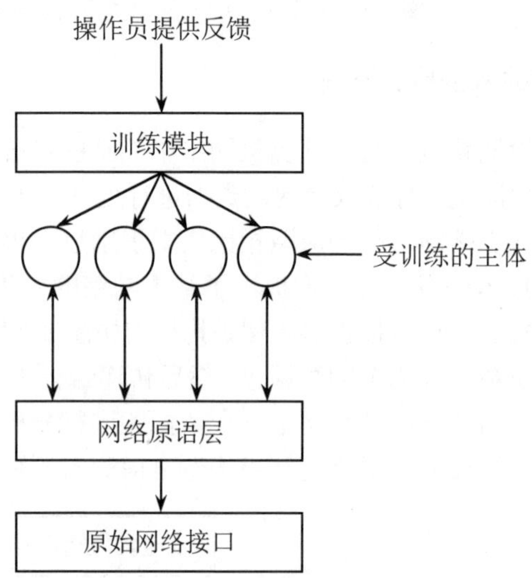

图 8-3　基于主体的分布式入侵检测系统的结构

在基于主体的分布式入侵检测系统原型中，主体将监控系统的网络信息流。操作员将给出不同的网络信息流形式，如入侵状态下和一般状态下等情形来指导主体的学习。经过一段时间的训练，主体就可以在网络信息流中检测异常活动。

图 8-3 中的最底层为原始网络接口，通过该接口可以传输和接收数据链路层数据包。网络原语层在该层之上，可以使用原语从原始网络接口获得原始网络数据，并把它封装成主体可以处理的方式。主体接收到网络包中各个字段的数值和各种整体数据，如包的平均大小、包的到达时间和日期等。这些数据要么从包的数据中得到，要么从外部资源得到。结构的最上层是训练模块，在主体用于监控系统之前，必须训练到可以正确地对入侵做出反应。训练要求主体减

小误报数（假入侵报告）。训练通过一种反馈机制实现，由操作员输入主体的训练要求，再根据主体的实际行为是否接近给定的流量模式所期望的行为，给出训练数据，与神经网络的训练相似。

基于主体的原型中一个关键的思想是主体协作。每个主体监控整个网络信息流的一个小的方面，然后由多个主体协同工作。例如，第一个主体监控 UDP 包，第二个主体监控这些包的目的端口，第三个主体检查包的来源。这些主体之间必须能够相互交流它们发现的可疑点。当一个主体认为可能有可疑的活动发生时，能提醒其他主体注意，后续的主体分析包数据时，也可以进行可疑广播。最终，整个可疑级别若超过预先设定的阈值，系统就向操作员报告可能发生入侵。

8.3 Snort 入侵检测系统

8.3.1 Snort 简介

Snort 是一个开源的轻量级的入侵检测系统和入侵防御系统。它由马蒂•罗斯奇于 1988 年开发；2009 年，Snort 作为“有史以来最伟大的开源软件之一”进入 InfoWorld 的开源名人堂；2013 年，Sourcefire 被 Cisco 公司收购，Snort 目前由 Cisco 公司支持和维护。

Snort 有三种工作模式：嗅探器、数据包记录器、入侵检测系统。嗅探器模式仅仅是从网络上读取数据包并连续不断地显示在终端上；数据包记录器模式把数据包记录到硬盘上；入侵检测模式是最复杂的，Snort 可以分析网络数据流以匹配用户定义的一些规则，并根据检测结果采取一定的动作。

Snort 由四大功能模块组成，如图 8-4 所示。

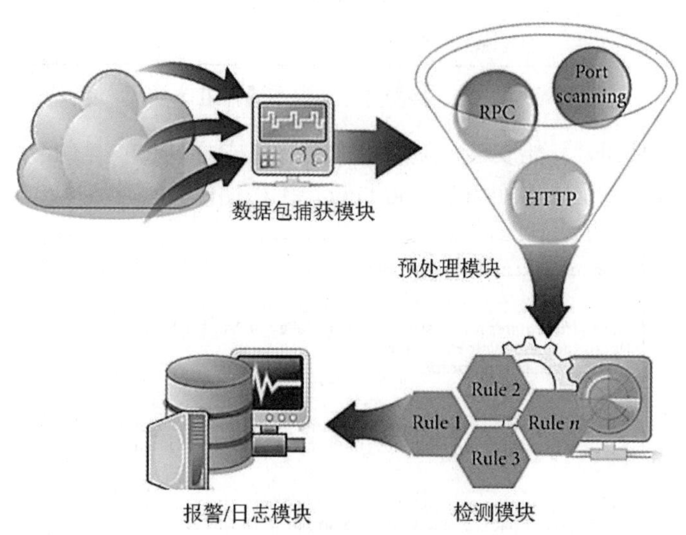

图 8-4 Snort 的功能模块

（1）数据包捕获模块。负责监听网络数据包，对网络流量进行分析。

（2）预处理模块。该模块用相应的插件来检查原始数据包，从中发现原始数据的“行为”，如端口扫描、IP 碎片等，数据包经过预处理后才传到检测引擎。

（3）检测模块。该模块是 Snort 的核心模块。当数据包从预处理器送过来后，检测引擎依据预先设置的规则检查数据包，一旦发现数据包中的内容和某条规则相匹配，就通知报警模块。

（4）报警/日志模块。经检测引擎检查后的 Snort 数据需要以某种方式输出。如果检测引擎中的某条规则被匹配，则会触发一条报警信息。这条报警信息会传送给日志文件，甚至可以将报警信息传送给第三方插件。另外，报警信息也可以记入 SQL 数据库。

8.3.2 Snort 安装

本小节以 Windows 10 操作系统为例介绍如何安装 Snort。

（1）支持 64 位 Windows 10 操作系统的 Snort 可执行文件可以从官方网站上下载。本文以 snort2.9.17 安装和配置为例。

（2）打开下载的可执行文件，接受许可协议，选择要安装的 Snort 组件，如图 8-5 所示。单击 Next 按钮，选择安装位置，本书将其安装在 D:\snort 目录下。

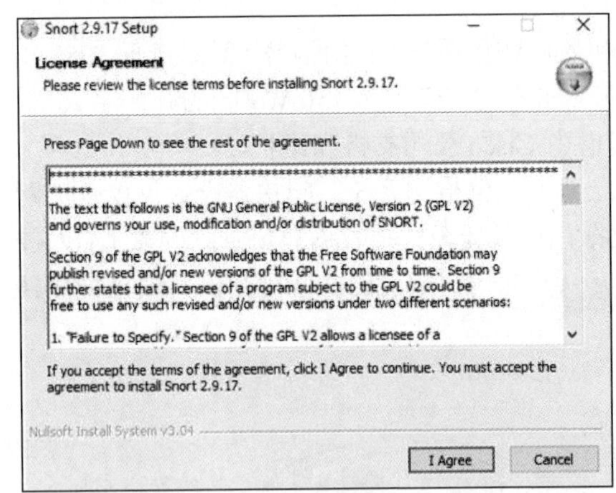

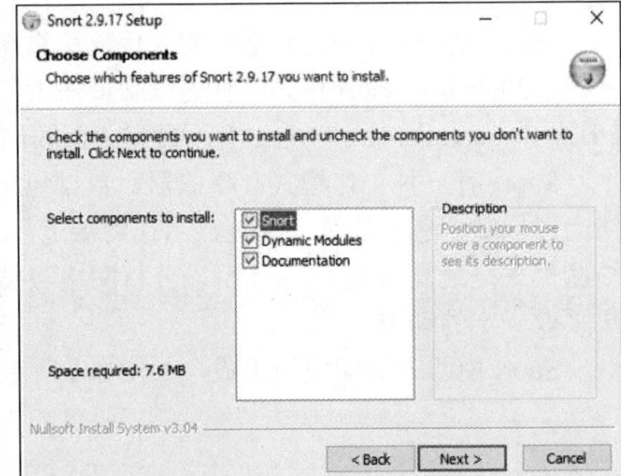

图 8-5　接受许可协议和选择组件

（3）单击 Next 按钮，开始安装，随后出现安装完成窗口，单击 Close 按钮就会打开一个对话框，提示需要安装 Npcap 软件和在 snort.conf 中手工配置正确路径，如图 8-6 所示。

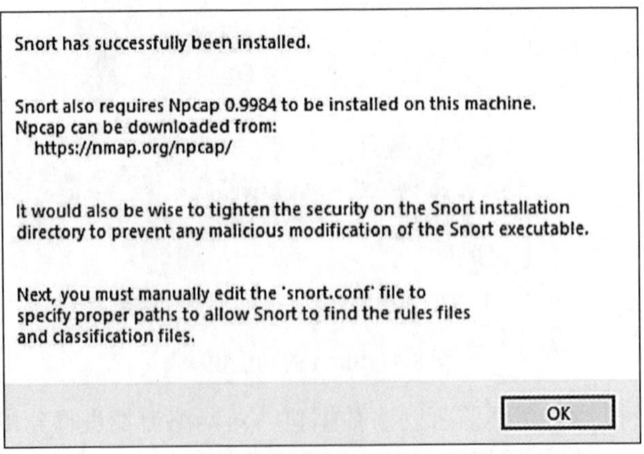

图 8-6　提示需要安装 Npcap 和配置正确路径

（4）根据第（3）步的提示下载 Npcap 安装程序，运行安装程序，选择安装 Npcap 的相应模块，然后单击 Install 按钮，如图 8-7 所示。

（5）安装过程完成后单击 Next 按钮，如图 8-8 所示，显示完成安装窗口，单击 Finish 按钮完成安装过程。

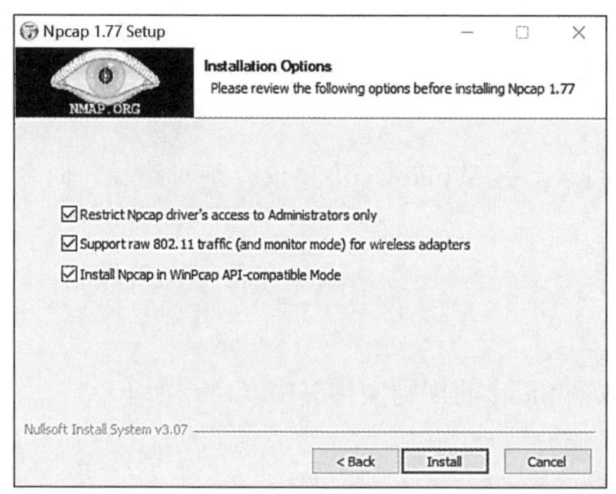

图 8-7　Npcap 安装选项

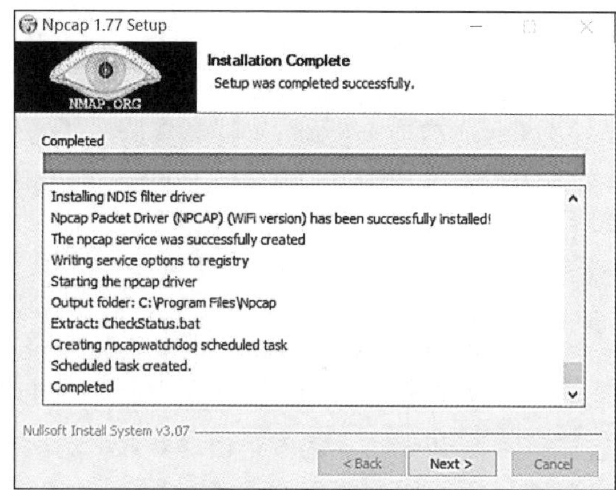

图 8-8　Npcap 安装过程

（6）安装完 Snort 和 Npcap 后，以管理员身份打开命令提示符窗口，到 Snort 安装目录的 \bin 目录下，运行 snort -V 命令检查 Snort 是否正常工作，如图 8-9 所示。

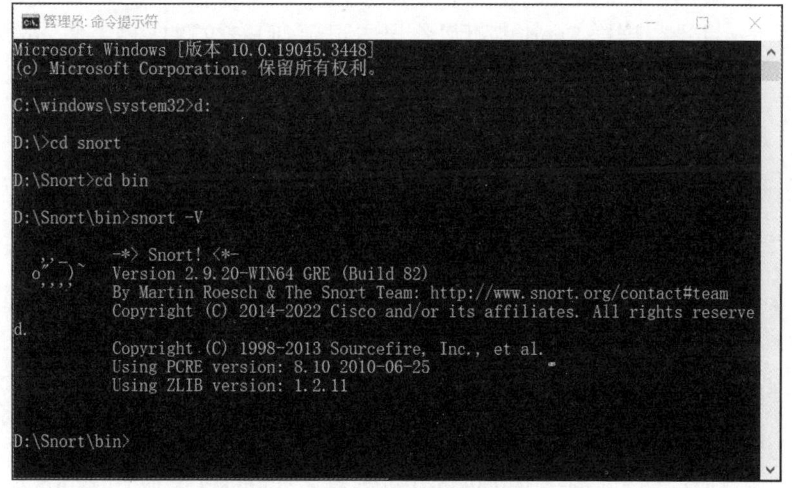

图 8-9　检查 Snort 是否正常工作

8.3.3　Snort 配置

（1）到官方网站上下载最新的 Snort 规则文件（需要用户注册才能下载）。

（2）将下载的压缩文件解压到 snort 的安装目录（本书为 D:\snort），解压出三个文件夹：rules、etc 和 preproc_rules。rules 文件夹包含所有的规则文件和最重要的 local.rules 文件；etc 文件夹包含所有的配置文件，其中最重要的是 snort.conf 文件，用它来进行配置；preproc_rules 文件夹包括预处理器及解码器规则集。

（3）利用文本编辑器打开 snort.conf 文件，编辑 Snort 的配置信息，使其按照我们的期望进行工作。

（4）设置要保护的网络地址，命令如下：

```
# Setup the network addresses you are protecting
ipvar HOME_NET 192.168.120.114/24
```

（5）将外网设置为非本地网络，命令如下：

```
# Set up the external network addresses. Leave as "any" in most situations
ipvar EXTERNAL_NET !$HOME_NET
```

（6）定义 rules 和 preproc rules 文件所在的目录。在 Windows 中建议有绝对路径，命令如下：

```
var RULE_PATH d:\snort\rules
var SO_RULE_PATH d:\snort\so_rules
var PREPROC_RULE_PATH d:\snort\preproc_rules
```

（7）设置白名单和黑名单的路径，它们将放到 Snort 的规则文件夹中，命令如下：

```
# If you are using reputation preprocessor set these
# Currently there is a bug with relative paths, they are relative to where snort is
# not relative to snort.conf like the above variables
# This is completely inconsistent with how other vars work, BUG 89986
# Set the absolute path appropriately
var WHITE_LIST_PATH d:\snort\rules
var BLACK_LIST_PATH d:\snort\rules
```

（8）配置 log 目录，这样 Snort 就可以将日志记录到 log 文件夹中。将 config logdir 前的注释符号去掉，并在其后设置 log 目录的绝对路径，命令如下：

```
# Configure default log directory for snort to log to.  For more information
see snort -h command line options (-l)
config logdir: d:\Snort\log
```

（9）设置动态处理器、处理器引擎及动态规则库的路径，命令如下：

```
# path to dynamic preprocessor libraries
dynamicpreprocessor directory D:\Snort\lib\snort_dynamicpreprocessor
# path to base preprocessor engine
dynamicengine D:\Snort\lib\snort_dynamicengine\sf_engine.dll
# path to dynamic rules libraries
dynamicdetection directory D:\Snort\lib\snort_dynamicrules
```

（10）将下列行注释，排除对不同包进行包规范化（Packet Normalization）。

```
#preprocessor normalize_ip4
#preprocessor normalize_tcp: ips ecn stream
#preprocessor normalize_icmp4
#preprocessor normalize_ip6
#preprocessor normalize_icmp6
```

（11）找到 Reputation preprocessor 部分，修改文件名字。由于白名单和黑名单不是规则，其只是一个标记为白或黑的 IP 地址的列表，命令如下：

```
preprocessor reputation: \
   memcap 500, \
```

```
priority whitelist, \
nested_ip inner, \
whitelist $WHITE_LIST_PATH\white.list, \
blacklist $BLACK_LIST_PATH\black.list
```

（12）使用文本编辑器创建名为 white.list 和 black.list 的新文件（放到指定的 WHITE_LIST_PATH 目录（D:\snort\rules）下。后期在使用时可以加入白名单和黑名单，如图 8-10 所示。

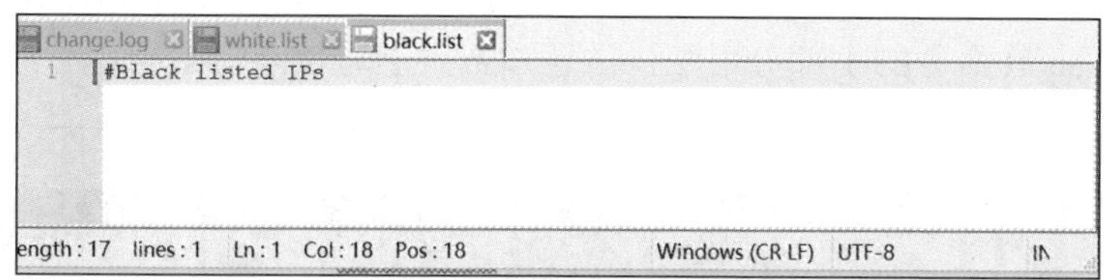

图 8-10　黑/白名单文件

（13）将 site specific rules 下面所有行中的斜线转为反斜线，将下面这些行去掉注释并将斜线转为反斜线：

```
# decoder and preprocessor event rules
include $PREPROC_RULE_PATH\preprocessor.rules
include $PREPROC_RULE_PATH\decoder.rules
include $PREPROC_RULE_PATH\sensitive-data.rules
```

（14）验证 snort.conf 文件的最后一行如下，然后保存所有上述的修改到配置文件（snort.conf）：

```
# Event thresholding or suppression commands. See threshold.conf
include threshold.conf
```

（15）测试配置是否生效。以管理员身份打开命令提示符窗口，运行 snort 命令，验证 Snort 在完成这些配置以后，是否还可以正常运行，如图 8-11 所示。如果出现配置错误，可根据提示进行修改。

```
snort -i5 -c D:\Snort\etc\snort.conf -T
```

```
管理员: 命令提示符

   ,,_     -*> Snort! <*-
  o"  )~   Version 2.9.20-WIN64 GRE (Build 82)
   ''''    By Martin Roesch & The Snort Team: http://www.snort.org/contact#team
           Copyright (C) 2014-2022 Cisco and/or its affiliates. All rights reserved.
           Copyright (C) 1998-2013 Sourcefire, Inc., et al.
           Using PCRE version: 8.10 2010-06-25
           Using ZLIB version: 1.2.11

           Rules Engine: SF_SNORT_DETECTION_ENGINE  Version 3.2  <Build 1>
           Preprocessor Object: SF_SSLPP  Version 1.1  <Build 4>
           Preprocessor Object: SF_SSH  Version 1.1  <Build 3>
           Preprocessor Object: SF_SMTP  Version 1.1  <Build 9>
           Preprocessor Object: SF_SIP  Version 1.1  <Build 1>
           Preprocessor Object: SF_SDF  Version 1.1  <Build 1>
           Preprocessor Object: SF_REPUTATION  Version 1.1  <Build 1>
           Preprocessor Object: SF_POP  Version 1.0  <Build 1>
           Preprocessor Object: SF_MODBUS  Version 1.1  <Build 1>
           Preprocessor Object: SF_IMAP  Version 1.0  <Build 1>
           Preprocessor Object: SF_GTP  Version 1.1  <Build 1>
           Preprocessor Object: SF_FTPTELNET  Version 1.2  <Build 13>
           Preprocessor Object: SF_DNS  Version 1.1  <Build 4>
           Preprocessor Object: SF_DNP3  Version 1.1  <Build 1>
           Preprocessor Object: SF_DCERPC2  Version 1.0  <Build 3>

Total snort Fixed Memory Cost - MaxRss:-1039453536
Snort successfully validated the configuration!
Snort exiting

D:\Snort\bin>
```

图 8-11　验证文件配置好后 Snort 是否正常工作

8.3.4 Snort 使用

下面分别介绍如何使用 snort 命令启动不同的工作模式。

使用命令 snort -W 可以查看当前计算机上的网络接口的状态，找到使用的网络接口的编号（例如，本实验机上使用的 WLAN 网络接口编号为 5，下文中将使用该网络接口）。

snort 命令的功能很丰富，可以用 snort -?命令来查看所用的 Snort 版本的命令行参数。图 8-12 只显示了 snort 命令的小部分用法，注意参数大小写功能的不同。

```
管理员: 命令提示符
D:\Snort\bin>snort -?

   ,,_     -*> Snort! <*-
  o"  )~   Version 2.9.20-WIN64 GRE (Build 82)
   ''''    By Martin Roesch & The Snort Team: http://www.snort.org/contact#team
           Copyright (C) 2014-2022 Cisco and/or its affiliates. All rights reserved.
           Copyright (C) 1998-2013 Sourcefire, Inc., et al.
           Using PCRE version: 8.10 2010-06-25
           Using ZLIB version: 1.2.11

USAGE: snort [-options] <filter options>
       snort /SERVICE /INSTALL [-options] <filter options>
       snort /SERVICE /UNINSTALL
       snort /SERVICE /SHOW
Options:
        -A         Set alert mode: fast, full, console, test or none  (alert file alerts only)
        -b         Log packets in tcpdump format (much faster!)
        -B <mask>  Obfuscated IP addresses in alerts and packet dumps using CIDR mask
        -c <rules> Use Rules File <rules>
        -C         Print out payloads with character data only (no hex)
        -d         Dump the Application Layer
        -e         Display the second layer header info
        -E         Log alert messages to NT Eventlog. (Win32 only)
        -f         Turn off fflush() calls after binary log writes
        -F <bpf>   Read BPF filters from file <bpf>
        -G <0xid>  Log Identifier (to uniquely id events for multiple snorts)
        -h <hn>    Set home network = <hn>
                   (for use with -l or -B, does NOT change $HOME_NET in IDS mode)
        -H         Make hash tables deterministic.
        -i <if>    Listen on interface <if>
        -I         Add Interface name to alert output
```

图 8-12　snort 命令用法

1. 嗅探器模式

启用嗅探器模式的命令为 snort -v -i5，结果如图 8-13 所示。

2. 数据包记录器模式

启用数据包记录器模式的命令为 snort -dev -i5 -h 192.168.120.0/24 -l d:\snort\log -K ascii。

参数说明如下：

（1）dev：详细记录模式。

（2）i5：监听的网卡。

（3）h：监听的网段，默认表示当前主机。

（4）l ：log 文件的位置。

（5）K：文件的编码方式。

运行该命令后，Snort 会将定义的网段中的数据包记录下来并保存到文件里。将不同连接上数据包的信息放到一个文件里，放到按数据包的地址命名的文件夹，并保存到\snort\log 目录下，如图 8-14 所示。

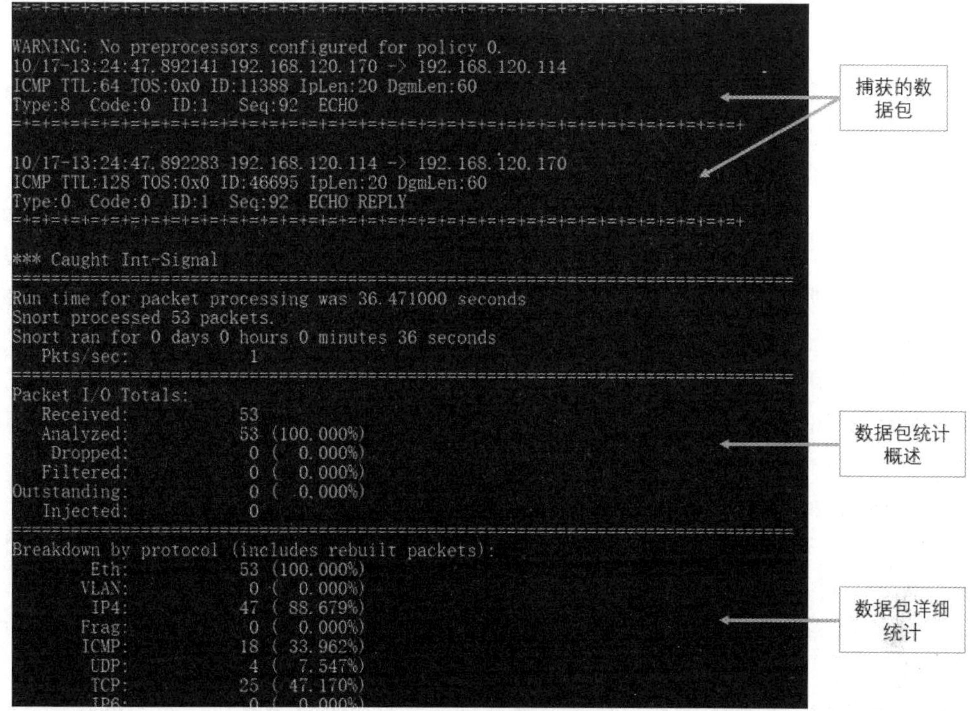

图 8-13　嗅探器模式

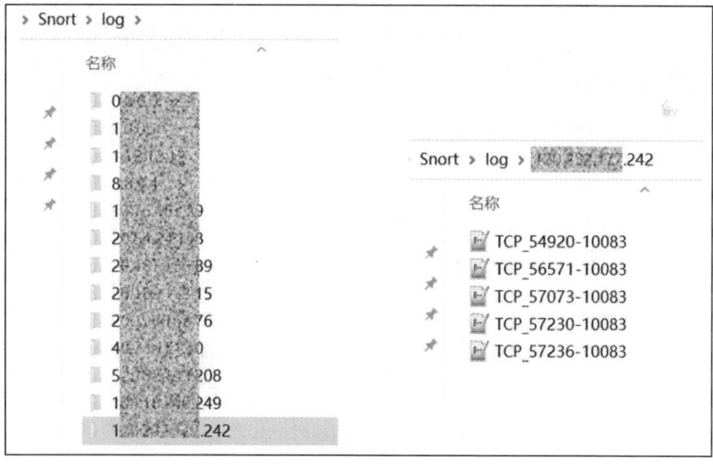

图 8-14　记录的数据

3. 入侵检测模式

（1）Snort 规则定义。Snort 带有用于检测攻击的大型规则库。Snort 发布的规则有两个版本，一个是社区版，一个是订阅版。订阅版是由 Cisco Talos 开发、测试和认可的规则集，这个规则集是对思科用户开放的，订阅者可以得到实时的规则集。订阅版规则集可以从 Snort 官网下载并配置到 Snort 系统中。社区版规则集是由 Snort 社区开发的，对所有用户免费。Snort 也允许用户使用自己的规则扩展该库。Snort 所有的自定义规则都应该在 snort/rules/local.rules 中被定义。

Snort 规则定义的一般结构如下：

<动作> <协议> <IP 地址> <端口> <方向> < IP 地址> <端口> [规则选项]

1）<动作>：当数据包符合规则定义的条件时，会采取什么类型的动作。例如，Snort 可以记录、警报或丢弃数据包。为了便于观察实验结果，将规则定义为 alert。

2）<协议>：用来在一个特定协议的包上应用规则。合法的选项有 TCP、UDP、ICMP 和 IP。

3）<IP 地址>：用于匹配捕获数据包的 IP 地址。地址可以是一个单独的 IP 地址（如 192.168.1.2）、一个子网（例如，192.168.1.0/24）或关键字 any，any 表示任何 IP 地址都可以匹配。注意，在规则中前后有两个地址，依赖于方向决定地址是源或者目的。例如，方向的值是“->”，那么左边的地址就是源地址，右边的地址就是目的地址。

4）<端口>：用于匹配捕获数据包的端口。该值可以是一个明确的数字（如 21），一个端口范围（如 1024:8080）或关键字 any，表示任何端口号都会匹配。<地址>和<端口>都可以通过使用感叹号（!）来否定。例如，如果<端口>设置为! 1024:8080，它将匹配 1～1023 和 8081～65535 范围内的任何端口号，但不会匹配 1024～8080 范围内的端口号。如果协议是 TCP、UDP，端口部分用来确定规则所对应的包的源及目的端口；如果是网络层协议，如 IP 或 ICMP，端口号没有意义，直接使用 any。

5）<方向>：指定单向或双向流量。单向流量用“->”表示，只匹配从左侧地址/端口向右侧地址/端口的流量；双向流量用“<>”表示，匹配两个地址/端口间的双向流量。

6）[规则选项]：规则的可选部分。任何选项都将被括在圆括号中。每个选项由选项名和选项值组成，用冒号分隔。多个选项用分号分隔。警报应该伴随着一条消息和一个 Snort 规则标识号（sid），如(msg: "Packet matched"; sid:2000001)。sid 必须是每个规则的唯一标识，必须选择大于 1000000 的值，以避免与分配给官方 Snort 库中规则的 sid 相冲突。例如，定义一个简单的规则，用于匹配 ICMP 包，如图 8-15 所示。

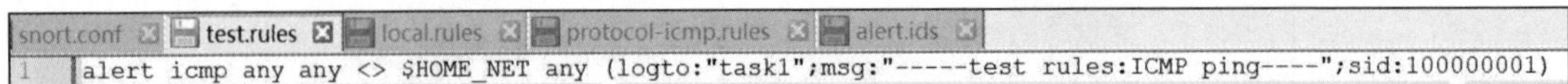

```
snort.conf | test.rules | local.rules | protocol-icmp.rules | alert.ids
1  alert icmp any any <> $HOME_NET any (logto:"task1";msg:"-----test rules:ICMP ping----";sid:100000001)
```

图 8-15　定义一个简单的规则

将这个规则保存为一个 test.rules 文件，如图 8-16 所示，将这个文件加到 snort.conf 文件中。

```
# site specific rules
include $RULE_PATH\test.rules
include $RULE_PATH\local.rules
```

图 8-16　保存为 test.rules 文件

（2）规则的动作。动作是 Snort 规则中的第一个部分，它表示当符合规则的条件时，将会有什么样的动作产生。Snort 有 5 个预定义动作，用户也可以定义自己的动作。需要注意的是，Snort 1.x 和 2.x 对规则的应用是不同的，在 1.x 中，只要数据包符合第一个条件，它就会做出动作，然后就不再管它，尽管它可能符合多个条件；在 2.x 中，只有数据包和所有的相应规则对比后，才根据最严重的情况发出告警。

1）Pass 动作：不理会这个数据包，如果不想检查特定的包，可以用 pass 动作。例如，如果网络中有一台主机用来检测网络安全漏洞，就可以对攻击这台主机的数据包使用 pass 动作。

2）log 动作：用来记录数据包，记录包有不同的方式。例如，可以记录到文件或者数据库。根据命令行参数和配置文件，数据包可以被记录为不同的详细程度。

3）alert 动作：用来在一个数据包符合规则的条件时发送告警信息。告警的发送有多种方式，如可以发送到文件或者控制台。alert 动作与 log 动作的不同之处在于：alert 动作是发送告警然后记录包，log 动作仅仅记录包。

4）dynamic 动作：由其他 activate 动作的规则调用，在正常情况下，它保持着一种潜伏状态，不会被用来检测包，直到 activate 类型的规则将其触发，之后它将像 log 动作一样记录数据包。一个 dynamic 动作仅能被一个 activate 动作激活。

5）activate 动作：功能强大，当被规则触发时生成报警，并启动相关的 dynamic 类型规则。在检测复杂的攻击或对数据进行归类时，该动作选项非常有用。

（3）以入侵检测模式运行 Snort。启用入侵检测模式的命令为：

snort -i5 -l d:\snort\log -K ascii -c d:\snort\etc\snort.conf

其中，参数-c 表示使用规则文件。

该命令将捕获到的匹配 test 规则的数据包信息写入到 snort\log 目录下的 alert.ids 文件里中，如图 8-17 所示。

```
[**] [1:100000001:0] -----test rules:ICMP ping---- [**]
[Priority: 0]
10/17-20:39:43.452779 192.168.120.170 -> 192.168.120.114
ICMP TTL:64 TOS:0x0 ID:59058 IpLen:20 DgmLen:60
Type:8  Code:0  ID:1   Seq:145  ECHO

[**] [1:100000001:0] -----test rules:ICMP ping---- [**]
[Priority: 0]
10/17-20:39:45.270117 192.168.120.170 -> 192.168.120.114
ICMP TTL:64 TOS:0x0 ID:59059 IpLen:20 DgmLen:60
Type:8  Code:0  ID:1   Seq:146  ECHO

[**] [1:100000001:0] -----test rules:ICMP ping---- [**]
[Priority: 0]
10/17-20:39:45.414929 192.168.120.170 -> 192.168.120.114
ICMP TTL:64 TOS:0x0 ID:59060 IpLen:20 DgmLen:60
Type:8  Code:0  ID:1   Seq:147  ECHO

[**] [1:100000001:0] -----test rules:ICMP ping---- [**]
[Priority: 0]
10/17-20:39:47.327376 192.168.120.170 -> 192.168.120.114
ICMP TTL:64 TOS:0x0 ID:59061 IpLen:20 DgmLen:60
Type:8  Code:0  ID:1   Seq:148  ECHO
```

图 8-17　捕获到的匹配 test 规则的数据包信息

使用命令 snort -i 5 -A console -c d:\snort\ etc\snort.conf，将匹配的数据包信息显示在终端屏幕上，如图 8-18 所示。

```
Commencing packet processing (pid=22448)
10/17-20:36:51.042686  [**] [1:100000001:0] -----test rules:ICMP ping---- [**] [Priority: 0] {ICMP} 192.168.120.170 -> 192.168.120.114
10/17-20:36:51.118275  [**] [1:100000001:0] -----test rules:ICMP ping---- [**] [Priority: 0] {ICMP} 192.168.120.170 -> 192.168.120.114
10/17-20:36:57.868773  [**] [1:100000001:0] -----test rules:ICMP ping---- [**] [Priority: 0] {ICMP} 192.168.120.170 -> 192.168.120.114
10/17-20:37:08.925678  [**] [1:100000001:0] -----test rules:ICMP ping---- [**] [Priority: 0] {ICMP} 192.168.120.170 -> 192.168.120.114
10/17-20:37:15.795205  [**] [1:100000001:0] -----test rules:ICMP ping---- [**] [Priority: 0] {ICMP} 192.168.120.170 -> 192.168.120.114
10/17-20:37:19.667566  [**] [1:100000001:0] -----test rules:ICMP ping---- [**] [Priority: 0] {ICMP} 192.168.120.170 -> 192.168.120.114
*** Caught Int-Signal
```

图 8-18　捕获匹配的数据包信息并显示在终端屏幕上

Snort 已发展成为一个多平台且具有实时流量分析、网络 IP 数据包记录等特性的强大的网络入侵检测系统，更多的功能和使用方法请参阅官网上的技术文档，并且可以从 Snort 社区获得更多的资源和帮助。

8.4 蜜罐技术

随着入侵检测系统技术的进步，规避入侵检测系统的方法正变得越来越普遍。例如，一些攻击行为模仿应用程序的原始行为，使入侵检测系统难以检测和识别。这些攻击以及加密通信的日益普及，使蜜罐等替代品变得越来越流行。蜜罐是一种安全威胁的主动防御技术，它的目标是吸引恶意活动，以便监测攻击行为、研究攻击技术，更好地为系统提供安全防御服务。

8.4.1 蜜罐的定义

蜜罐的定义

蜜罐表面上看起来像真实的系统或网络服务，但实际上是一个虚构的环境，它通过模拟一个或多个易受攻击的主机或服务来吸引攻击者，捕获攻击流量与样本，发现网络威胁、提取威胁特征，是一种对网络攻击和威胁进行捕获和研究的手段。例如，蜜罐可以模仿公司的客户计费系统——犯罪分子经常攻击的类似的目标以查找信用卡号码。一旦攻击者进入这个系统，他们的行为就可以被跟踪、记录和分析。第一个公开可用的蜜罐是 1998 年弗雷德•科恩的 Deception ToolKit（DTK），它旨在让攻击者看起来运行 DTK 的系统好像存在大量广为人知的漏洞。20 世纪 90 年代后期，更多的蜜罐通过公共和商业途径上都可以买到。从 2000 年开始，随着蠕虫病毒开始激增，蜜罐被证明在捕获和分析蠕虫病毒方面具有很大的优势。2004 年引入了虚拟蜜罐，允许多个蜜罐在单个服务器上运行。

国际蜜罐技术研究组织 Honeynet Project 的创始人兰斯•施皮茨纳给出了蜜罐的权威定义：蜜罐是一种安全资源，其价值在于被扫描、攻击和攻陷。蜜罐并不向外界用户提供任何服务，所有进出蜜罐的网络流量都是非法的，都可能预示着一次扫描和攻击，蜜罐的核心价值在于对这些非法活动进行监视、检测和分析。

蜜罐的主要目标是吸引攻击者，其主要作用包括以下 4 个。

（1）监测攻击行为。蜜罐记录攻击者与虚假系统的交互，捕获攻击的技术和模式。

（2）研究攻击技术。在与攻击者的交互过程中，蜜罐能够记录攻击者的所有操作，并将这些日志发送到安全的服务器进行进一步的分析。分析蜜罐的日志可以帮助安全专业人员了解最新的攻击技术和威胁趋势，推测攻击者的意图和动机。

（3）欺骗攻击者。通过布置诱饵，提供似是而非的业务服务，如伪造的主机、网络服务和信息，吸引攻击者到虚假系统，蜜罐可以减轻真实系统和网络的风险，更有效地对抗潜在的安全威胁。

（4）提高安全意识。蜜罐在一定程度上可以用于教育和提高组织的安全意识，帮助人们更好地理解攻击手段。

与防火墙或防病毒软件不同，蜜罐不是为了解决特定问题而设置的。相反，它是一个信息工具，主要是为了帮助用户了解现有的威胁和抓住新出现的威胁。通过监视进入蜜罐系统的流量，可以得到的信息包括网络罪犯来自哪里、威胁程度、他们用的是什么手法、他们对什么数据或应用程序感兴趣以及用户的安全措施在阻止网络攻击方面的效果如何等。这些信息可以帮助组织确定安全防御的重点和方向。

8.4.2　蜜罐的分类

蜜罐的分类

1. 按交互程度分类

蜜罐根据入侵者和系统之间的交互程度可分为低交互蜜罐、中交互蜜罐和高交互蜜罐。

（1）低交互蜜罐。这类蜜罐与外部系统的交互范围有限，只模拟有限的服务或服务的一部分，通常是一些常见的服务，如 HTTP、FTP、SMTP 等，只模拟基本的网络协议交互，而不运行完整的应用程序或操作系统，这有助于减轻资源消耗和简化部署过程。低交互蜜罐可以使用轻量级的模拟器或沙盒，而不运行真实的操作系统，更易于部署和管理。低交互蜜罐的目标是捕获攻击的特定特征，而不是深度互动。因此，攻击者与蜜罐的互动受到限制。这类蜜罐的主要优点是相对容易部署和维护，攻击者与蜜罐的互动有限，因此风险较小。但低交互蜜罐提供的信息有限，不能模拟真实系统的所有方面，不能捕获高度复杂的攻击行为。

Thug 是一种低交互式的蜜罐工具，专注于模拟和记录 Web 浏览器的行为，旨在分析和检测恶意网站。Thug 的核心特点之一是其能够模拟用户使用 Web 浏览器的方式与恶意网站进行互动。Thug 集成了 JavaScript 解析引擎，可以解释和执行网页上的 JavaScript 代码。这使 Thug 能够检测和记录恶意 JavaScript 代码的行为，还可以记录 JavaScript 的执行过程、下载的文件等多方面的行为。这些详细的记录不仅有助于分析攻击者的行为，还可以提供有关恶意网站特征的信息，帮助识别和分析潜在的威胁。为了进一步增强 Thug 的分析能力，该工具还提供了特征提取的功能。通过分析恶意网站的内容，Thug 可以提取关键的特征，包括检测恶意代码、恶意域名和可能的攻击向量。这为安全专业人员提供了更深入的威胁情报，有助于改进网络安全防御措施。Thug 通常在沙盒环境中运行，确保与真实系统的隔离。沙盒环境能防止恶意代码对蜜罐的滥用，同时为分析提供了安全的环境。Thug 独特的设计使其成为安全研究领域中一种有力的工具，有助于深入了解攻击者的策略和新兴的网络威胁。

（2）中交互蜜罐。又称混合交互蜜罐，它比低交互蜜罐稍微复杂一些，但是比高交互蜜罐简单。它为攻击者提供了更好的操作系统错觉，使其能够记录和分析攻击者更加复杂的操作。

Honeytrap 是一个开源的中交互蜜罐系统。中交互蜜罐模拟更多的服务和系统特性，提供比低交互蜜罐更真实的环境，同时限制攻击者的互动程度，以减少对实际系统的风险。Honeytrap 的设计目标是吸引攻击者并记录他们与蜜罐之间的互动，以便分析攻击行为和收集信息。与高交互蜜罐相比，中交互蜜罐通常更容易部署和维护，并提供了一定程度的真实性，使其成为安全研究和网络防御中常用的工具。请注意，中交互蜜罐仍然有一些限制，如不能提供完整的系统环境，而且对于某些攻击手法的检测可能相对有限。

（3）高交互蜜罐。高交互蜜罐是先进的蜜罐，其设计和管理最为复杂和耗时。高交互蜜罐模拟完整的操作系统和应用程序，提供一个更真实的环境，包括真实的服务和服务端口。允许攻击者与蜜罐进行深度的互动，包括潜在的漏洞利用、文件上传、命令执行等。为了提高真实性，高交互蜜罐通常包含已知的漏洞，模拟实际系统中可能存在的安全问题；提供完整的文件系统，允许攻击者在虚拟环境中执行更复杂的操作，如文件创建、删除和编辑。高交互蜜罐还模拟各种网络服务，包括 Web 服务、数据库服务、邮件服务等，以吸引更广泛的攻击。由于提供了更多的互动性和真实性，高交互蜜罐可以记录更多的攻击者行为，提供更详细和复杂的行为分析，有助于深入分析攻击手法和策略，提高对新型威胁的认识。但它也存在资源消耗较大、管理和维护复杂、潜在风险高、可能引发误报等问题。在资源受限或需要低干预的场景中，可能更适合使用低交互蜜罐或中交互蜜罐。在部署高交互蜜罐之前，需要仔细评估组织的需求、可用资源和安全风险，确保蜜罐的使用符合实际场景的要求。

Honeynet Project 是一个致力于研究和发展蜜罐技术的组织，其 Capture-HPC（High- Interaction Capture Honeypot）是一个高交互蜜罐系统。它用于模拟真实的网络服务和应用程序，以吸引并记录各种类型的攻击。Modern Honey Network（MHN）是一个开源的蜜罐管理和数据聚合系统，它支持多种蜜罐类型，包括高交互蜜罐。MHN 提供了一个集中式的管理界面，用于监视和分析多个蜜罐的数据。Glastopf 是一个高交互的 Web 蜜罐，专注于模拟和捕获针对 Web 应用程序的攻击。它能够模拟多种 Web 框架和组件，包括常见的 Web 应用程序，以便引诱攻击者进行各种攻击。Dionaea 是一个高交互蜜罐，主要用于模拟并捕获针对多种网络服务（如 FTP、HTTP、MySQL 等）的攻击。它能够模拟多个服务，并记录攻击者的行为，包括潜在的漏洞利用。

2. 按部署位置分类

（1）外部蜜罐。外部蜜罐部署在组织的外部网络，暴露给公共 Internet，用于吸引和检测来自互联网的攻击。蜜罐与真实业务系统处于空间隔离状态，降低将蜜罐作为攻击跳板的风险，但诱骗性能较低。

（2）内部蜜罐。内部蜜罐部署在组织内部网络中，用于检测内部威胁或恶意内部行为。蜜罐部署于真实业务系统内，可以提高蜜罐的甜度和交互度。但入侵者可以利用蜜罐作为跳板转向攻击真实系统，因此需要严格监控和数据通信隔离。

3. 按目的分类

（1）研究蜜罐。研究蜜罐用于学术或工业研究，主要目的是研究新的攻击行为和攻击工具。研究蜜罐一般比较复杂，部署和管理比较困难，通常是大学、政府、军队等组织使用，用于发现威胁。一些比较有名的研究型蜜罐包括 Honeyd（用于模拟虚拟网络服务）、Glastopf（Web 蜜罐）、Modern Honey Network（多种蜜罐类型）、Dionaea 蜜罐（研究蠕虫病毒攻击和恶意软件的行为）、Thug（研究对 Web 应用程序的攻击）。这些研究型蜜罐项目为安全专业人员、研究人员和组织提供了丰富的资源，帮助他们更深入地了解威胁和攻击技术，从而改进网络安全防御策略。这些工具通常是开源的，可用于学术研究和实际应用。

（2）生产蜜罐。生产蜜罐部署在生产环境中，旨在吸引和识别实际的攻击，以提高组织的安全性。它通常具有较少的功能，比较容易搭建和部署。生产级别的蜜罐通常被组织用于主动监测和防范真实世界的威胁。这些蜜罐系统需要高度的稳定性和可扩展性，以适应大规模和复杂的网络环境。利用 Snort 和 Cowrie 等组件集成，组织可以建立一个强大的生产级蜜罐系统，实现对网络威胁的主动监测和响应。Symantec Deception 是 Symantec 公司的一种威胁欺骗解决方案，用于提高威胁监测和响应的效果。通过部署虚假资源，Symantec Deception 吸引攻击者，同时监测和记录他们的行为，以加强对新威胁的防御。

4. 按部署规模分类

（1）单蜜罐系统。单蜜罐系统由单独的蜜罐或蜜罐集群组成的系统，通常用于小规模的网络或独立系统的监测，或者作为组织安全实验室的一部分。

（2）蜜网。蜜网（Honeynet）由多个蜜罐组成，这些蜜罐可以模拟各种不同的服务、协议或操作系统，以增强吸引攻击者的可能性。蜜网不仅可以作为用于欺骗攻击者的工具，还可以监控和记录攻击者与蜜罐系统交互的全过程。这种全面的监控有助于分析攻击者的技术和手段。通过观察攻击者的行为，蜜网可以生成有关新威胁和攻击趋势的威胁情报，对于改进网络安全策略和提升威胁情报能力至关重要。蜜网被广泛用于网络安全研究、威胁情报收集和网络安全教育培训等领域。

5. 按威胁类型分类

不同类型的蜜罐可用于识别不同类型的威胁。蜜罐定义基于所解决的威胁类型，他们在一个全面的、有效的网络安全策略中都有自己的位置。

（1）电子邮件陷阱（E-mail Trap）。电子邮件陷阱又称垃圾邮件陷阱，是将一个假的电子邮件地址放置在一个隐藏的位置，只有自动地址收集器能够找到它。因为该地址不用于任何实际目的，而只是一个垃圾邮件陷阱，100%可以确定它收到的任何邮件都是垃圾邮件。这样一来，可以认为与这些垃圾邮件内容相同的邮件都是应该阻止的，发件人的源 IP 地址可以添加到拒绝列表中。

（2）诱饵数据库（Decoy Database）。诱饵数据库用来监控软件漏洞和发现那些利用不安全的系统体系结构、使用 SQL 注入、利用 SQL 服务或滥用特权进行的攻击。

（3）恶意软件蜜罐（Malware Honeypot）。恶意软件蜜罐模仿软件应用程序和 API 发起的恶意软件攻击。然后可以分析恶意软件的特征以开发反恶意软件或关闭 API 中的漏洞。

（4）爬虫蜜罐（Spider Honeypot）。爬虫蜜罐旨在通过创建只有爬虫才能访问的网页和链接来诱捕网络爬虫。检测爬虫可以帮助用户了解如何阻止恶意机器人以及广告网络爬虫。

8.4.3 蜜罐系统的结构

蜜罐系统的结构

1. 蜜罐的逻辑结构

蜜罐的设计原理可归纳为“两部分三模块”，如图 8-19 所示。“两部分”分别指面向攻击者设计的、攻击者可见的“攻击面”部分和面向研究人员设计的、攻击者不可见的“管理面”部分，“三模块”分别指交互仿真、数据捕获和安全控制三个功能模块。交互仿真模块位于“攻击面”，具有与攻击者交互的功能；数据捕获和安全控制模块位于“管理面”，属于攻击者不可见的功能。

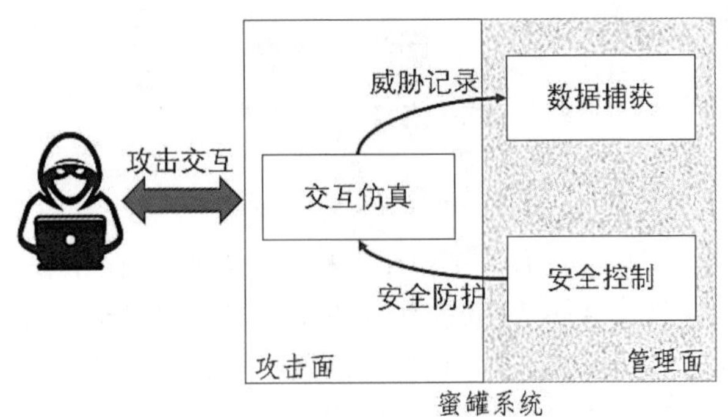

图 8-19 蜜罐功能结构图

（1）交互仿真模块。构建用于欺骗攻击者和收集攻击信息的虚拟环境，包括蜜罐主机、虚拟机、网络设备等。通过在网络中暴露自身的虚假服务或资源，诱导攻击者进行网络探测、漏洞利用等恶意行为。

（2）数据捕获模块。通过对虚拟的网络、系统和应用业务等方面的监测，捕获网络连接记录、原始数据包、系统行为数据、恶意代码样本等高价值的威胁数据。使用各种技术（如签名检测、行为分析等）来检测与正常行为不符的活动。

（3）安全控制模块。负责配置和管理蜜罐系统的各个组件，以确保其有效吸引攻击者并收集相关数据。管理蜜罐系统生成的日志和报告，以便后续分析和审计。通过阻断、隔离和转移攻击等手段，确保蜜罐系统不被攻击方恶意利用，防止引发蜜罐系统对外发起的恶意攻击。

这些功能模块共同构成了蜜罐系统的整体结构，通过协同工作，蜜罐系统可以提供对潜在攻击威胁的深入了解，并帮助组织改进其网络安全防御策略。不同的蜜罐系统可能在这些功能层次的划分有所不同，具体结构会因系统的设计和部署需求而异。

2. 不同形态的蜜罐系统

2003 年，蜜网项目组创始人兰斯 • 施皮茨纳在蜜罐基础上提出蜜饵（Honeybait）、蜜标（Honeytoken）、蜜网（Honeynet）、蜜场（Honeyfarm）的概念，用以描述不同目标环境下的蜜罐应用形态。下面简单介绍不同形态的蜜罐系统。

（1）蜜罐。蜜罐是具有单个诱饵节点的蜜罐系统形态，是蜜罐系统最原始的表现形态。蜜罐往往参考单一设备进行实现。由于其单节点的特性，蜜罐往往具备易开发、易维护、运行稳定度高等优势。它可以部署在任意的网络位置，通常用于收集到达特定网络节点的攻击信息，并缓解相同网段的其他生产设备与资源受到的攻击。为了扩展诱饵范围，蜜罐可以在相同网络中多点部署和统一管理，称为分布式蜜罐。但所有蜜罐节点都是独立完成诱导与捕获过程的，与其他节点并无交互。因此，蜜罐在跨节点的威胁诱捕方面有所欠缺，难以构建完整的攻击场景。通常一个蜜罐在网络中的位置通常位于 DMZ 区，如图 8-20 所示。

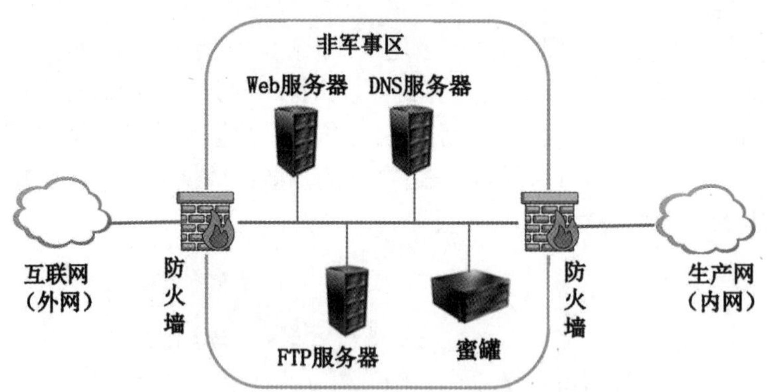

图 8-20　蜜罐在网络中的放置位置

（2）蜜饵。蜜饵一般是一个文件，工作原理和蜜罐类似，用于诱使攻击者打开或下载。当攻击者看到“2024 年工作计划.docx”“员工绩效考核结果.pdf”“员工薪酬名单 20210630.xslx”这类文件时，往往难以忍住下载的欲望，这样就落入了防御者的陷阱。当防御者发现这里的文件有被打开过的痕迹或攻击者跟随蜜饵文件内容进行某种操作时，就可以追溯来源，发现被攻陷的设备。

（3）蜜标。蜜标是一种特殊的蜜罐诱饵，它不是任何的主机节点，而是一种带标记的数字实体。它被定义为不用于常规生产目的的任何存储资源，如文本文件、电子邮件消息或数据库记录。在这些资源中植入一个隐蔽的链接，当攻击者打开这个文件时，链接可以被自动触发，防御者就可以借机获取攻击者的真实网络地址、浏览器指纹等信息，从而直接溯源定位攻击者的真实身份。这种带有 URL 地址的蜜饵就是蜜标。蜜标必须是特有的，能够很容易与其他资源进行区分，以避免误报。蜜标具有极高的灵活性，可以在攻击过程的任意环节中作为诱饵或探针，利用虚假的账户或内容进行逐步诱导，并识别细粒度的攻击操作（如文件读取、传递和扩散等）。由于对蜜标缺乏有效的监视和控制手段，蜜标通常不单独使用，而是作为其他蜜罐形态中诱饵内容的补充，辅助捕获特定的攻击行为。

（4）蜜网。蜜网是在同一网络中配置多个蜜罐而组成的蜜罐系统形态。这些蜜罐可以模拟不同类型的服务、操作系统和应用程序。每个蜜罐都被设计成吸引攻击者，以便捕获攻击者的活动。多个蜜罐节点的设置通常参考某个真实业务环境，不同的业务环境有不同的网络拓扑，不同的工作流程有不同的状态更新和控制需求。因此，如何构建高复杂度的诱饵环境成为构建蜜网的最大挑战。蜜网可以模拟复杂的网络拓扑结构，包括内部和外部系统。这有助于模拟实际网络环境，并提供更真实的攻击场景。与单个蜜罐相比，蜜网能够提供更全面的监测和分析，因为它模拟了整个网络环境。这使蜜网能够更好地了解攻击者在网络中的行为和传播方式。图 8-21 为一个蜜网的示意图，其中蜜网防火墙用于监控网络流量并将恶意行为者转移到蜜罐实例中。在蜜网中，安全专家通常会将更多漏洞注入蜜网，使攻击者更容易访问陷阱。

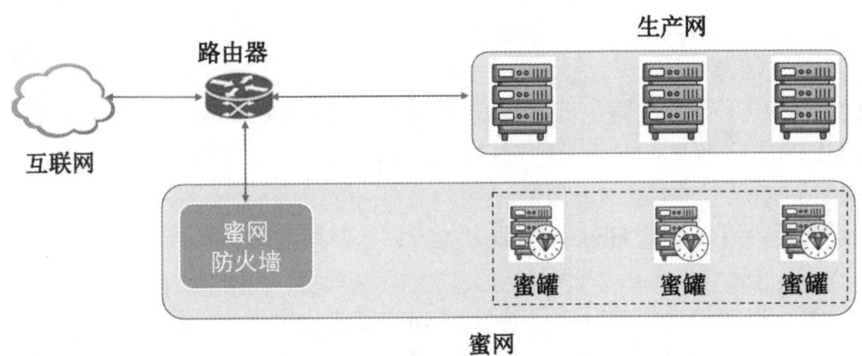

图 8-21　蜜网

（5）密场。蜜场是通过代理的方式扩展诱饵节点部署范围的蜜罐系统形态。在蜜场中，诱饵环境和监控模块往往被集中在一个固定的节点或网络中，便于实现对实物设备的管理维护和数据集中分析。而轻量级的代理部署在任意网络节点中，将网络攻击重定向至诱饵环境，从而减少真实诱饵节点部署数量，降低系统实现成本和运维难度。蜜场需要对代理节点处的网络流量进行判别和转发，同时兼顾通信的时效性，排除多个代理间的数据干扰。

8.4.4　蜜罐的搭建实例

Honeyd 是一种低交互蜜罐工具。与高交互蜜罐不同，低交互蜜罐主要用于模拟服务和收集攻击者的信息，而不是模拟整个操作系统的深度互动行为。

Honeyd 的设计目标是欺骗攻击者，使其认为它们正在与真实的系统进行交互，同时最大限度地降低对真实系统的风险。Honeyd 能够模拟多个 IP 地址、不同操作系统和服务，以增强对攻击者的误导性。例如，Honeyd 可以响应常见的网络服务请求，如 HTTP、FTP、SMTP 等，但不提供完整的操作系统环境。下面介绍在 Ubuntu 操作系统中搭建 Honeyd 的过程。

1．安装 Ubuntu 操作系统

首先需要安装 Ubuntu 操作系统。可以从 Ubuntu 官网选择合适的版本并按照官方指导进行安装。

2．安装 Honeyd

在安装 Honeyd 之前，需要先安装一些依赖软件包，如 libdnet、libevent 等。这些软件包可以通过 apt-get 命令进行安装，命令如下：

```
sudo apt-get update sudo apt-get install libdnet-dev libpcap-dev libevent-dev
```

安装完依赖软件包之后，可以下载 Honeyd 的安装包，命令如下：

```
wget https://www.honeyd.org/uploads/honeyd-1.5c.tar.gz tar -xvf honeyd-1.5c.tar.gz
cd honeyd-1.5c
```

然后编译和安装 Honeyd，命令如下：

```
./configure
make
sudo make install
```

3．配置 Honeyd

在安装完 Honeyd 之后，需要对其进行一些基本的配置，以实现其基本功能。首先需要创建一个配置文件，如 honeyd.conf，命令如下：

```
create 192.168.120.113 { tcp_port 80 tcp_port 21 udp_port 53 }
```

该配置文件指定了一个虚假主机，其 IP 地址为 192.168.120.113，开放了 TCP 的 80 和 21 端口，以及 UDP 的 53 端口。对于其他端口，Honeyd 将会自动选择一个空闲端口进行监听。

4．启动 Honeyd

在完成配置后，可以启动 Honeyd，命令如下：

```
sudo honeyd -d -f honeyd.conf
```

其中，-d 选项表示以守护进程的方式启动 Honeyd，-f 选项用于指定配置文件的路径。

以上只是一个简单的 Honeyd 安装和配置的例子，实际配置可能涉及更多的参数和细节，具体取决于用户的使用场景和需求。在配置时，请参考 Honeyd 的官方文档和相关资源。

8.4.5 蜜罐的优点和缺点

1．蜜罐的优点

蜜罐是揭露重要系统中存在的漏洞的好方法。例如，一个蜜罐可以显示由对物联网设备的攻击所产生的高危险等级威胁，还可以提出提高安全性的方法。

与试图在真实系统中发现入侵相比，使用蜜罐有以下几个优点。

（1）根据定义，蜜罐不应该获得任何合法流量，因此任何被记录的活动都可能是探查或入侵企图。

（2）蜜罐系统受到的网络扫描来自相似 IP 地址（或全部来自某一国家或地区），这些恶意的地址是用户在蜜罐系统唯一看到的东西，这使识别攻击模式变得很容易识别。相比之下，如果在核心网络的大量流量中寻找攻击，这些攻击的线索很容易在噪声中丢失。

（3）蜜罐只处理非常有限的流量，所以它们不需要很多资源，对硬件的配置要求较低，甚至使用一些旧的、不再使用的计算机就可以搭建蜜罐。至于软件，可以从在线存储库获得一些现成蜜罐系统，进一步减少了部署和运行蜜罐系统的成本。

（4）与传统的入侵检测系统形成了鲜明的对比，蜜罐的误报率很低。入侵检测系统常常会产生大量的错误警报。事实上，将通过使用蜜罐收集的数据与其他系统和防火墙日志相关联，可以更好地配置入侵检测系统以减少误报。因此，蜜罐可以帮助改善其他网络安全系统的性能。

（5）蜜罐可以提供关于威胁如何演变的可靠信息。蜜罐提供关于攻击、漏洞和恶意软件的信息。例如，在电子邮件陷阱系统中，提供关于垃圾邮件发送者和网络钓鱼攻击。攻击者会不断改进他们的入侵技术，网络蜜罐有助于发现新出现的威胁和入侵，善用蜜罐有助于根除盲点。

（6）蜜罐对于技术安全人员来说也是很好的培训工具。蜜罐是一种可以显示攻击者如何工作和研究不同类型威胁的可控的、安全的环境。有了蜜罐，技术安全人员就不会被真正的网络流量分散注意力，可以 100%地聚焦到安全威胁上。

（7）蜜罐可以捕捉内部威胁。大多数组织花费时间来捍卫边界，确保攻击者无法进入。但如果只关注边界而忽视内部的安全威胁，那么任何成功通过防火墙的攻击者进入组织网络里面，他们可能会为所欲为。防火墙不能解决内容的安全威胁如一个员工在离职前偷窥组织的文件。蜜罐却可以提供内部威胁的信息和弱点。

（8）搭建蜜罐可以帮助其他的用户，因为攻击者在蜜罐上浪费的时间越长，他们入侵实际系统并造成损害的时间就越少。

2. 蜜罐的缺点

虽然蜜罐系统有助于绘制威胁环境图，但蜜罐不会看到发生的一切，它仅能捕获针对自身的攻击，如果攻击者所攻击的应用或服务不在蜜罐系统中，那么蜜罐将没有作用，将不能捕获到这次攻击。另外，传统的检测方法都是基于先验知识的规则库进行检测的。对于未知漏洞或协议缺陷等实施的未知攻击，将会存在大量的漏报、误报，蜜罐的作用将大打折扣。因此，用户还要关注 IT 安全发布的最新消息，而不是仅仅依靠蜜罐来通知是否有威胁存在。

一个好的、配置正确的蜜罐会欺骗攻击者，让他们相信自己已经进入了真实系统。它将有相同的登录警告消息、相同的数据字段，甚至与真实系统相同的外观、徽标。但是，如果攻击者发现了它是一个蜜罐，他们便可以继续攻击另一个系统，而不动蜜罐。一旦蜜罐被识别了，攻击者就可以创建针对蜜罐的欺骗性攻击，以转移人们对真实系统攻击的注意力，他们还会投放坏的信息来迷惑蜜罐。

更糟糕的是，聪明的攻击者可能会使用蜜罐作为进入实际系统的途径。这就是为什么蜜罐永远不能取代适当的安全控制，如防火墙和其他入侵探测系统。因为蜜罐可以作为进一步的入侵跳板，所以必须确保所有蜜罐都可以得到很好的保护。蜜罐防火墙可以提供基本的蜜罐安全，并阻止那些希望通过蜜罐进入真实系统的攻击行为。

总的来说，使用蜜罐的好处远远大于风险。蜜罐可以提供信息帮助确定网络安全保护优先级。通过使用蜜罐，可以确切地、实时地观察攻击者在做什么，然后利用这些信息阻止他们。但蜜罐不能取代适当的网络安全措施。

一、思考题

1．什么是入侵检测？早期的入侵检测系统的特点是什么？有哪些典型的系统？
2．入侵检测系统的原理是什么？
3．入侵检测系统的主要功能有哪些？
4．入侵检测系统通过完成哪些任务来实现其功能？
5．简述入侵检测的一般过程。
6．入侵检测利用的信息一般源于哪几个方面？
7．入侵检测系统主要使用哪些信息分析方法？
8．比较模式匹配和统计分析这两种信息分析技术。
9．入侵检测系统是如何分类的？每一类中有哪些方法？
10．简述基于主机的入侵检测系统的构成及原理。
11．简述基于网络的入侵检测系统的构成及原理。
12．比较基于网络和基于主机的入侵检测系统的优缺点。
13．简述基于主体的分布式入侵检测系统的基本思想及结构。
14．什么是蜜罐？它的主要作用是什么？
15．什么是低交互蜜罐？什么是高交互蜜罐？
16．简述蜜罐系统的基本结构。

二、实践题

1．查找资料了解当前入侵检测技术的发展。
2．在实验室环境中，利用 Snort 入侵检测系统模拟一次完整的入侵及检测过程。
3．利用入侵检测工具，搜集目标网络中的信息并分析是否存在异常或入侵行为。
4．编程实现将收集到的信息与已知的入侵和系统误用模式数据库进行比较。
5．查找资料部署一个简单的蜜罐系统。

第 9 章　恶意软件及防范

本章主要介绍恶意软件的概念、原理、危害及防范和检测方法。通过本章的学习，应达到以下目标：

- 了解恶意软件的概念、分类及危害。
- 理解计算机病的原理及性质。
- 了解蠕虫病毒的特点及危害。
- 理解特洛伊木马的原理。
- 理解勒索软件攻击过程。
- 掌握反病毒技术。
- 掌握杀毒软件的配置和使用。

9.1　恶 意 软 件

恶意软件是指那些故意设计的，会对计算机软件、硬件、计算机网络、数据、服务以及用户的利益等造成损害的软件。有些软件因为无意的设计缺陷也可能带来损害，并不属于恶意软件。从恶意软件出现的半个多世纪以来，随着信息技术和应用的不断发展，恶意软件的威胁和带来的损失也越来越大，恶意软件也呈现出多样化、规模化和产业化的特征。

9.1.1　恶意软件的历史

冯・诺依曼最早提出有计算机病毒（Computer Virus）存在的可能性，但没有引起人们的注意。1971 年出现了世界上第一个对计算机病毒概念的证明—Creeper，这个软件是在 1971 年由鲍勃・托马斯使用 Tenex 操作系统制作的。计算机中毒后会弹出信息“我是 Creeper，快来抓住我吧”。

1982 年，第一个 Mac 病毒 Elk Cloner 被发现，每当运行受感染的磁盘时，引导扇区病毒就会传播。该病毒将驻留在内存中并寻找要感染的干净磁盘。

1983 年 11 月 3 日，弗雷德・科恩博士研制出一种在运行过程中可以复制自身的破坏性程序，伦・艾德勒曼将它命名为计算机病毒，并在每周一次的计算机安全讨论会上正式提出，8 小时后专家们在 VAX11/750 计算机系统上运行，第一个病毒实验成功。一周后又获准进行 5 个实验的演示，从而在实验上验证了计算机病毒的存在。

1986 年初，巴基斯坦的巴锡特和阿姆杰德两兄弟编写了 Pakistan 病毒（即 Brain 病毒），被认为是第一个个人计算机病毒，该病毒在一年内流传到世界各地。

1988 年 11 月 2 日，美国 6000 多台计算机被病毒感染，造成 Internet 不能正常运行。这是一次非常典型的计算机病毒入侵计算机网络的事件，迫使美国政府立即作出反应，国防部成立了计算机应急行动小组。这次事件中遭受攻击的包括 5 个计算机中心和 12 个地区结点，连接着政府、大学、研究所的 250000 台计算机，造成的直接经济损失达 9600 万美元。这是世界上第一个蠕虫病毒，称为莫里斯蠕虫。病毒设计者是罗伯特·莫里斯，时年 23 岁，是康奈尔大学的研究生，他是第一个依据美国 1986 年的《计算机欺诈及滥用法案》而定罪的人。

1989 年，第一个勒索软件 AIDS Trojan 问世，它是一个木马程序，通过邮件向全世界的 AIDS 研究人员发送 20000 张受感染的磁盘。磁盘运行后，它会代替系统的 AUTOEXEC.bat 文件，并对系统的启动次数进行计数。当系统第 90 次重新启动时，它将隐藏 C 盘的目录，加密所有文件名，然后屏幕上显示要求用户支付"更新许可证"（每年租约 189 美元或终身许可证 378 美元）的费用，如图 9-1 所示。

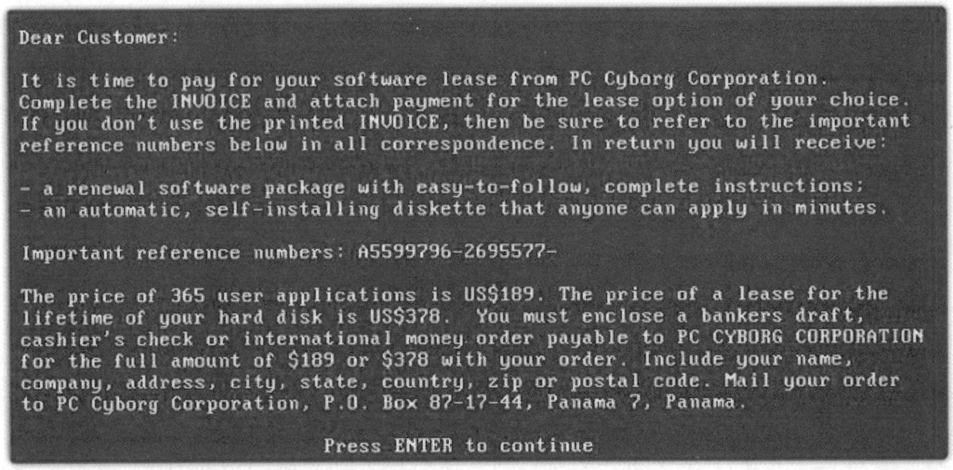

```
Dear Customer:

It is time to pay for your software lease from PC Cyborg Corporation.
Complete the INVOICE and attach payment for the lease option of your choice.
If you don't use the printed INVOICE, then be sure to refer to the important
reference numbers below in all correspondence. In return you will receive:

- a renewal software package with easy-to-follow, complete instructions;
- an automatic, self-installing diskette that anyone can apply in minutes.

Important reference numbers: A5599796-2695577-

The price of 365 user applications is US$189. The price of a lease for the
lifetime of your hard disk is US$378.  You must enclose a bankers draft,
cashier's check or international money order payable to PC CYBORG CORPORATION
for the full amount of $189 or $378 with your order. Include your name,
company, address, city, state, country, zip or postal code. Mail your order
to PC Cyborg Corporation, P.O. Box 87-17-44, Panama 7, Panama.

                    Press ENTER to continue
```

图 9-1　AIDS Trojan 的勒索信息

1992 年出现的 Michelangelo 病毒是继 AIDS 病毒之后又一个备受瞩目的产生重大影响的病毒。它会在米开朗基罗生日（3 月 6 日）时被唤醒发作，除了不断传播感染，它还将把硬盘和软盘中的数据破坏掉，这种故意破坏性写盘的病毒属于恶性病毒。

1996 年，美国在线（American Online，AOL）的一个名叫 AOHell 的新闻组中最先提到了钓鱼（Phishing）这个术语，钓鱼者们创造了后来被普遍和长久使用的技术。他们通过 AOL 的即时消息和邮件系统以 AOL 雇员的名义给用户发消息，声称存在计费问题或其他类似问题，要求他们验证自己的账户凭证。这些账户信息随后被收集使用或出售，用于免费的账户访问和发送垃圾邮件。

1996 年，出现针对微软公司 Office 的宏病毒。1997 年被公认为计算机反病毒界的"宏病毒年"，其后几年宏病毒大量泛滥。

1998 年，首例破坏计算机硬件的 CIH 病毒出现，引起人们的恐慌。1999 年 4 月 26 日，CIH 病毒在我国大规模爆发，造成巨大损失。

2000 年，宽带接入技术的崛起使家庭用户和组织可以全天候在线，攻击者利用这种无处不在的访问方式开创了僵尸网络和蠕虫病毒的时代。第一个被观察到的僵尸网络是 EarthLink

Spam 僵尸网络，它于 2000 年首次亮相，它的任务是发送大量的垃圾邮件。EarthLink 僵尸网络占了当时所有垃圾邮件的 25%，总计约 12.5 亿封邮件。而实际上，1999 年出现的 GTbot 已经具备僵尸网络特征。它将自己传播到其他设备上，并通过 IRC 接收由 GTbot 控制器发出的命令，发起 DDoS 攻击。

随着越来越多的个人和组织都连接到互联网，引发了破纪录的蠕虫病毒攻击。2003 年 8 月 11 日，Blaster（又名 MSBlast 和 lovesan）突然出现，家庭用户和大型组织的计算机都出现了“蓝屏死机”(Blue Screen of Death，BSOD）并重新启动。2004 年初，蠕虫病毒家族的“新贵”Mydoom 拉开序幕。虽然病毒伎俩是那么老套——DDoS，但却行之有效。短短 1 个月的时间，该蠕虫病毒及其变种造成全球数百万台计算机陷于瘫痪。紧接着现身的贝革热（Bbeagle）和网络天空（Netsky）两大蠕虫病毒再度成为接下来 2 个月的主打明星，活跃在各大流行病毒的榜单之上。2004 年 5 月，遭遇同样传播迅猛的震荡波（Sasser）病毒，其来势之凶猛较之 2003 年同期的“冲击波”竟是毫不逊色。

2005 年出现的 Mytob 结合了蠕虫病毒、后门、僵尸网络的功能，它是 MyDoom 的一个变种。Mytob 通过两种方式感染受害者设备。它要么通过电子邮件的恶意附件传播，要么利用 LSASS （MS04-011）协议或 RCP-DCOM（MS04-012）中的漏洞并使用远程代码执行。它还利用受害者的地址簿传播自己，并通过网络扫描搜索其他设备，看看它们是否可能被攻击。Mytob 迄今还在活跃，并名列有史以来威胁最大的恶意软件前 10 位。

2005 年是间谍软件和劫持软件的时代，公安部发布的《2005 年全国信息网络安全状况暨计算机病毒疫情调查活动》显示中国有将近 90%的用户遭受间谍软件的袭击。间谍软件从以前单一的收集用户信息和盗取有价值的账号等方式扩展到恶意广告。恶意广告的典型特征有悄悄安装；不易卸载；保护自己使用低层技术与多种软件冲突；随时随地弹出骚扰广告。国内用户被侵扰最多的间谍软件就是恶意广告和盗号木马。CoolWebSearch（CWS）是第一个劫持谷歌搜索结果的攻击活动，攻击者将伪装的搜索结果代替搜索结果，窃取谷歌的点击量。CWS 通常是通过驱动下载或广告软件程序来分发的。

Regin 是一个高度模块化的远程访问木马（RAT）。自 2008 年起，一款名为 Regin 的先进恶意软件就已经被用于针对许多跨国目标的系统性间谍活动中。Regin 是一款复杂的后门木马恶意软件，其结构设计具有罕见的技术能力。根据攻击目标，Regin 具有高度可定制化功能，能够使攻击者通过强大的框架进行大规模监视，并且已经被用于监视政府机关、基础设施运营商、企业、研究机构甚至针对个人的间谍活动中。

震网病毒于 2010 年 6 月首次被检测出来，是第一个专门定向攻击真实世界中基础（能源）设施的蠕虫病毒，如核电站、水坝、国家电网。由于它的攻击对象是全球各地的重要目标，因此被一些专家定性为全球首个投入实战舞台的“网络武器”。震网病毒是专门针对工业控制系统编写的恶意病毒，能够利用 Windows 系统和西门子 SIMATICWinCC 系统的多个漏洞进行攻击，能根据指令定向破坏离心机等要害目标。震网病毒代码非常精密，主要有两个功能，一是使离心机运行失控，二是掩盖发生故障的情况，“谎报军情”，以“正常运转”记录回传给管理部门，造成决策的误判。在 2011 年 2 月的攻击中，某铀浓缩基地至少有 1/5 的离心机因感染该病毒而被迫关闭。

2011—2012 年，现代勒索软件时代到来，Reveton 是现代勒索软件的原型，它基本包含现代勒索软件的全部要素，如锁屏、支付赎金、解密文件等。Reveton 还具备由专业攻击组织运营的所有特征。它不仅在外观上很专业，而且还第一次使用了模板。锁屏将根据地理位置向用户显示不同的内容，并向受害者显示当地执法机构的信息，以及如何付款的说明。CryptoLocker 是第一个要求通过比特币支付的勒索软件。解密的价格是两枚比特币，2013 年，1 枚比特币的价格在 13～1100 美元之间。

2016 年出现的 Mirai 是第一个以物联网设备为目标的僵尸网络，虽然它主要针对网络路由器，但也包括其他物联网设备。Mirai 主要是一个 DDoS 僵尸网络，参与了对 Brian Krebs 网站的重大攻击，以及负责关闭大量 Internet，破坏全球访问和服务。

2017 年 4 月 14 日晚，黑客团体 Shadow Brokers 公布一大批网络攻击工具，其中包含“永恒之蓝”工具。“永恒之蓝”利用 Windows 系统的 SMB 漏洞可以获取系统最高权限。同年 5 月 12 日，不法分子通过改造“永恒之蓝”制作了 wannacry 勒索病毒，英国、俄罗斯、整个欧洲以及中国国内多个高校校内网、大型企业内网和政府机构专网中招，被勒索支付高额赎金才能解密恢复文件。

2019 年，GandCrab 和勒索软件作为一种服务出现。GandCrab 通过向大众提供收费的勒索软件，掀起了新一轮的攻击浪潮，升级了攻击的数量和攻击的影响力。GandCrab 试图做两件事：远离对组织的实际攻击及创造更多的收入。它完善了勒索软件及服务（Ransomware as a Service，RaaS）商业模式。RaaS 让 GandCrab 的开发者们共享自己的成果，然后他们从中抽取实际赎金的 25%～40%。

9.1.2 恶意软件的分类和命名

恶意软件的分类和命名

识别和分辨恶意软件的类型，可以更好地理解它们如何感染计算机和设备、带来威胁的程度，并更好地防止它们的危害。恶意软件可从多个维度进行分类，如是否需要宿主程序、是否驻留内存、是否自动执行、是否动态更新等。一般反病毒厂家或实验室通常会根据恶意软件的行为特征进行分类，常见的恶意软件有计算机病毒、蠕虫病毒、特洛伊木马、勒索软件、间谍软件、广告软件、流氓软件和恐吓软件等。

最早出现的恶意软件是计算机病毒，后期不断涌现的恶意软件有时也被称为病毒，如蠕虫病毒、木马病毒等，它们与最初的病毒的定义及行为有较大的不同。同样，查杀恶意软件的程序也一直沿用杀毒软件的名称，但它们的功能也越来越丰富，可以应对各种类型的恶意软件，并具有部分系统管理和加固的功能。

反病毒厂商为了方便标识和管理病毒，会按照恶意软件的特性将病毒进行分类命名。虽然不同软件厂商对恶意代码的命名方式不太一样，但大多数采用的是计算机反病毒研究组织（Computer Antivirus Research Organization，CARO）对恶意软件的命名机制[1]。该命名机制使用图 9-2 所示的格式，其中 Backdoor:Win32/Caphaw.D!lnk 为恶意软件的全名，全名由恶意软件的类型（Type）、平台（Platform）、家族（Family）、变种（Varriant）及后缀（!Suffixes）几个部分组成。

---

[1] Microsoft Detender. Malware names. [EB/OL]. (2023-12-27) [2024-5-21] https://docs.microsoft.com/en-us/microsoft-365/security/intelligence/malware-naming?view= o365-worldwide.

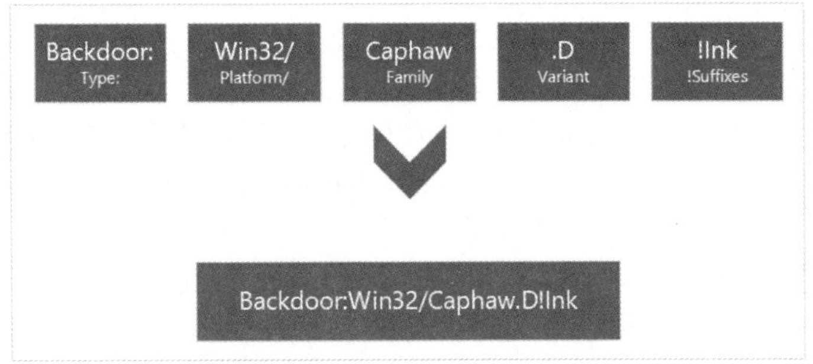

图 9-2　CARO 恶意软件命名机制的格式

（1）类型描述恶意软件在计算机上的行为，包括 Adware、Backdoor、Behavior、BrowserModifier、Constructor、DDoS、Exploit、HackTool、Joke、Misleading、MonitoringTool、Program、Personal Web Server（PWS）、Ransom、RemoteAccess、Rogue、SettingsModifier、SoftwareBundler、Spammer、Spoofer、Spyware、Tool、Trojan、TrojanClicker、TrojanDownloader、TrojanNotifier、TrojanProxy、TrojanSpy、VirTool、Virus、Worm。其中，Worm、Virus、Trojans、Backdoor 和 Ransomware 是比较常见的几种恶意代码类型。

（2）平台指示了恶意软件兼容的操作系统，如 Windows、masOS-X 和 Android。平台也指示了编程语言、宏和文件类型。操作系统名称如 AndroidOS、DOS、EPOC、FreeBSD、iPhoneOS、Linux、macOS、macOS_X、OS2、Palm、Solaris、SunOS、Win2K、Win32、Win64 等；编程语言如 BAT、HTML、Java、JS、Perl、PHP、Python 等；宏包括 A97M、W97M、X97M、XM 等；文件类型如 QT: Quicktime files、TSQL: MS SQL server files、XML: XML files 等。

（3）家族是指一组具有同一特性的恶意软件，包括归属同一作者。但有时不同安全软件供应商们会对同一恶意软件家族使用不同的名字。

（4）变种是对同一个恶意软件家族每一个不同的版本的顺序编号。例如，在检测到“.AE”变种以后再检测到的变种就命名为“.AF”。

（5）后缀提供关于恶意软件的额外细节，包括它如何用于多个组件的威胁。在图 9-2 的例子中，后缀“!lnk”表示这个威胁组件是一个被 Trojan:Win32/Reveton.T.使用的快捷方式。

9.1.3　恶意软件的入侵渠道及危害

恶意软件的入侵渠道及危害

恶意的意图包括扰乱系统的正常工作、试图获取计算机系统和网络的资源以及在未获得用户的许可时得到其私人的敏感信息等。因此，恶意软件对主机的安全性、网络的安全性和隐私的安全性都带来了巨大的威胁。

1. 恶意软件的入侵渠道

恶意软件能够以多种方式和渠道入侵系统，大致有：

（1）利用网络的漏洞，对可攻击的系统实施自动感染。

（2）利用浏览器的漏洞，其通过网络被用户下载并执行，从而实现感染。

（3）故意诱导用户在他们的计算机上执行恶意软件代码，如提供一个 codec 软件要求用户下载以观看电影，或单击一个将会链接到垃圾邮件的图片。

2. 恶意软件的危害

恶意软件的目的包括但不限于窃取敏感信息、破坏系统功能、勒索用户，对网络和数据造成巨大威胁，还可以从以下几个方面认识其危害性。

（1）信息泄露与隐私侵犯。恶意软件的一大危害是导致个人和机构的敏感信息泄露。这包括但不限于个人身份信息、信用卡数据、企业机密等。黑客可以通过恶意软件远程访问被感染设备，窃取用户输入、账户密码，或者监视用户的网络活动。这种信息泄露不仅对个人隐私构成威胁，还可能导致金融损失和信誉受损。

（2）金融损失与勒索攻击。一些恶意软件，尤其是勒索软件，以加密用户文件为手段，勒索受害者支付赎金以获取解密密钥。这不仅导致了直接的金融损失，还可能影响个人生活或企业的正常运作。全球范围内已经发生了许多因为恶意软件而导致的大规模金融损失事件，这使保护系统免受此类威胁变得尤为重要。

（3）网络瘫痪与业务中断。恶意软件可以导致网络瘫痪和业务中断，给企业和组织带来严重的影响。例如，DDoS 攻击是一种通过利用大量感染的计算机同时向目标服务器发送流量，使其超负荷而导致服务中断的攻击方式。这种攻击可能是出于报复、竞争对手的攻击或纯粹的破坏行为。

（4）网络攻击和僵尸网络。恶意软件可以被用于发起网络攻击，包括 DDoS 攻击，使目标系统无法正常提供服务。感染大量计算机形成的僵尸网络也是一种常见的网络攻击手段。

（5）破坏数据完整性。恶意软件可能悄悄地修改或删除用户数据，破坏数据的完整性。这对于企业和个人用户来说都可能造成严重后果，尤其是对于重要的业务数据。

（6）网络和系统资源滥用。恶意软件可能使受感染的计算机成为攻击者控制的一部分，用于进行进一步的攻击，如发起更大规模的网络攻击、传播垃圾邮件等。一些恶意软件，如挖矿挖恶意软件，会占用计算机的处理能力和电力资源，导致系统变慢、发热，严重时可能导致硬件损坏。

（7）滥发垃圾邮件和自我传播。恶意软件感染的计算机可能被用于发送大量垃圾邮件，给网络带来不必要的负担，同时也可能包含其他形式的欺诈或恶意链接。有些恶意软件具备自我传播的能力，通过感染其他系统来迅速蔓延，形成恶性循环。

总之，恶意软件对个人用户、企业和整个网络生态系统都构成了严重的威胁。用户和企业应增强安全意识，采取全面的网络安全措施来加大网络和信息的安全保护力度。

9.1.4 恶意软件的发展趋势

恶意软件的发展趋势

恶意软件会随着网络、软件、网络安全和人工智能等技术的进步不断地发展和进化，最新发展趋势主要包括以下几个方面。

（1）更多的嵌入式功能。研究人员发现，一些勒索软件组织正在扩展其恶意软件的功能，如自我传播等。例如，某些勒索软件能够收集启用了服务器信息块（Server Message Block，SMB）[1]的不同 IP 地址，建立与这些 IP 地址的连接，挂载 SMB 资源，然后自我复制并在目标计算机上运行。这种自我传播机制在许多臭名昭著的勒索软件组织中都有出现，表明这可能会成为一种攻击趋势。

（2）驱动程序滥用。除了杀毒软件驱动程序，攻击者还在滥用其他类型的驱动程序，如反作弊驱动程序等。他们使用这些驱动程序来终止目标设备上的终端保护，从而更容易地部署

[1] 一种用于在计算机之间共享文件、打印机、串行端口和其他资源网络协议。

恶意软件。此外，还有一些攻击者使用合法的代码签名证书来签署恶意驱动程序，这使这些驱动程序更难以被检测和阻止。

（3）采用其他家族的代码以攻击更多目标。主要的勒索软件组织正在从泄露的代码或从其他攻击者那里购买的代码中借用功能，这可能会改善他们自己的恶意软件的功能。这种趋势表明，恶意软件开发者之间可能存在着某种程度的合作和信息共享。

（4）基于 AI 的规避手段。随着人工智能技术的不断发展和应用，新型恶意软件变得更加复杂、更具攻击性，并有更强的规避检测能力。这种基于 AI 的规避手段将使传统静态恶意软件分析效果更加不尽如人意，从而增加了恶意软件攻击检测的难度。

（5）从针对性攻击转向规模化的漏洞利用。针对性攻击需要攻击者执行大量的手动工作，先要有效识别出受害者的系统安全状况，然后才能设计出有效的攻击方法，并且创建定制的攻击流程。然而，随着攻击者越来越多地采用自动化的攻击工具和技术，他们可能会从针对性攻击转向规模化的漏洞利用，从而更容易地攻击更多的目标。

（6）针对云计算的恶意软件。随着现代企业越来越依赖云服务，对于恶意软件制作者而言，也同样开始觊觎企业在云上的数据信息和业务资产。因此，未来可能会出现更多针对云计算环境的恶意软件攻击。

总之，恶意软件的攻击手段和技术在不断演变和升级，企业和个人需要保持警惕，加强安全防护措施，以应对不断变化的威胁。

9.2　计算机病毒

病毒概述

9.2.1　病毒概述

1. 病毒的定义

计算机病毒实际上就是一种计算机程序，是一段可执行的指令代码。像生物病毒一样，计算机病毒有独特的复制能力，能够很快地蔓延，又非常难以根除。大多数病毒能把自身寄生在各种类型的文件中，当文件被复制或从一个用户传送到另一个用户时，计算机病毒就随同文件一起扩散传染。有些病毒并不寄生在一个感染程序中，如蠕虫病毒就是通过占据存储空间来降低计算机的性能的。

专家们从不同角度给计算机病毒下了各种定义，具体如下：

（1）计算机病毒是通过磁盘、磁带和网络等媒介传播扩散、能传染其他程序的程序。

（2）计算机病毒是能够实现自身复制且借助一定的载体存在的具有潜伏性、传染性和破坏性的程序。

（3）计算机病毒是一种人为制造的程序，它通过不同的途径潜伏或寄生在存储媒体（如磁盘、内存）或程序里。当某种条件或时机成熟时，它会自我复制并传播，使计算机资源受到不同程度的破坏。

（4）计算机病毒是能够通过某种途径潜伏在计算机存储介质（或程序）里，当达到某种条件时即被激活的具有对计算机资源进行破坏作用的一组程序或指令集合。

综合上述观点，在《中华人民共和国计算机信息系统安全保护条例》中对计算机病毒进行了明确定义：“计算机病毒，是指编制或者在计算机程序中插入的破坏计算机功能或者毁坏数据，影响计算机使用，并能自我复制的一组计算机指令或者程序代码”。

在本书中，计算机病毒也经常简称为“病毒”。

2. 病毒的生命周期

病毒程序常常依赖一些应用程序或系统程序才能起作用，将病毒寄生的程序称为宿主程序。病毒程序可以做其他程序能够完成的任何事情。与普通程序相比，病毒程序的唯一不同之处在于：宿主程序执行时病毒程序会将自身附加到其他程序中，并秘密执行病毒程序自身的功能。一旦病毒执行，就可以实现病毒设计者所设计的任何功能。

病毒的生命周期包含以下 4 个阶段。

（1）隐藏阶段。处于这一阶段的病毒不进行操作，而是等待事件触发，触发事件包括时间、其他程序或文件的出现、磁盘容量超过某个限度等。但这个阶段不是必要的，有的病毒没有隐藏阶段，而是无条件地传播和感染。

（2）传播阶段。在这一阶段的病毒会把自身的一个副本传播到未感染这种病毒的程序或磁盘的某个扇区中。每个被感染的程序将包含一个该病毒的副本，并且这些副本也可以向其他未感染的程序继续传播病毒的副本。

（3）触发阶段。在这一阶段，病毒将被激活去执行设计者预先设计好的功能。病毒进入这一阶段也需要一些系统事件的触发，如病毒本身进行复制的副本数达到某个数量。

（4）执行阶段。在这一阶段，病毒将执行预先设计的功能直至执行完毕。这些功能可能是无害的，如向屏幕发送一条消息；也可能是有害的，如删除程序或文件、强行关机等。

3. 病毒的一般结构

为了进一步了解病毒的传播和感染机制，将通过一个通用的病毒结构进行讲解。下面的一段代码是对病毒结构的一个非常通用的描述。病毒代码 v 被预先放置到想要感染的程序中，并作为被感染程序的入口，在调用受感染程序时，病毒体先得到执行。

```
program v:=
{
goto main;
  1234567;
  subroutine infect-executable:=
    {
     loop: file:=get-radom-executable-file;
          if(first-line-of-file = 1234567)  then goto loop;
          else prepend V to file;
    }
  subroutine do-damage:=
    {whatever damage is to be done}
  subroutine trgger-pulled:=
    {return true if some condition holds}
main: main-program:=
    {
     infect-executable;
     if trigger-pulled then do-damage;
     goto next;
    }
next:
}
```

受感染程序从病毒代码开始执行，执行过程如下：程序的第一行是向主病毒程序跳转的语句；第三行是一个特殊标记，病毒利用该标记来判断一个程序是否已被感染；当被感染程序执行时，控制逻辑直接转到主病毒程序，病毒程序首先寻找未被感染的文件并对其进行感染；当病毒体内定义的某些触发事件发生时，就会激活病毒，病毒开始执行对系统有害的功能；最后病毒程序将把控制逻辑交给宿主程序。

9.2.2　病毒的发展阶段及其特征

1. 病毒的发展阶段

在病毒的发展史上，其出现是有规律的。一般情况下，一种新的病毒出现后，病毒迅速发展，接着反病毒技术的发展会抑制其流传。操作系统进行升级时，病毒也会调整为新的方式，产生新的病毒技术。病毒的发展可以划分为以下几个阶段。

（1）DOS 引导阶段。1987 年，计算机病毒主要是引导型病毒，具有代表性的是小球病毒和石头病毒。当时的计算机硬件较少，功能简单，一般需要通过软盘启动后使用。引导型病毒利用软盘的启动原理工作，它们修改系统引导扇区，在计算机启动时首先取得控制权，减少系统内存，修改磁盘读写中断，影响系统工作效率，在系统存取磁盘时进行传播。1989 年，引导型病毒发展为可以感染硬盘的病毒，典型的病毒是“石头 2”。

（2）DOS 可执行阶段。1989 年，可执行文件型病毒出现，它们利用 DOS 系统加载执行文件的机制工作，代表为耶路撒冷、星期天病毒，病毒代码在系统执行文件时取得控制权，修改 DOS 中断，在系统调用时进行感染，并将自己附加在可执行文件中，使文件长度增加。

（3）伴随型阶段。1992 年，伴随型病毒出现，它们利用 DOS 加载文件的优先顺序进行工作。具有代表性的是金蝉病毒，它感染 EXE 文件时，生成一个和该文件同名的扩展名为 COM 的伴随体；它感染 COM 文件时，修改原来的文件为同名的 EXE 文件，并产生一个原名的伴随体，文件扩展名为 COM。这样，在 DOS 加载文件时，同名的 EXE 和 COM 文件先执行 COM 病毒文件，病毒就取得了控制权。这类病毒的特点是不改变原来的文件内容、日期及属性，解除病毒时只要将其伴随体删除即可。

（4）幽灵、多形阶段。1994 年，随着汇编语言的发展，实现同一功能可以用不同的方式完成，使一段看似随机的代码产生相同的运算结果。幽灵病毒就是利用这个特点，每感染一次就产生不同的代码。例如，One_Half 病毒就是能产生一段有上亿种可能的解码运算程序，病毒体被隐藏在解码前的数据中，查杀这类病毒就必须能对这段数据进行解码，加大了查毒的难度。多形型病毒是一种综合性病毒，它既能感染引导区又能感染程序，多数具有解码算法，一种病毒往往要两段以上的子程序方能解除。

（5）生成器、变体机阶段。1995 年，在汇编语言中，一些数据的运算放在不同的通用寄存器中，可运算出同样的结果，随机地插入一些空操作和无关指令，也不影响运算的结果，这样，一段解码算法就可以由生成器生成。当生成的是病毒时，这种复杂的病毒被称为病毒生成器（或变体机）。典型的代表是“病毒制造机”，它可以在瞬间制造出成千上万种不同的病毒，查杀时就不能使用传统的特征识别法，需要在宏观上分析指令，解码后查杀病毒。

（6）网络、蠕虫病毒阶段。1995 年，随着网络的普及，病毒开始利用网络进行传播，它们只是以上几代病毒的改进。在非 DOS 操作系统中，蠕虫病毒是典型代表，它不占用除内存以外的任何资源，不修改磁盘文件，利用网络功能搜索网络地址，将自身向下一地址进行传播。

（7）Windows 阶段。1996 年，随着 Windows 的日益普及，利用 Windows 进行工作的病毒开始发展，典型的病毒是 DS.3873，这类病毒的机制更为复杂，它们利用保护模式和 API 调用接口工作，解除方法也比较复杂。

（8）宏病毒阶段。1996 年，出现了使用 VB 脚本语言（VBScript）编制的宏病毒，这种病毒编写容易，用于感染 Word 文档。在 Excel 等 Office 文档中出现的相同工作机制的病毒也归为此类。

（9）Internet 阶段。1997 年，随着 Internet 的发展，各种病毒也开始利用 Internet 进行传播，携带病毒的邮件越来越多，如果不小心打开了这些邮件，计算机就有可能中毒。

（10）Java、邮件炸弹阶段。1997 年，随着 Internet 上 Java 的普及，利用 Java 语言进行传播和获取资料的病毒开始出现，典型的病毒是 JavaSnake。还有一些利用邮件服务器进行传播和破坏的病毒，如 Mail-Bomb 病毒，严重影响 Internet 的效率。

2. 病毒的特征

在病毒的发展历史上，出现过成千上万种病毒，虽然它们千奇百怪，但一般都具有以下特征。

（1）传染性。传染性是病毒的基本特征。病毒会通过各种渠道从已被感染的计算机扩散到未被感染的计算机中，使计算机工作失常甚至瘫痪。病毒一旦进入计算机得以执行，它就会搜寻符合传染条件的程序或存储介质，确定目标后再将自身代码插入其中，达到自我繁殖的目的。只要感染病毒，如果不及时处理，那么病毒就会在这台计算机上迅速扩散，其中的大量文件（一般是可执行文件）就会被感染。而被感染的文件又成了新的传染源，继续传染其他计算机。

病毒可以通过各种可能的渠道（如软盘、网络）进行传染。当在一台计算机上发现病毒时，往往曾在这台计算机上用过的软盘也会感染病毒，并且与这台计算机联网的其他计算机一般也会被感染上病毒。是否具有传染性是判别一个程序是否为计算机病毒的最重要条件。

病毒程序一般通过修改磁盘扇区信息或文件内容并把自身嵌入到其中的方法，来达到病毒传染和扩散的目的。

（2）破坏性。所有的计算机病毒都是一种可执行程序，而这一执行程序又必然要运行，所以对系统来讲，病毒都存在一个共同的危害，即占用系统资源、降低计算机系统的工作效率。

病毒的破坏性主要取决于病毒设计者的目的，如果其目的是彻底破坏系统的正常运行，那么这种病毒对于计算机系统进行攻击造成的后果是难以设想的，它可以毁掉系统的部分数据，也可以破坏全部数据并使之无法恢复。并非所有的病毒都有恶劣的破坏作用，有些病毒除了占用磁盘和内存外，没有别的危害。但有时几种没有多大破坏作用的病毒交叉感染，也会导致系统崩溃。

（3）潜伏性。一个编制精巧的计算机病毒程序，进入系统之后一般不会马上发作，可以在几周或者几个月内隐藏在合法文件中，对其他系统进行传染，而不被人发现。潜伏性越好，其在系统中的存在时间就会越长，病毒的传染范围就会越大，它的危害就越大。

潜伏性的第一种表现是指，病毒程序不用专用检测程序是检查不出来的，因此病毒可以静静地躲在磁盘里待上很长时间，一旦时机成熟，得到运行机会，就四处繁殖、扩散。潜伏性的第二种表现是指，计算机病毒的内部往往有一种触发机制，当不满足触发条件时，计算机病毒除了传染外不做什么破坏；触发条件一旦得到满足，有的在屏幕上显示信息、图形或特殊标识，有的则执行破坏系统的操作，如格式化磁盘、删除磁盘文件等。

（4）可执行性。计算机病毒与其他合法程序一样，是一段可执行程序，但常常不是一个完整的程序，而是寄生在其他可执行程序中的一段代码。只有当计算机病毒在计算机内运行时，它才具有传染性和破坏性，也就是说，计算机 CPU 的控制权是关键问题。在病毒运行时，它与合法程序争夺系统的控制权。若计算机在正常程序控制下运行，而不运行带病毒的程序，则这台计算机是安全的。相反，计算机病毒一旦在计算机上运行，在同一台计算机内病毒程序与正常系统程序，或某种病毒与其他病毒程序争夺系统控制权时往往会造成系统崩溃，导致计算机瘫痪。

（5）可触发性。因某个事件或数值的出现，诱使病毒实施感染或进行攻击的特性称为可触发性。为了隐蔽自己，病毒必须潜伏，少做动作。如果完全不动，一直潜伏的话，病毒既不能感染又不能进行破坏，便失去了杀伤力。病毒既要隐蔽又要维持杀伤力，它必须具有可触发性。病毒的触发机制用来控制感染和破坏动作的频率。病毒具有预定的触发条件，这些条件可能是时间、日期、文件类型或某些特定的数据等。病毒运行时，触发机制检查预定条件是否满足，如果满足，启动感染或破坏动作；如果不满足，病毒继续潜伏。例如，CIH 病毒 v1.2 版本的发作日是每年 4 月 26 日，当系统日期到了这一天，病毒就会发作。

（6）隐蔽性。病毒一般是具有很高编程技巧、短小精悍的程序。如果不经过代码分析，感染了病毒的程序与正常程序是不容易区别的。一般在没有防护措施的情况下，计算机病毒程序取得系统控制权后，可以在很短的时间里传染大量程序。病毒的隐蔽性表现在两个方面。

1）传染的隐蔽性。大多数病毒在传染时速度是极快的，不易被人发现。病毒一般只有几百千字节甚至 1 千字节，而计算机机对文件的存取速度可达每秒几百千字节以上，所以病毒瞬间便可将这短短的几百千字节插入正常程序，使人不易察觉。

2）病毒程序存在的隐蔽性。一般的病毒程序都隐藏在正常程序中或磁盘较隐蔽的地方，也有个别的以隐含文件形式出现，目的是不让用户发现它的存在。被病毒感染的计算机在多数情况下仍能维持其部分功能，不会由于一感染上病毒，就不能启动整台计算机。正常程序被病毒感染后，其原有功能基本上不受影响，病毒代码寄生在其中而得以存活，不断地得到运行的机会，去传染更多的程序和计算机。这正是计算机病毒设计的精巧之处。

计算机病毒的这些特性，导致病毒难以发现、难以清除、危害持久，因此需要广大用户认真对待。

9.2.3　病毒的分类

计算机病毒的分类方法有许多种，下面主要根据传染方式来对其分类。

1. 文件感染型

文件感染型病毒简称文件型病毒，主要感染文件扩展名为 COM、EXE 等的可执行程序，寄生于宿主程序中，必须借助宿主程序才能装入内存。已感染病毒的宿主程序执行速度会减慢，甚至完全无法执行。有些文件被感染后，一执行就会遭到删除。

大多数文件型病毒都会把它们的程序代码复制到其宿主程序的开头或结尾处，这会造成被感染文件的长度变长。有的病毒直接改写被感染文件的程序码，因此感染病毒后文件的长度仍然维持不变，但宿主程序的功能会受到影响。

感染病毒的文件被执行后，病毒通常会趁机再对下一个文件进行感染。有的“高明”一点的病毒会在每次进行感染时，针对其新宿主的状况而编写新的病毒码，然后才进行感染。

大多数文件感染型病毒都常驻在内存中。所谓“常驻内存”，是指应用程序把要执行的部分在内存中驻留一份。这样就不必在每次要执行它时都到硬盘中搜寻，以提高效率。

2. 引导扇区型

引导扇区型病毒简称引导型病毒，主要影响软盘上的引导扇区和硬盘上的主引导扇区。

操作系统的引导模块放在某个固定的位置，并且控制权的转交方式是以物理地址为依据，而不是以操作系统引导区的内容为依据。引导型病毒利用操作系统的这一特性，占据该物理位置并获得系统控制权，将真正的引导区内容转移或替换，待病毒程序执行后，将控制权交给真正的引导区内容。这时，系统看似正常运转，实际上病毒已隐藏在系统中伺机传染、发作。引导型病毒几乎都常驻在内存中，差别只在于内存中的位置。

3. 混合型

混合型病毒综合了引导型和文件型病毒的特性，它的危害比引导型和文件型病毒更为严重。此种病毒不仅感染引导区，也感染文件，通过这两种方式来感染，增加了病毒的传染性以及存活率。不管以哪种方式传染，都会在开机或执行程序时感染其他磁盘或文件，这种病毒也是最难杀灭的。

4. 宏病毒

宏病毒是一种使用宏编程语言编写的病毒，主要寄生于 Word 文档或模板的宏中。一旦打开这样的文档，宏病毒就会被激活，进入计算机内存，并驻留在 Normal 模板上。此后，所有自动保存的文档都会感染上这种宏病毒，如果网上其他用户打开了这个感染病毒的文档，宏病毒就会传染到他的计算机上。

宏病毒通常使用 VB 脚本，影响微软的 Office 组件或类似的应用软件，大多通过邮件传播。最有名的例子是 1999 年的美丽杀手（Melissa）病毒，它通过 Outlook 把自己放在电子邮件的附件中自动寄给其他收件人。

5. 网络病毒

和传统病毒相比，下列类型的病毒不感染文件或引导区，而是通过网络来传播。

（1）特洛伊木马程序。简称木马。严格来讲，木马不属于病毒，因为它没有病毒的传染性，其传播途径主要是聊天软件、电子邮件、文件下载等。攻击者经常利用上述途径将木马植入用户的计算机，获取系统中的有用数据。因为它有很强的破坏性，所以一般也归类为病毒的一种。木马往往与黑客病毒成对出现，即木马病毒负责入侵用户的计算机，而黑客病毒则会通过该木马病毒来控制用户的计算机。现在这两种类型越来越趋向于整合。

（2）蠕虫病毒。蠕虫病毒通过网络来传播特定的信息，进而造成网络服务遭到拒绝。这种病毒常驻于一台或多台计算机中，并有自动重新定位的能力，如果检测到网络中的某台计算机未被占用，它就把自身的一个副本发送给那台计算机。

（3）网页病毒。网页病毒也称为网页恶意代码，是指在网页中用 Java Applet、JavaScript 或者 ActiveX 设计的非法恶意程序。当用户浏览该网页时，这些程序会利用浏览器的漏洞，修改用户的注册表、修改浏览器默认设置、获取用户的个人资料、删除硬盘文件、格式化硬盘等。

9.2.4　病毒的传播及危害

病毒的传播及危害

1. 病毒的传播途径

（1）移动存储设备传播。移动存储设备包括软盘、光盘、U 盘、磁带等。在移动存储设备中，软盘曾是使用最广泛、移动最频繁的存储介质，因此也成为计算机病毒寄生的“温床”。以前，大多数计算机都是从这种途径感染病毒的。

（2）网络传播。目前网络应用（如电子邮件、文件下载、网页浏览、聊天软件）已经成为计算机病毒传播的主要方式。据统计，电子邮件已跃升为计算机病毒最主要的传播媒介。2004 年，几个传播很广的病毒如“网络天空”“爱情后门”“贝革热”无一例外都选择电子邮件作为主要传播途径。

（3）无线传播。通过点对点通信系统和无线通道传播。目前，这种传播途径还不是十分广泛，但已经出现攻击手机本身、攻击 WAP 网关和攻击 WAP 服务器的手机病毒。预计在未来的信息时代，这种途径很可能与网络传播途径一起成为病毒扩散的两大“时尚”渠道。

2. 病毒的危害

最近几年病毒在全世界范围内造成了巨大的经济损失。有资料显示，病毒威胁所造成的损失占网络经济损失的 76%，仅“爱虫”造成的损失就达 96 亿美元。据统计，98%的企业都曾有过病毒感染的问题，63%都曾因为病毒感染而失去文件资料，平均每台计算机要花费 44 小时到 520 小时才能完全修复。如果不能很好地控制病毒的传播，将会造成社会财富的巨大浪费。

计算机病毒的具体危害主要表现在以下几个方面。

（1）病毒发作对计算机数据信息的直接破坏。大部分病毒在发作时直接破坏计算机的重要信息数据，所利用的手段有格式化磁盘、改写文件分配表和目录区、删除重要文件或者用无意义的“垃圾”数据改写文件、破坏 CMOS 设置等。

（2）占用磁盘空间和对信息的破坏。寄生在磁盘上的病毒总要非法占用一部分磁盘空间。引导型病毒一般的侵占方式是由病毒本身占据磁盘引导扇区，而把原来的引导区转移到其他扇区，被覆盖的扇区数据永久性丢失，无法恢复。文件型病毒利用一些 DOS 功能进行传染，这些 DOS 功能可以检测出磁盘的未用空间，把病毒的传染部分写到磁盘的未用空间去，所以一般不破坏磁盘上的原有数据，只是非法侵占了磁盘空间。一些文件型病毒传染速度很快，在短时间内感染大量文件，每个文件都不同程度地加长了，造成磁盘空间的严重浪费。

（3）抢占系统资源。除极少数病毒外，大多数病毒在活动状态下都是常驻内存的，这就必然会抢占一部分系统资源。病毒所占用的内存长度大致与病毒本身长度相当。病毒抢占内存，导致内存减少，会使一部分较大的软件不能运行。此外，病毒还抢占中断。计算机操作系统的很多功能是通过中断调用技术来实现的，病毒为了传染发作，总是修改一些有关的中断地址，从而干扰系统的正常运行。网络病毒会占用大量的网络资源，如计算机连接、带宽，使网络通信变得极为缓慢，甚至无法使用。

（4）影响计算机的运行速度。病毒进驻内存后不但干扰系统运行，还影响计算机速度，主要表现在病毒为了判断传染发作条件，总要对计算机的工作状态进行监视，这对于计算机的正常运行既多余又有害。有些病毒为了保护自己，不但对磁盘上的静态病毒加密，而且进驻内存后的动态病毒也处在加密状态，CPU 每次寻址到病毒处时要运行一段解密程序，把加密的病毒解密成合法的 CPU 指令再执行；而病毒运行结束时再用一段程序对病毒重新加密，这样 CPU 要额外执行数千条甚至上万条指令。另外，病毒在进行传染时同样要插入非法的额外操作，特别是传染软盘时不但计算机速度明显变慢，而且软盘正常的读写顺序会被打乱，发出刺耳的噪声。

（5）计算机病毒错误与不可预见的危害。计算机病毒与其他计算机软件的区别是病毒的无责任性。编制一个完善的计算机软件需要耗费大量的人力、物力，并需要经过长时间的调试测试。但病毒编制者不可能这样做。很多病毒都是设计者在一台计算机上匆匆编制调试后就向外抛出的。反病毒专家在分析大量病毒后发现绝大部分病毒都存在不同程度的错误。病毒的另一个主要来源是病毒变种。有些计算机初学者尚不具备独立编制软件的能力，出于好奇而修改别人的病毒，生成变种病毒，其中就隐含着很多错误。计算机病毒错误所产生的后果往往是不可预见的，有可能比病毒本身的危害还要大。

（6）计算机病毒给用户造成严重的心理压力。据有关计算机销售部门统计，用户怀疑“计算机有病毒”而提出咨询占售后服务工作量的 60%。经检测确实存在病毒的约占 70%，另有 30%的情况只是用户怀疑有病毒。那么用户怀疑有病毒的理由是什么呢？多半是出现诸如计算机死机、软件运行异常等现象。这些现象确实很有可能是计算机病毒造成的，但又不全是。实际上在计算机工作异常时很难要求一位普通用户去准确判断是否是病毒所为。大多数用户对病毒采取宁可信其有的态度，这对于保护计算机安全无疑是十分必要的，然而往往要付出时间、金钱等方面的代价。另外，仅因为怀疑有病毒而格式化磁盘所带来的损失更是难以弥补的。总之，计算机病毒像幽灵一样笼罩在广大计算机用户的心头，给人们造成巨大的心理压力，极大地影响了计算机的使用效率，由此带来的无形损失是难以估量的。

9.2.5 病毒的发展趋势

病毒的发展趋势

通过对几个典型病毒的分析可以看出，随着技术的不断发展，病毒在感染性、危害性、潜伏性等几个方面也越来越强。现在的病毒主要有以下几个发展趋势。

1. 传播网络化

通过网络应用（主要是电子邮件）进行传播已经成为计算机病毒的主要传播方式。此类病毒发作和传播通常会造成系统运行速度减慢。由于很多病毒运用了社会工程学，发信人的地址也许是熟识的，邮件的内容带有欺骗性、诱惑性，意识不强的用户往往会轻信，从而运行邮件的带毒附件并形成感染。部分蠕虫病毒邮件还能利用浏览器的漏洞，在用户没有打开附件的情况下感染病毒。

2. 利用操作系统和应用程序的漏洞

这类病毒往往会在爆发初期形成较为严重的危害，大量的攻击和网络探测会严重影响网络的运行速度甚至造成网络瘫痪。同时，被感染的计算机会出现反复重启、速度减慢、部分功能无法使用等现象。最著名的就是震荡波（Sasser）病毒和冲击波（Blaster）病毒。

3. 混合型威胁

通过对病毒传播和感染情况的分析不难看出，木马、蠕虫病毒、黑客和后门程序占据病毒传播总数的九成以上，并且病毒呈现混合型态势，集蠕虫病毒、木马、黑客的功能于一身，传播上也是利用漏洞、邮件、共享等多种途径，从病毒的种类上将更难划分。

同时，病毒的设计者更多地瞄准经济利益。随着网上交易和银行网上业务的拓展，更多的用户使用这些功能，更多的资金在网络中流动，也就更加吸引恶意用户的目光，从而使网络上的金融犯罪与日俱增。他们通过各种手段，在网络中从事违法活动，无论是直接盗取他人资金，还是贩卖用户的资料和信息，都会给用户带来不同程度的损失。

有的病毒还在受害者机器上开了后门，对某些部门而言，开启后门会泄露机密，所造成的危害可能会更大。

4. 病毒制作技术不断更新

与传统病毒不同的是，许多新病毒是利用当前最新的编程语言与编程技术实现的，易于修改从而产生新的变种，容易躲开反病毒软件的搜索。当用户和防病毒技术人员发现一种病毒时，通常都要先对其进行详细的分析和跟踪解剖。为了对抗动态跟踪，病毒程序中会嵌入一些破坏单步中断 INTH 和中断点设置中断 INT3H 的中断向量程序段，从而使动态跟踪难以完成。有的病毒则采用锁死鼠标和键盘操作等行为来禁止单步跟踪。另外，新病毒利用 Java、ActiveX、VB 脚本等技术，可以潜伏在 HTML 页面里，在用户上网浏览时触发。

5. 病毒家族化特征显著

例如网络天空、贝革热等在出现后的短短几个月中，每个病毒的变种数量就有四五十个之多，变种出现的速度也是前所未有的，时间间隔越来越短。在一段时间内，甚至一天出现一个变种，并且，变种通常还会在先前版本的基础上做一些改进，使其进一步完善，传播和破坏能力不断增强。

6. 病毒的智能化

病毒不断繁衍、不同变种，在不同宿主程序中的病毒代码，不仅绝大部分不相同，且变化代码段的相对空间排列位置也有变化。病毒能自动化整为零、分散潜伏到各种宿主中。对不同的感染目标，分散潜伏的宿主也不一定相同，在活动时又能自动组合成一个完整的病毒。

9.3 蠕虫病毒

9.3.1 蠕虫病毒概述

蠕虫病毒

1. 蠕虫定义

蠕虫是一种通过网络传播的恶性病毒，它通过分布式网络来扩散传播特定的信息或错误，进而造成网络服务遭到拒绝并发生死锁。

蠕虫符合 9.2 节中的计算机病毒的定义，从这个意义上说，蠕虫也是一种广义的计算机病毒。但蠕虫又与传统的病毒有许多不同之处，如不利用文件寄生、对网络造成拒绝服务、与黑客技术相结合等。在产生的破坏性上，蠕虫病毒也不是普通病毒所能比拟的，它和普通病毒的主要区别见表 9-1。

表 9-1　普通病毒与蠕虫病毒的比较

比较项目	病毒类型	
	普通病毒	蠕虫病毒
存在形式	寄生于文件	独立程序
传染机制	宿主程序运行	主动攻击
传染目标	本地文件	网络计算机

自1988年莫里斯从实验室放出第一个蠕虫病毒以来，计算机蠕虫病毒以其快速、多样化的传播方式不断给网络世界带来灾害。特别是1999年以来，高危蠕虫病毒的不断出现，使世界经济蒙受了轻则几十亿美元，重则几百亿美元的巨大损失，见表9-2。

表9-2　蠕虫病毒造成的损失

病毒名称	爆发时间	造成的损失
莫里斯蠕虫	1988年	6000多台计算机停机，经济损失达9600万美元
美丽杀手	1999年	政府部门和一些大公司紧急关闭网络服务器，经济损失超过12亿美元
爱虫病毒	2000年	众多用户计算机被感染，损失超过96亿美元
红色代码	2001年	网络瘫痪，直接经济损失超过26亿美元
求职信	2001年	大量病毒邮件堵塞服务器，损失达数百亿美元
蠕虫王	2003年	网络大面积瘫痪，银行自动提款机运作中断，直接经济损失超过26亿美元
冲击波	2003年	大量网络瘫痪，造成数十亿美元的损失
MyDoom	2004年	大量的垃圾邮件攻击SCO和微软网站，给全球经济造成300多亿美元的损失

2. 蠕虫病毒的基本结构和传播过程

（1）蠕虫的基本程序结构包括以下3个模块。

1）传播模块。负责蠕虫的传播，传播模块又可以分为3个基本模块，即扫描模块、攻击模块和复制模块。

2）隐藏模块。侵入主机后，用于隐藏蠕虫程序，防止被用户发现。

3）目的功能模块。实现对计算机的控制、监视或破坏等功能。

（2）蠕虫程序的一般传播过程包括以下3个阶段。

1）扫描。由蠕虫的扫描模块负责探测存在漏洞的主机。当程序向某个主机发送探测漏洞的信息并收到成功的反馈信息后，就得到一个可传播的对象。

2）攻击。攻击模块按漏洞攻击步骤自动攻击上一步骤中找到的对象，取得该主机的权限（一般为管理员权限），获得一个shell。

3）复制。复制模块通过原主机和新主机的交互将蠕虫程序复制到新主机并启动。

可以看到，传播模块实现的是自动入侵的功能，所以传播技术是蠕虫技术的核心。

9.3.2　蠕虫病毒实例1——爱情后门

爱情后门是一种危害性很强的蠕虫病毒，其发作时间是随机的，主要通过网络和邮件进行传播，感染对象为硬盘文件夹。

当病毒运行时，将自己复制到WINDOWS目录下，文件名为WinRpcsrv.exe并注册成系统服务。然后把自己分别复制到SYSTEM目录下，文件名为syshelp.exe、WinGate.exe，并在注册表RUN项中加入自身键值。病毒利用ntdll提供的API找到LSASS进程，并对其植入远程后门代码（该代码将响应用户TCP请求建立一个远程shell进程，Windows 9x为command.com，Windows NT/2000/XP为cmd.exe），之后病毒将自身复制到WINDOWS目录下并尝试在win.ini中加入run=rpcsrv.exe，并进入传播流程。

（1）爱情后门病毒的发作过程主要包括7个阶段。

1）密码试探攻击。病毒利用IPC对Guest和Administrator账号进行简单密码试探，如果成功则将自己复制到对方的系统中，文件路径为 System32\stg.exe，并注册成服务，服务名为 Windows Remote Service。

2）放出后门程序。病毒从自身体内放出一个 DLL 文件负责建立远程 shell 后门。

3）盗用密码。病毒放出一个名为 win32vxd.dll 的文件（hook 函数）用以盗取用户密码。

4）后门。病毒本身也将建立一个后门，等待用户连入。

5）局域网传播。病毒穷举网络资源，并将自己复制过去。随机地选取病毒体内的文件名，有以下几种可能：humor.exe、fun.exe、docs.exe、s3msong.exe、midsong.exe、billgt.exe、Card.exe、SETUP.exe、searchURL.exe、tamagotxi.exe、hamster.exe、news_doc.exe、PsPGame.exe、joke.exe、images.exe、pics.exe。

6）邮件地址搜索线程。病毒启动一个线程，通过注册表 Software\Microsoft\Windows\CurrentVersion\Explorer\Shell Folders 得到系统目录，并从中搜索*.ht*中的 E-mail 地址，用以进行邮件传播。

7）发邮件。病毒利用搜索到的 E-mail 地址，进行邮件传播。邮件标题随机地从病毒体内选出：

Cracks!

The patch

Last Update

Test this ROM! IT ROCKS!

Adult content!!! Use with parental advi

Check our list and mail your requests!

I think all will work fine.

Send reply if you want to be official b

Test it 30 days for free.

...

（2）计算机中病毒后的特征。计算机中了爱情后门病毒以后，会出现下面的全部或部分症状。

1）不能双击打开 D、E、F、G 盘，硬盘驱动器根目录下存在 Autorun.inf。

2）在每个硬盘驱动器根目录下存在很多.zip 和.rar 压缩文件，文件名多为 pass、work、install、letter，大小约为 126KB。

3）在每个硬盘驱动器根目录下存在 COMMAND.exe。

4）hxdef.exe、IEXPLORE.exe、NetManager.exe、NetMeeting.exe、WinHelp.exe 等进程占用了 CPU。

5）用命令 Netstat -an 查看网络连接，会发现有很多端口处于连接或监听状态。网络速度极其缓慢。

6）瑞星杀毒后出现 Windows 无法找到 COMMAND.exe 文件，要求定位该文件。

7）在任务管理器上看到多个 cmd.exe 进程。

（3）病毒的清除。爱情后门病毒有很多个变种，每个变种的感染方式不尽相同，所以清除病毒的最好方法是使用专业的杀毒软件，如瑞星的爱情后门专杀工具。

具体的处理过程可以按以下步骤进行。

1）给系统账户设置足够复杂的登录密码，建议是字母+数字+特殊字符。

2）关闭共享文件夹。

3）给系统打补丁。

4）升级杀毒软件病毒库，断开网络的物理连接，关闭系统还原功能后，进入安全模式使用杀毒软件杀毒。

注意：这个处理过程适用于所有病毒。一般的杀毒过程都必须经过这几步，这样才能保证彻底地清除病毒。

9.3.3 蠕虫病毒实例 2——震网病毒

2010 年 8 月，某核电站启用后就发生一连串的故障，随后该国政府表面声称是天热所致，但真正原因却是该核电站遭遇了病毒攻击。一种名为震网的蠕虫病毒入侵该国工厂企业，甚至进入西门子为核电站设计的工业控制软件，并夺取了对一系列核心生产设备尤其是核电设备的关键控制权。2010 年 9 月，该国政府宣布，大约 3 万个网络终端感染震网病毒，病毒攻击目标直指核设施。震网病毒利用微软操作系统中至少 4 个漏洞，其中有 3 个全新的零日漏洞；伪造驱动程序的数字签名；通过一套完整的入侵和传播流程，突破工业专用局域网的物理限制；利用 SIMATIC WinCC 系统[1]（以下简称为 WinCC 系统）的 2 个漏洞，对其开展破坏性攻击。震网病毒无须通过互联网便可传播，只要目标计算机使用微软系统，震网病毒便会伪装 RealTek 与 JMicron 两大公司的数字签名，顺利绕过安全检测，自动寻找及攻击工业控制系统软件，以控制设施冷却系统或涡轮机运作，甚至让设备失控自毁，而工作人员却毫不知情。震网病毒成为第一个专门攻击物理基础设施的蠕虫病毒。可以说，震网病毒也是有史以来最高端的蠕虫病毒，是首个超级网络武器。

震网病毒在 Windows NT 操作系统中可以激活运行，主要攻击 SIMATIC WinCC 7.0 和 SIMATIC WinCC 6.2 系统。震网病毒样本首先判断当前操作系统类型，如果是 Windows 9x/ME，就直接退出。接下来加载一个主要的 DLL 模块，后续的行为都将在这个 DLL 模块中进行。为了躲避杀毒软件，样本并不将 DLL 模块释放为磁盘文件然后加载，而是直接复制到内存中，然后模拟 DLL 模块的加载过程。随后，样本跳转到被加载的 DLL 模块中执行，并生成以下文件。

（1）%System32%\drivers\mrxcls.sys。

（2）%System32%\drivers\mrxnet.sys。

（3）%Windir%\inf\oem7A.PNF。

（4）%Windir%\inf\mdmeric3.PNF。

（5）%Windir%\inf\mdmcpq3.PNF。

（6）%Windir%\inf\oem6C.PNF。

其中有两个驱动程序（mrxcls.sys 和 mrxnet.sys）分别被注册成名为 MRXCLS 和 MRXNET 的系统服务，实现开机自启动。这两个驱动程序都使用了 Rootkit 技术[2]，并有数字签名。

---

[1] SIMATIC WinCC 是第一个使用最新的 32 位技术的过程监视系统。

[2] Rootkit 技术是一种恶意软件技术，其目的是在目标系统上隐藏自身以及指定的文件、进程和网络链接等信息，以躲避安全软件的检测和清除。

mrxcls.sys 负责查找主机中安装的 WinCC 系统，并进行攻击；mrxnet.sys 通过修改一些内核调用来隐藏被复制到 U 盘的 LNK 文件和 DLL 文件。

震网病毒的攻击目标是 WinCC 系统。SIMATIC WinCCI 软件主要用于工业控制系统的数据采集与监控，一般部署在专用的内部局域网中，并与外部互联网实行物理上的隔离。为了实现攻击，震网病毒采取多种手段进行渗透和传播。整体的传播思路是首先感染外部主机；然后感染 U 盘，利用快捷方式文件解析漏洞，传播到内部网络；在内部网络中，通过快捷方式解析漏洞、RPC 远程执行漏洞、打印机后台程序服务漏洞，实现联网主机之间的传播；最后抵达安装了 WinCC 系统的主机，展开攻击。

一旦发现 WinCC 系统，就利用其中的两个漏洞展开攻击：一是 WinCC 系统中存在一个硬编码漏洞，保存了访问数据库的默认账户名和密码，震网病毒利用这一漏洞尝试访问该系统的SQL 数据库；在 WinCC 系统需要使用的 Step7[1]工程中，打开工程文件时，存在 DLL 加载策略上的缺陷，从而导致一种类似于“DLL 预加载攻击”的利用方式。最终，震网病毒通过替换 Step7 软件中的 s7otbxdx.dll，实现对一些查询、读取函数的 Hook。

针对民用/商用计算机和网络的攻击，目前多以获取经济利益为主要目标，但针对工业控制网络和现场总线的攻击，可能破坏企业重要装置和设备的正常测控，由此引起的后果可能是灾难性的。以化工行业为例，针对工业控制网络的攻击可能破坏反应器的正常温度/压力测控，导致反应器超温/超压，最终就会导致冲料、起火甚至爆炸等灾难性事故，还可能造成次生灾害和人道主义灾难。但传统工业网络的安全相对信息网络来说，一直是凭借内部网络隔离，而疏于防范，震网病毒的出现为工业网络安全敲响了警钟。工业以太网和现场总线标准均为公开标准，熟悉工控系统的程序员开发针对性的恶意攻击代码并不存在很高的技术门槛。因此，对下列可能的工业网络安全薄弱点进行增强和防护是十分必要的。

（1）基于 Windows-Intel 平台的工控计算机和工业以太网，可能遭到与攻击民用/商用计算机和网络相同手段的攻击，如通过 U 盘传播恶意代码和网络蠕虫。

（2）分布式控制系统（Distributed Control System，DCS）和现场总线控制系统中的组态软件（测控软件的核心）产品，特别是行业产品被少数公司垄断，如电力行业常用的 WinCC 系统。针对组态软件的攻击会从根本上破坏测控体系，震网病毒的攻击目标正是 WinCC 系统。

（3）基于 RS-485 总线以及光纤物理层的现场总线，如 PROFIBUS 和 MODBUS（串行链路协议），其安全性相对较高；但短程无线网络，特别是不使用 Zigbee 等通用短程无线协议（有一定的安全性），而使用自定义专用协议的短程无线通信测控仪表，安全性较差。特别是国内一些小企业生产的“无线传感器”等测控仪表，其无线通信部分采用通用的 2.4GHz 短程无线通信芯片，连基本的加密通信都没有使用，极易遭到窃听和攻击。

震网病毒针对工业控制系统的攻击造成了严重的后果。震网病毒造成了该国近 1/5 的离心机损坏，感染了 20 多万台计算机，导致 1000 台机器物理退化。震网病毒的出现和传播，威胁的不仅仅是自动化系统的安全，它使自动化系统的安全性上升到了国家安全的高度。一些国内网民最常用的软件中存在严重的安全漏洞，并且可能已经被黑客利用，而这些软件自身又不具备检测和修复漏洞的能力，如果在企事业内部网络中任由员工计算机使用安全性薄弱的软件，很可能造成信息泄露的严重后果。

---

[1] Step7 是西门子用于 SIMATIC S7-300/400 站创建可编程逻辑控制程序的标准软件。

总之，震网病毒是一种非常危险的恶意软件，需要采取有效的防范措施来避免感染和攻击。企业和个人用户需要加强安全防护措施，采取有效的安全策略和软件来防范和清除震网病毒。同时，也需要加强安全意识教育和技术培训，提高用户对网络安全的认识和防范能力。

9.4 特洛伊木马

9.4.1 木马简介

特洛伊木马（Trojan Horse，以下简称木马）这一名称取自希腊神话的特洛伊木马记，传说希腊人围攻特洛伊城，久久不能得手。后来想出了一个木马计，让士兵藏匿于巨大的木马中。大部队假装撤退而将木马摈弃于特洛伊城外，让敌人将其作为战利品拖入城内。木马内的士兵则趁夜晚敌人庆祝胜利、放松警惕时从木马中爬出来，与城外的部队里应外合攻下了特洛伊城。

木马是一种基于远程控制的黑客工具，一般的木马都有控制端和服务端两个执行程序，其中控制端用于攻击者远程控制被植入木马的机器，服务端程序即是木马程序。攻击者要通过木马攻击用户的系统，要做的第一件事就是把木马的服务端程序通过某种方式植入用户的计算机。

木马具有隐蔽性和非授权性的特点。隐蔽性是指木马的设计者为了防止木马被发现，会采用多种手段隐藏木马；非授权性是指一旦控制端与服务端连接，控制端将享有服务端的大部分操作权限，包括修改文件、修改注册表、控制鼠标和键盘等，而这些权力并不是服务端赋予的，而是通过木马程序窃取的。

从木马的发展来看，基本上可以分为两个阶段，最初网络还处于以 UNIX 操作系统为主的时期，此时木马就产生了，当时木马程序的功能相对简单，往往是将一段程序嵌入系统文件，用跳转指令来执行一些木马的功能，在这个时期，木马的设计者和使用者大都是些技术人员，必须具备一定的网络和编程知识。而后，随着 Windows 操作系统的日益普及，一些基于图形操作的木马程序出现了，用户界面的改善，使许多人不用懂太多的专业知识就可以熟练地操作木马，相对的木马入侵事件也频繁出现，而且由于这个时期木马的功能已日趋完善，因此对服务端的破坏也更大，一旦被木马控制，用户计算机将毫无秘密可言。

9.4.2 木马的工作原理

木马的工作原理

一个完整的木马系统由硬件部分、软件部分和具体连接部分组成。

（1）硬件部分。建立木马连接所必需的硬件实体，包括控制端、服务端和 Internet。其中，控制端是对服务端进行远程控制的一方；服务端是被远程控制的一方；Internet 是控制端对服务端进行远程控制、数据传输的网络载体。

（2）软件部分。实现远程控制所必需的软件程序。包括控制端程序，控制端用以远程控制服务端的程序；木马程序，潜入服务端内部，获取其操作权限的程序；木马配置程序，设置木马程序的端口号、触发条件、木马名称等，使其在服务端藏得更隐蔽的程序。

（3）具体链接部分。通过 Internet 在服务端和控制端之间建立一条木马通道所必需的元素。包括控制端 IP/服务端 IP，即控制端/服务端的网络地址，也是木马进行数据传输的源地址和目的地址；控制端端口/服务端端口，即控制端/服务端的数据入口，通过这个入口，数据可直达控制端程序或木马程序。

使用木马进行网络入侵，从过程上看大致可分为 6 步，下面就按这 6 步来详细阐述木马的攻击原理。

1. 配置木马

一般来说，一个设计成熟的木马都有木马配置程序，从具体的配置内容看，主要是为了实现以下两个方面的功能。

（1）木马伪装。木马配置程序为了在服务端尽可能地隐藏木马，会采用多种伪装手段，如修改图标、捆绑文件、定制端口和自我销毁等。

（2）信息反馈。木马配置程序将对信息反馈的方式或地址进行设置，如设置信息反馈的邮件地址等。

2. 传播木马

（1）传播方式。木马的传播方式主要有两种：一种是通过 E-mail，攻击者将木马程序以附件的形式夹在邮件中发送出去，收信人只要打开附件，系统就会感染木马；另一种是软件下载，一些非正规的网站以提供软件下载为名义，将木马捆绑在软件安装程序上。下载软件后，只要一运行这些程序，木马就会自动安装。另外，也可以用木马种植程序，在局域网里利用 IPC$共享管道把木马种植到对方的机器中。图 9-3 就是一个利用 IPC$种植木马的软件（木马种植机）。

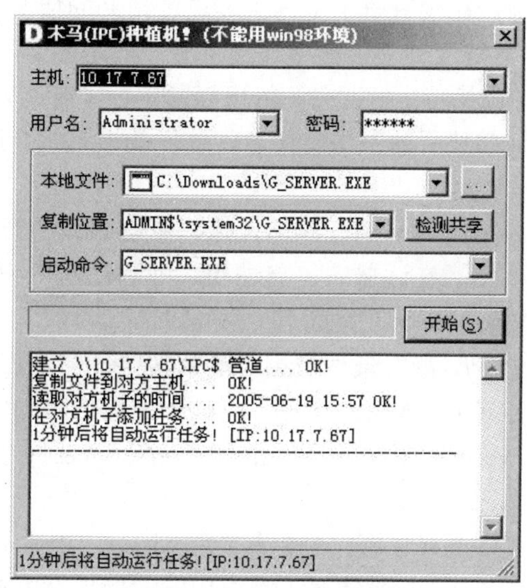

图 9-3　木马种植机

（2）伪装方式。鉴于木马的危害性，很多人对木马知识还是有一定了解的，这对木马的传播起到一定的抑制作用，这是木马设计者所不愿见到的，因此他们开发了多种功能来伪装木马，以达到降低用户警觉、欺骗用户的目的。

1）修改图标。把一个木马程序的图标修改成一个文本文件的图标，将它作为邮件的附件发给用户。一般人都会毫不犹豫地打开附件，这时就会中招。现在已经有木马可以将木马服务端程序的图标改成 HTML、TXT、ZIP 等各种文件的图标，具有相当大的迷惑性。

2）捆绑文件。这种伪装手段是将木马捆绑到一个安装程序上，当安装程序运行时，木马在用户毫无察觉的情况下，悄悄地进入系统。被捆绑的文件一般是可执行文件（即 EXE、COM 类的文件）。

3）出错显示。有一定木马知识的人都知道，如果打开一个文件，没有任何反应，这很可能就是个木马程序，木马的设计者也意识到这个缺陷，所以已经有木马提供一个出错显示的功能。当服务端用户打开木马程序时，会弹出一个错误提示框（假的），错误内容可自由定义，大多会定制成一些诸如“文件已破坏，无法打开！”之类的信息，当服务端用户信以为真时，木马却悄悄侵入了系统。

4）定制端口。很多老式的木马端口都是固定的，这给判断是否感染木马带来了方便，只要查一下特定的端口就知道感染了什么木马，所以现在很多新式的木马都加入了定制端口的功能，控制端用户可以在 1024～65535 之间任选一个端口作为木马端口（一般不选 1024 以下的端口），这样就给判断所感染的木马类型带来麻烦。

5）自我销毁。自我销毁功能是为了弥补木马的一个缺陷。一般情况下，当用户打开含有木马的文件后，木马会将自己复制到 Windows 的系统文件夹中（C:\WINDOWS 或 C:\WINDOWS\SYSTEM 目录下）。一般来说，原木马文件和系统文件夹中的木马文件的大小是一样的（捆绑文件的木马除外）。那么中了木马的用户只要在近来收到的信件和下载的软件中找到原木马文件，然后根据原木马的大小去系统文件夹找相同大小的文件，判断一下哪个是木马就行了。而木马的自我销毁功能是指安装完木马后，原木马文件将自动销毁，这样服务端用户就很难找到木马的来源，在没有查杀木马工具进行帮助的情况下，就很难删除木马。

6）木马更名。安装到系统文件夹中的木马文件名一般是固定的，那么只要根据一些查杀木马的文章，在系统文件夹查找特定的文件，就可以断定中了什么木马。所以现在有很多木马都允许控制端用户自由定制安装后的木马文件名，这样就很难判断所感染的木马类型。

3. 运行木马

服务端用户运行木马或捆绑木马的程序后，木马就会自动进行安装。首先将自身复制到 Windows 的系统文件夹中，然后在注册表、启动组、非启动组中设置好木马的触发条件，这样木马的安装就完成了。安装后即可启动木马。

（1）由触发条件激活木马。触发条件是指启动木马的条件，大致出现在以下面 8 个地方。

1）注册表 HKEY_LOCAL_MACHINE。打开 HKEY_LOCAL_MACHINE\Software\Microsoft\Windows\Current Version\下的 5 个 Run 和 RunServices 主键，在其中寻找可能是启动木马的键值。

2）win.ini。C:\WINDOWS 目录下有一个配置文件 win.ini，用文本方式打开，在[WINDOWS]字段中有启动命令 load=和 run=，一般情况下是空白的，如果有可执行程序，可能就是木马。

3）system.ini。C:\WINDOWS 目录下有一个配置文件 system.ini，用文本方式打开，在[386Enh]、[mic]、[drivers32]中有命令行，在其中寻找木马的启动命令。

4）Autoexec.bat 和 Config.sys。C 盘根目录下的这两个文件也可以启动木马。但这种加载方式一般都需要控制端用户与服务端建立连接后，将已添加木马启动命令的同名文件上传到服务端覆盖这两个文件才行。

5）*.INI（应用程序的启动配置文件）。控制端利用这些文件能启动程序的特点，将制作好的带有木马启动命令的同名文件上传到服务端覆盖这些同名文件，这样就可以达到启动木马的目的。

6）注册表 HKEY_CLASSES_ROOT。打开 HKEY_CLASSES_ROOT\文件类型\shell\open\command 主键，查看其键值。例如，国产木马“冰河”就是修改 HKEY_CLASSES_ROOT\txtfile\

shell\open\command 下的键值，将 C:\WINDOWS\NOTEPAD.EXE %1 改为 C:\WINDOWS\SYSTEM\SYSEXPLR.EXE %1，这时双击一个 TXT 文件后，原本应用 NOTEPAD 打开该文件，现在却变成启动木马程序。还要说明的是，不光是 TXT 文件，通过修改 HTML、EXE、ZIP 等文件的启动命令的键值都可以启动木马，不同之处只在于"文件类型"这个主键的差别，TXT 是 txtfile，ZIP 是 WINZIP。

7）捆绑文件。实现这种触发条件首先要控制端和服务端已通过木马建立连接，然后控制端用户用工具软件将木马文件和某一应用程序捆绑在一起，上传到服务端覆盖原文件，这样即使木马被删除，只要运行捆绑了木马的应用程序，木马又会被安装上去。

8）启动菜单。在"开始"→"程序"→"启动"选项下也可能有木马的触发条件。

（2）木马运行过程。木马被激活后，进入内存，并开启事先定义的木马端口，准备与控制端建立连接。这时服务端用户可以在 MS-DOS 方式下，输入命令 netstat -an 来查看端口状态。一般计算机在脱机状态下是不会有端口开放的，如果有端口开放，就要注意是否感染了木马。

在上网过程中要下载软件、发送信件、网上聊天必然会打开一些端口，下面是一些常用的端口。

1）1～1024 之间的端口。这些端口称为保留端口，是专给一些对外通信的程序用的，如 FTP 使用 21 端口，SMTP 使用 25 端口，POP3 使用 110 端口等。只有很少木马会用保留端口作为木马端口。

2）1025 以上的连续端口。在上网浏览网站时，浏览器会打开多个连续的端口下载文字、图片到本地硬盘上，这些端口都是 1025 以上的连续端口。

3）4000 端口。这是 OICQ 的通信端口。

4）6667 端口。这是 IRC 的通信端口。

除上述端口外，如果发现还有其他端口打开，尤其是数值比较大的端口，那就要怀疑是否感染了木马；如果木马有定制端口的功能，那任何端口都有可能是木马端口。

4. 信息泄露

一般来说，设计成熟的木马都有一个信息反馈机制。所谓信息反馈机制是指木马成功安装后会收集一些服务端的软/硬件信息，并通过 E-mail 告知控制端用户。

5. 建立连接

一个木马连接的建立必须满足两个条件：一是服务端已安装木马程序；二是控制端、服务端都要在线。在此基础上控制端可以通过木马端口与服务端建立连接。

假设 A 机为控制端，B 机为服务端，对于 A 机来说要与 B 机建立连接必须知道 B 机的木马端口和 IP 地址，由于木马端口是 A 机事先设定的，为已知项，所以最重要的是如何获得 B 机的 IP 地址。获得 B 机 IP 地址的方法主要有两种：信息反馈和 IP 扫描。这里重点介绍 IP 扫描。因为 B 机装有木马程序，所以它的木马端口是处于开放状态的（以木马"冰河"为例，其监听端口为 7626）。现在 A 机只要扫描 IP 地址段中 7626 端口开放的主机即可，当 A 机扫描到某个 IP 时发现它的 7626 端口是开放的，那么这个 IP 就会被添加到列表中。图 9-4 为"冰河"控制端的搜索结果，从图中可以看出，IP 地址是 10.17.7.67（称它为主机 B）的主机的 7626 端口是打开的，说明该主机上已被种上"冰河"服务端。这时 A 机就可以通过木马的控制端程序向 B 机发出连接信号，开启一个随机端口与 B 机的木马端口 7626 建立连接。

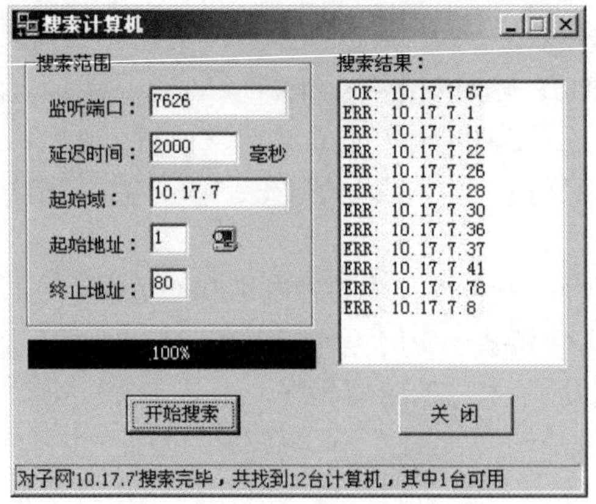

图 9-4　搜索种有木马的主机

6. 远程控制

木马连接建立后，控制端端口和木马端口之间将会出现一条通道。控制端上的控制端程序可以通过这条通道与服务端上的木马程序取得联系，并通过木马程序对服务端进行远程控制。下面介绍控制端具体能享有哪些控制权限。

（1）窃取密码。一切以明文的形式、*形式或缓存在 Cache 中的密码都能被木马侦测到，此外很多木马还提供击键记录功能，它将会记录服务端每次敲击键盘的动作，所以一旦有木马入侵，密码将很容易被窃取。

（2）文件操作。控制端由远程控制对服务端上的文件进行删除、新建、修改、上传、下载、运行、更改属性等一系列操作，基本涵盖了 Windows 操作系统中所有的文件操作功能。图 9-5 为在控制端上看到的远程主机硬盘中的文件。可以和操作自己主机上的文件一样操作远程主机上的文件。

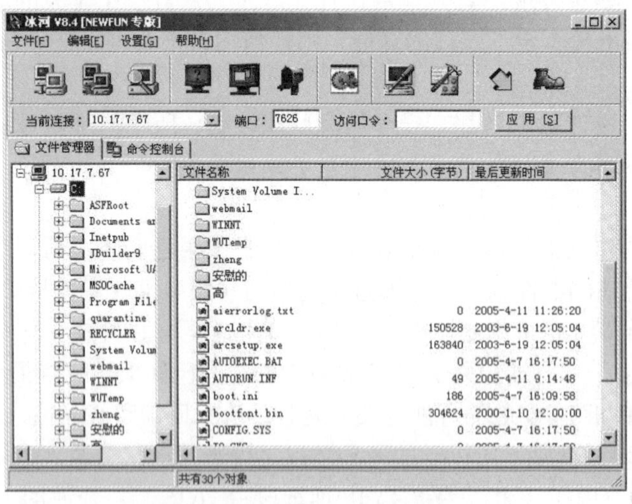

图 9-5　查看远程主机硬盘上的文件

（3）修改注册表。控制端可任意修改服务端注册表，包括删除、新建或修改主键、子键、键值。有了这项功能，控制端就可以进行禁止服务端软驱、光驱的使用，锁住服务端的注册表，将服务端上木马的触发条件设置得更隐蔽等一系列高级操作。

（4）系统操作。这项内容包括重启或关闭服务端操作系统，断开服务端网络连接，控制服务端的鼠标、键盘，监视服务端桌面操作，查看服务端进程等，控制端甚至可以随时给服务端发送信息。

9.4.3　木马的一般清除方法

现在市面上有很多新版杀毒软件都可以自动清除木马，但它们并不能防范新出现的木马程序。因此最关键的还是要知道木马的工作原理，这样就会很容易地发现并查杀木马。

1. 木马程序隐藏的主要途径

（1）在任务栏中隐藏。这是最基本的，只要将 Form 的 Visible 属性设为 False，将 ShowInTaskBar 属性设为 False，程序运行时就不会出现在任务栏中。

（2）在任务管理器中隐形。将程序设为“系统服务”，就可以很轻松地伪装自己，使用户以为是系统进程。

2. 木马会在每次用户启动时自动装载服务端

Windows 操作系统启动时自动加载应用程序的方法，木马都会用上，如启动组、win.ini、system.ini、注册表等都是木马藏身的好地方。下面具体说明木马是怎样自动加载的。

在 win.ini 文件中，在[WINDOWS]下面的 run=和 load=是可能加载木马程序的途径，必须仔细留心它们。一般情况下，等号后面什么都没有，如果发现后面跟有路径且文件名不是熟悉的启动文件，计算机就可能已经被种上木马。有些木马的隐蔽性较强，如 AOL Trojan 木马，它把自身伪装成 command.exe 文件，如果不仔细查看文件路径，可能不会发现它不是真正的系统文件。

在 system.ini 文件中，在[BOOT]下面有“shell=文件名”。正确的文件名应该是 explorer.exe，如果不是 explorer.exe，而是“shell=explorer.exe 程序名”，那么后面的程序就是木马程序。

在注册表中的情况最复杂，通过 regedit 命令打开注册表编辑器，在 HKEY_LOCAL_MACHINE\Software\Microsoft\Windows\CurrentVersion\Run 目录下，查看键值中有没有自己不熟悉的自动启动文件，扩展名为 EXE。有的木马程序生成的文件很像系统自身的文件，想通过伪装蒙混过关，如 Acid Battery v1.0 木马，它将注册表 HKEY_LOCAL_MACHINE\Software\Microsoft\Windows\CurrentVersion\Run 下的 Explorer 键值改为 Explorer=C:\WINDOWS\expiorer.exe，木马程序与真正的 Explorer 之间只有 i 与 l 的差别。

3. 查杀木马

知道了木马的工作原理，查杀木马就变得很容易。如果发现有木马存在，首先就是马上将计算机与网络断开，防止黑客通过网络进行攻击。然后编辑 win.ini 文件，将[WINDOWS]下面的“run=木马程序”“load=木马程序”分别更改为 run=和 load=；编辑 system.ini 文件，将[BOOT]下面的“shell=木马文件”更改为 shell=explorer.exe；在注册表中，先在 HKEY_LOCAL_MACHINE\Software\Microsoft\Windows\CurrentVersion\Run 下找到木马程序的文件名，再在整个注册表中搜索并替换掉木马程序。还需要注意的是，有的木马程序并不是直接将 HKEY_LOCAL_MACHINE\Software\Microsoft\Windows\CurrentVersion\Run 下的木马键值删除就行了，因为有的木马（如 BladeRunner 木马），如果用户删除它，木马会立即自动加上，这时需要记下木马的名字与目录，然后退回到 MS-DOS 下，找到此木马文件并删除掉。之后重新启动计算机，然后再到注册表中将所有木马文件的键值删除。

9.5 勒索软件

勒索软件简介及攻击过程

9.5.1 勒索软件简介

勒索软件又称加密木马、勒索病毒。一旦勒索软件进入用户的计算机，它会加密用户的数据或锁定操作系统，使用户数据资产或计算资源无法正常使用。一旦它掌握这些“数字人质”，就会以此作为筹码向受害者索要一定数额的赎金。这类用户数据资产包括文档、邮件、数据库、源代码、图片、压缩文件等多种文件。赎金形式包括真实货币、比特币或其他虚拟货币。勒索软件设计者通常会设定一个支付时限，有时赎金数目也会随着时间的推移而上涨。有时，即使用户支付了赎金，最终也还是无法正常使用系统，无法还原被加密的文件。

已知最早的勒索软件出现于 1989 年，名为 Trojan/DOS.AidsInfo，其设计者为约瑟夫•帕普。早期的勒索软件主要通过钓鱼邮件、挂马、社交网络方式传播，使用转账等方式支付赎金，其攻击范畴和持续攻击能力相对有限，相对容易追查。2006 年出现的 Redplus 勒索木马（Trojan/Win32.Pluder）是国内首个勒索软件。2013 年下半年开始，是现代勒索软件正式成型的时期。勒索软件使用 AES 和 RSA 对特定文件类型进行加密，使破解几乎不可能。同时要求用户使用虚拟货币支付，以防其交易过程被跟踪。这个时期典型的勒索软件有 CryptoLocker、CTBLocker 等。自 2016 年开始，WannaCry 勒索蠕虫病毒大爆发，且目的不在于勒索钱财，而是制造影响全球的大规模破坏行动。

随着时间的推移，勒索软件正在变得更具危害性。例如，一些 RaaS 团伙的出现，使勒索犯罪已经形成了复杂的商业模式。这一迹象传达了一个严峻的事实：勒索软件攻击无处不在，企业组织随时可能沦为下一个受害者。

2022 年，哥斯达黎加政府受到的勒索攻击最受关注，因为这是首次一个国家宣布进入“国家紧急状态”以应对勒索软件攻击。针对该国的第一波勒索软件攻击始于 4 月初，致使其国家财政部陷入瘫痪，不仅影响了政府服务，还影响了从事进出口的私营部门。2022 年 2 月月底，全球知名的半导体芯片公司英伟达被曝遭到勒索软件攻击，不久后，英伟达公司官方证实遭到入侵，攻击者已开始在线泄露了员工凭据和私密信息。勒索软件组织 Lapsus$声称对此次攻击负责，并表示他们可以访问 1TB 的企业数据，如果英伟达拒绝支付 100 万美元的赎金和一定比例的未指明费用，他们将在线泄露这些数据。同期，两家丰田供应商 Denso 和 Bridgestone 也相继成为勒索软件攻击的牺牲品。Bridgestone 的子公司遭受了勒索软件攻击，导致中美和北美的计算机网络和生产设施关闭。Lockbit 组织声称对此次攻击负责。印度航空公司 SpiceJet 面临勒索软件攻击，导致数百名乘客滞留在该国多个机场。尽管该航空公司强调这只是一次“企图”的勒索软件攻击，并且其 IT 团队设法控制了局面，但该事件仍然暴露了该公司存在严重网络安全漏洞。2022 年 1 月 5 日，美国新墨西哥州伯纳利洛县沦为勒索软件攻击的受害者，多个公共事业部门和政府办公室系统下线。由于勒索软件攻击致使监狱系统下线，使该县拘留中心的安全摄像头和自动门脱机、电子锁系统失灵，迫使拘留中心不得不严格限制囚犯的行动。

从以上几个例子可以看出，勒索软件攻击会运用各种不同的方式，如不安全网站、欺骗网络、软件下载或垃圾邮件，去攻击不同类型不同规模的组织和机构以及个人。一个员工无意点开一封网络钓鱼电子邮件就可能会打开“潘多拉魔盒”，随之而来的将是敏感数据泄露、文件遭到加密、系统被迫离线等。如果组织想保护自身免受勒索软件攻击带来的巨额成本（包括金钱和声誉）影响，就必须做好应对勒索软件的准备。

根据 Fortinet[1]发布的 2023 年上半年全球威胁报告，勒索软件仍然以很快的速度增长，如图 9-6 所示，6 月检测到的勒索软件比 1 月增长了近 12.6 倍。但是成功检测到勒索软件的组织比原来减少了，过去 5 年检测到的比例是 22%，而 2023 年上半年这个比例下降到 13%，这并不是因为勒索软件的活跃度下降了，而是勒索软件正变得越来越复杂和更具针对性。2023 年上半年检测到的最活跃的勒索软件如图 9-7 所示。

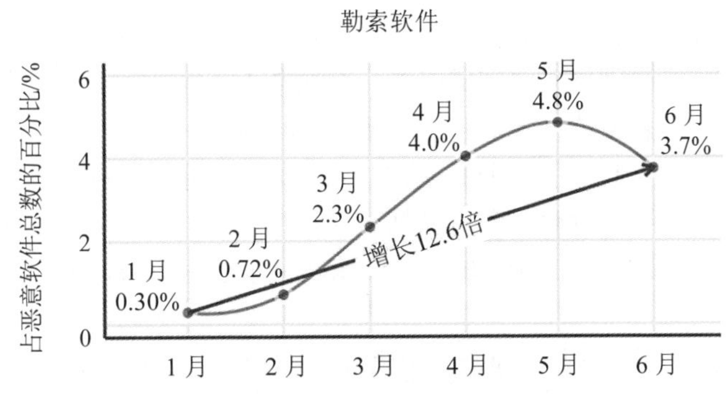

图 9-6　2023 年上半年勒索软件在恶意软件中的占比

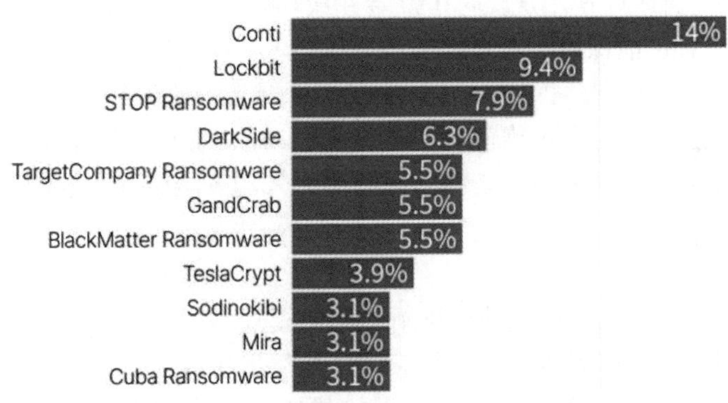

图 9-7　2023 年上半年最活跃的勒索软件

9.5.2　勒索软件的攻击过程

勒索软件一旦进入被攻击者计算机，就会自动运行，同时删除病毒母体，以躲避查杀、分析和追踪。接下来利用权限连接黑客的服务器，上传本机信息并下载加密私钥与公钥，利用私钥和公钥对文件进行加密。除了病毒开发者本人，其他人几乎不可能解密。加密完成后，还会锁定屏幕，修改壁纸，在桌面等显眼的位置生成勒索提示文件，指导用户去缴纳赎金。勒索软件的攻击过程通常包括以下 8 个阶段。

---

[1] Fortinet 是全球领先的综合性网络安全解决方案供应商。

（1）尝试。勒索软件开展攻击最常用的方式仍然是利用现有网络漏洞。针对特定的组织，他们会调查其在线业务的 IT 设施和系统组件构成，从而针对性地开展漏洞攻击尝试。

（2）传播。在这个阶段，攻击者已经在组织网络的内部部署了恶意软件，会在整个网络中进行横向传播，尽可能多地造成大范围感染。

（3）扫描。当恶意软件成功部署，便会开始对网络进行扫描以识别要加密的文件。对于重要数据，他们还会进行窃取，以便在之后勒索环节增加多重威胁。

（4）潜伏。当勒索软件攻破组织的网络后，如果顺利获取重要数据，就会进入下一环节，但如果没有的话，他们就会潜伏下来等待时机。

（5）加密。当攻击者完成分析和清点后，会启动加密过程。其加密过程不仅包含本地文件，同时还会将触手伸向组织的备份数据，至少在勒索之前，会先确定备份数据是否能同样被加密或被替换，以对组织后期恢复工作造成影响，增加勒索成功的筹码。总之，攻击者不会轻易让受害者很快地找到其他解决方法而降低支付赎金的意愿。

（6）勒索。勒索是攻击最终的展现形式和目的，攻击者通常会向网络所有者的设备发送索要赎金的信息，并说明如何支付赎金和付款细节。此时，他们会有多种威胁手段，如随着时间推迟增高赎金、威胁泄露数据、威胁通知企业股东以及重要客户等，从而让组织尽快妥协并支付赎金。

（7）解密。如果受害者选择支付赎金，勒索软件的运营者可能会提供解密密钥或解锁工具，以便用户可以恢复其文件。然而，并不是所有的支付都能保证获得有效的解密工具，有时支付赎金也不能保证文件会被还原。

（8）后续威胁。有时即使用户支付了赎金并成功解密文件，系统仍可能受到其他恶意软件的影响，因为攻击者可能保留了对系统的访问权限。

勒索软件的危害很大，一旦受到攻击，会使组织不但面临着经济的损失，也会面临泄密的威胁和社会声誉的损害。为了防范勒索软件的威胁，用户应该保持系统和软件的更新，定期备份重要文件，谨慎对待不明邮件和链接，并使用有效的安全软件来检测和阻止潜在的威胁。

9.5.3 RaaS 简介

RaaS 简介

RaaS 是勒索软件开发人员研究的一种新的商业模式。与软件即服务（SaaS）一样，勒索软件开发人员将其勒索软件变体出售或出租给附属公司，然后由他们使用进行攻击。RaaS 商业模式使不精通网络攻击技术的人也能使用勒索软件。图 9-8 描绘了使用 RaaS 进行攻击的工作流程[❶]。此工作流程中主要包括以下步骤。

（1）勒索软件开发者定制漏洞利用代码，然后将其许可给勒索软件公司，收取费用或分享攻击收益。

（2）公司使用定制的漏洞利用代码更新托管网站。

（3）识别并定位感染目标，将漏洞利用代码传递给受害者（如通过恶意电子邮件传递）。

（4）受害者点击链接或访问该网站。

（5）勒索软件下载到受害者的计算机上并执行。

（6）勒索软件对受害者的文件进行加密，识别网络上的其他目标，修改系统配置以建立

---

❶ 源于美国软件工程研究所 *An Updated Framework of Defenses Against Ransomware*。

持久性连接，中断或破坏数据备份，并掩盖其踪迹。

（7）受害者收到赎金提示，并被指示使用无法追踪的资金（通常是加密货币）支付赎金。

（8）收到赎金后，勒索软件公司可能会向受害者发送解密器，也可能会对受害者提出额外的要求，或者什么都不做，给受害者留下加密文件。

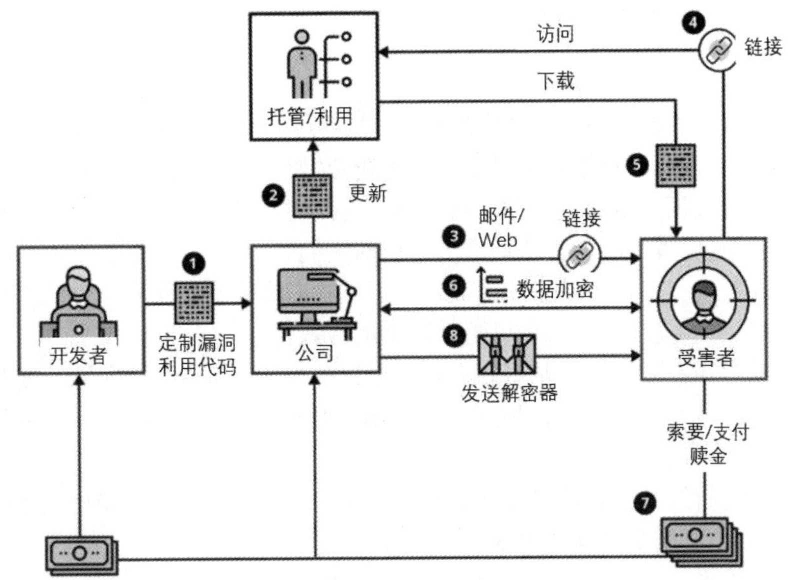

图 9-8 使用 RaaS 进行攻击的工作流程

RaaS 扩大了勒索软件威胁形势，一方面，它降低了勒索软件公司的执行成本，因为公司可以使用已开发好的勒索软件，而不必开发自己的软件去进行攻击和勒索；另一方面，对于勒索软件开发人员来说，RaaS 可以像直接支付赎金一样有利可图，因为开发人员和公司都会从已支付的赎金中分一杯羹。因此，勒索软件攻击正在影响越来越多的目标，并且更加频繁地发生。

9.5.4 勒索攻击激增的原因

尽管勒索软件已经以某种形式存在了几十年，第一次已知的攻击发生在 1989 年，但最近它已成为全球网络犯罪分子的惯用伎俩。勒索软件在过去十年中不断发展的几个主要原因如下：

（1）密码学的进步。包括 RSA 和 AES 密码在内的高级加密算法的广泛可用性使勒索软件更加强大。

（2）缺乏对比特币的管理。比特币是勒索攻击激增的一个重要因素。由于比特币缺乏管理机构的监督，加上它的匿名性特点，使其成为勒索软件需求的理想货币。

（3）RaaS 的发展。RaaS 的发展在勒索攻击激增中也发挥了重要作用。RaaS 降低了勒索攻击的门槛，即使没有非常专业的知识，也能使用现成的工具进行攻击。

（4）操作系统缺乏运行时检测功能。这些功能可以帮助人们在早期阶段阻止勒索软件的执行，甚至可能在实际加密开始之前阻止勒索软件。

（5）用户没有接受过适当的培训。很多用户没有意识到打开恶意电子邮件附件的危险。组织需要提高 Web 和电子邮件安全以及用户安全意识。

（6）攻击者在社会工程方面越来越熟练。许多过去适用于识别恶意电子邮件的标记（如拼写错误、标点符号错误、大小写不当、未知的“发件人”地址）在如今的许多恶意电子邮件中都不存在。在线翻译器和拼写检查器的进步有助于制作吸引人的网络钓鱼叙述，而用户识别欺骗性电子邮件地址变得越来越困难。

9.5.5 预防和响应措施

1. 缓解组织风险的策略

（1）对员工进行教育。与其他恶意软件一样，勒索软件通常通过电子邮件附件下载和网页浏览感染系统。应定期进行培训，以帮助员工避免常见的恶意软件陷阱。

（2）定期进行数据备份。这一点非常重要。定期对系统进行备份，并将备份离线存储，最好是异地存储，这样攻击者就无法通过网络访问它们。

（3）限制代码执行。如果勒索软件被设计为从临时文件夹和数据文件夹执行，但由于访问控制而无法访问这些文件夹，就可以阻止数据加密。

（4）限制管理和系统访问。某些勒索软件被设计为使用系统管理员账户来执行其操作。对于这种类型的勒索软件，减少用户账户并终止所有默认系统管理员账户，可以加强对勒索软件的阻碍能力。

（5）维护和更新软件。防止或确保及早发现勒索软件的另一个重要但基本的规则是维护和更新软件，特别是对安全和反恶意软件的更新。

2. 个人防护策略

（1）强化终端防护。安装反病毒软件，开启勒索病毒防御工具模块。

（2）加强口令强度。避免使用弱口令，建议使用16位或更长的密码，包括大小写字母、数字和符号在内的组合，同时避免多个服务器使用相同口令。

（3）及时更新补丁。建议开启自动更新功能，安装系统补丁，服务器应及时更新系统补丁。

（4）关闭高危端口。关闭3389端口、445端口、139端口、135端口等不用的高危端口。

（5）关闭PowerShell。如果不使用PowerShell命令行工具，建议将其关闭。

（6）定期数据备份。定期对重要文件进行数据备份，备份数据应与主机隔离。

3. 发生勒索软件攻击后应采取的措施

虽然上述策略和建议是有效的，但不可能完全保护组织和个人免受勒索软件的侵害。如果确实成了勒索软件攻击的受害者，应及时采取以下措施。

（1）拍摄系统的快照。在关闭系统之前，如果可能的话，尝试捕获系统内存的快照。这将有助于定位勒索软件的攻击媒介以及任何有助于解密数据的加密材料。

（2）关闭系统。为防止勒索软件的进一步传播和不可避免的数据损坏，关闭被认为已被感染的系统。

（3）确定攻击媒介。召回所有涉嫌携带勒索软件攻击的电子邮件，以防止攻击进一步传播。

（4）阻止勒索软件对任何已识别的命令和控制服务器的网络访问。勒索软件通常在不访问这些服务器的情况下就无法加密数据。

（5）考虑通知相关管理部门。通知相关管理部门以便他们帮助进行调查。虽然执法部门可以协助调查，但也增加了数据可能永远无法恢复的风险。赎金支付往往会随着时间的流逝而增加，如果最终用户决定支付赎金，往往会因执法带来的延迟而增加赎金。

在勒索软件更易于实现和更大的金钱回报的推动下，在保证匿名的成功商业模式的推动下，针对大型组织、政府、教育和医疗保健行业的勒索软件攻击的数量必将继续增长，勒索软件技术的复杂性也将继续发展。虽然执法部门和政府实体一直努力解决这个问题，但谨慎、规范的操作和措施可以帮助组织防范和缓解勒索软件攻击。

9.6　反病毒技术

9.6.1　反病毒技术的发展阶段

理想的对付病毒的方法就是预防，即不让病毒进入系统。一般来说，这个目标是不可能达到的，但预防可以减少病毒攻击的成功率。一个合理的反病毒方法，应包括以下几个措施。

（1）检测。能够确定一个系统是否已发生病毒感染，并能正确确定病毒的位置。

（2）识别。检测到病毒后，能够识别出病毒的种类。

（3）清除。识别出病毒的种类之后，对感染病毒的程序进行检查，清除病毒并使程序还原到感染之前的状态，以保证病毒不会继续传播。如果检测到病毒感染，但无法识别或清除病毒，解决方法是删除被病毒感染的文件，重新安装未被感染的版本。

反病毒技术是和病毒制造技术一同发展的。早期的病毒相对比较简单，使用相对简单的反病毒软件就可以检测和清除。随着病毒制造技术的不断进步，反病毒技术和软件也变得越来越复杂。反病毒技术可以划分为四代：简单的扫描器、启发式扫描器、行为监视、全部特征保护。

1. 简单的扫描器

简单的扫描器需要一个病毒特征来识别一个病毒。这种针对特征的扫描器只能检测到已知的病毒。这就是通常所称的特征代码法，是早期反病毒软件的主要方法，也普遍为现在的大多数反病毒软件的静态扫描所采用。这种方法把分析出的病毒的特征代码集中存放于病毒代码库文件中，在扫描时将扫描对象与病毒代码库比较，如有吻合则认为染上病毒。特征代码法实现起来简单，对于查传统的文件型病毒特别有效，而且由于已知特征代码，清除病毒时十分安全和彻底。但这种方法最大的局限性是过分依赖病毒代码库的升级，对未知病毒和变形病毒没有任何作用。病毒代码库随着病毒数量的增加而不断扩大，搜索庞大的病毒代码库会导致查毒速度下降。

还有一种扫描器是记录下所有的文件长度，通过寻找长度的变化来检测病毒感染。

客观地说，在各类反病毒技术中，特征代码法是适用范围最广、速度最快、最简单、最有效的。但由于其本身的缺陷，只适用于已知病毒。

2. 启发式扫描器

启发式扫描器不依赖于特定的特征，而是使用启发式规则来寻找可能的病毒感染。通常采用以下 3 种方法。

（1）通过查找通常与病毒相关的代码段来发现病毒。例如，扫描器可以寻找用在变形病毒的加密循环，并发现加密密钥。一旦发现密钥，扫描器就能够解密并识别病毒。

（2）完整性检查。为每个程序附加一个校验和，当一个病毒改变了程序但没有改变校验和，那么完整性检查就可以捕捉到这个变化。为了对付那些能够修改校验和的复杂的病毒，可以使用加密的散列函数。加密密钥独立于程序存放，这样病毒就无法生成一个新的散列值并加密它。通过使用散列函数就可以防止病毒修改程序以获得与以前一样的散列值。

（3）校验和法。病毒在感染程序时，大多都会使被感染的程序大小增加或者日期改变，校验和法就是根据病毒的这种行为来进行判断的。首先把硬盘文件的相关资料进行汇总并记录下来，在以后的检测过程中重复此动作，并与前次记录进行比较，从而判断文件是否被病毒感染。这种方法对文件的改变十分敏感，因而能查出未知病毒，但它不能识别病毒种类。由于病毒感染并非文件改变的唯一原因，文件的改变常常是正常程序引起的，所以校验和法误报率较高。这就需要加入一些判断功能，把常见的正常操作（如版本更新、修改参数等）排除在外。

3. 行为监视

第三代反病毒技术是内存驻留型的，它通过病毒的行为识别病毒，而不是像前两代那样通过病毒的特征或病毒感染文件的特征来识别。这类程序的一个好处是不必为类型众多的病毒制定病毒特征库或启发式规则，而只需定义一个很小的动作集合，其中每个动作都表示可能有感染操作，然后监视其他程序的操作行为，这就是通常所称的行为监视法。当病毒感染文件时，常常有一些不同于正常程序的行为。行为监视法就是引入一些人工智能技术，通过分析检查对象的逻辑结构，将其分为多个模块，分别引入虚拟机中执行并监测，从而查出使用特定触发条件的病毒。这种方法专门针对未知病毒和变形病毒设计，并且将查找病毒和清除病毒合二为一，能查能杀，但由于采用人工智能技术，需要常驻内存，实现起来也有很大的技术难度。

4. 全部特征保护

第四代反病毒产品是综合运用很多种不同的反病毒技术的软件包，包括扫描器和行为监视组件等。此外，这样的软件包还包含访问控制功能，这限制了病毒渗透系统的能力及更新文件和进行传播的感染能力。

9.6.2 高级反病毒技术

1. 通用解密

通用解密（Generic Decryption，GD）技术使反病毒软件能够在保证足够快的扫描速度的同时，很容易地检测到最为复杂的病毒变种。当一个包含加密病毒的文件执行时，病毒必须首先对自身解密后才能执行。为检测到病毒的这种结构，GD 必须监测可执行文件的运行情况。GD 扫描器包括以下几个部件。

（1）CPU 仿真器。一种基于软件的虚拟计算机。一个可执行文件中的指令由 CPU 仿真器来解释，而不是由底层的处理器解释。CPU 仿真器包括所有的寄存器和其他处理器硬件的软件版本，由于程序由 CPU 仿真器解释，就可以保持底层处理器不受感染。

（2）病毒特征扫描模块。在目标代码中寻找已知病毒特征的模块。

（3）仿真控制模块。用于控制目标代码的执行。

在每次仿真开始时，CPU 仿真器开始对目标代码的指令逐条进行解释，如果代码中有用于解密和释放病毒的解密过程，CPU 仿真器能够发现。仿真控制模块将定期地中断解释，以扫描目标代码中是否包含有已知病毒的特征。

在解释过程中，目标代码（即使有些是病毒）不会对实际的个人计算机造成危害，这是因为代码是在仿真器中运行的，而仿真器是一个在系统完全控制下的安全环境。

虚拟机在反病毒软件中的应用范围较广，并成为目前反病毒软件的一个趋势。一个比较完整的虚拟机，不仅能够识别新的未知病毒，而且能够清除未知病毒。

2. 数字免疫系统

传统上，新病毒和变种病毒的传播速度比较慢，反病毒软件一般会在一个月左右完成功能升级，基本上可以满足控制病毒传播的需求。但邮件系统及 Web 应用技术的广泛使用大大提高了病毒的传播速度。

为了解决 Internet 上快速传播的病毒的威胁，IBM 开发了用于病毒防护的全面的方法——数字免疫系统原型。该系统以 CPU 仿真器思想为基础，并对其进行扩展，从而实现了更为通用的仿真器和病毒检测系统。这个系统的设计目标是提供快速的响应措施，以使病毒一进入系统就得到有效的控制。当新病毒进入某一组织的网络系统时，数字免疫系统就能够自动地对病毒进行捕获、分析、检测、屏蔽和清除操作，并能够向运行 IBM 反病毒软件的系统传递关于该病毒的信息，从而使病毒在广泛传播之前得到有效的遏制。

数字免疫系统操作的典型步骤如下（图 9-9）：

（1）每台客户机上运行一个监控程序，该程序包含了很多启发式规则，这些启发式规则根据系统行为、程序的可疑变化或病毒特征码等知识来推断是否有病毒出现。监控程序在判断某程序被感染之后会将该程序的一个副本发送到管理机上。

（2）管理机对收到的样本进行加密，并将其发送给病毒分析机。

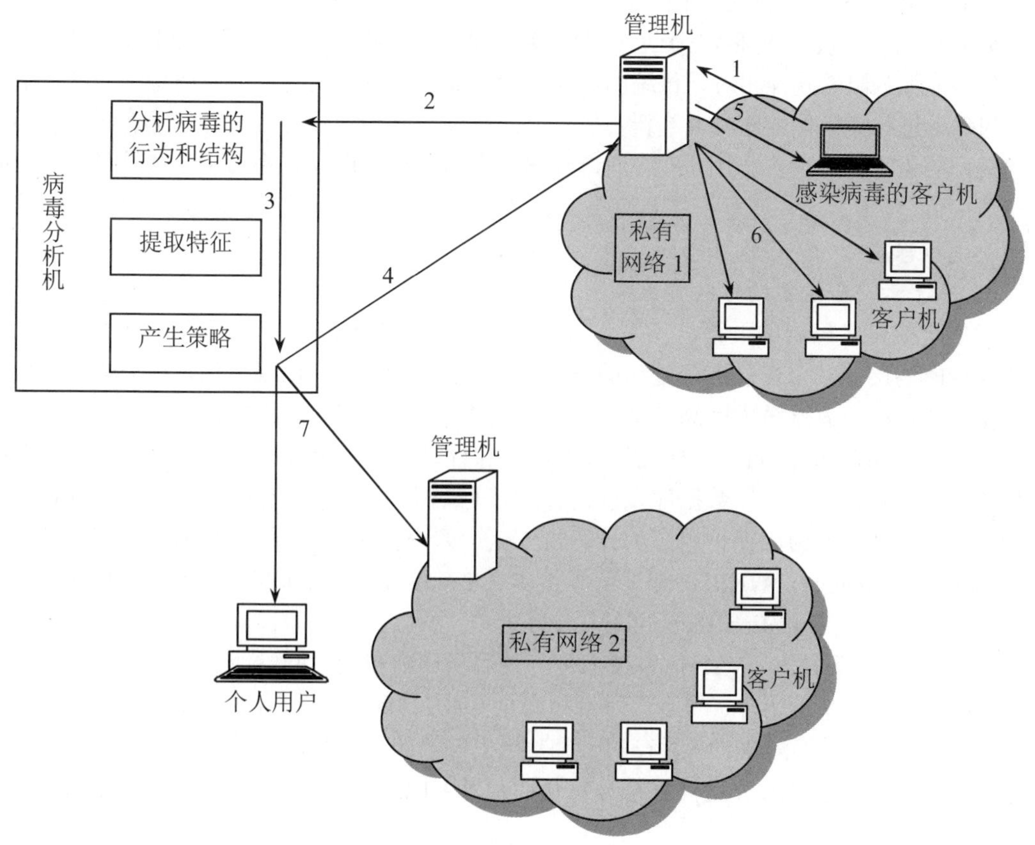

图 9-9　数字免疫系统

（3）病毒分析机创建了一个可以让受感染程序受控运行并对其进行分析的环境，然后病毒分析机根据分析结果产生针对该病毒的策略描述。

（4）病毒分析机将策略描述回传给管理机。

（5）管理机向感染病毒的客户机转发该策略描述。

（6）该策略描述同时也被转发给组织内的其他客户机。

（7）各地的反病毒软件用户将会定期收到病毒库更新文件，以防止新病毒的攻击。

数字免疫系统的成功依赖于病毒分析机对新病毒的检测能力，通过不间断地分析和监测新病毒的出现，系统可以不断地对数字免疫软件进行更新以阻止新病毒的威胁。

3. 行为阻断软件

与启发式系统或基于特征码的扫描器不同，行为阻断软件和主机操作系统结合起来，实时监控恶意的程序行为。在监测到恶意的程序行为之后，行为阻断软件将在恶意行为对系统产生危害之前阻止这些行为。一般来讲，行为阻断软件要监控的行为包括以下几种。

（1）试图打开、浏览、删除、修改文件。

（2）试图格式化磁盘或者其他不可恢复的磁盘操作。

（3）试图修改可执行文件、脚本、宏。

（4）试图修改关键的系统设置，如启动设置。

（5）电子邮件脚本、即时消息、客户发送的可执行内容。

（6）可疑的初始化网络连接。

如果行为阻断软件在某程序运行时监测到可能有恶意的行为，就可以实时地中止该程序，这一优势使行为阻断软件相对于传统的反病毒软件而言具有更大的优势。病毒制造者有很多种方法对病毒进行模糊化处理或者重新安排代码的布局，这些措施使传统的基于病毒特征码或启发式规则的监测技术失去作用，最终病毒代码以合适的形式向操作系统提出操作请求，从而对系统造成危害。不管这些恶意程序具有多么精巧的伪装，行为阻断软件都能截获所有这些请求，从而实现对恶意行为的识别和阻断。

4. 基于云安全技术的防病毒策略

云安全就是将病毒的采集、识别、查杀、处理等行为全部放在“云”端，基于互联网对与此连接的终端的安全信息进行处理的一种技术。在“云计划”出现之后，各类软件提供商都开始推出自己的云安全技术产品，那么云安全技术是如何防御病毒的呢？

当用户在访问 Internet、下载文件或者接收邮件时，云安全就会把用户请求转向云端威胁数据库进行查询比对，一旦数据库发现目标地址有威胁性信息，数据库将立即阻隔用户请求，从而及时阻挡恶意威胁，保护用户的计算机安全。云安全技术主要包含 Web 信誉技术（Web Reputation Technology，WRT）、邮件信誉技术（E-mail Reputation Technology，ERT）以及文件信誉技术（File Reputation Technology，FRT）。

（1）Web 信誉技术。Web 信誉技术是一种用于评估和管理网站或在线资源信誉水平的技术。这种技术旨在帮助用户、网络管理员和安全专业人员辨别和避免潜在的网络威胁，如恶意软件、欺诈、钓鱼等。按照网站存在的时间、历史位置的变动和恶意软件分析显示的可疑活动迹象等 50 个指标为 URL 评定信誉得分，从而记录 URL 的可信度，作为判断网站是否安全的条件之一。

（2）邮件信誉技术。邮件信誉技术是一种用于评估和管理电子邮件发送者信誉水平的技术。这些技术有助于过滤垃圾邮件、防范电子邮件欺诈和恶意活动，提高电子邮件系统的效率和安全性。按照已知垃圾邮件源信誉数据库检查 IP 地址，利用可以实时评估电子邮件发送者信誉的动态服务，对 IP 地址加以验证，将恶意电子邮件拦截在云中，从而阻止各种威胁到达网络或用户的计算机。

（3）文件信誉技术。一种用于评估和管理文件或应用程序信誉水平的技术。这些技术有助于检测和防范恶意软件、恶意文件和其他潜在的威胁，以提高系统和网络的安全性。在允许用户访问之前，利用数字签名、文件黑白名、文件行为和元数据分析等方法检查每个电子邮件或网站链接中文件的信誉。

9.7　防病毒措施及杀毒软件

病毒越来越多，危害越来越大，如果忽视对病毒的防范，就会带来巨大的损失。根据瑞星公司发布的《2023 年中国网络安全报告》，2023 年瑞星“云安全”系统共截获病毒样本总量 8456 万个，病毒感染次数 9052 万次，病毒总体数量比 2022 年同期增长了 14.98%。随着网络应用规模的不断增加，网络资本的价值越来越高，病毒带来的损失也会越来越大。无论作为组织还是个人，都需要充分认识病毒的危害，并积极主动地加强对病毒的防范。

9.7.1　防病毒措施

对病毒的防范要从每一个人做起，系统管理员要做好对整个网络的保护，同时要制定整个单位的病毒防范措施；普通用户也要引起重视，尽量避免感染病毒，因为在局域网环境下，一台感染病毒的计算机很快就会感染网络中所有的计算机。

1. 服务器防病毒措施

（1）安装正版杀毒软件。局域网要安装企业版产品，根据自身要求进行合理配置，经常升级并启动“实时监控”系统，充分发挥安全产品的功效。在杀毒过程中要全网同时进行，确保彻底清除。

（2）拦截受感染的附件。电子邮件是计算机病毒最主要的传播媒介，许多病毒经常利用在大多数计算机中都能找到的可执行文件（如.exe、.vbs 和.shs）来传播。实际上，大多数电子邮件用户并不需要接收这类文件，因此当它们进入电子邮件服务器时可以将其拦截下来。

（3）合理设置权限。系统管理员要为其他用户合理设置权限，在可能的情况下，将用户的权限设置为最低。这样，即使某台计算机被病毒感染，对整个网络的影响也会相对降低。

（4）取消不必要的共享。取消局域网内一切不必要的共享，共享的部分要设置复杂的密码，最大程度地降低被黑客木马程序破译的可能性，同时也可以减少病毒传播的途径，提高系统的安全性。

（5）重要数据定期存档。每月应该至少进行一次数据存档，这样，就可以利用存档文件成功地恢复受感染的文件。

2. 终端用户防病毒措施

（1）安装可信赖的安全软件。使用强大、更新频繁的反病毒软件和反恶意软件工具，确保其处于最新状态，以便检测和清除新的威胁。

（2）定期更新操作系统和应用程序。确保计算机的操作系统和所有安装的应用程序都及时更新，以修复已知的安全漏洞。大多数病毒都是通过利用系统或软件中的漏洞来传播的。使用最新版本的网络浏览器，并确保其插件和扩展也是最新的。浏览器漏洞是恶意软件传播的常见途径。

（3）谨慎单击链接和打开附件。避免单击不明链接或打开来自未知发件人的附件，特别是在电子邮件、社交媒体消息和即时通信应用中。电子邮件客户端程序大都允许用户不打开邮件直接预览。由于预览窗口具有执行脚本的能力，某些病毒只需预览就能够发作，所以应该禁用预览窗口功能。网络诈骗邮件标题通常为"账户需要更新"，内容是一个仿冒网上银行的诈骗网站的链接，诱骗消费者提供密码、银行账户等信息，千万不要轻信。

（4）使用强密码。用户一般都有好几个密码，如系统密码、邮箱密码、QQ 密码、网上银行密码等，避免在多个平台上使用相同的密码。使用强密码，设置要尽可能复杂，大小写英文字母和数字综合使用，减少被破译的可能性。密码要定期更改，最好几个月更改一次以减少被盗用的风险。特别在遭受木马的入侵之后，用户密码很可能已经泄露，必须在清除木马后立即更改密码，以确保安全。

（5）启用防火墙和使用安全连接。确保计算机的防火墙处于启用状态，以监控和控制与计算机的网络连接，防止未经授权的访问。避免使用公共无线网络来处理敏感信息，因为这样的网络可能存在安全隐患。使用 VPN 等安全连接方式。

（6）备份重要数据。定期备份重要文件，确保在遭受勒索软件或其他数据损坏的情况下能够快速恢复。

（7）教育和培训。提高终端用户的网络安全意识，教育他们如何辨别可疑的链接、附件和行为。防范社交工程和钓鱼攻击至关重要。

3. 网络防病毒措施

网络防病毒措施是指在整个网络基础设施中采取的一系列安全措施，以防范和应对病毒、恶意软件及其他网络威胁。以下是一些常见的网络防病毒措施。

（1）部署防火墙和检测。部署防火墙来监控网络流量，阻止未经授权的访问和恶意流量。防火墙可以在网络边缘、子网边缘和终端设备上进行部署。使用 IDS 来监控网络流量并检测潜在的攻击行为，同时使用 IPS 来主动阻止这些攻击。

（2）安装反病毒软件。在网络的各个节点上安装反病毒软件，确保其处于最新状态，并进行定期扫描和更新，这包括服务器、工作站、移动设备等。

（3）安全更新和漏洞修复。及时对应用操作系统、应用程序和网络设备进行安全更新和漏洞修复，以修补已知漏洞，减少攻击者的入侵机会。

（4）网络隔离。在网络中划分区域，并采用网络隔离原则，限制不同区域之间的通信，以减少横向移动的可能性。

（5）制定安全策略和权限管理。制定和实施网络安全策略，包括强化用户权限、限制对敏感数据的访问，并定期审查和更新这些策略。

（6）进行安全培训和教育。对网络用户进行安全培训，教育他们如何识别和防范网络威胁，包括病毒、钓鱼攻击等。

（7）进行网络审计和监控。定期进行网络审计，监控网络设备和系统活动，以便及时发现异常行为并采取措施。使用网络流量分析工具来监控网络流量，检测异常行为和潜在的威胁，以提前发现并阻止攻击。

（8）备份和建立紧急响应计划。定期备份重要数据，并建立紧急响应计划，以便在发生病毒攻击或数据损失时迅速恢复。

综合采取这些网络防病毒措施可以有效提升整个网络的安全性，减少病毒和其他网络威胁对组织的潜在风险

9.7.2　常用杀毒软件

根据国外的统计数据，2023 年超过 60949 家公司正在使用防病毒工具（杀毒软件）。其中，排名前 3 的杀毒软件公司占有超过 60%的市场份额，如图 9-10 所示，Symantec Norton（赛门铁克诺顿）拥有 23.73%的市场份额（14464 名客户），Kaspersky（卡巴斯基）拥有 21.95%的市场份额（13381 名客户），Sophos（守护使）拥有 18.87%的市场份额（11501 名客户）。

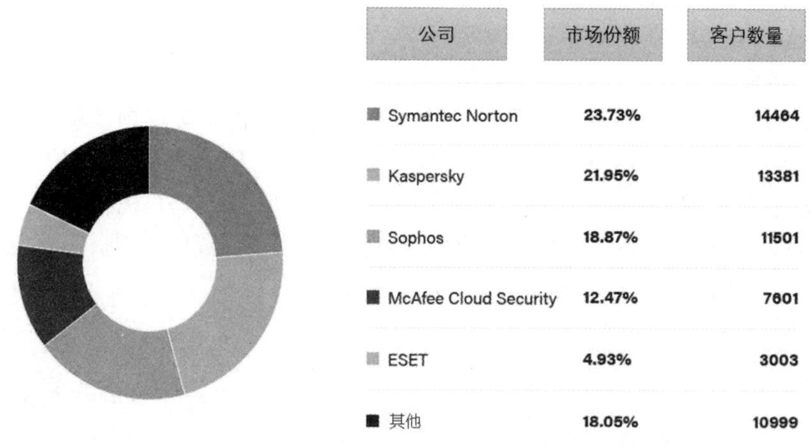

公司
市场份额
客户数量
Symantec Norton 23.73% 14464
Kaspersky 21.95% 13381
Sophos 18.87% 11501
McAfee Cloud Security 12.47% 7601
ESET 4.93% 3003
其他 18.05% 10999

图 9-10　2023 年国外顶级杀毒软件公司所占市场份额

研究报告还指出，免费杀毒软件最受用户欢迎，avast!免费版是最受欢迎的免费杀毒软件，其次是 Avira AntiVir 个人版（小红伞）、AVG 免费版和 Microsoft Security Essentials（微软免费杀毒软件）。据 OPSWAT 统计，免费杀毒软件控制着 42%的安全软件市场，免费杀毒软件厂商的产品市场份额甚至高达 48%。一些用户认为免费杀毒软件要比付费杀毒软件更值得信赖。Symantec Norton 和 McAfee 两大传统安全软件开发商正因此而逐渐流失个人用户市场份额。

国内杀毒软件比较知名的有 360 安全卫士、360 杀毒、火绒安全软件、腾讯电脑管家、金山毒霸、瑞星杀毒等。这些软件的功能和技术各具特色，也有着各自的用户群体。

根据用户数量计算，360 安全卫士是人们最熟悉的杀毒软件，360 致力于通过提供高品质的免费安全服务，是国内免费杀毒的首倡者，360 安全卫士、360 杀毒等系列安全产品免费提供给中国数亿互联网用户。火绒安全软件是一款拥有完全自主知识产权的反病毒引擎，是国内少有的自主研发并保持每周活跃更新的新一代反病毒引擎。火绒安全软件是以精准威胁情报驱动的理念全新开发的新一代终端安全软件。腾讯电脑管家是中国领先的互联网安全产品、安全服务提供者，搭载腾讯自主研发第二代具有“自学习能力”的反病毒引擎以及全球最大的风险网址数据库。其第二代反病毒引擎（“鹰眼”引擎）属于业界首创，具有业界领先的 Office 宏病毒处理能力，具有占用资源少、轻巧、智能、精准的特性。金山毒霸为用户提供全方位安全保护，还可以为用户加固各个安全薄弱点，从根本解决用户安全问题。同时，金山毒霸具有病

毒防火墙实时监控、压缩文件查毒、查杀电子邮件病毒等多项先进的功能。瑞星公司致力于帮助个人、企业和政府机构有效应对网络安全威胁。瑞星杀毒软件 V17 采用瑞星最先进的四核杀毒引擎，性能强劲，能针对网络中流行的病毒、木马进行全面查杀。同时加入内核加固、应用入口防护、下载保护、聊天防护、视频防护、注册表监控等功能，能够帮助用户实现多层次全方位的信息安全立体保护。

9.7.3 杀毒软件实例

各种杀毒软件的功能及使用方法基本上大同小异。下面以火绒安全软件为例介绍个人杀毒软件的主要功能。

1. 安装

打开火绒官方网址选择火绒安全软件（个人用户版），单击“免费下载”按钮进行下载。下载完成后，运行安装程序，设置安装路径之后，单击“安装”按钮进行安装。

2. 启动和退出

安装完成后，在“开始”菜单中可以找到“火绒安全软件”菜单项，单击该菜单项即可启动软件，其主界面如图 9-11 所示。在主界面中可以看到“病毒查杀”“防护中心”“访问控制”和“安全工具”4 个核心功能。关闭主界面并不会退出软件，软件图标隐藏在系统托盘里，可以通过显示隐藏的图标找到。如果要退出软件，需要在系统托盘中找到该软件图标并右击，在弹出窗口中单击“退出火绒”按钮，如图 9-12 所示。

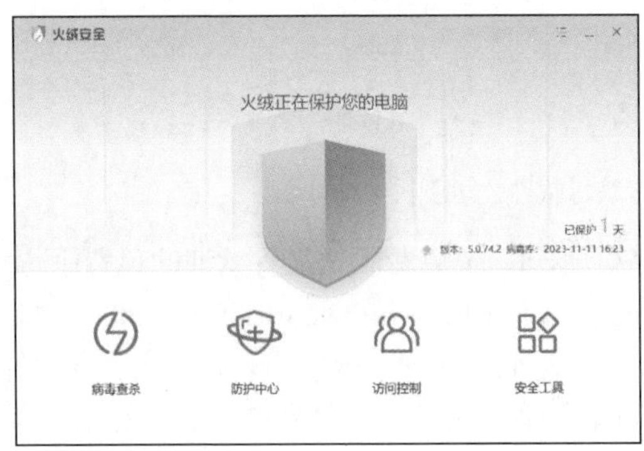

图 9-11　火绒安全软件主界面

图 9-12　火绒软件弹出窗口

3. 病毒查杀

病毒查杀分为快速查杀、全盘查杀和自定义查杀。不同的查杀方法的使用说明如图 9-13 所示。用户可以根据说明选择适合的方法。

功能	说明
快速查杀	病毒文件通常会感染计算机系统敏感位置，【快速查杀】针对这些敏感位置进行快速的查杀，用时较少，推荐您日常使用。
全盘查杀	针对计算机所有磁盘位置进行查杀，用时较长，推荐您定期使用或发现计算机中毒后进行全面排查。
自定义查杀	您可以指定磁盘中的任意位置进行病毒扫描，完全自主操作，有针对性的进行扫描查杀。推荐您在遇到无法确定部分文件是否安全时使用。

图 9-13　不同查杀方法的功能说明

全盘查杀的内容包括引导区、系统进程、启动项、服务与驱动、系统组件、系统关键位置及本地磁盘。快速查杀不包括本地磁盘，如图 9-14 所示。自定义查杀用户可以选择想要查杀的区域。选择启用 GPU 加速后，杀毒软件可以在适当时候使用 GPU（如果有）进行计算来提升效率。查杀完成后自动关机以使用户可以利用空余时间进行病毒查杀，查杀完成后有 45 秒提示用户关机的等待时间，45 秒后自动关机，用户不必全程等待。

图 9-14　快速查杀

火绒安全软件会实时显示发现的风险项目数量，用户可以单击“查看详情”按钮查看当前已经发现的风险，如图 9-15 所示。

图 9-15　风险详情

扫描结束后，对发现的风险有两种处理方法，一种是“立即处理”，对所有的风险进行隔离；另一种是“全部忽略”，对扫描出来的风险不做处理。处理以后的风险文件经加密后放在一个“隔离区”，以备需要时可以从隔离区找出来。

隔离区可以从主界面的下拉菜单中找到，也可以通过右击系统托盘中的火绒安全软件图标，从弹出窗口中找到。位于隔离区的风险文件有三种处理方法，分别是删除、恢复和提取。

也可以将完全信任的文件、文件夹或网址添加到信任区。位于信任区的对象被认为是无风险的，病毒查杀和防御的功能也不会再处理它们。信任区可以从主界面的下拉菜单中找到，也可以通过系统托盘中火绒安全软件图标的弹出窗口中找到。

4. 防护中心

火绒发全软件的防护中心一共包含四大模块：病毒防护、系统防护、网络防护和高级防护，共包含 22 类安全防护内容。当发现威胁动作触发所设定的防护项目时，软件会精准拦截威胁，避免计算机系统受到侵害。

（1）病毒防护是进行病毒实时防护的系统，病毒防护共包含文件实时监控、恶意行为监控、U 盘保护、下载保护、邮件监控和 Web 扫描 6 项防护功能，如图 9-16 所示。

图 9-16 病毒防护功能

（2）系统防护模块用于防护计算机系统不被恶意程序侵害，包括系统加固、应用加固、软件安装拦截、摄像头保护、浏览器保护和联网控制 6 项防护功能，如图 9-17 所示。

（3）网络防护主要用于保护计算机在使用过程中对网络危险行为的防御。网络防护共包含网络入侵拦截、横向渗透防护、对外攻击拦截、僵尸网络防护、暴破攻击防护、Web 服务保护和恶意网址拦截 7 项防护功能。

（4）高级防护包括自定义保护、IP 黑名单、IP 协议控制功能，可以通过添加自己定义的规则和 IP 黑名单进行定制化的安全防护。

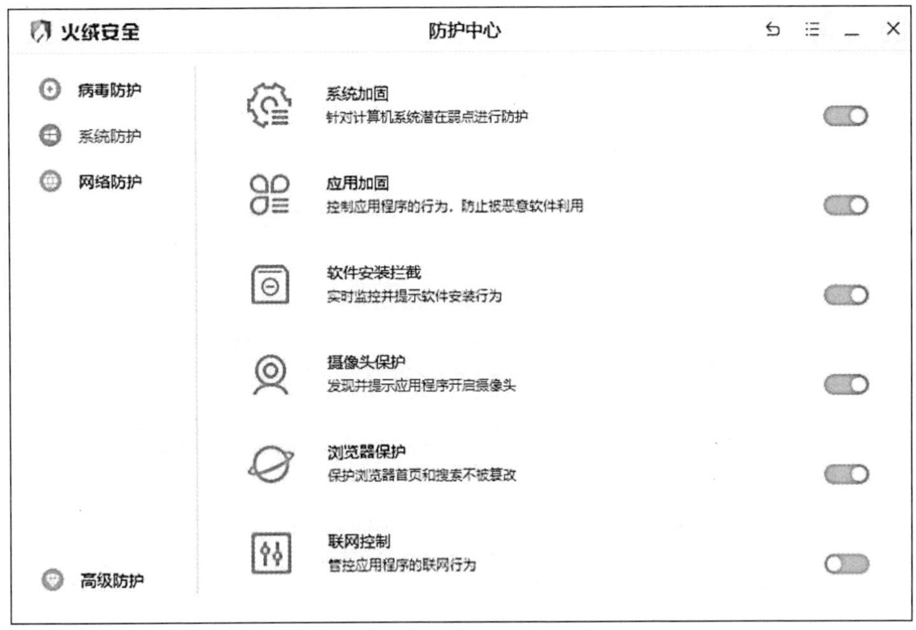

图 9-17　系统防护功能

5．访问控制

当有访客使用你的计算机时，可以通过上网时段控制、程序执行控制、网站内容控制、U 盘使用控制这些功能对访客的行为进行限制。虽然这样可以限制对计算机的访问，但是功能开关可以修改，甚至火绒安全软件可以被人为关闭或卸载。为解决这个问题，可以通过“密码保护”功能（图 9-18）来设置密码。设置密码后，只要是在密码保护范围内的操作都会弹出要求输入密码的提示框，只有密码验证成功才能操作。

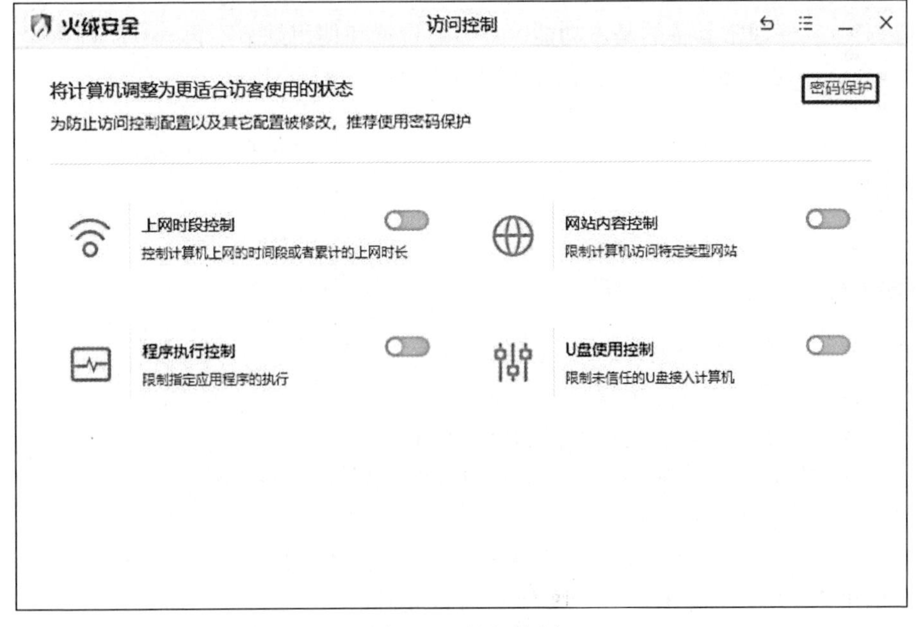

图 9-18　访问控制

6. 安全工具

火绒安全软件除了病毒防护功能以外，还提供了11种安全工具，包括系统修复、弹窗拦截、文件粉碎、断网修复、流量监控、火绒剑等，如图9-19所示。这些集成的工具可以帮助用户更方便地管理自己的计算机系统。

图9-19 安全工具

以上简要地介绍了火绒安全软件的安装、启动、关闭及主要的功能模块，帮助读者了解杀毒软件、安全软件通常具备的基本功能。具体的设置和使用细节不再一一赘述，读者在使用时可以自行探索学习或参考官方提供的指南或用户手册进行学习。

一、思考题

1. 恶意软件包括哪些类型？
2. 举例说明恶意软件的命名规则。
3. 什么是计算机病毒？简述计算机病毒的特征。
4. 病毒的发展历史分成哪些阶段，对每阶段的代表性病毒各举一例。
5. 简述一个病毒的生命周期。
6. 病毒有哪些特征？结合当前流行的某种病毒分析其特征。
7. 从蠕虫病毒的结构解释病毒的传播和感染机制。
8. 根据震网病毒分析工业控制网络的安全问题。

9．简述特洛伊木马的工作原理及危害。

10．什么是勒索软件？它的一般攻击过程包括哪几个阶段？

11．如何应对勒索软件的攻击？

12．简述数字免疫系统的工作原理。

13．简述反病毒技术的发展阶段。

14．结合近期的主要恶意软件的情况，分析如何加强安全防范措施。

二、实践题

1．列举几种常用的防毒杀毒软件，熟练掌握其中一种的使用方法。

2．查找资料，找出最近一年内较活跃、危害较大的 10 种病毒，并分别说明它们属于什么类型的病毒及其主要危害是什么。

3．搜集一个病毒的样本，在隔离环境中运行和分析该病毒并写出分析报告，主要内容包括感染对象、传播方式、行为表现、危害后果和解决方案等。

参 考 文 献

[1] 戚文静，刘学．网络安全原理与应用[M]．2 版．北京：中国水利水电出版社，2013．

[2] SCHNEIER B．应用密码学[M]．吴世忠，祝世雄，张文政，译．北京：机械工业出版社，2013．

[3] 周世杰．计算机系统与网络安全技术[M]．2 版．北京：高等教育出版社，2022．

[4] 卢开澄．计算机密码学[M]．北京：清华大学出版社，1999．

[5] WILLIAM S. Network Security Essentials: Applications and Standards．[M]．4 版．北京：清华大学出版社，2002．

[6] 樊宬丰，林东．网络信息安全与 PGP 加密[M]．北京：清华大学出版社，1998.

[7] DOUGLAS J.网络安全基础：网络攻防、协议与安全[M]. 仰礼友，赵红宇，译．北京：电子工业出版社，2011．

[8] STINSON DR. 密码学原理与实践[M]. 2 版．冯登国，译．北京：电子工业出版社，2003．

[9] 袁津生，吴砚农．计算机网络安全基础[M]．5 版．北京：人民邮电出版社，2018．

[10] SAILESH K. Survey of Current Network Intrusion Detection Techniques[DB/OL].（2023-11-13）[2007-09-27]. https://www.cse.wustl.edu/~jain/cse571-07/ftp/l_01int.pdf.

[11] STAMP M. 信息安全原理与实践[M]．3 版．北京：清华大学出版社，2023．

[12] CARTER D. CCSP 云安全专家认证 All-in-One[M]．2 版．北京：清华大学出版社，2022．

[13] NIELSON SJ，MONSON CK. Python 密码学编程[M]．北京：清华大学出版社，2021．

[14] 温哲，张晓菲，谢斌华，等．信息安全水平初级教程[M]．北京：清华大学出版社，2021．

[15] PASTORE M．Security+安全管理员全息教程[M]．陈圣琳，译．北京：电子工业出版社，2003．

[16] 李守鹏，方关宝，李鹤田．信息技术安全性评估通用准则（CC）的主要特征[EB/OL]．[2023-11-17]. https://www.zhangqiaokeyan.com/conference-cn-31117/.

[17] BISHOP M．计算机安全学：安全的艺术与科学[M]．王立斌，黄征，译．北京：电子工业出版社，2005．

[18] OPPLIGER R．WWW 安全技术[M]．杨义先，冯运波，李献忠，译．北京：人民邮电出版社，2001．

[19] LANE PT，HAVSER R．CIW：网际互联专家全息教程[M]．谈利群，张文海，毕敏刚，等，译．北京：电子工业出版社，2003．

[20] 刘伟，李军．网络安全基础与实践[M]．北京：北京大学出版社，2021．

[21] HALLER N, META C, NESSER P，et al. A One-Time Password System [EB/OL]. (1998-02-17) [2023-05-25]. https://www.rfc-editor.org/rfc/rfc2289.

[22] RIVEST R. The MD5 Message-Digest Algorithm [EB/OL]. (1992-05-12) [2024-02-21]. https://www.rfc-editor.org/rfc/rfc1321.

[23] HALLER N. On Internet authentication [EB/OL]. (1994-10-10) [2024-02-21]. https://datatracker.ietf.org/doc/html/rfc1704.

[24] NIST. Recommendation for the Triple Data Encryption Algorithm Block Cipher[EB/OL]. (2024-01-01) [2024-02-21]. https://nvlpubs.nist.gov/nistpubs/SpecialPublications/NIST.SP.800-67r2.pdf.

[25] NIST. Advanced Encryption Standard [EB/OL]. (2001-03-17) [2024-02-21]. https://doi.org/10.6028/NIST.FIPS.197.pdf.

[26] KENT S. IP Authentication Header [EB/OL]. (1998-02-01) [2024-03-23]. https://www.ietf.org/rfc/rfc2402.

[27] KENT S. IP Encapsulating Security Payload [EB/OL]. (1998-11-12) [2024-03-23]. https://www.ietf.org/rfc/rfc2406.

[28] DIOGENES Y，OZKAYA E．网络安全与攻防策略：现代威胁应对之道[M]．赵宏伟，王建国，韩春侠，等，译．北京：机械工业出版社，2021．

[29] 刘功申，孟魁，王铁骏，等．计算机病毒与恶意代码：原理、技术及防范[M]．4 版．北京：清华大学出版社，2019．

[30] 贾志娟．数字签名理论及应用[M]．北京：科学出版社，2023．

附录　建议的实验项目

实验名称	实验内容	实验类型	建议学时数
包嗅探实验	利用 Wireshark 等工具进行抓包，分析用户名、口令等信息	验证型	2
加密和解密实验	利用 OpenSSL 密码库，使用不同的加密算法，实现加密、认证等功能	设计型	4
密码学综合实验	编程实现两台主机间的安全加密通信，进行通信流量的分析	综合型	6
数字证书实验	搭建证书服务器，完成证书的申请及 Web 服务器证书的配置，实现 Web 安全通信	验证型	4
PGP 实验	使用 PGP 软件实现安全的电子邮件	验证型	2
防火墙配置与使用实验	使用防火墙软件，配置适当的规则，验证防火墙的功能	验证型	2
扫描器设计实验	设计一个扫描器，实现主机端口及漏洞的扫描	设计型	4
入侵检测系统实验	轻量级入侵检测系统 Snort 的安装、配置与使用	验证型	4
SQL 注入攻击及防御实验	搭建靶场，寻找注入点、判断注入类型，进行数据库猜解和攻击，进行漏洞的修补和测试	综合型	4